모든 것은 기초에서 시작된다

기초 선형대수학

BASIC LINEAR ALGEBRA 2판

이광연, 설한국, 김진수 지음

한빛아카데미
Hanbit Academy, Inc.

지은이 **이광연** gylee07@hanmail.net

성균관대학교 수학과를 졸업한 뒤 동 대학원에서 석사, 박사 학위를 받았다. 미국 와이오밍 주립대학교에서 박사후 과정을 마친 후 아이오와 대학교에서 방문교수를 지냈다. 현재 한서대학교 자유전공학부 교수로 재직 중이다. 주요 연구 분야는 조합적 행렬론이며, 특히 조합적 헤아림 수에 대하여 연구하고 있다. 지금까지 『MATLAB으로 배우는 선형대수학(2판)』(한빛아카데미, 2024), 『미술관에 간 수학자』(어바웃어북, 2018), 『NCS를 기반으로 한 직무 기초수학』(한빛아카데미, 2018), 『이공계생을 위한 확률과 통계(3판)』(한빛아카데미, 2024)을 비롯하여 여러 권의 전공 및 교양 서적을 집필했다.

지은이 **설한국** hgseol@skku.edu

성균관대학교 수학과를 졸업한 뒤 동 대학원에서 석사, 박사 학위를 받았다. 육군사관학교 교수부 전임강사, 대진대학교 초빙교수를 역임하고, 현재 성균관대학교 수학과 초빙교수와 응용대수 및 최적화 연구센터 선임연구원으로 재직 중이다. 주요 연구 분야는 선형대수학, 이산수학, 조합적 행렬론이다. 지금까지 『수학박사님이 만든 창의사고 수학』(부지런한거북이, 2008), 『선생님도 놀란 초등수학 뒤집기 – 이산수학』(성우주니어, 2011), 『선생님도 놀란 초등수학 뒤집기 – 컴퓨터와 수학』(성우주니어, 2011), 『MATLAB으로 배우는 선형대수학(2판)』(한빛아카데미, 2024)을 집필했다.

지은이 **김진수** loglion@gmail.com

성균관대학교 수학과를 졸업한 뒤 동 대학원에서 석사, 박사 학위를 받았다. 성균관대학교 정보통신공학부에서 박사후 연구원, 연구교수 및 수학과 겸임교수를 역임하였고, 현재 이우고등학교 수학교사로 재직 중이다. 주요 연구 및 관심 분야는 선형대수학, 이산수학, 조합적 행렬론, 금융수학, 암호론, 시계열 분석, 일반상대성이론이다. 지금까지 『알기 쉬운 선형대수학』(경문사, 2004)을 집필했다.

기초 선형대수학 2판

초판발행 2021년 6월 7일
5쇄발행 2025년 1월 16일

지은이 이광연, 설한국, 김진수 / **펴낸이** 전태호
펴낸곳 한빛아카데미(주) / **주소** 서울시 서대문구 연희로2길 62 한빛아카데미(주) 2층
전화 02-336-7112 / **팩스** 02-336-7199
등록 2013년 1월 14일 제2017-000063호 / **ISBN** 979-11-5664-539-9 93410

책임편집 김은정 / **기획** 박현경 / **편집** 박현경 / **진행** 윤세은
디자인 이아란 / **전산편집** 백지선 / **제작** 박성우, 김정우
영업 김태진, 김성삼, 이정훈, 임현기, 이성훈, 김주성 / **마케팅** 김호철, 심지연

이 책에 대한 의견이나 오탈자 및 잘못된 내용은 출판사 홈페이지나 아래 이메일로 알려주십시오.
파본은 구매처에서 교환하실 수 있습니다. 책값은 뒤표지에 표시되어 있습니다.
홈페이지 www.hanbit.co.kr / 이메일 question@hanbit.co.kr

모든 것은 기초에서 시작된다

기초 선형대수학

BASIC LINEAR ALGEBRA 2판

이광연, 설한국, 김진수 지음

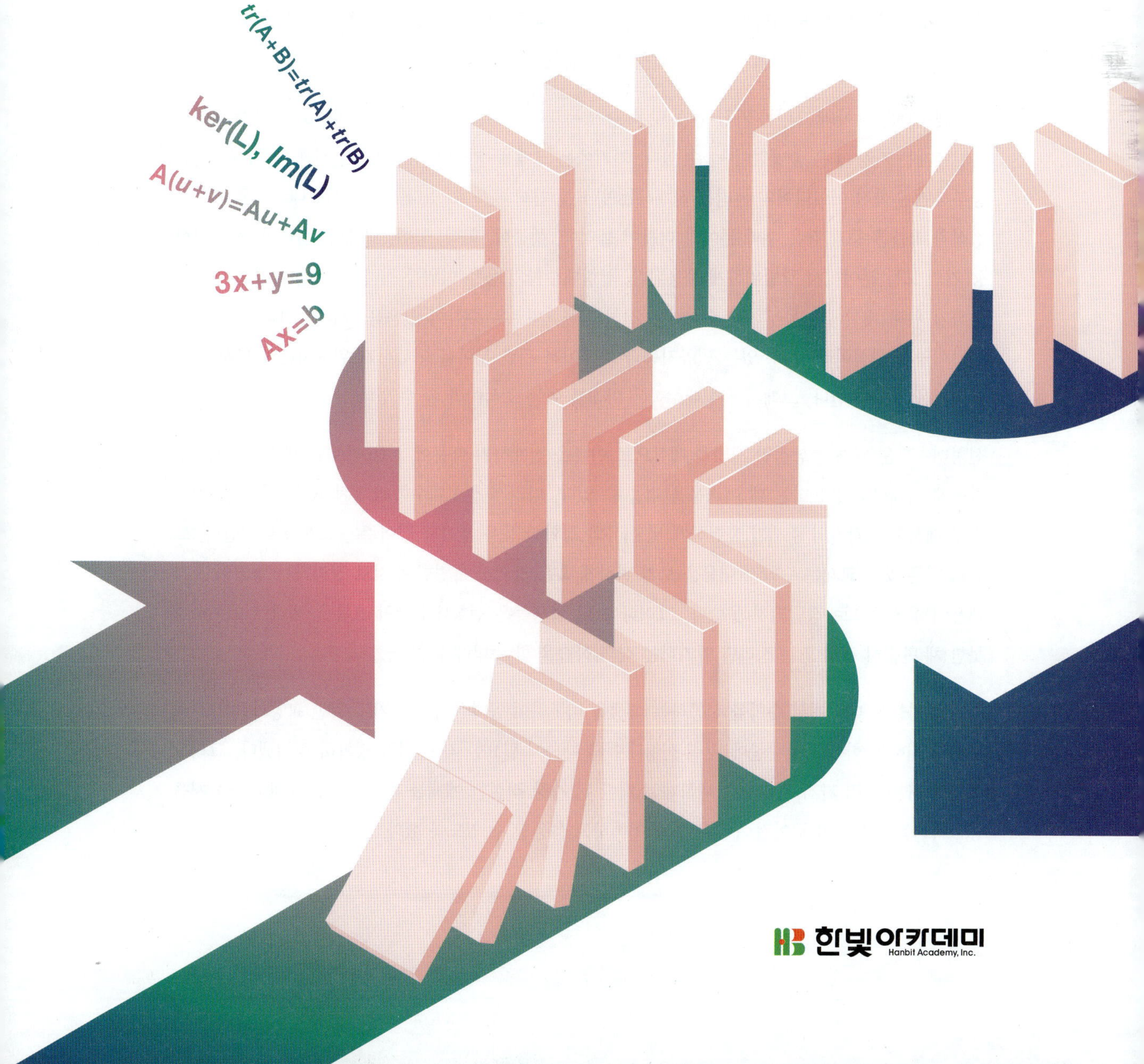

한빛아카데미
Hanbit Academy, Inc.

수학은 정복해야 할 대상이 아닌, 친구다.

일반적으로 중고등학교 수학은 지겹고 어려운 과목이며, 그저 대학교에 입학하기 위해 반드시 정복해야 할 대상이라고 생각한다. 그래서 많은 학생들은 '수학이 이기느냐, 내가 이기느냐?'의 싸움을 힘겹게 하고 있다. 언제까지 이렇게 수학과 힘겨루기만 할 것인가? 말도 안 되는 이야기처럼 들리겠지만, 수학과 친구가 되면 어떨까? 마음에 맞는 친구는 자꾸 만나고 싶듯이, 수학의 진정한 맛을 느끼고 익숙해지면 수학은 우리에게 유용하고 풍부한 결실을 나눠줄 것이다.

선형대수학은 수학의 묘미를 가장 쉽게 맛볼 수 있는 과목으로, 수학과 싸움을 멈추고 친구가 되려는 사람에게는 가장 좋은 출발점이 될 수 있다. 거기에는 크게 두 가지 이유가 있다. 첫째, 선형대수학을 공부하면 수학적 아이디어와 논리를 전개하는 방식을 쉽게 배울 수 있다. 둘째, 선형대수학은 미분방정식과 확률론 등과 같은 수학 분야와 더불어 물리학, 생물학, 화학, 공학, 경제학, 심리학, 사회과학 등 거의 모든 분야에서 광범위하게 응용된다. 선형대수학의 응용 범위를 접하는 순간, 지금까지 답을 구하기 위해 계산에만 몰두하던 수학과는 전혀 다른, 새로운 수학이 있음을 깨닫게 된다. 특히 4차 산업혁명의 핵심이라 할 수 있는 인공지능과 빅데이터 관련 분야를 이해하기 위해서는 반드시 선형대수학을 알아야 한다. 그래서 선형대수학은 미래를 여는 초석이라 할 수 있다.

선형대수학은 원래 추상적인 개념을 대상으로 이론을 전개하기 때문에 처음 공부할 때 그 개념을 정확하게 이해하고 응용하는 데 어려움을 겪을 수 있다. 따라서 선형대수학의 전체적인 흐름을 유기적으로 제시하며 각각의 주제가 출현하게 된 이유와 정확한 응용 분야를 짚어주는 교재를 추천한다. 그러나 기존 많은 교재는 수학적 내용을 보기 편하게 혹은 강의하기 편한 순서로 정리하는 형태여서 각 내용이 유기적으로 정립되지 못했다. 그러다 보니 학생들은 선형대수학의 흐름을 제대로 이해하지 못한 채 단순히 정의 또는 정리만 암기하는 식의 학습을 할 수밖에 없었다.

이에 필자들은 대학에서 수학을 전공하는 학생을 비롯하여 공학을 전공하거나 일반 교양과목으로 배우기를 원하는 학생들의 수준에 맞춰 선형대수학 학습에 필요한 각 용어를 명확히 정의했다. 그리고 정의에 따른 여러 가지 정리를 자세하게 소개한 뒤 가장 적절한 예제를 제공하여 선형대수학을 처음 공부하려는 학생들이 주어진 개념을 쉽게 이해하고 응용할 수 있도록 했다.

또한 학습의 '맥'을 제대로 짚어주기 위해 지금 배우려는 내용이 '왜 나왔고', '왜 배워야 하며', '어디에 응용할 수 있는지'를 가급적 자세히 설명하려 했다. 이를 위해 다른 교재에서는 언급하지 않았던, 연립일차방정식에서 행렬이 출현하게 된 계기, 행렬의 연산과 행렬의 곱셈을 지금처럼 정의해야 하는 이유, 행렬을 활용한 다양한 응용, 유클리드 공간에서 벡터들의 움직임, 일반적인 벡터공간의 성질, 행렬의 고윳값과 관련 응용 등을 실에 구슬을 꿰듯 소개했다.

각 장의 마지막 절에는 해당 장의 이론을 실생활에서 이용하는 구체적인 예를 제시하였다. 이를 통해 공학계열 학생들은 막연하게 느끼던 응용 범위와 방법을 이해하며, 선형대수학을 활용하여 다양한 문제를 해결할 수 있을 것이다. 특히 인공지능과 빅데이터 등의 첨단 내용을 이해할 수 있도록 최신 내용을 추가하였다. 학생들이 주어진 내용을 잘 이해하도록 주석도 많이 제시하여 혼자서 공부하는 데 어려움이 없도록 했다.

필자들은 학생들이 선형대수학을 순차적으로 이해할 수 있도록 구조를 설계한 다음 집필했다. 다른 책에 비하여 논리적 구조가 탄탄하지만 새로운 기법을 다양하게 이용했기에 학생은 물론 강의자 역시 약간 어색하게 느낄 수 있다. 하지만 이 책에서 제시하는 구조가 선형대수학에서 구현되어야 할 실제적인 차례이다. 이와 같은 차례로 학습한다면, 어렵고 지루하게 느껴졌던 선형대수학에 새로운 매력이 있음을 느끼면서 좀 더 쉽고 분명하게 내용을 파악할 수 있을 것이다.

학생들이 본격적으로 자기 분야에서 활동할 10년 후를 생각해보자. 이전 방법으로 배운 내용 중 일부가 무용지물이 될 것임은 분명하고, 새롭게 알아야 할 지식은 폭발적으로 늘어나 있을 것이다. 이 책의 선형대수학의 내용과 응용은 단순히 오래 전의 지식을 전달하는 것에 그치지 않고 새로운 세상을 열어갈 수 있는 수학적 사고 능력을 배양해주고, 창의적이고 융합적인 사고로 4차 산업혁명 시대를 선도적으로 열어갈 길을 여러분에게 보여줄 것이다. 그러니 부디 수학책이라고 겁내지 말고, 마치 친구를 사귀듯 자신감을 갖고 학습하기를 바란다.

끝으로 아름다운 책이 되도록 애써주신 한빛아카데미(주) 관계자분들에게 감사를 드린다.

저자 일동

미리보기

누구를 위한 책인가

수학을 전공하는 학생을 비롯하여 공학을 전공하거나 일반 교양과목으로 선형대수학을 배우려는 학생들을 위한 책이다. 학습에 필요한 각 용어를 명확히 정의하고, 각 정의에 따른 여러 가지 정리를 자세하게 소개한 뒤 적절한 예제를 제공하여 선형대수학을 처음 접하는 학생들이 주어진 개념을 쉽게 이해할 수 있도록 했다.

이 책을 시작하려면

선형대수학은 각각의 세부 이론을 배우는 것도 중요하지만, 무엇보다 각 장들의 연계성을 파악하여 전체 흐름을 이해해야만 학습 의욕을 잃지 않고 나아갈 수 있다. 그러므로 1장부터 차근차근 학습해가며 각 장들의 연계성을 이해하기 바란다.

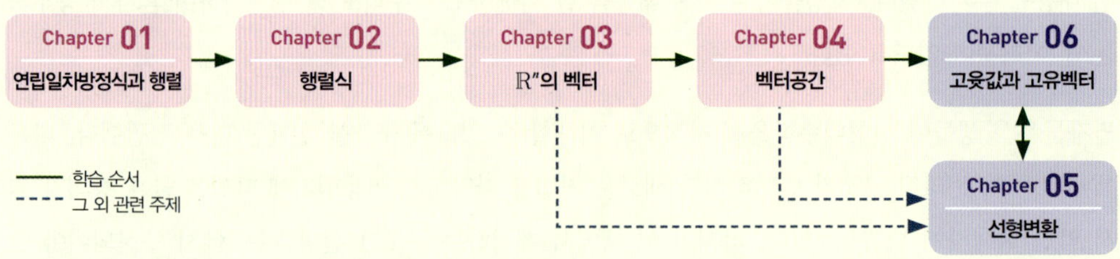

도입글

해당 장의 내용을 왜 배워야 하는지, 다른 장과 어떤 관계가 있는지 보여준다.

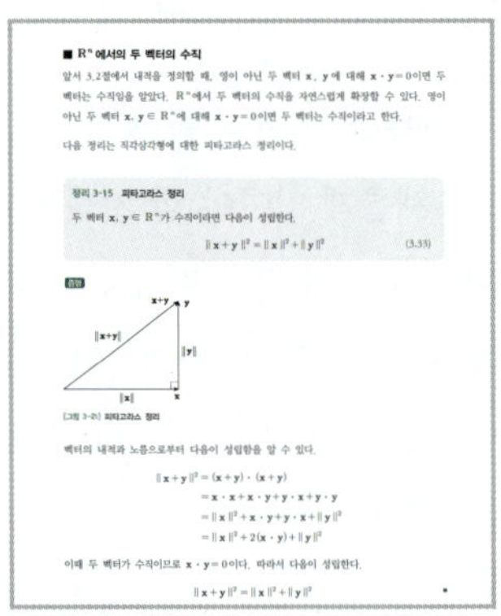

정리와 증명

해당 주제에서 기억해 두어야 할 중요한 개념과 수식을 정리하고, 증명 과정을 보여준다.

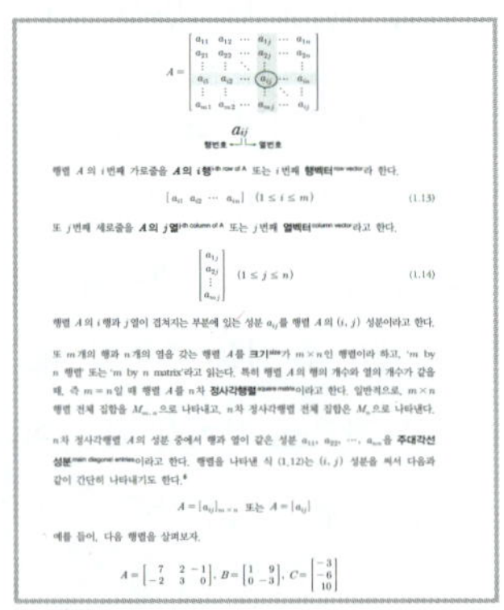

주요 용어와 수식

핵심이 되는 용어와 수식을 쉽게 확인할 수 있다.

이 책의 구성

❶ 연립일차방정식과 행렬(1장)

연립일차방정식의 정의를 살펴보고 연립일차방정식의 해를 구하는 가우스 소거법을 살펴본다. 행렬의 기본 연산, 행렬 연산의 성질과 역행렬 그리고 특별한 행렬을 소개한다.

❷ 행렬식(2장)

행렬식의 정의를 살펴보고 행렬식의 성질을 이용하여 행렬식을 구하는 과정을 소개한다. 여인수 전개를 통해 행렬식을 쉽게 계산하고, 여인수와 크래머 공식을 이용해 연립일차방정식의 해를 구하며, 다양한 응용 문제를 살펴본다.

❸ $\mathbb{R}^n$의 벡터(3장)

좌표평면과 좌표공간에서 정의되는 벡터의 정의와 연산을 학습하고, 벡터의 내적과 외적의 관계를 살펴본다. 또한 n차원 실수 공간으로 확장한 벡터에 대해서도 살펴본다.

❹ 벡터공간(4장)

벡터공간 $\mathbb{R}^n$과 부분공간의 차원을 정의하고 동차 연립일차방정식의 해의 존재성과 해공간의 기저를 알아본다. 또한 그램–슈미트의 정규직교화 과정과 QR–분해를 설명한다.

❺ 선형변환(5장)

벡터공간의 구조를 보존한다는 의미를 갖는 함수인 선형변환을 소개한다. 특히 두 유한차원 벡터공간 사이의 선형변환과 행렬과의 관계를 집중적으로 다룬다.

❻ 고윳값과 고유벡터(6장)

행렬의 고윳값을 알아보고, 이를 이용하여 주어진 행렬을 대각화하는 문제와 특잇값 분해를 다룬다. 특히 고윳값과 고유벡터를 이용하여 순위를 정하는 문제를 살펴본다.

- **강의자용 : 강의보조자료 다운로드**
  한빛출판네트워크 접속(http://www.hanbit.co.kr) → [교수전용] 클릭 → [강의자료] 클릭
- **학습자용 : 연습문제 정답 다운로드**
  한빛출판네트워크 접속(http://www.hanbit.co.kr) → [SUPPORT] 클릭 → [자료실] 클릭

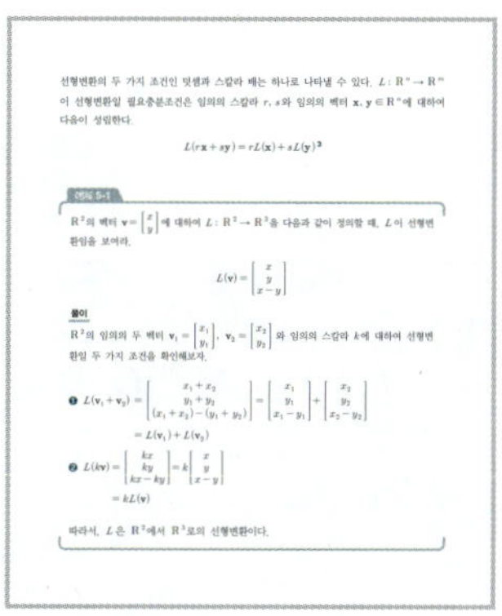

예제와 풀이

본문에서 다룬 개념을 적용한 문제와 상세한 풀이를 담았다.

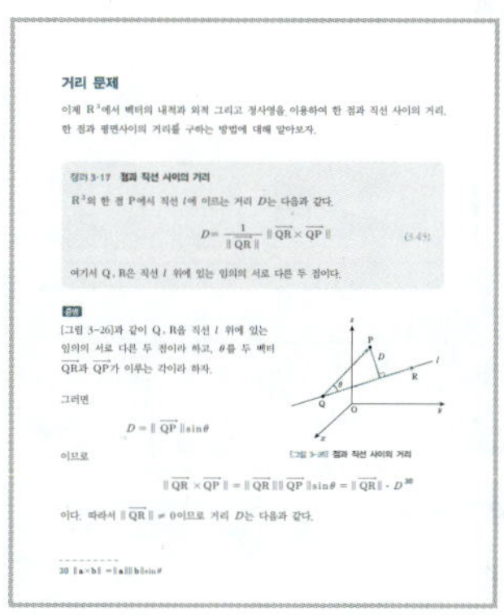

각주

내용을 이해하는 데 도움이 되는 공식이나 그림 등을 하단에 제시한다.

절별 연습문제

해당 절이 끝날 때마다 연습문제를 제시하여 학습 내용을 제대로 이해했는지 확인한다.

목차

지은이 소개 • 002

지은이 머리말 • 004

미리보기 • 006

Chapter 01 연립일차방정식과 행렬

1.1 연립일차방정식과 첨가행렬 • 012
1.2 가우스 소거법 • 024
1.3 행렬과 행렬의 기본 연산 • 041
1.4 행렬 연산의 성질 • 053
1.5 기본행렬을 이용한 역행렬 계산 • 064
1.6 역행렬을 이용한 연립일차방정식 풀이 • 072
1.7 특별한 행렬 • 079
1.8 연립일차방정식의 응용 • 094

Chapter 02 행렬식

2.1 행렬식의 정의와 성질 • 106
2.2 여인수 전개와 크래머 공식 • 130
2.3 행렬식의 응용 • 147

Chapter 03 $\mathbb{R}^n$의 벡터

3.1 벡터의 정의 • 164
3.2 벡터의 내적 • 181
3.3 벡터의 외적 • 193
3.4 n차원 벡터 • 204
3.5 벡터의 응용 • 218

Chapter 04 벡터공간

4.1 벡터공간과 부분공간 • 232
4.2 일차독립과 일차종속 • 245
4.3 부분공간의 기저와 차원 • 254
4.4 행렬의 계수 • 262
4.5 좌표벡터와 추이행렬 • 275
4.6 그램-슈미트의 정규직교화 과정 • 286
4.7 벡터공간의 응용 • 297

Chapter 05 선형변환

5.1 선형변환과 행렬 • 312
5.2 선형연산자의 기하학적 성질 • 323
5.3 선형변환의 성질 • 334
5.4 선형등장사상 • 347
5.5 선형변환의 합성과 역변환 • 357
5.6 행렬의 닮음 • 367
5.7 선형변환의 응용 • 378

Chapter 06 고윳값과 고유벡터

6.1 고윳값과 고유벡터 • 390
6.2 행렬의 대각화 • 404
6.3 대칭행렬의 직교대각화 • 413
6.4 특잇값 분해 • 420
6.5 고윳값과 고유벡터의 응용 • 428

찾아보기 • 438

Chapter

01

연립일차방정식과 행렬

System of Linear Equations and Matrices

Contents

연립일차방정식과 첨가행렬 _ 1.1

가우스 소거법 _ 1.2

행렬과 행렬의 기본 연산 _ 1.3

행렬 연산의 성질 _ 1.4

기본행렬을 이용한 역행렬 계산 _ 1.5

역행렬을 이용한 연립일차방정식 풀이 _ 1.6

특별한 행렬 _ 1.7

연립일차방정식의 응용 _ 1.8

Summary

이 장에서는 연립일차방정식, 해, 해집합, 첨가행렬 등 다양한 개념을 정의하고, 가우스 소거법으로 연립일차방정식을 풀어본다. 복잡한 연립일차방정식은 행렬을 이용해 해를 구하는데, 이를 위해 행렬의 기본적인 성질과 행렬연산을 살펴본다. 또한 역행렬과 특별한 행렬을 소개한다. 마지막으로, 이 장에서 배운 개념을 바탕으로 연립일차방정식이 다양하게 응용되는 사례를 살펴본다.

Section

1.1 연립일차방정식과 첨가행렬

일차방정식은 방정식의 가장 기본적인 형태로, 일차방정식을 여러 개 묶어 놓은 것이 연립일차방정식이다. 이 절에서는 연립일차방정식과 첨가행렬에 대해 살펴본다.

연립일차방정식이란?

방정식equation은 **미지수**unknown를 포함하는 등식이다. 예를 들어, 미지수 x, y에 대해 다음과 같은 등식은 모두 방정식이다.

$$2x+3y-1=0 \tag{1.1}$$

$$x^2+y^2=1 \tag{1.2}$$

방정식을 만족하는 미지수 값을 방정식의 **해**solution라고 한다. 이를테면 $x=-1$, $y=1$은 식 (1.1)의 한 해이고, $x=\dfrac{1}{\sqrt{2}}$, $y=-\dfrac{1}{\sqrt{2}}$은 식 (1.2)의 한 해이다. 주어진 방정식을 만족하는 모든 해들의 모임을 **해집합**solution set이라 하고, 방정식의 해집합을 구하는 것을 **방정식을 푼다**solving equation라고 한다.

특별히 방정식 중에서 미지수의 차수가 1인 방정식을 **일차방정식**linear equation이라고 한다. 일반적으로 n개의 미지수 $x_1, x_2, \cdots, x_n$과 실수 $a_1, a_2, \cdots, a_n$, b에 대해 다음과 같은 꼴로 표현하는 식을 일차방정식이라고 한다.

$$a_1x_1+a_2x_2+\cdots+a_nx_n=b \tag{1.3}$$

특히 $b=0$일 때 식 (1.3)은 다음과 같고, 상수항이 0인 방정식을 **동차방정식**homogeneous equation이라 한다.

$$a_1x_1+a_2x_2+\cdots+a_nx_n=0$$

예를 들어, $2x_1-3x_2+1=x_1$은 $x_1-3x_2=-1$과 같이 나타낼 수 있으므로 일차방정식이다. 그러나 $2x_1-3x_2=x_1x_2$, $x_2=3\sqrt{x_1}-1$, $\sin x=1$은 모두 일차방정식이 아니다. 또 $3x_1+\sqrt{2}\,x_2-\dfrac{1}{5}x_3=0$은 일차방정식이면서 동차방정식이다.

다음 예제를 통해 간단한 일차방정식의 해집합과 해를 구하는 방법을 알아보자.

예제 1-1

다음 일차방정식의 해집합을 구하고, 몇 개의 해를 찾아라.

(a) $7x-5y=-1$

(b) $6x-8y+10z=3$

풀이

(a) 미지수가 x, y로 2개이므로 주어진 식을 x에 대해 풀면 다음과 같다.[1]

$$x=\frac{5}{7}y-\frac{1}{7}$$

이 식에 $y=s\,(s\in\mathbb{R})$를 대입하면 $x=\frac{5}{7}s-\frac{1}{7}$을 얻을 수 있다. 따라서, 주어진 일차방정식의 해집합은 다음과 같다.

$$\left\{(x,\ y)\ \middle|\ x=\frac{5}{7}s-\frac{1}{7},\ y=s,\ s\in\mathbb{R}\right\}$$

여기서 s가 임의의 실수이므로 $s=1$일 때 $x=\frac{4}{7}$, $y=1$이다. 또 $s=0$일 때 $x=-\frac{1}{7}$, $y=0$이다. 즉, $\left(\frac{4}{7},\ 1\right)$, $\left(-\frac{1}{7},\ 0\right)$은 모두 주어진 일차방정식의 해이다.

(b) 미지수가 x, y, z로 3개이므로 주어진 식을 x에 대해 풀면 다음과 같다.

$$x=\frac{1}{2}+\frac{4}{3}y-\frac{5}{3}z$$

이 식에 $y=s,\ z=t\ \ (s,t\in\mathbb{R})$를 대입하면 $x=\frac{1}{2}+\frac{4}{3}s-\frac{5}{3}t$를 얻을 수 있다. 따라서, 주어진 일차방정식의 해집합은 다음과 같다.

$$\left\{(x,\ y,\ z)\ \middle|\ x=\frac{1}{2}+\frac{4}{3}s-\frac{5}{3}t,\ y=s,\ z=t,\ s,t\in\mathbb{R}\right\}$$

여기서 s, t는 실수이므로 $s=1$, $t=1$일 때 $x=\frac{1}{6}$, $y=1$, $z=1$이다. 즉, $\left(\frac{1}{6},\ 1,\ 1\right)$은 일차방정식의 한 해이다.

---

1 [예제 1-1(a)]의 풀이에서 변수 y는 임의의 실수로 선택할 수 있다. 이러한 변수를 **자유변수** free variables 라 한다. 마찬가지로 (b)의 풀이에서는 변수 y, z가 자유변수이다.

한편, 미지수 $x_1, x_2, \cdots, x_n$에 관한 유한개의 일차방정식의 모임인 다음과 같은 식 (1.4)를 **연립일차방정식**system of linear equations이라고 한다.

$$\begin{aligned} a_{11}x_1 + a_{12}x_2 + \cdots + a_{1n}x_n &= b_1 \\ a_{21}x_1 + a_{22}x_2 + \cdots + a_{2n}x_n &= b_2 \\ \vdots \qquad \vdots \qquad \vdots \qquad \vdots \quad &\quad \vdots \\ a_{m1}x_1 + a_{m2}x_2 + \cdots + a_{mn}x_n &= b_m \end{aligned} \tag{1.4}$$

다음은 연립일차방정식의 예이다.

❶ (식의 개수) = (미지수 개수)

$$\begin{aligned} x_1 + x_2 &= 3 \\ x_1 - x_2 &= 1 \end{aligned}$$

❷ (식의 개수) < (미지수 개수)

$$\begin{aligned} 4x_1 - x_2 + 3x_3 &= -1 \\ 3x_1 + x_2 + 9x_3 &= -4 \end{aligned}$$

❸ (식의 개수) > (미지수 개수)

$$\begin{aligned} x + 2y - 3z &= 4 \\ x + 3y + z &= 11 \\ 2x + 5y - 4z &= 13 \\ 2x + 6y + 2z &= 22 \end{aligned}$$

연립일차방정식 (1.4)에서 n개의 미지수 $x_1, x_2, \cdots, x_n$에 어떤 수 $s_1, s_2, \cdots, s_n$을 각각 대입했을 때, 각 방정식이 모두 성립하면 순서쌍 $(s_1, s_2, \cdots, s_n)$을 이 연립일차방정식의 **해**solution라고 한다. 연립일차방정식의 해 전체의 집합을 연립일차방정식의 **해집합**solution set이라고 하며, 동일한 해집합을 갖는 두 연립일차방정식을 **동치**equivalent라고 한다. 예를 들어, 다음 두 연립일차방정식은 모두 (3, 1)을 해로 가지므로 동치이다.

$$\begin{aligned} x + y &= 4 \\ x - y &= 2 \end{aligned} \qquad\qquad \begin{aligned} 2x + 2y &= 8 \\ 3x - 3y &= 6 \end{aligned}$$

연립일차방정식의 해집합

연립일차방정식의 해집합에 대해 좀 더 자세히 알아보자. 연립일차방정식의 해집합은 해를 갖지 않는 경우와 해를 갖는 경우로 나눌 수 있다. 그리고 해를 갖는 경우는 유일한 해를 갖는 경우와 무수히 많은 해를 갖는 경우로 나눌 수 있다. 지금부터 각각의 유형에 대해 예를 들어 살펴보자.

- 연립일차방정식
  - 해를 갖지 않는 경우
  - 해를 갖는 경우
    - 유일한 해
    - 무수히 많은 해

■ 해를 갖지 않는 경우

다음 연립일차방정식의 그래프를 평면에 나타내면 [그림 1-1]과 같은 직선 l_1, l_2가 된다.

$$\begin{aligned} 3x + 2y &= 12 \\ 3x + 2y &= \ \ 6 \end{aligned}$$

[그림 1-1]을 보면 두 직선은 서로 평행이기 때문에 교점이 없다. 따라서 주어진 연립일차방정식은 해를 갖지 않는다.

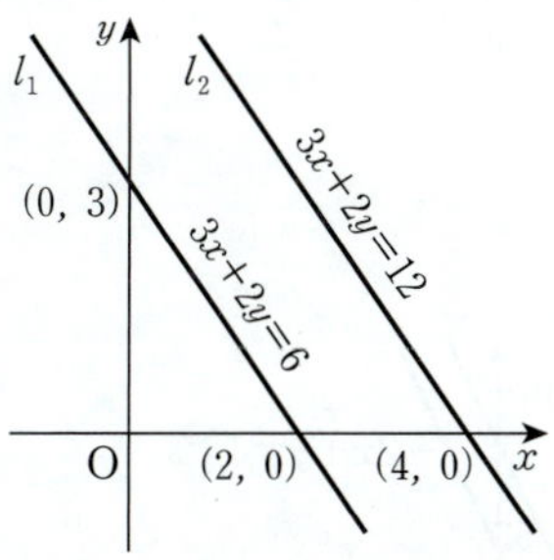

[그림 1-1] 해를 갖지 않는 경우

■ 해를 갖는 경우

해를 갖는 경우는 유일한 해를 갖는 경우와 무수히 많은 해를 갖는 경우로 나눌 수 있다.

(1) 유일한 해를 갖는 경우

다음과 같은 연립일차방정식의 그래프를 평면에 나타내면 [그림 1-2]와 같이 한 점 $(2, 3)$에서만 만나는 직선 l_3, l_4가 된다.

$$\begin{aligned} x - y &= -1 \\ 3x + y &= \ \ \ 9 \end{aligned}$$

[그림 1-2]를 보면 점 $(2, 3)$은 두 직선 l_3과 l_4 위에 있다. 따라서 주어진 연립일차방정식은 유일한 해 $(2, 3)$을 갖는다.

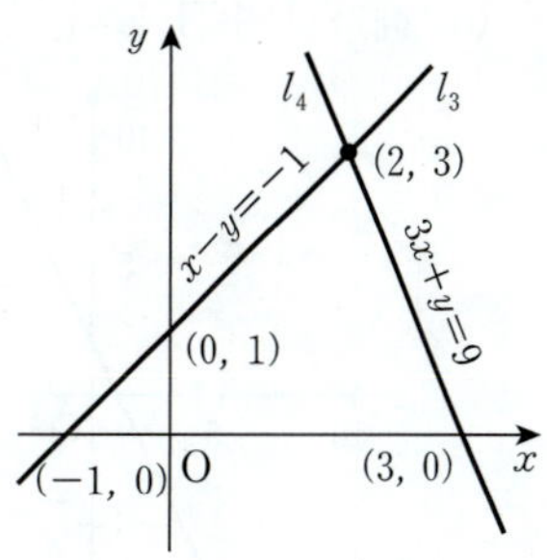

[그림 1-2] 유일한 해를 갖는 경우

(2) 무수히 많은 해를 갖는 경우

다음과 같은 연립일차방정식의 그래프를 평면에 나타내면 [그림 1-3]과 같이 직선 l_5, l_6이 된다.

$$\begin{aligned} x + y &= 2 \\ 3x + 3y &= 6 \end{aligned}$$

[그림 1-3]을 보면 두 직선은 일치한다. 따라서 주어진 연립일차방정식은 무수히 많은 해를 갖는다.

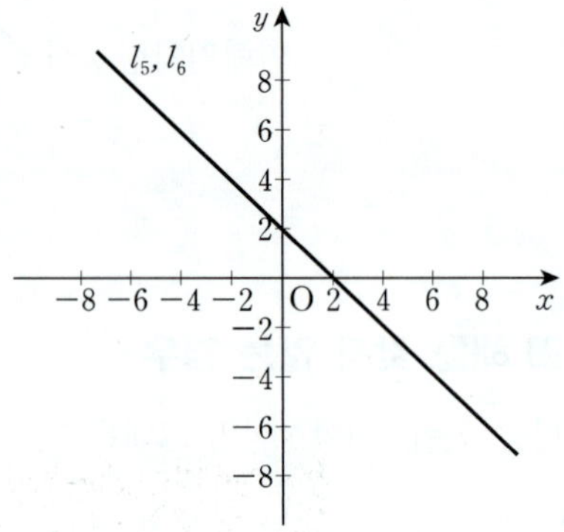

[그림 1-3] 무수히 많은 해를 갖는 경우

예제 1-2

다음 연립일차방정식의 그래프를 그려서 해집합을 확인하라.

(a) $\begin{aligned} x+y&=3 \\ x-y&=1 \end{aligned}$　　(b) $\begin{aligned} 2x-y&=-8 \\ -2x+y&=4 \end{aligned}$　　(c) $\begin{aligned} 2x-y&=-2 \\ -2x+y&=2 \end{aligned}$

풀이

(a) 해가 $(2, 1)$로 유일하다.

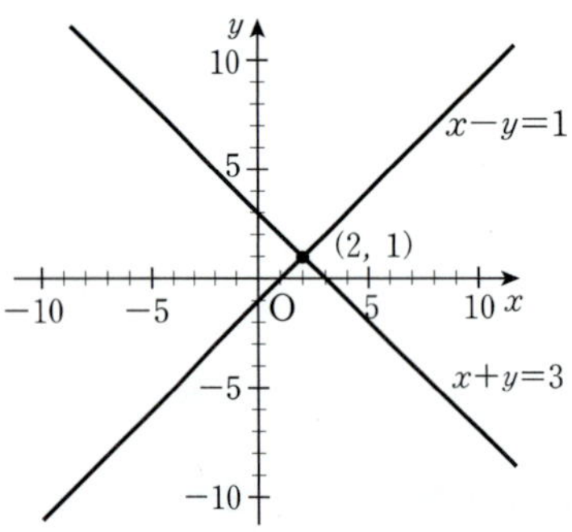

(b) 해가 없다.

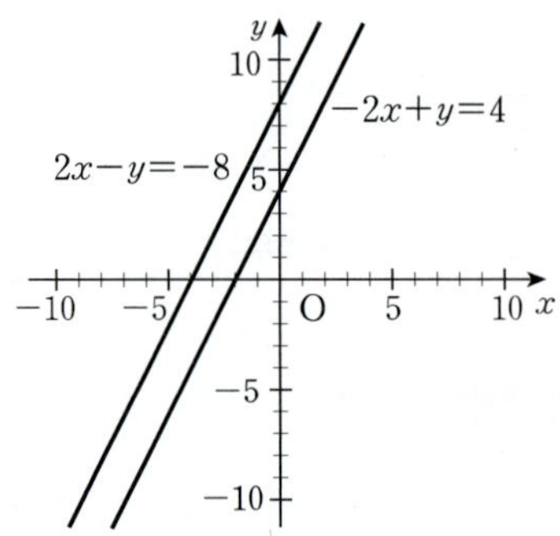

(c) 해가 무수히 많다.

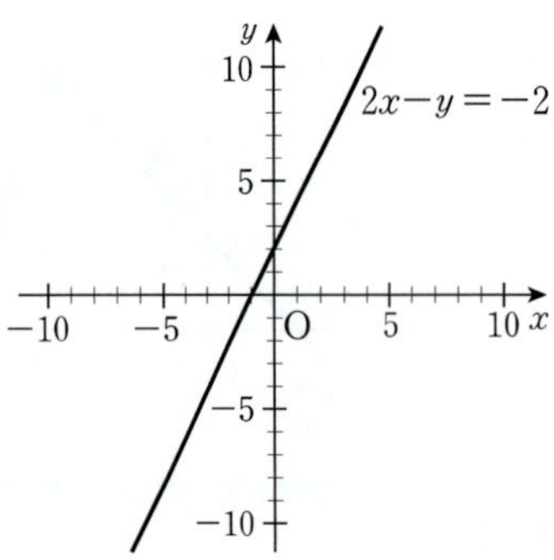

[예제 1-2(c)]의 $2x-y=-2$는 다음과 같이 정리할 수 있다.

$$y=2x+2 \tag{1.5}$$

그러면 임의의 실수 t에 대하여 $x=t$이면 $y=2t+2$이므로 식 (1.5)의 해를 $(t,\ 2t+2)$로 나타낼 수 있다. 이때 실수 t가 될 수 있는 값은 무수히 많으므로 일차방정식 (1.5)의 해는 무수히 많다.

계수만을 이용한 연립일차방정식의 풀이

그래프를 이용하여 연립방정식의 해를 구하는 방법을 알아보았다. 이제 연립일차방정식의 계수만을 이용하여 해를 구하는 방법을 살펴보자. 그러기 위해서는 먼저 연립일차방정식의 계수만을 표현하는 방법을 알아야 한다.

n개의 미지수를 갖는 m개의 일차방정식으로 이루어진 다음 연립일차방정식

$$\begin{matrix} a_{11}x_1 + a_{12}x_2 + \cdots + a_{1n}x_n = b_1 \\ a_{21}x_1 + a_{22}x_2 + \cdots + a_{2n}x_n = b_2 \\ \vdots \qquad \vdots \qquad\qquad \vdots \quad \vdots \\ a_{m1}x_1 + a_{m2}x_2 + \cdots + a_{mn}x_n = b_m \end{matrix} \tag{1.6}$$

에 대하여 그 계수만을 직사각형 모양으로 배열한 것을 **첨가행렬**augmented matrix이라고 하고, 첨가행렬의 가로줄을 **행**row, 세로줄을 **열**column이라 한다.[2] 즉, 다음은 연립일차방정식 (1.6)의 첨가행렬이다.

$$\left[\begin{array}{cccc:c} a_{11} & a_{12} & \cdots & a_{1n} & b_1 \\ a_{21} & a_{22} & \cdots & a_{2n} & b_2 \\ \vdots & \vdots & & \vdots & \vdots \\ a_{m1} & a_{m2} & \cdots & a_{mn} & b_m \end{array}\right]$$

식 (1.6)의 첨가행렬

$$\left[\begin{array}{cccc:c} a_{11} & a_{12} & \cdots & a_{1n} & b_1 \\ a_{21} & a_{22} & \cdots & a_{2n} & b_2 \\ \vdots & \vdots & & \vdots & \vdots \\ a_{m1} & a_{m2} & \cdots & a_{mn} & b_m \end{array}\right]$$

← 첨가행렬의 두 번째 행(2행)

첨가행렬의 첫 번째 열(1열)

어떤 연립일차방정식이 m개의 방정식과 n개의 미지수로 구성된다고 하자. 그러면 이 연립일차방정식의 첨가행렬은 m개의 행과 $n+1$개의 열로 이루어진다. 이때 첨가행렬의 i번째 행은 연립일차방정식을 구성하고 있는 i번째 일차방정식의 계수를 차례로 나타낸 것이고, $j(1 \le j \le n)$번째 열은 각 일차방정식에서 j번째 미지수 x_j에 대한 계수를 각각 나타낸다.

2 첨가행렬은 행렬의 한 종류이다. 행렬에 관한 정의와 성질은 1.3절에서 자세히 다룬다.

예제 1-3

다음 연립일차방정식은 첨가행렬로, 첨가행렬은 연립일차방정식으로 나타내라.

(a)
$$\begin{aligned} 3x \qquad\quad - z &= 0 \\ -\sqrt{3}x + 4y - 2z &= 1 \\ 3x + 5y - 2z &= 2 \end{aligned}$$

(b)
$$\begin{aligned} 7x + y + z - w &= \frac{2}{5} \\ x - 6y + 2z + w &= 1 \\ x - y - 5z \qquad &= -1 \end{aligned}$$

(c) $\left[\begin{array}{cc:c} -1 & 2 & -1 \\ 2 & 4 & 8 \end{array}\right]$

(d) $\left[\begin{array}{ccc:c} -1 & 0 & 4 & 1 \\ 4 & 2 & -3 & 2 \\ -3 & 2 & 1 & 1 \end{array}\right]$

풀이

(a) 주어진 연립일차방정식의 첨가행렬은 다음과 같다.

$$\left[\begin{array}{ccc:c} 3 & 0 & -1 & 0 \\ -\sqrt{3} & 4 & -2 & 1 \\ 3 & 5 & -2 & 2 \end{array}\right]$$

(b) 주어진 연립일차방정식의 첨가행렬은 다음과 같다.

$$\left[\begin{array}{cccc:c} 7 & 1 & 1 & -1 & \frac{2}{5} \\ 1 & -6 & 2 & 1 & 1 \\ 1 & -1 & -5 & 0 & -1 \end{array}\right]$$

(c) 첨가행렬은 두 개의 행과 세 개의 열을 가지므로 방정식과 미지수는 각각 두 개다. 미지수를 x, y라 하면 연립일차방정식은 다음과 같다.

$$\begin{aligned} -x + 2y &= -1 \\ 2x + 4y &= 8 \end{aligned}$$

(d) 첨가행렬은 세 개의 행과 네 개의 열을 가지므로 방정식과 미지수는 각각 세 개다. 미지수를 x, y, z라 하면 연립일차방정식은 다음과 같다.

$$\begin{aligned} -x \qquad + 4z &= 1 \\ 4x + 2y - 3z &= 2 \\ -3x + 2y + z &= 1 \end{aligned}$$

첨가행렬을 이용하여 연립일차방정식의 해를 구하는 과정을 알아보기 전에 먼저, 연립일차방정식을 변화시켜도 해집합이 변하지 않는지 살펴보자. 이때 연립일차방정식을 동치인 연립일차방정식으로 바꾸는 방법을 **기본 식 연산**이라고 한다.

기본 식 연산은 다음에 나오는 세 가지 방법이고, 연립일차방정식을 바꿀 때 필요에 따라 사용하면 된다.

❶ 두 식을 교환한다.

$$\begin{aligned} x+\ \ y+2z&=9 \\ 2x+4y-3z&=1 \\ 3x+6y-5z&=0 \end{aligned} \xrightarrow[\text{세 번째 식을 교환한다.}]{\text{두 번째 식과}} \begin{aligned} x+\ \ y+2z&=9 \\ 3x+6y-5z&=0 \\ 2x+4y-3z&=1 \end{aligned}$$

❷ 한 식의 양변에 0이 아닌 상수를 곱한다.

$$\begin{aligned} x+\ \ y+2z&=9 \\ 2x+4y-3z&=1 \\ 3x+6y-5z&=0 \end{aligned} \xrightarrow{\text{두 번째 식에 } \frac{1}{2} \text{을 곱한다.}} \begin{aligned} x+\ \ y+2z&=9 \\ x+2y-\frac{3}{2}z&=\frac{1}{2} \\ 3x+6y-5z&=0 \end{aligned}$$

❸ 한 식에 0이 아닌 상수를 곱하여 다른 식에 더한다.

$$\begin{aligned} x+\ \ y+2z&=9 \\ 2x+4y-3z&=1 \\ 3x+6y-5z&=0 \end{aligned} \xrightarrow[\text{두 번째 식에 더한다.}]{\text{첫 번째 식에 } -2\text{를 곱해서}} \begin{aligned} x+\ \ y+2z&=9 \\ 2y-7z&=-17 \\ 3x+6y-5z&=0 \end{aligned}$$

위의 세 가지 기본 식 연산에 의해 연립일차방정식을 변형해도, 해집합은 변하지 않으므로 동치이다. 마찬가지로 첨가행렬에 각 기본 식 연산을 시행하면 처음에 주어진 첨가행렬은 변하지만, 변한 연립일차방정식은 모두 동치이다. 연립일차방정식을 기본 식 연산으로 변형시킬 때, 첨가행렬을 다음과 같은 방법으로 변화시키는 것을 **기본 행 연산** elementary row operation이라고 한다.

기본 행 연산은 다음에 나오는 세 가지 방법을 필요에 따라 사용하면 된다.

> ❶ E_{ij} : i행과 j행을 교환한다.
>
> ❷ $E_i(c)$: i행에 0이 아닌 상수 c를 곱한다.
>
> ❸ $E_{ij}(c)$: i행에 0이 아닌 상수 c를 곱하여 j행에 더한다.

첨가행렬 A에 기본 행 연산을 시행하여 얻은 첨가행렬을 B라 하면 A와 B는 **행동치** row equivalent라고 한다.

예제 1-4

다음 첨가행렬들이 서로 행동치인지 확인하고, 그 이유를 설명하라.

$$A_1 = \left[\begin{array}{cc:c} 1 & 2 & -1 \\ 3 & 4 & 0 \end{array}\right], \quad A_2 = \left[\begin{array}{cc:c} 3 & 4 & 0 \\ 1 & 2 & -1 \end{array}\right],$$

$$A_3 = \left[\begin{array}{cc:c} 1 & 2 & -1 \\ 0 & -2 & 3 \end{array}\right], \quad A_4 = \left[\begin{array}{cc:c} 1 & 2 & -1 \\ 0 & 1 & -\frac{3}{2} \end{array}\right]$$

$$A_5 = \left[\begin{array}{cc:c} 1 & 0 & 2 \\ 0 & 1 & -\frac{3}{2} \end{array}\right]$$

풀이

첨가행렬 A_2 : A_1에 기본 행 연산 E_{12}를 시행한 결과

첨가행렬 A_3 : A_1에 기본 행 연산 $E_{12}(-3)$을 시행한 결과

첨가행렬 A_4 : A_3에 기본 행 연산 $E_2\left(-\frac{1}{2}\right)$을 시행한 결과

첨가행렬 A_5 : A_4에 기본 행 연산 $E_{21}(-2)$를 시행한 결과

따라서 첨가행렬 A_1, A_2, A_3, A_4, A_5는 모두 행동치이다.

이제 첨가행렬을 이용하여 연립일차방정식의 해를 구하는 일반적인 방법을 알아보자. 왼쪽은 연립일차방정식을 푸는 과정을 나타내고, 오른쪽은 기본 행 연산에 따른 연립일차방정식의 첨가행렬의 변화를 나타낸다.

$$\begin{aligned} x + y + 2z &= 9 \\ 2x + 4y - 3z &= 1 \\ 3x + 6y - 5z &= 0 \end{aligned} \qquad \left[\begin{array}{ccc:c} 1 & 1 & 2 & 9 \\ 2 & 4 & -3 & 1 \\ 3 & 6 & -5 & 0 \end{array}\right]$$

❶ 첫 번째 식에 -2를 곱하여 두 번째 식에 더한다.

$$\begin{aligned} x + y + 2z &= 9 \\ 2y - 7z &= -17 \\ 3x + 6y - 5z &= 0 \end{aligned} \quad \xrightarrow{E_{12}(-2)} \quad \left[\begin{array}{ccc:c} 1 & 1 & 2 & 9 \\ 0 & 2 & -7 & -17 \\ 3 & 6 & -5 & 0 \end{array}\right]$$

❷ 첫 번째 식에 -3을 곱하여 세 번째 식에 더한다.

$$\begin{aligned} x + y + 2z &= 9 \\ 2y - 7z &= -17 \\ 3y - 11z &= -27 \end{aligned} \quad \xrightarrow{E_{13}(-3)} \quad \left[\begin{array}{ccc:c} 1 & 1 & 2 & 9 \\ 0 & 2 & -7 & -17 \\ 0 & 3 & -11 & -27 \end{array}\right]$$

❸ 두 번째 식에 $\frac{1}{2}$을 곱한다.

$$\begin{aligned} x+\ y+\ 2\,z &= \ \ 9 \\ y-\frac{7}{2}z &= -\frac{17}{2} \\ 3y-11z &= -\ 27 \end{aligned} \quad \xrightarrow{E_2\left(\frac{1}{2}\right)} \quad \left[\begin{array}{ccc:c} 1 & 1 & 2 & 9 \\ 0 & 1 & -\frac{7}{2} & -\frac{17}{2} \\ 0 & 3 & -11 & -27 \end{array}\right]$$

❹ 두 번째 식에 -3을 곱하여 세 번째 식에 더한다.

$$\begin{aligned} x+y+\ 2\,z &= \ \ 9 \\ y-\frac{7}{2}z &= -\frac{17}{2} \\ -\frac{1}{2}z &= -\frac{3}{2} \end{aligned} \quad \xrightarrow{E_{23}(-3)} \quad \left[\begin{array}{ccc:c} 1 & 1 & 2 & 9 \\ 0 & 1 & -\frac{7}{2} & -\frac{17}{2} \\ 0 & 0 & -\frac{1}{2} & -\frac{3}{2} \end{array}\right]$$

❺ 세 번째 식에 -2를 곱한다.

$$\begin{aligned} x+y+\ 2\,z &= \ \ 9 \\ y-\frac{7}{2}z &= -\frac{17}{2} \\ z &= \ \ 3 \end{aligned} \quad \xrightarrow{E_3(-2)} \quad \left[\begin{array}{ccc:c} 1 & 1 & 2 & 9 \\ 0 & 1 & -\frac{7}{2} & -\frac{17}{2} \\ 0 & 0 & 1 & 3 \end{array}\right]$$

❻ z부터 차례로 식에 값을 대입하면 x, y, z는 각각 다음과 같다.

$$\begin{aligned} z &= 3 \\ y &= \frac{7}{2}z-\frac{17}{2}=2 \\ x &= 9-y-2z=1 \end{aligned}$$

따라서, 연립일차방정식의 해는 다음과 같다.

$$x=1,\ \ y=2,\ \ z=3$$

Chapter 1.1 연습문제

1~6. 다음 중에서 일차방정식인 것을 찾고, 일차방정식이 아니면 그 이유를 설명하라.

1. $x+5y-\sqrt{2}\,z=1$

2. $x+3y+xz=2$

3. $x=-7y+3z$

4. $x^{-2}+y+8z=5$

5. $xyz=x+2y$

6. $\pi x-\sqrt{2}\,y+\frac{1}{3}z=\sqrt[3]{7}$

7~11. 다음을 해집합으로 갖는 일차방정식을 하나 찾아라.

7. $x=5+2s,\ y=s \quad (s\in\mathbb{R})$

8. $x=s,\ y=\frac{1}{2}s-\frac{5}{2} \quad (s\in\mathbb{R})$

9. $x=-3+s,\ y=2s \quad (s\in\mathbb{R})$

10. $x=s,\ y=2s+6 \quad (s\in\mathbb{R})$

11. $x=t,\ y=\frac{1}{2}t-\frac{5}{2} \quad (t\in\mathbb{R})$

12~14. 그래프를 이용하여 다음 연립일차방정식의 해를 구하라.

12. $x+y=3,\ y-x=5$

13. $x+3y=1,\ 4x-y=3$

14. $3x+y=3,\ x+2y=1$

15~16. 그래프를 이용하여 다음 연립일차방정식의 해를 확인하라.

15. $x+2y=1,\ 2x-y=1,\ 4x+3y=3$

16. $x+y-3z=2,\ 2x+y+z=1,\ 3x+2y-2z=0$

17. 다음과 같이 2개의 변수 x, y에 대해 $k(k \geq 2)$개의 방정식으로 이루어진 연립일차방정식이 있다.

$$\begin{aligned} a_1x + b_1y &= c_1 \\ a_2x + b_2y &= c_2 \\ &\vdots \\ a_kx + b_ky &= c_k \end{aligned}$$

위의 연립일차방정식에 대해 다음의 경우에 직선의 위치관계를 설명하라.

(a) 해를 갖지 않는다.

(b) 유일한 해를 갖는다.

(c) 무수히 많은 해를 갖는다.

18~19. 다음 각 연립일차방정식을 첨가행렬로 나타내라.

18.
$$\begin{aligned} x_1 + 3x_2 - x_3 &= 1 \\ 2x_1 + 5x_2 + x_3 &= 5 \\ x_1 + x_2 + x_3 &= 3 \end{aligned}$$

19.
$$\begin{aligned} 2x \qquad\qquad + w &= 7 \\ 2x + 3y - 4z + 3w &= 3 \\ x \qquad + 3z \qquad &= 5 \end{aligned}$$

20~21. 첨가행렬이 다음과 같은 연립일차방정식을 구하라. (단, 미지수는 x_1, x_2, $\cdots$, x_n으로 놓아라.)

20.
$$\left[\begin{array}{ccc:c} 1 & 1 & 1 & 0 \\ 1 & 1 & 0 & 3 \\ 0 & 1 & 1 & 1 \end{array}\right]$$

21.
$$\left[\begin{array}{cccc:c} 1 & 1 & 3 & -3 & 0 \\ 0 & 2 & 1 & -3 & 3 \\ 1 & 0 & 2 & -1 & -1 \end{array}\right]$$

22. 다음 첨가행렬과 행동치인 첨가행렬 2개를 찾아라.

$$A = \left[\begin{array}{ccc:c} 2 & 0 & 4 & 2 \\ 3 & -2 & 5 & 6 \\ -1 & 3 & 1 & 1 \end{array}\right]$$

Section 1.2 가우스 소거법

연립일차방정식의 첨가행렬을 이용한 풀이는 기본 행 연산으로 수행된다. 따라서 첨가행렬에 기본 행 연산을 시행하여 얻어지는 행동치인 첨가행렬이 간단할수록 연립일차방정식의 해는 구하기 쉽다. 이 절에서는 첨가행렬에 기본 행 연산을 시행하여 연립일차방정식의 해를 얻는 방법에 대하여 살펴본다.

행 사다리꼴, 기약 행 사다리꼴

보통 연립일차방정식에서 계수에 0이 많으면 계산량이 상당히 줄어든다. 그렇다면 첨가행렬을 이용하여 연립일차방정식의 해를 구할 때, 첨가행렬을 0이 많은 형태로 바꾸면 계산 과정이 간단해지지 않을까? 이와 같은 형태를 행 사다리꼴, 기약 행 사다리꼴이라 한다. 그 성질과 변형 과정을 살펴보자.

■ 행 사다리꼴, 기약 행 사다리꼴의 성질

$m \times n$ 첨가행렬 A가 성질 ❶~❸을 만족할 때, 첨가행렬 A를 **행 사다리꼴(REF)** Row Echelon Form이라고 한다.

❶ 성분이 모두 0인 행이 존재하면 그 행은 첨가행렬의 맨 아래로 놓는다.

❷ 각 행에서 처음으로 나타나는 0이 아닌 성분은 1이다. 이때 1을 그 행의 **선행성분** leading entry이라고 한다.

❸ i행과 $(i+1)$행 모두에 선행성분이 존재하면 $(i+1)$행의 선행성분은 i행의 선행성분보다 오른쪽으로 놓는다.

$$\left(\begin{array}{ccccccc:c} 1 & * & 0 & 0 & * & * & 0 & * \\ 0 & 0 & 1 & 0 & * & * & 0 & * \\ 0 & 0 & 0 & 1 & * & * & 0 & * \\ 0 & 0 & 0 & 0 & 0 & 0 & 1 & * \\ 0 & 0 & 0 & 0 & 0 & 0 & 0 & 0 \\ 0 & 0 & 0 & 0 & 0 & 0 & 0 & 0 \end{array}\right)$$

또 첨가행렬 A가 행 사다리꼴이고 성질 ❹까지 만족하면 첨가행렬 A를 **기약 행 사다리꼴(RREF)** Reduced Row Echelon Form이라고 한다.

❹ 어떤 행의 선행성분을 포함하는 열의 다른 성분은 모두 0이다.

앞으로 행 사다리꼴은 간단히 REF로, 기약 행 사다리꼴은 RREF로 나타내기로 한다.

예제 1-5

다음 첨가행렬이 REF 또는 RREF인지 판단하라.

$$A=\left[\begin{array}{ccc|c}1&5&3&-4\\0&1&-9&7\\0&0&1&-1\end{array}\right],\quad B=\left[\begin{array}{cc|c}1&-2&3\\0&1&-4\\0&0&1\end{array}\right],\quad C=\left[\begin{array}{ccc|c}1&0&0&3\\0&1&0&4\\0&0&1&1\end{array}\right]$$

$$D=\left[\begin{array}{ccc|c}1&5&3&-2\\0&0&0&0\\0&0&1&-3\end{array}\right],\quad E=\left[\begin{array}{ccc|c}1&2&-3&4\\0&2&-2&5\\0&0&1&-2\end{array}\right],\quad F=\left[\begin{array}{cc|c}1&0&0\\0&1&0\\0&0&1\end{array}\right]$$

$$G=\left[\begin{array}{ccc|c}1&0&3&4\\0&1&-2&5\\0&1&2&-2\\0&0&0&0\end{array}\right],\quad H=\left[\begin{array}{cc|c}0&0&0\\0&0&0\end{array}\right]$$

풀이

A, B, C, F, H는 ❶, ❷, ❸을 만족하므로 REF이다. 특히 C, F, H는 ❹도 만족하므로 RREF이다. 첨가행렬 D는 ❶을, E는 ❷를, G는 ❸을 만족하지 않으므로 REF가 아니다.

■ 행 사다리꼴, 기약 행 사다리꼴의 변형 과정

이제 첨가행렬을 행 사다리꼴 또는 기약 행 사다리꼴로 변형하는 과정을 살펴보자. 주어진 첨가행렬은 다음과 같은 단계를 따르면 쉽게 기약 행 사다리꼴로 변형할 수 있다.

❶ 성분이 적어도 하나는 0이 아닌 가장 왼쪽 열을 찾는다.

❷ 이전 단계에서 찾은 열의 가장 위에 있는 성분이 0일 때에는 그 열의 위에서부터 처음으로 0이 아닌 성분을 포함하는 행과 1행을 교환한다. 이를 A_1이라 하자.

❸ A_1의 1행의 첫 번째 성분을 1로 만들기 위해 A_1의 1행을 첫 번째 성분으로 나눈다. 이를 A_2라 하자.

❹ A_2의 1행의 첫 번째 성분 1을 이용하여 기본 행 연산 $E_{1j}(c)$를 사용하여 아래 성분을 모두 0으로 만든다. 이를 A_3라 하자.

❺ A_3의 1행을 제외한 나머지를 B라 하고 ❶~❹를 반복한다.

❻ REF에서 각 행의 첫 번째 1 위의 모든 성분을 0으로 만들면 RREF를 얻는다.

첨가행렬을 변형하는 과정을 다음 예제로 살펴보자.

예제 1-6

다음 첨가행렬 A의 REF와 RREF를 각각 구하라.

$$A = \left[\begin{array}{ccc:c} 0 & 2 & -7 & -17 \\ 2 & 2 & 4 & 18 \\ 3 & 6 & -5 & 0 \end{array}\right]$$

풀이

❶ 성분이 적어도 하나는 0이 아닌 가장 왼쪽 열을 찾는다. 여기에서는 1열이다.

❷ 이전 단계에서 찾은 열의 가장 위에 있는 성분이 0일 때에는 그 열의 위에서부터 처음으로 0이 아닌 성분을 포함하는 행과 1행을 교환한다. 이를 A_1이라 하자.

$$A_1 = \left[\begin{array}{ccc:c} 2 & 2 & 4 & 18 \\ 0 & 2 & -7 & -17 \\ 3 & 6 & -5 & 0 \end{array}\right]$$

❸ A_1의 1행의 첫 번째 성분을 1로 만들기 위해 A_1의 1행을 첫 번째 성분으로 나눈다. 이를 A_2라 하자.

$$A_2 = \left[\begin{array}{ccc:c} 1 & 1 & 2 & 9 \\ 0 & 2 & -7 & -17 \\ 3 & 6 & -5 & 0 \end{array}\right]$$

❹ A_2의 1행의 첫 번째 성분인 1을 이용하여 기본 행 연산 $E_{13}(-3)$을 수행하여 아래 성분을 모두 0으로 만든다. 이를 A_3라 하자.

$$A_3 = \left[\begin{array}{ccc:c} 1 & 1 & 2 & 9 \\ 0 & 2 & -7 & -17 \\ 0 & 3 & -11 & -27 \end{array}\right]$$

❺ A_3의 1행을 제외한 나머지를 B라 하고, ❶ ~ ❹를 반복한다.

$$B = \left[\begin{array}{ccc:c} 0 & 2 & -7 & -17 \\ 0 & 3 & -11 & -27 \end{array}\right] \xrightarrow{E_1\left(\frac{1}{2}\right)} B_1 = \left[\begin{array}{ccc:c} 0 & 1 & -\frac{7}{2} & -\frac{17}{2} \\ 0 & 3 & -11 & -27 \end{array}\right]$$

$$\xrightarrow{E_{12}(-3)} B_2 = \left[\begin{array}{ccc:c} 0 & 1 & -\frac{7}{2} & -\frac{17}{2} \\ 0 & 0 & -\frac{1}{2} & -\frac{3}{2} \end{array}\right]$$

$$\xrightarrow{E_2(-2)} B_3 = \left[\begin{array}{ccc:c} 0 & 1 & -\frac{7}{2} & -\frac{17}{2} \\ 0 & 0 & 1 & 3 \end{array}\right]$$

따라서 다음과 같은 A의 REF를 얻는다.

$$\mathrm{REF}(A)=\left[\begin{array}{ccc:c}1 & 1 & 2 & 9\\ 0 & 1 & -\frac{7}{2} & -\frac{17}{2}\\ 0 & 0 & 1 & 3\end{array}\right]$$

❻ REF에서 각 행의 첫 번째 1 위의 모든 성분을 0으로 만들면 RREF를 얻는다.

$$\mathrm{REF}(A)=\left[\begin{array}{ccc:c}1 & 1 & 2 & 9\\ 0 & 1 & -\frac{7}{2} & -\frac{17}{2}\\ 0 & 0 & 1 & 3\end{array}\right]\xrightarrow{E_{21}(-1)}\left[\begin{array}{ccc:c}1 & 0 & \frac{11}{2} & \frac{35}{2}\\ 0 & 1 & -\frac{7}{2} & -\frac{17}{2}\\ 0 & 0 & 1 & 3\end{array}\right]$$

$$\xrightarrow{E_{32}\left(\frac{7}{2}\right)}\left[\begin{array}{ccc:c}1 & 0 & \frac{11}{2} & \frac{35}{2}\\ 0 & 1 & 0 & 2\\ 0 & 0 & 1 & 3\end{array}\right]$$

$$\xrightarrow{E_{31}\left(-\frac{11}{2}\right)}\left[\begin{array}{ccc:c}1 & 0 & 0 & 1\\ 0 & 1 & 0 & 2\\ 0 & 0 & 1 & 3\end{array}\right]$$

그러므로 $\mathrm{RREF}(A)=\left[\begin{array}{ccc:c}1 & 0 & 0 & 1\\ 0 & 1 & 0 & 2\\ 0 & 0 & 1 & 3\end{array}\right]$이다.

첨가행렬이 다음과 같은 연립일차방정식을 생각해보자.

$$\left[\begin{array}{cccc:c}1 & 0 & 0 & 0 & -9\\ 0 & 1 & 0 & 0 & 0\\ 0 & 0 & 1 & 0 & \sqrt{5}\\ 0 & 0 & 0 & 1 & 1\end{array}\right]$$

이 첨가행렬을 연립일차방정식으로 나타내면 다음과 같다.

$$\begin{array}{llllcr}x_1 & & & & = & -9\\ & x_2 & & & = & 0\\ & & x_3 & & = & \sqrt{5}\\ & & & x_4 & = & 1\end{array}$$

즉, 이 연립일차방정식은 유일한 해 $x_1=-9$, $x_2=0$, $x_3=\sqrt{5}$, $x_4=1$을 갖는다.

예제 1-7

다음과 같은 첨가행렬을 갖는 연립일차방정식의 해를 구하라.

(a) $\left[\begin{array}{ccc:c} 1 & 0 & 0 & 0 \\ 0 & 1 & -3 & 0 \\ 0 & 0 & 0 & 1 \end{array}\right]$ (b) $\left[\begin{array}{ccc:c} 1 & 0 & 2 & -1 \\ 0 & 1 & -3 & 1 \\ 0 & 0 & 0 & 0 \end{array}\right]$

풀이

(a) 첨가행렬의 3행을 일차방정식으로 나타내면 다음과 같다.

$$0x+0y+0z=1$$

미지수 x, y, z에 어떤 수를 대입해도 이 식은 성립하지 않으므로 이 연립일차방정식은 해가 없다.

(b) 첨가행렬을 연립일차방정식으로 나타내자.

$$\begin{aligned} x + \quad\ 2z &= -1 \\ y - 3z &= \ \ \ 1 \end{aligned}$$

임의의 실수 t에 대하여 $z=t$라고 하면

$$\begin{aligned} x &= -1-2t \\ y &= 1 \quad\ +3t \end{aligned}$$

따라서 연립일차방정식은 무수히 많은 해 $x=-1-2t$, $y=1+3t$, $z=t$ $(t\in\mathbb{R})$를 갖는다.

가우스 소거법과 가우스-조르단 소거법

이제 세 가지 기본 행 연산을 이용하여 일반적인 연립일차방정식의 해집합을 구하는 가우스 소거법에 대하여 살펴보자. 기본 행 연산에 의해 변형된 두 연립일차방정식은 해집합이 같으므로 기본 행 연산에 의하여 변형된 REF에 대응되는 연립방정식의 해집합과 동치이다.

예제 1-8

행렬 $A=\left[\begin{array}{ccc:c} 0 & 2 & -7 & -17 \\ 2 & 2 & 4 & 18 \\ 3 & 6 & -5 & 0 \end{array}\right]$를 첨가행렬로 갖는 연립일차방정식의 해를 구하라.

풀이

행렬 $A=\left[\begin{array}{ccc|c} 0 & 2 & -7 & -17 \\ 2 & 2 & 4 & 18 \\ 3 & 6 & -5 & 0 \end{array}\right]$ 를 첨가행렬로 갖는 연립일차방정식은 식이 세 개, 미지수가 세 개인 연립방정식이다.

$$\begin{aligned} 2y-7z&=-17 \\ 2x+2y+4z&=18 \\ 3x+6y-5z&=0 \end{aligned}$$

이 연립일차방정식의 첨가행렬을 REF로 변형하면 다음과 같다.

$$\mathrm{REF}(A)=\left[\begin{array}{ccc|c} 1 & 1 & 2 & 9 \\ 0 & 1 & -\frac{7}{2} & -\frac{17}{2} \\ 0 & 0 & 1 & 3 \end{array}\right]$$

이에 대응하는 연립일차방정식은 다음과 같다.

$$\begin{aligned} x+y+2z&=9 \\ y-\frac{7}{2}z&=-\frac{17}{2} \\ z&=3 \end{aligned}$$

따라서 구하는 해는 $x=1$, $y=2$, $z=3$이다.[3]

앞에서 살펴본 내용을 정리해보자. 첨가행렬을 REF로 변형하면 연립일차방정식의 해를 구할 수 있다. 이와 같이 연립일차방정식의 첨가행렬을 기본 행 연산을 시행하여 행 사다리꼴 행렬로 변형한 다음, 마지막 식부터 거꾸로 미지수의 값을 대입하여 해집합을 구하는 것을 **가우스 소거법**Gaussian elimination이라고 한다.

예제 1-9

가우스 소거법을 이용하여 다음 연립일차방정식의 해를 구하라.

$$\begin{aligned} x+2y+3z&=9 \\ 2x-y+z&=8 \\ 3x-z&=3 \end{aligned}$$

풀이

먼저, 이 연립일차방정식을 첨가행렬로 나타내자.

$$\left[\begin{array}{ccc|c} 1 & 2 & 3 & 9 \\ 2 & -1 & 1 & 8 \\ 3 & 0 & -1 & 3 \end{array}\right]$$

3 마지막 식에서부터 거꾸로 미지수의 값을 대입하여 해집합을 구하는 방법을 **후방대입법**backward substitution이라고 한다.

기본 행 연산을 수행해 REF를 구하면 다음과 같다.

$$\left[\begin{array}{ccc:c} 1 & 2 & 3 & 9 \\ 2 & -1 & 1 & 8 \\ 3 & 0 & -1 & 3 \end{array}\right] \xrightarrow[E_{13}(-3)]{E_{12}(-2)} \left[\begin{array}{ccc:c} 1 & 2 & 3 & 9 \\ 0 & -5 & -5 & -10 \\ 0 & -6 & -10 & -24 \end{array}\right]$$

$$\xrightarrow{E_2\left(-\frac{1}{5}\right)} \left[\begin{array}{ccc:c} 1 & 2 & 3 & 9 \\ 0 & 1 & 1 & 2 \\ 0 & -6 & -10 & -24 \end{array}\right]$$

$$\xrightarrow{E_{23}(6)} \left[\begin{array}{ccc:c} 1 & 2 & 3 & 9 \\ 0 & 1 & 1 & 2 \\ 0 & 0 & -4 & -12 \end{array}\right]$$

$$\xrightarrow{E_3\left(-\frac{1}{4}\right)} \left[\begin{array}{ccc:c} 1 & 2 & 3 & 9 \\ 0 & 1 & 1 & 2 \\ 0 & 0 & 1 & 3 \end{array}\right]$$

이 행렬을 첨가행렬로 갖는 연립일차방정식은 다음과 같다.

$$\begin{aligned} x+2y+3z &= 9 \\ y+\ z &= 2 \\ z &= 3 \end{aligned}$$

마지막 식부터 거꾸로 미지수의 값을 대입하여 위 식을 풀면, 해는 $x=2,\ y=-1,\ z=3$ 이 된다.

또 첨가행렬을 REF에서 RREF로 변형하여 해집합을 구하는 것을 **가우스-조르단 소거법**Gauss-Jordan elimination이라고 한다.

예제 1-10

가우스-조르단 소거법을 이용하여 다음 연립일차방정식의 해를 구하라.

$$\begin{array}{rcrcrcrcrcrcr} x_1 & + & 3x_2 & - & 2x_3 & & & + & 2x_5 & & & = & 0 \\ 2x_1 & + & 6x_2 & - & 5x_3 & - & 2x_4 & + & 4x_5 & - & 3x_6 & = & -1 \\ & & & & 5x_3 & + & 10x_4 & & & + & 15x_6 & = & 5 \\ 2x_1 & + & 6x_2 & & & + & 8x_4 & + & 4x_5 & + & 18x_6 & = & 6 \end{array}$$

풀이

주어진 연립일차방정식의 첨가행렬을 RREF로 변형하면 다음과 같다.

$$\left[\begin{array}{cccccc:c} 1 & 3 & -2 & 0 & 2 & 0 & 0 \\ 2 & 6 & -5 & -2 & 4 & -3 & -1 \\ 0 & 0 & 5 & 10 & 0 & 15 & 5 \\ 2 & 6 & 0 & 8 & 4 & 18 & 6 \end{array}\right] \xrightarrow[E_{14}(-2)]{E_{12}(-2)} \left[\begin{array}{cccccc:c} 1 & 3 & -2 & 0 & 2 & 0 & 0 \\ 0 & 0 & -1 & -2 & 0 & -3 & -1 \\ 0 & 0 & 5 & 10 & 0 & 15 & 5 \\ 0 & 0 & 4 & 8 & 0 & 18 & 6 \end{array}\right]$$

$$\xrightarrow[E_{23}(-5),\ E_{24}(-4)]{E_2(-1)} \left[\begin{array}{cccccc:c} 1 & 3 & -2 & 0 & 2 & 0 & 0 \\ 0 & 0 & 1 & 2 & 0 & 3 & 1 \\ 0 & 0 & 0 & 0 & 0 & 0 & 0 \\ 0 & 0 & 0 & 0 & 0 & 6 & 2 \end{array}\right]$$

$$\xrightarrow[E_3\left(\frac{1}{6}\right)]{E_{34}} \left[\begin{array}{cccccc:c} 1 & 3 & -2 & 0 & 2 & 0 & 0 \\ 0 & 0 & 1 & 2 & 0 & 3 & 1 \\ 0 & 0 & 0 & 0 & 0 & 1 & \frac{1}{3} \\ 0 & 0 & 0 & 0 & 0 & 0 & 0 \end{array}\right]$$

$$\xrightarrow{E_{21}(2)} \left[\begin{array}{cccccc:c} 1 & 3 & 0 & 4 & 2 & 6 & 2 \\ 0 & 0 & 1 & 2 & 0 & 3 & 1 \\ 0 & 0 & 0 & 0 & 0 & 1 & \frac{1}{3} \\ 0 & 0 & 0 & 0 & 0 & 0 & 0 \end{array}\right]$$

$$\xrightarrow[E_{32}(-3)]{E_{31}(-6)} \left[\begin{array}{cccccc:c} 1 & 3 & 0 & 4 & 2 & 0 & 0 \\ 0 & 0 & 1 & 2 & 0 & 0 & 0 \\ 0 & 0 & 0 & 0 & 0 & 1 & \frac{1}{3} \\ 0 & 0 & 0 & 0 & 0 & 0 & 0 \end{array}\right]$$

이 행렬을 첨가행렬로 갖는 연립일차방정식은 다음과 같다.

$$\begin{aligned} x_1 + 3x_2 + \qquad 4x_4 + 2x_5 \quad &= 0 \\ x_3 + 2x_4 \qquad\quad &= 0 \\ x_6 &= \frac{1}{3} \end{aligned}$$

이때 $x_2 = r,\ x_4 = s,\ x_5 = t\ (r, s, t$는 임의의 실수)라 하면, 구하는 해는 다음과 같다.[4]

$$x_1 = -3r - 4s - 2t,\ \ x_2 = r,\ \ x_3 = -2s$$

$$x_4 = s,\ \ x_5 = t,\ \ x_6 = \frac{1}{3}$$

동차 연립일차방정식

임의의 상수 a, b에 대하여 일차방정식 $x + y = a$의 해는 $y = -x + a$를 만족하는 순서쌍 (x, y) 전체이고, 모든 해를 좌표평면 위에 나타내면 [그림 1-4]와 같다. 또 일차방정식 $x - y = b$의 해는 $y = x - b$를 만족하는 순서쌍 (x, y) 전체이고, 모든 해를 좌표평면 위에 나타내면 [그림 1-5]와 같다.

4 행렬의 REF는 유일하지 않지만 RREF는 유일하므로, 해집합을 구하는 표준화된 방법은 가우스-조르단 소거법이다.

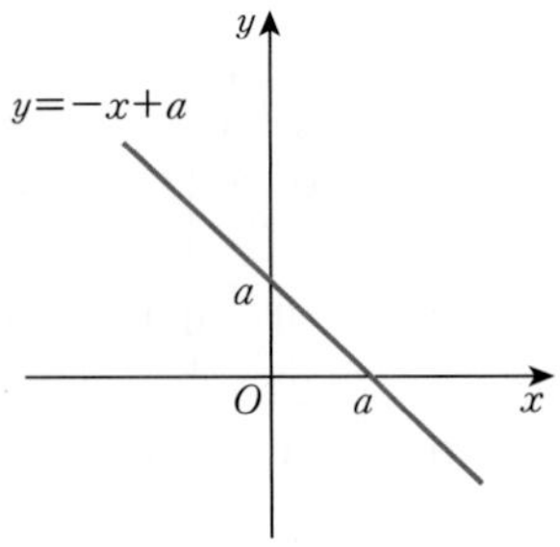

[그림 1-4] **직선 $y = -x+a$**

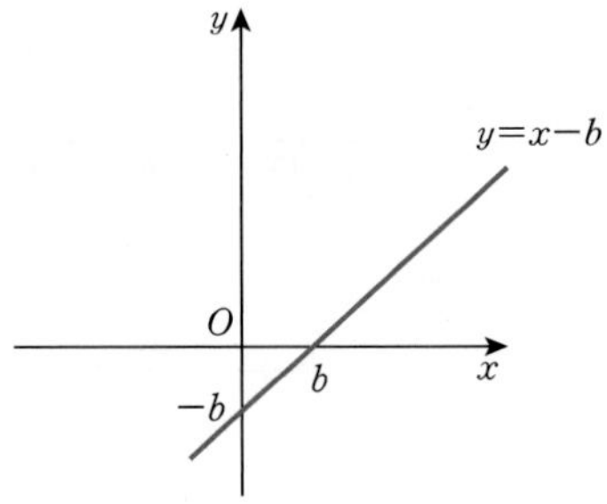

[그림 1-5] **직선 $y = x-b$**

두 개의 일차방정식 $x+y=a$, $x-y=b$로 연립일차방정식을 만들면, 연립일차방정식의 해는 [그림 1-6]에서 볼 수 있듯이 [그림 1-4]와 [그림 1-5]의 두 직선 그래프의 교점 $(\frac{a+b}{2}, \frac{a-b}{2})$이다.

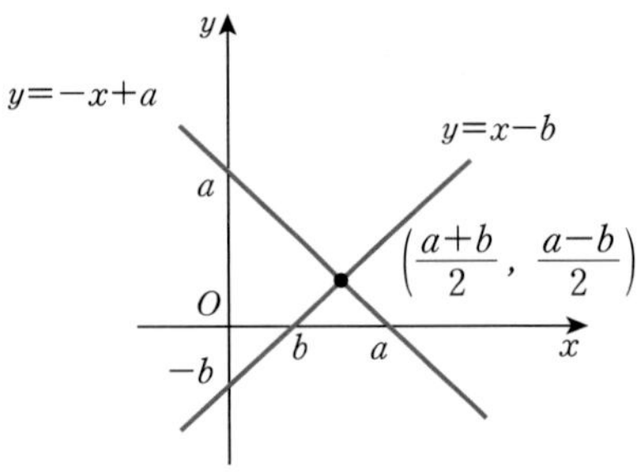

[그림 1-6] **두 직선의 교점**

두 개의 일차방정식 $x+y=a$, $x-y=b$로 이루어진 연립일차방정식은 a, b와 상관없이 항상 유일한 해 $(\frac{a+b}{2}, \frac{a-b}{2})$를 갖는다. 이것은 $a=0$, $b=0$일 때도 마찬가지이기 때문에 이 연립일차방정식의 해가 어떤 형태인지를 알기 위하여 일부러 복잡한 수 a, b를 택할 필요가 없다. 즉, 임의의 상수 a, b에 대하여 다음 연립일차방정식 (1.7)의 해가 어떤 형태인지는 $a=0$, $b=0$일 때만 생각하면 된다.

$$\begin{aligned} x+y &= a \\ x-y &= b \end{aligned} \tag{1.7}$$

따라서 다음과 같은 특별한 연립일차방정식 (1.8)의 성질만 알면 일반적인 연립일차방정식 (1.7)에 대한 많은 정보를 얻을 수 있다.

$$\begin{aligned} x+y &= 0 \\ x-y &= 0 \end{aligned} \tag{1.8}$$

이제 연립일차방정식 (1.8)과 같이 일차방정식들의 우변이 모두 0인 경우를 알아보자.

n개의 미지수 $x_1, x_2, \cdots, x_n$에 관한 m개의 동차방정식으로 이루어진 다음과 같은 연립일차방정식을 **동차 연립일차방정식** homogeneous system of linear equations[5]이라 한다.

$$\begin{aligned} a_{11}x_1 + a_{12}x_2 \ + \ \cdots \ + a_{1n}x_n &= 0 \\ a_{21}x_1 + a_{22}x_2 \ + \ \cdots \ + a_{2n}x_n &= 0 \\ \vdots \qquad\quad \vdots \qquad\quad \vdots \qquad\quad \vdots \quad &\quad \vdots \\ a_{m1}x_1 + a_{m2}x_2 + \ \cdots \ + a_{mn}x_n &= 0 \end{aligned} \tag{1.9}$$

동차 연립일차방정식인 식 (1.9)에 $x_1 = 0, x_2 = 0, \cdots, x_n = 0$을 대입하면 모든 방정식이 성립하므로 이것은 연립일차방정식 (1.9)의 해이다. 이 해를 **자명한 해** trivial solution라고 하며, x_i 중에서 0이 아닌 것이 적어도 하나 있는 경우의 해를 **자명하지 않은 해** nontrivial solution라고 한다.

예제 1-11

다음 동차 연립일차방정식의 해를 구하라.

(a) $\begin{aligned} 2x - 3y &= 0 \\ x + 3y &= 0 \end{aligned}$

(b) $\begin{aligned} 2x - \ \ y &= 0 \\ 6x - 3y &= 0 \end{aligned}$

풀이

(a) 첨가행렬은 다음과 같다.

$$\left[\begin{array}{cc:c} 2 & -3 & 0 \\ 1 & 3 & 0 \end{array}\right]$$

첨가행렬에 기본 행 연산을 시행해 REF를 구해보자.

$$\left[\begin{array}{cc:c} 2 & -3 & 0 \\ 1 & 3 & 0 \end{array}\right] \xrightarrow{E_{12}} \left[\begin{array}{cc:c} 1 & 3 & 0 \\ 2 & -3 & 0 \end{array}\right] \xrightarrow{E_{12}(-2)} \left[\begin{array}{cc:c} 1 & 3 & 0 \\ 0 & -9 & 0 \end{array}\right] \xrightarrow{E_2(-\frac{1}{9})} \left[\begin{array}{cc:c} 1 & 3 & 0 \\ 0 & 1 & 0 \end{array}\right]$$

이 첨가행렬은 다음 동차 연립일차방정식과 같다.

$$\begin{aligned} x + 3y &= 0 \\ y &= 0 \end{aligned}$$

따라서 주어진 동차 연립일차방정식은 자명한 해 $x = 0$, $y = 0$만을 갖는다.

5 연립일차방정식이 동차라 함은 같은 성질을 갖는 것으로 이해할 수 있다. 여기에서의 같은 성질이란 모두 원점을 지나는 도형의 방정식들로 이루어진 연립일차방정식을 의미한다. 즉 각 일차방정식은 모두 0인 해를 갖는다는 특징을 갖고 있다.

(b) 첨가행렬은 다음과 같다.

$$\left[\begin{array}{cc:c} 2 & -1 & 0 \\ 6 & -3 & 0 \end{array}\right]$$

첨가행렬에 기본 행 연산을 시행해 REF를 구해보자.

$$\left[\begin{array}{cc:c} 2 & -1 & 0 \\ 6 & -3 & 0 \end{array}\right] \xrightarrow{E_{12}(-3)} \left[\begin{array}{cc:c} 2 & -1 & 0 \\ 0 & 0 & 0 \end{array}\right]$$

이 첨가행렬은 다음 동차 연립일차방정식과 같다.

$$2x - y = 0$$

이때 $x = s \ (s \in \mathbb{R})$라 하면 $y = 2s$를 얻을 수 있다. 즉 주어진 일차방정식은 다음과 같은 해집합을 갖는다.

$$\{(x, y) \mid x = s, \ y = 2s, \ s \in \mathbb{R}\}$$

그런데 $s \in \mathbb{R}$ 이므로 주어진 동차 연립일차방정식은 자명하지 않은 해도 갖는다. 즉, 무수히 많은 해를 갖는다.

일반적으로 연립일차방정식의 해는 존재하지 않거나, 유일하게 존재하거나 또는 무수히 많이 존재한다. 그런데 동차 연립일차방정식은 항상 자명한 해를 가지므로 다음 중 하나가 성립한다.

❶ 자명한 해만 갖는다.

❷ 자명하지 않은 해도 갖는다. 즉, 무수히 많은 해를 갖는다.

[예제 1-11(a)]의 동차 연립일차방정식은 자명한 해만 갖고, (b)는 무수히 많은 해를 갖는다. 그런데 동차 연립일차방정식 (b)는 미지수가 2개, 방정식이 1개인 $2x - y = 0$과 같다. 이와 같이 미지수의 개수가 방정식의 개수보다 많으면 동차 연립방정식은 자명하지 않은 해를 갖는다. 일반적으로 n개의 미지수를 갖는 m개의 방정식으로 이루어진 동차 연립일차방정식에 대하여 다음이 성립한다.

정리 1-1 방정식과 미지수의 개수와 해의 존재성

n개의 미지수를 갖는 m개의 방정식으로 이루어진 동차 연립일차방정식은 $m < n$이면, 즉 미지수의 개수가 방정식의 개수보다 많으면 자명하지 않은 해를 갖는다.

여러 가지 동차 연립일차방정식의 해를 구해보자. 그런데 첨가행렬에 기본 행 연산을 수행하여 REF나 RREF로 변형하는 과정은 충분히 연습이 되었을 것이므로 이제부터 첨가행렬을 REF나 RREF로 변형하는 자세한 과정은 생략한다.

예제 1-12

다음 동차 연립일차방정식의 해를 구하라.

$$\begin{aligned} x_1 + \quad\quad x_3 \quad\quad &= 0 \\ -3x_2 \quad\quad\quad\quad &= 0 \\ x_3 - 4x_4 &= 0 \\ 3x_1 + \sqrt{2}\,x_2 \quad\quad\quad &= 0 \end{aligned}$$

풀이

먼저, 연립일차방정식을 첨가행렬로 나타내자.

$$\left[\begin{array}{cccc:c} 1 & 0 & 1 & 0 & 0 \\ 0 & -3 & 0 & 0 & 0 \\ 0 & 0 & 1 & -4 & 0 \\ 3 & \sqrt{2} & 0 & 0 & 0 \end{array}\right]$$

이것을 RREF로 변형하면 다음과 같다.

$$\mathrm{RREF}\left[\begin{array}{cccc:c} 1 & 0 & 1 & 0 & 0 \\ 0 & -3 & 0 & 0 & 0 \\ 0 & 0 & 1 & -4 & 0 \\ 3 & \sqrt{2} & 0 & 0 & 0 \end{array}\right] = \left[\begin{array}{cccc:c} 1 & 0 & 0 & 0 & 0 \\ 0 & 1 & 0 & 0 & 0 \\ 0 & 0 & 1 & 0 & 0 \\ 0 & 0 & 0 & 1 & 0 \end{array}\right]$$

이것에 대응하는 동차 연립일차방정식은 다음과 같다.

$$\begin{aligned} x_1 &= 0 \\ x_2 &= 0 \\ x_3 &= 0 \\ x_4 &= 0 \end{aligned}$$

그리고 이는 주어진 동차 연립일차방정식의 자명한 해이다.

임의의 실수 a, b, c, d에 대하여 다음 연립일차방정식은 어떤 종류의 해를 가질까?

$$\begin{aligned} x_1 \quad\quad + x_3 \quad\quad &= a \\ -3x_2 \quad\quad\quad\quad &= b \\ x_3 - 4x_4 &= c \\ 3x_1 + \sqrt{2}\,x_2 \quad\quad\quad &= d \end{aligned} \tag{1.10}$$

[예제1-12]의 동차 연립일차방정식이 자명한 해만을 갖는다는 사실로부터 연립일차방정식 (1.10)은 유일한 해를 갖는다는 것을 알 수 있다.

예제 1-13

다음 동차 연립일차방정식의 해를 구하라.

$$\begin{aligned} x_1 + x_2 + x_3 + x_4 &= 0 \\ x_1 \qquad\qquad + x_4 &= 0 \\ x_1 + 2x_2 + x_3 \qquad &= 0 \end{aligned}$$

풀이

먼저, 연립일차방정식을 첨가행렬로 나타내자.

$$\left[\begin{array}{cccc:c} 1 & 1 & 1 & 1 & 0 \\ 1 & 0 & 0 & 1 & 0 \\ 1 & 2 & 1 & 0 & 0 \end{array}\right]$$

이것을 RREF로 변형하면 다음과 같다.

$$\left[\begin{array}{cccc:c} 1 & 0 & 0 & 1 & 0 \\ 0 & 1 & 0 & -1 & 0 \\ 0 & 0 & 1 & 1 & 0 \end{array}\right]$$

이것에 대응하는 동차 연립일차방정식은 다음과 같다.

$$\begin{aligned} x_1 \qquad\quad + x_4 &= 0 \\ x_2 \quad - x_4 &= 0 \\ x_3 + x_4 &= 0 \end{aligned}$$

$x_4 = r$(r은 임의의 실수)라 놓으면 주어진 동차 연립일차방정식의 해는 다음과 같다.

$$x_1 = -r,\ x_2 = r,\ x_3 = -r,\ x_4 = r \ \ (r \in \mathbb{R})$$

여기서 $r=0$이면 자명한 해가 되고, $r \neq 0$이면 자명하지 않은 해가 된다.

임의의 실수 a, b, c에 대하여 다음 연립일차방정식은 어떤 종류의 해를 가질까?

$$\begin{aligned} x_1 + x_2 + x_3 + x_4 &= a \\ x_1 \qquad\qquad + x_4 &= b \\ x_1 + 2x_2 + x_3 \qquad &= c \end{aligned} \tag{1.11}$$

[예제1-13]의 동차 연립일차방정식이 무수히 많은 해를 갖는다는 사실로부터 연립일차방정식 (1.11)은 무수히 많은 해를 갖는다는 것을 알 수 있다. 이것이 동차 연립일차방정식이 유용한 이유다.

예제 1-14

다음 동차 연립일차방정식의 해를 구하라.

$$\begin{aligned} 2x_1 + 2x_2 - x_3 \qquad\quad + x_5 &= 0 \\ -x_1 - x_2 + 2x_3 - 3x_4 + x_5 &= 0 \\ x_1 + x_2 - 2x_3 \qquad\quad - x_5 &= 0 \\ x_3 + x_4 + x_5 &= 0 \end{aligned}$$

풀이

먼저, 연립일차방정식을 첨가행렬로 나타내자.

$$\left[\begin{array}{rrrrr:r} 2 & 2 & -1 & 0 & 1 & 0 \\ -1 & -1 & 2 & -3 & 1 & 0 \\ 1 & 1 & -2 & 0 & -1 & 0 \\ 0 & 0 & 1 & 1 & 1 & 0 \end{array}\right]$$

이것을 RREF로 변형하면 다음과 같다.

$$\mathrm{RREF}\left[\begin{array}{rrrrr:r} 2 & 2 & -1 & 0 & 1 & 0 \\ -1 & -1 & 2 & -3 & 1 & 0 \\ 1 & 1 & -2 & 0 & -1 & 0 \\ 0 & 0 & 1 & 1 & 1 & 0 \end{array}\right] = \left[\begin{array}{rrrrr:r} 1 & 1 & 0 & 0 & 1 & 0 \\ 0 & 0 & 1 & 0 & 1 & 0 \\ 0 & 0 & 0 & 1 & 0 & 0 \\ 0 & 0 & 0 & 0 & 0 & 0 \end{array}\right]$$

이것에 대응하는 동차 연립일차방정식은 다음과 같다.

$$\begin{aligned} x_1 + x_2 \qquad\qquad + x_5 &= 0 \\ x_3 \qquad + x_5 &= 0 \\ x_4 \qquad &= 0 \end{aligned}$$

$x_2 = s$, $x_5 = t$ (s, t는 임의의 실수)이라 놓으면 주어진 동차 연립일차방정식의 해는 다음과 같다.

$$x_1 = -s - t,\ x_2 = s,\ x_3 = -t,\ x_4 = 0,\ x_5 = t\ (s,\ t \in \mathbb{R})$$

여기서 $s = t = 0$이면 자명한 해가 되고, $s \neq 0$ 또는 $t \neq 0$이면 자명하지 않은 해가 된다. 따라서 주어진 동차 연립일차방정식은 무수히 많은 해를 갖는다.

Chapter 1.2 연습문제

1~8. 다음 첨가행렬 중 REF와 RREF인 것을 찾고, RREF가 아닌 것은 RREF로 변형하라.

1. $\left[\begin{array}{c:c} 1 & 2 \\ 2 & 1 \end{array}\right]$

2. $\left[\begin{array}{cc:c} 0 & 1 & 2 \\ 0 & 0 & 1 \end{array}\right]$

3. $\left[\begin{array}{ccc:c} 0 & 0 & 2 & -3 \\ 3 & 0 & 1 & 2 \end{array}\right]$

4. $\left[\begin{array}{cccc:c} 0 & 0 & 0 & 0 & -3 \\ 0 & 0 & 1 & 0 & 4 \\ 0 & 0 & 0 & 1 & 2 \end{array}\right]$

5. $\left[\begin{array}{ccc:c} 1 & 2 & -1 & -2 \\ 0 & 2 & -2 & -3 \\ 0 & 0 & 0 & 2 \end{array}\right]$

6. $\left[\begin{array}{cccc:c} 0 & 1 & 0 & 0 & 5 \\ 0 & 0 & 1 & 0 & 4 \\ 0 & 1 & 0 & -2 & 3 \end{array}\right]$

7. $\left[\begin{array}{cccc:c} 0 & 1 & 0 & 0 & 5 \\ 0 & 0 & 1 & 0 & -4 \\ 0 & 0 & 0 & 1 & 3 \end{array}\right]$

8. $\left[\begin{array}{ccc:c} 1 & -2 & 0 & 2 \\ 2 & -3 & -1 & 5 \\ 1 & 3 & 2 & 5 \\ 1 & 1 & 0 & 2 \end{array}\right]$

9~12. REF 또는 RREF를 이용하여 다음과 같은 첨가행렬을 갖는 연립일차방정식의 해를 구하라.

9. $\left[\begin{array}{ccc:c} 1 & 0 & 0 & -3 \\ 0 & 5 & 0 & 0 \\ 0 & 0 & 1 & -4 \end{array}\right]$

10. $\left[\begin{array}{ccc:c} 1 & -3 & 7 & 1 \\ 0 & 1 & 4 & 0 \\ 0 & 0 & 1 & 0 \end{array}\right]$

11. $\left[\begin{array}{cccc:c} 1 & 0 & 0 & -7 & 8 \\ 0 & -2 & 0 & -6 & -4 \\ 0 & 0 & 1 & 1 & -5 \end{array}\right]$

12. $\left[\begin{array}{ccccc:c} 2 & 14 & -4 & 0 & -16 & -6 \\ 0 & 0 & 1 & 1 & 6 & 5 \\ 0 & 0 & 0 & 3 & 9 & 27 \\ 0 & 0 & 0 & 0 & 0 & 0 \end{array}\right]$

13~20. 가우스 소거법 또는 가우스-조르단 소거법을 이용하여 다음 연립일차방정식의 해를 구하라.

13. $\begin{aligned} x + y + 2z &= -1 \\ x - 2y + z &= -5 \\ 3x + y + z &= 3 \end{aligned}$

14. $\begin{aligned} 2x + 8y + 3z &= 2 \\ x + 3y + 2z &= 5 \\ 2x + 7y + 4z &= 8 \end{aligned}$

15.
$$\begin{aligned} x - 4y - 3z - 3w &= 4 \\ 2x - 6y - 5z - 5w &= 5 \\ 3x - y - 4z - 5w &= -7 \end{aligned}$$

16.
$$\begin{aligned} 2x + y + z - 2w &= 1 \\ 3x - 2y + z - 6w &= -2 \\ x + y - z - w &= -1 \\ 5x - y + 2z - 8w &= 3 \end{aligned}$$

17.
$$\begin{aligned} x + y + 2z + 3w &= 0 \\ x - 2y + z + w &= 0 \\ 3x + y + z - w &= 0 \end{aligned}$$

18.
$$\begin{aligned} x + y + 2z - 5w &= 3 \\ 2x + 5y - z - 9w &= -3 \\ 2x + y - z + 3w &= -11 \\ x - 3y + 2z + 7w &= -5 \end{aligned}$$

19.
$$\begin{aligned} x + 2y - 3z &= 4 \\ x + 3y + z &= 11 \\ 2x + 5y - 4z &= 13 \\ 2x + 6y + 2z &= 22 \end{aligned}$$

20.
$$\begin{aligned} - y + 2z + 4w &= 0 \\ - z + 3w &= 0 \\ 2x + y + 3z + 7w &= 0 \\ 6x + 2y + 10z + 28w &= 0 \end{aligned}$$

21. 다음 연립일차방정식의 해를 구하라.

$$\begin{aligned} x_1 - 3x_2 - 2x_3 \qquad + 2x_5 \qquad &= 0 \\ -2x_1 + 6x_2 + 4x_3 - 2x_4 + 4x_5 - 2x_6 &= 2 \\ 5x_3 + 10x_4 \qquad + 15x_6 &= -5 \\ 3x_1 - 6x_2 \qquad + 8x_4 - 4x_5 + 8x_6 &= 4 \end{aligned}$$

22~29. 다음 동차 연립일차방정식이 자명한 해를 갖는지, 자명하지 않은 해를 갖는지를 판별하라.

22.
$$\begin{aligned} 2x_1 + 3x_2 - x_3 &= 0 \\ x_1 - x_2 + 2x_3 &= 0 \end{aligned}$$

23.
$$\begin{aligned} x_1 + 2x_2 - x_3 + 2x_4 &= 0 \\ 2x_1 + x_2 + x_3 - x_4 &= 0 \\ 3x_1 - x_2 - 2x_3 + 3x_4 &= 0 \end{aligned}$$

24.
$$\begin{aligned} x_1 + 2x_2 - x_3 &= 0 \\ x_2 + 2x_3 &= 0 \\ 4x_3 &= 0 \end{aligned}$$

25.
$$\begin{aligned} x_1 - x_2 &= 0 \\ 3x_1 \qquad &= 0 \\ 2x_1 + x_2 &= 0 \end{aligned}$$

26.
$$\begin{aligned} x_1 + x_2 + x_3 &= 0 \\ x_2 + 2x_3 &= 0 \\ 3x_3 &= 0 \end{aligned}$$

27.
$$\begin{aligned} x_1 + 2x_2 + 3x_3 &= 0 \\ 2x_1 - x_2 + 4x_3 &= 0 \end{aligned}$$

28.
$$\begin{aligned} x_1 + x_2 + x_3 &= 0 \\ x_1 + x_2 - 2x_3 &= 0 \\ 2x_1 + x_2 + 3x_3 &= 0 \end{aligned}$$

29.
$$\begin{aligned} x_1 + x_2 + 3x_3 + 3x_4 &= 0 \\ x_1 - 2x_2 + x_3 + x_4 &= 0 \\ 3x_1 + x_2 + x_3 - x_4 &= 0 \end{aligned}$$

30. 다음 동차 연립일차방정식이 자명하지 않은 해를 갖기 위한 조건은 $\lambda^2-(a+d)\lambda+ad-bc=0$임을 보여라.

$$\begin{aligned}(a-\lambda)x+by&=0\\ cx+(d-\lambda)y&=0\end{aligned}$$

31~32. 다음에 주어진 계수가 같은 두 연립일차방정식의 해를 구하라.

31.
$$\begin{aligned}x_1+2x_2+3x_3&=4\\ 2x_1+5x_2+3x_3&=5\\ x_1+8x_3&=9\end{aligned}$$

32.
$$\begin{aligned}x_1+2x_2+3x_3&=1\\ 2x_1+5x_2+3x_3&=6\\ x_1+8x_3&=-6\end{aligned}$$

33. 다음 동차 연립일차방정식을 계산하지 말고 자명하지 않은 해를 갖는지 아닌지를 설명하라.

$$\begin{aligned}2x_1+x_2-3x_3+x_4&=0\\ 5x_2+4x_3+3x_4&=0\\ x_3+2x_4&=0\\ 3x_4&=0\end{aligned}$$

34~36. 실수 a에 대하여 주어진 연립일차방정식에 대해 다음을 구하라.

$$\begin{aligned}x_1+x_3&=4\\ 2x_1+x_2+3x_3&=7\\ -3x_1-3x_2+(a^2-5a)x_3&=a-11\end{aligned}$$

34. 해를 갖지 않기 위한 a의 조건

35. 유일한 해를 갖기 위한 a의 조건

36. 무수히 많은 해를 갖기 위한 a의 조건

37. 다음 연립일차방정식이 해를 갖기 위한 실수 a, b, c의 조건을 구하라.

$$\begin{aligned}x+2y-3z&=a\\ 2x+6y-11z&=b\\ 2x-4y+14z&=2c\end{aligned}$$

Section 1.3 행렬과 행렬의 기본 연산

이 절에서는 연립일차방정식을 푸는 데 매우 중요한 역할을 하는 행렬을 정의하고, 행렬의 연산에 대해 알아본다.

행렬의 정의

1.1절에서는 연립일차방정식의 계수들을 직사각형 모양으로 배열한 첨가행렬에 대하여 알아보았다. 이렇게 수를 직사각형 모양으로 배열하는 것은 다양한 상황에 적용할 수 있다. 예를 들어, 어떤 학생이 일주일 동안 세 과목을 공부한 시간을 다음과 같이 직사각형 모양으로 배열할 수 있다.

	월	화	수	목	금	토	일
선형대수학	2	3	2	1	1	0	0
외국어	0	1	1	2	1	3	3
경제학	1	0	1	1	2	1	1

이때 과목과 요일을 제거하면 다음과 같이 3개의 행과 7개의 열로 이루어진 직사각형 모양으로 수를 배열할 수 있다.

$$\begin{bmatrix} 2 & 3 & 2 & 1 & 1 & 0 & 0 \\ 0 & 1 & 1 & 2 & 1 & 3 & 3 \\ 1 & 0 & 1 & 1 & 2 & 1 & 1 \end{bmatrix}$$

이와 같이 수를 직사각형 모양으로 배열한 것을 **행렬**matrix이라고 한다. 일반적으로 자연수 m, n에 대해 $m \times n$개의 실수 a_{11}, a_{12}, $\cdots$, a_{mn}을 다음과 같이 직사각형 모양으로 배열한 것을 **행렬**이라고 하며, 그 각각의 수를 행렬의 **성분**entry이라고 한다.

$$A = \begin{bmatrix} a_{11} & a_{12} & \cdots & a_{1n} \\ a_{21} & a_{22} & \cdots & a_{2n} \\ \vdots & \vdots & \ddots & \vdots \\ a_{m1} & a_{m2} & \cdots & a_{mn} \end{bmatrix} \tag{1.12}$$

$$A = \begin{bmatrix} a_{11} & a_{12} & \cdots & a_{1j} & \cdots & a_{1n} \\ a_{21} & a_{22} & \cdots & a_{2j} & \cdots & a_{2n} \\ \vdots & \vdots & \ddots & \vdots & & \vdots \\ a_{i1} & a_{i2} & \cdots & a_{ij} & \cdots & a_{in} \\ \vdots & \vdots & & \vdots & \ddots & \vdots \\ a_{m1} & a_{m2} & \cdots & a_{mj} & \cdots & a_{mn} \end{bmatrix}$$

$$a_{ij}$$

행번호 ← → 열번호

행렬 A 의 i 번째 가로줄을 ***A* 의 *i* 행**i-th row of A 또는 i 번째 **행벡터**row vector라 한다.

$$[\, a_{i1} \;\; a_{i2} \;\; \cdots \;\; a_{in} \,] \quad (1 \le i \le m) \tag{1.13}$$

또 j 번째 세로줄을 ***A* 의 *j* 열**j-th column of A 또는 j 번째 **열벡터**column vector라고 한다.

$$\begin{bmatrix} a_{1j} \\ a_{2j} \\ \vdots \\ a_{mj} \end{bmatrix} \quad (1 \le j \le n) \tag{1.14}$$

행렬 A 의 i 행과 j 열이 겹쳐지는 부분에 있는 성분 a_{ij}를 행렬 A 의 $(i,\ j)$ 성분이라고 한다.

또 m 개의 행과 n 개의 열을 갖는 행렬 A 를 **크기**size가 $m \times n$ 인 행렬이라 하고, 'm by n 행렬' 또는 'm by n matrix'라고 읽는다. 특히 행렬 A 의 행의 개수와 열의 개수가 같을 때, 즉 $m = n$ 일 때 행렬 A 를 n 차 **정사각행렬**square matrix이라고 한다. 일반적으로, $m \times n$ 행렬 전체 집합을 $M_{m \times n}$ 으로 나타내고, n 차 정사각행렬 전체 집합은 M_n 으로 나타낸다.

n 차 정사각행렬 A 의 성분 중에서 행과 열이 같은 성분 $a_{11},\ a_{22},\ \cdots,\ a_{nn}$ 을 **주대각선 성분**main diagonal entries이라고 한다. 행렬을 나타낸 식 (1.12)는 $(i,\ j)$ 성분을 써서 다음과 같이 간단히 나타내기도 한다.[6]

$$A = [a_{ij}]_{m \times n} \quad \text{또는} \quad A = [a_{ij}]$$

예를 들어, 다음 행렬을 살펴보자.

$$A = \begin{bmatrix} 7 & 2 & -1 \\ -2 & 3 & 0 \end{bmatrix},\ B = \begin{bmatrix} 1 & 9 \\ 0 & -3 \end{bmatrix},\ C = \begin{bmatrix} -3 \\ -6 \\ 10 \end{bmatrix}$$

$$D = \begin{bmatrix} 1 & 2 & -4 \\ 6 & 0 & 5 \\ 7 & -3 & 2 \end{bmatrix},\quad E = [\,20\,],\qquad F = [\,1 \;\; -2 \;\; 3\,]$$

6 행렬은 괄호 [ ] 뿐만 아니라 ( )을 사용해 나타내기도 한다.

A는 2×3 행렬이고, $a_{13} = -1$, $a_{22} = 3$이다. 또한 B는 2×2 행렬이고, $b_{11} = 1$, $b_{22} = -3$이다. C, D, E, F는 각각 3×1, 3×3, 1×1, 1×3 행렬이다. D의 주대각선 성분은 각각 1, 0, 2이다. 특히 E와 같은 1×1 행렬은 흔히 $E = [20] = 20$으로 쓴다.

예제 1-15

다음 행렬 A에 대해 다음 물음에 답하라.

$$A = \begin{bmatrix} 1 & -3 & 0 \\ 2 & -1 & 3 \\ 1 & 3 & 8 \end{bmatrix}$$

(a) 행렬 A의 크기를 구하라.

(b) 행렬 A의 2행 3열의 성분을 구하라.

(c) 행렬 A의 주대각선 성분을 모두 구하라.

풀이

(a) 행의 수 3, 열의 수 3이므로 크기는 3×3이다.

(b) A의 2행 3열의 성분은 3이다.

(c) 주대각선 성분은 $1, -1, 8$이다.

행렬의 연산

지금까지 행렬의 정의를 살펴보았다. 이제부터는 행렬의 연산 중에서 행렬의 상등, 합, 스칼라 배에 대해 알아보자.

■ 행렬의 상등

먼저 행렬이 서로 같다는 의미인 **상등** equality에 대해 알아보자. 크기가 같은 두 행렬 $A = [a_{ij}]_{m \times n}$, $B = [b_{ij}]_{m \times n}$가 모든 i, j에 대해 $a_{ij} = b_{ij}$를 만족할 때 두 행렬은 서로 **같다** equal고 하고, $A = B$로 나타낸다.[7]

예를 들어, 다음 행렬을 살펴보자.

$$A = \begin{bmatrix} 1 & 2 & 3 \\ 2 & 3 & 4 \\ -1 & -4 & 2 \end{bmatrix}, \quad B = \begin{bmatrix} 1 & 2 & w \\ 2 & x & 4 \\ y & -4 & z \end{bmatrix}, \quad C = \begin{bmatrix} 1 & 2 \\ 2 & -1 \\ 3 & 2 \end{bmatrix}$$

7 두 행렬의 크기가 같을 때에만 행렬의 상등을 논할 수 있다.

여기서, $A=B$ 라면 다음이 성립한다.

$$w=3,\ x=3,\ y=-1,\ z=2$$

한편, A와 C, B와 C는 크기가 서로 다르므로 상등을 논할 수 없다.

예제 1-16

다음 행렬 A, B가 상등이 되기 위한 실수 $w,\ x,\ y,\ z$ 값을 구하라.

$$A=\begin{bmatrix}1 & 2 & -1\\ 2 & -3 & 4\\ 0 & -4 & 5\end{bmatrix},\ B=\begin{bmatrix}1 & 2 & w\\ 2 & x & 4\\ y & -4 & z\end{bmatrix}$$

풀이

모든 $i,\ j$에 대해 $a_{ij}=b_{ij}$를 만족해야 하므로 $w,\ x,\ y,\ z$ 값은 다음과 같다.

$$w=-1,\ x=-3,\ y=0,\ z=5$$

■ 행렬의 합과 스칼라 배

두 행렬 $A=[a_{ij}]_{m\times n}$, $B=[b_{ij}]_{m\times n}$와 실수 k에 대해 행렬 A와 행렬 B의 **합** sum $A+B$와 행렬 A의 **스칼라 배** scalar multiplication kA를 다음과 같이 정의한다.

$$A+B=[a_{ij}+b_{ij}]_{m\times n},\ \ kA=[ka_{ij}]_{m\times n} \tag{1.15}$$

두 행렬의 합은 대응되는 성분끼리의 합이다. 특히 두 행렬의 크기가 서로 다르면 두 행렬은 합할 수 없다. 또 A의 스칼라 배 kA는 A의 모든 성분을 k배하는 것이다. 한편, 두 실수 k, l에 대해 $(k+l)A=kA+lA$임을 쉽게 알 수 있다.

예를 들어, 다음 행렬을 살펴보자.

$$A=\begin{bmatrix}1 & 2 & -4\\ -2 & 1 & 3\end{bmatrix},\ B=\begin{bmatrix}0 & 1 & 4\\ -1 & 3 & 1\end{bmatrix},\ C=\begin{bmatrix}1 & 1\\ 2 & 2\end{bmatrix}$$

두 행렬 A와 B의 합은 다음과 같다.

$$A+B=\begin{bmatrix}1+0 & 2+1 & -4+4\\ -2-1 & 1+3 & 3+1\end{bmatrix}=\begin{bmatrix}1 & 3 & 0\\ -3 & 4 & 4\end{bmatrix}$$

그러나 행렬 A와 C, B와 C는 크기가 다르므로 더할 수 없다. 그리고, 행렬 A와 B의 스칼라 배는 다음과 같다.

$$2A=\begin{bmatrix} 2 & 4 & -8 \\ -4 & 2 & 6 \end{bmatrix},\ (-1)B=\begin{bmatrix} 0 & -1 & -4 \\ 1 & -3 & -1 \end{bmatrix}$$ [8]

예제 1-17

행렬 A, B가 다음과 같다고 할 때, 각각을 구하라.

$$A=\begin{bmatrix} 1 & 2 & -4 \\ -2 & 1 & 3 \end{bmatrix},\ B=\begin{bmatrix} 0 & 1 & 4 \\ -1 & 3 & 1 \end{bmatrix}$$

(a) $A-B$ (b) $2A-3B$

풀이

(a) $A-B=\begin{bmatrix} 1-0 & 2-1 & -4-4 \\ -2+1 & 1-3 & 3-1 \end{bmatrix}=\begin{bmatrix} 1 & 1 & -8 \\ -1 & -2 & 2 \end{bmatrix}$

(b) $2A-3B=\begin{bmatrix} 2 & 4 & -8 \\ -4 & 2 & 6 \end{bmatrix}-\begin{bmatrix} 0 & 3 & 12 \\ -3 & 9 & 3 \end{bmatrix}=\begin{bmatrix} 2 & 1 & -20 \\ -1 & -7 & 3 \end{bmatrix}$

연립일차방정식의 행렬 표현과 행렬의 곱

이제 행렬을 이용하여 다음과 같은 연립일차방정식을 표현하고, 해를 구하는 방법을 알아보자.

$$\begin{array}{ccccccccc} a_{11}x_1 & + & a_{12}x_2 & + & \cdots & + & a_{1n}x_n & = & b_1 \\ a_{21}x_1 & + & a_{22}x_2 & + & \cdots & + & a_{2n}x_n & = & b_2 \\ \vdots & & \vdots & & \vdots & & \vdots & & \vdots \\ a_{m1}x_1 & + & a_{m2}x_2 & + & \cdots & + & a_{mn}x_n & = & b_m \end{array} \tag{1.16}$$

■ 연립일차방정식의 행렬 표현

연립일차방정식 (1.16)에 대해 다음과 같이 미지수 x_1, x_2, $\cdots$, x_n의 계수들을 성분으로 갖는 $m\times n$ 행렬 A를 이 연립일차방정식의 **계수행렬**coefficient matrix이라고 한다.

$$A=\begin{bmatrix} a_{11} & a_{12} & \cdots & a_{1n} \\ a_{21} & a_{22} & \cdots & a_{2n} \\ \vdots & \vdots & \ddots & \vdots \\ a_{m1} & a_{m2} & \cdots & a_{mn} \end{bmatrix} \tag{1.17}$$

8 일반적으로 $(-1)B$는 간단히 $-B$로 쓴다.

연립일차방정식 (1.16)에서 미지수 x_j의 계수를 성분으로 하는 $m \times 1$ 행렬을 $\mathbf{a}_j$ 라 하면 $\mathbf{a}_j(j=1, 2, \cdots, n)$는 각각 다음과 같이 나타낼 수 있다.[9]

$$\mathbf{a}_1 = \begin{bmatrix} a_{11} \\ a_{21} \\ \vdots \\ a_{m1} \end{bmatrix}, \cdots, \mathbf{a}_j = \begin{bmatrix} a_{1j} \\ a_{2j} \\ \vdots \\ a_{mj} \end{bmatrix}, \cdots, \mathbf{a}_n = \begin{bmatrix} a_{1n} \\ a_{2n} \\ \vdots \\ a_{mn} \end{bmatrix} \tag{1.18}$$

따라서, 계수행렬 A는 다음과 같이 간단히 나타낼 수 있다.

$$A = \begin{bmatrix} a_{11} & a_{12} & \cdots & a_{1n} \\ a_{21} & a_{22} & \cdots & a_{2n} \\ \vdots & \vdots & \ddots & \vdots \\ a_{m1} & a_{m2} & \cdots & a_{mn} \end{bmatrix} = [\mathbf{a}_1 \ \mathbf{a}_2 \ \cdots \ \mathbf{a}_n] \tag{1.19}$$

또 미지수 $x_1, x_2, \cdots, x_n$을 성분으로 하는 $n \times 1$ 행렬을 $\mathbf{x} = \begin{bmatrix} x_1 \\ x_2 \\ \vdots \\ x_n \end{bmatrix}$이라 하고, 상수항 $b_1, b_2, \cdots, b_m$을 성분으로 하는 $m \times 1$ 행렬을 $\mathbf{b} = \begin{bmatrix} b_1 \\ b_2 \\ \vdots \\ b_m \end{bmatrix}$이라 하자. 그러면 식 (1.16)은 열벡터 $\mathbf{a}_j(j=1, 2, \cdots, n)$의 스칼라 배(여기서 스칼라는 $x_1, x_2, \cdots, x_n$)와 행렬의 합을 이용하여 다음과 같이 나타낼 수 있다.

$$x_1 \begin{bmatrix} a_{11} \\ a_{21} \\ \vdots \\ a_{m1} \end{bmatrix} + x_2 \begin{bmatrix} a_{12} \\ a_{22} \\ \vdots \\ a_{m2} \end{bmatrix} + \cdots + x_n \begin{bmatrix} a_{1n} \\ a_{2n} \\ \vdots \\ a_{mn} \end{bmatrix} = \begin{bmatrix} b_1 \\ b_2 \\ \vdots \\ b_m \end{bmatrix}$$
$$\Leftrightarrow \quad x_1\mathbf{a}_1 + x_2\mathbf{a}_2 + \cdots + x_n\mathbf{a}_n = \mathbf{b} \tag{1.20}$$

이때 $x_1\mathbf{a}_1 + x_2\mathbf{a}_2 + \cdots + x_n\mathbf{a}_n = A\mathbf{x}$ 로 나타내면 식 (1.16)은 일차방정식 $ax = b$ 꼴인

$$A\mathbf{x} = \mathbf{b}$$

로 나타낼 수 있다. 또 이와 같은 표현으로부터 다음이 성립한다.

9 $n \times 1$ 행렬을 열벡터라 하고, $1 \times n$ 행렬을 행벡터라고 한다.

정리 1-2 행렬과 열벡터의 곱에 관한 성질

임의의 $n\times 1$ 행렬 $\mathbf{x}=\begin{bmatrix} x_1 \\ x_2 \\ \vdots \\ x_n \end{bmatrix}$과 $m\times n$ 행렬 $A=[\mathbf{a}_1\ \mathbf{a}_2\ \cdots\ \mathbf{a}_n]$에 대해 $A\mathbf{x}=x_1\mathbf{a}_1+x_2\mathbf{a}_2+\cdots+x_n\mathbf{a}_n$이라 하자. $n\times 1$ 행렬 $\mathbf{u}=\begin{bmatrix} u_1 \\ u_2 \\ \vdots \\ u_n \end{bmatrix}$, $\mathbf{v}=\begin{bmatrix} v_1 \\ v_2 \\ \vdots \\ v_n \end{bmatrix}$과 실수 c에 대해 다음이 성립한다.

(1) $A(c\mathbf{u})=c(A\mathbf{u})$ (2) $A(\mathbf{u}+\mathbf{v})=A\mathbf{u}+A\mathbf{v}$

증명

두 행렬 $\mathbf{u}=\begin{bmatrix} u_1 \\ u_2 \\ \vdots \\ u_n \end{bmatrix}$, $\mathbf{v}=\begin{bmatrix} v_1 \\ v_2 \\ \vdots \\ v_n \end{bmatrix}$에 대해 $c\mathbf{u}=\begin{bmatrix} cu_1 \\ cu_2 \\ \vdots \\ cu_n \end{bmatrix}$, $\mathbf{u}+\mathbf{v}=\begin{bmatrix} u_1+v_1 \\ u_2+v_2 \\ \vdots \\ u_n+v_n \end{bmatrix}$이다.

또 $A\mathbf{x}=x_1\mathbf{a}_1+x_2\mathbf{a}_2+\cdots+x_n\mathbf{a}_n$이므로 다음이 성립한다.

(1) $A\mathbf{x}=x_1\mathbf{a}_1+x_2\mathbf{a}_2+\cdots+x_n\mathbf{a}_n$에서 각각의 $x_j(j=1, 2, \cdots, n)$ 대신 $cu_j(j=1, 2, \cdots, n)$를 대입하면 다음과 같다.

$$\begin{aligned} A(c\mathbf{u}) &= (cu_1)\mathbf{a}_1+(cu_2)\mathbf{a}_2+\cdots+(cu_n)\mathbf{a}_n \\ &= c(u_1\mathbf{a}_1)+c(u_2\mathbf{a}_2)+\cdots+c(u_n\mathbf{a}_n) \\ &= c(A\mathbf{u}) \end{aligned}$$

(2) $A\mathbf{x}=x_1\mathbf{a}_1+x_2\mathbf{a}_2+\cdots+x_n\mathbf{a}_n$에서 각각의 $x_j(j=1, 2, \cdots, n)$ 대신 $u_j+v_j(j=1, 2, \cdots, n)$를 대입하면 다음과 같다.

$$\begin{aligned} A(\mathbf{u}+\mathbf{v}) &= (u_1+v_1)\mathbf{a}_1+(u_2+v_2)\mathbf{a}_2+\cdots+(u_n+v_n)\mathbf{a}_n \\ &= (u_1\mathbf{a}_1+u_2\mathbf{a}_2+\cdots+u_n\mathbf{a}_n)+(v_1\mathbf{a}_1+v_2\mathbf{a}_2+\cdots+v_n\mathbf{a}_n) \\ &= A\mathbf{u}+A\mathbf{v} \end{aligned}$$

■

일반적으로 [정리 1-2]로부터 다음이 성립함을 알 수 있다.

$$A(c_1\mathbf{u}_1+c_2\mathbf{u}_2+\cdots+c_k\mathbf{u}_k)=c_1A\mathbf{u}_1+c_2A\mathbf{u}_2+\cdots+c_kA\mathbf{u}_k \tag{1.21}$$

■ 행렬의 곱 AB

이제 [정리 1-2]를 이용하여 크기가 $m \times p$ 인 행렬 $A = [a_{ij}]$ 와 크기가 $p \times n$ 인 행렬 $B = [b_{ij}]$ 의 **곱**multiplication AB를 정의하자.

행렬 $B = [\mathbf{b}_1 \;\; \mathbf{b}_2 \;\; \cdots \;\; \mathbf{b}_n]$ 이라 하면 [정리 1-2]로부터 열벡터 $\mathbf{x} = \begin{bmatrix} x_1 \\ x_2 \\ \vdots \\ x_n \end{bmatrix}$ 에 대해 $B\mathbf{x} = x_1\mathbf{b}_1 + x_2\mathbf{b}_2 + \cdots + x_n\mathbf{b}_n$ 이다. 한편, 식 (1.21)에 의하여 $A(B\mathbf{x})$는 다음과 같다.

$$\begin{aligned} A(B\mathbf{x}) &= A(x_1\mathbf{b}_1 + x_2\mathbf{b}_2 + \cdots + x_n\mathbf{b}_n) \\ &= x_1(A\mathbf{b}_1) + x_2(A\mathbf{b}_2) + \cdots + x_n(A\mathbf{b}_n) \end{aligned}$$

즉, $A(B\mathbf{x}) = x_1(A\mathbf{b}_1) + x_2(A\mathbf{b}_2) + \cdots + x_n(A\mathbf{b}_n)$ 이므로, 이 사실로부터 우리는 두 행렬의 곱 AB를 생각할 수 있다. 행렬 A의 크기가 $m \times p$, 행렬 B의 크기가 $p \times n$이고 $B = [\mathbf{b}_1 \;\; \mathbf{b}_2 \;\; \cdots \;\; \mathbf{b}_n]$ 일 때, 두 행렬의 곱 AB는 다음과 같은 $m \times n$ 행렬이다.

$$AB = [A\mathbf{b}_1 \;\; A\mathbf{b}_2 \;\; \cdots \;\; A\mathbf{b}_n] \tag{1.22}$$

예제 1-18

다음 행렬 A, B에 대해 AB를 구하라.

$$A = \begin{bmatrix} 1 & 2 & -1 \\ 3 & 1 & 0 \end{bmatrix}, \quad B = \begin{bmatrix} -2 & 1 \\ 0 & -3 \\ 2 & 1 \end{bmatrix}$$

풀이

행렬 $B = [\mathbf{b}_1 \;\; \mathbf{b}_2]$ 에 대해 $\mathbf{b}_1 = \begin{bmatrix} -2 \\ 0 \\ 2 \end{bmatrix}$, $\mathbf{b}_2 = \begin{bmatrix} 1 \\ -3 \\ 1 \end{bmatrix}$ 이므로 $A\mathbf{b}_1$과 $A\mathbf{b}_2$는 다음과 같다.

$$A\mathbf{b}_1 = \begin{bmatrix} 1 & 2 & -1 \\ 3 & 1 & 0 \end{bmatrix}\begin{bmatrix} -2 \\ 0 \\ 2 \end{bmatrix} = (-2)\begin{bmatrix} 1 \\ 3 \end{bmatrix} + (0)\begin{bmatrix} 2 \\ 1 \end{bmatrix} + (2)\begin{bmatrix} -1 \\ 0 \end{bmatrix} = \begin{bmatrix} -4 \\ -6 \end{bmatrix}$$

$$A\mathbf{b}_2 = \begin{bmatrix} 1 & 2 & -1 \\ 3 & 1 & 0 \end{bmatrix}\begin{bmatrix} 1 \\ -3 \\ 1 \end{bmatrix} = (1)\begin{bmatrix} 1 \\ 3 \end{bmatrix} + (-3)\begin{bmatrix} 2 \\ 1 \end{bmatrix} + (1)\begin{bmatrix} -1 \\ 0 \end{bmatrix} = \begin{bmatrix} -6 \\ 0 \end{bmatrix}$$

따라서 $AB = \begin{bmatrix} 1 & 2 & -1 \\ 3 & 1 & 0 \end{bmatrix}\begin{bmatrix} -2 & 1 \\ 0 & -3 \\ 2 & 1 \end{bmatrix} = \begin{bmatrix} -4 & -6 \\ -6 & 0 \end{bmatrix}$ 이다.

이제 두 행렬 A, B를 곱한 행렬 AB의 성분을 구하는 다른 방법을 알아보자. 행렬의 곱의 정의로부터 행렬의 곱은 열벡터를 이용하여 계산할 수 있다. 즉

$$\mathbf{b}_1 = \begin{bmatrix} b_{11} \\ b_{21} \\ \vdots \\ b_{p1} \end{bmatrix}, \ \mathbf{b}_2 = \begin{bmatrix} b_{12} \\ b_{22} \\ \vdots \\ b_{p2} \end{bmatrix}, \ \cdots, \ \mathbf{b}_n = \begin{bmatrix} b_{1n} \\ b_{2n} \\ \vdots \\ b_{pn} \end{bmatrix}$$

에 대해

$$\begin{aligned} A\,\mathbf{b}_k &= b_{1k}\,\mathbf{a}_1 + b_{2k}\,\mathbf{a}_2 + \cdots + b_{pk}\,\mathbf{a}_p \\ &= b_{1k}\begin{bmatrix} a_{11} \\ a_{21} \\ \vdots \\ a_{m1} \end{bmatrix} + b_{2k}\begin{bmatrix} a_{12} \\ a_{22} \\ \vdots \\ a_{m2} \end{bmatrix} + \cdots + b_{pk}\begin{bmatrix} a_{1p} \\ a_{2p} \\ \vdots \\ a_{mp} \end{bmatrix} \\ &= \begin{bmatrix} b_{1k}a_{11} + b_{2k}a_{12} + \cdots + b_{pk}a_{1p} \\ b_{1k}a_{21} + b_{2k}a_{22} + \cdots + b_{pk}a_{2p} \\ \vdots \\ b_{1k}a_{m1} + b_{2k}a_{m2} + \cdots + b_{pk}a_{mp} \end{bmatrix} \end{aligned} \tag{1.23}$$

이므로

$$AB = [A\mathbf{b}_1 \ \ A\mathbf{b}_2 \ \ \cdots \ \ A\mathbf{b}_n] = [c_{ij}]$$

라 하면 다음 정리가 성립한다.

정리 1-3 행렬의 곱

두 행렬 $A = [a_{ij}]_{m\times p}$, $B = [b_{ij}]_{p\times n}$에 대해 A와 B의 곱 AB는 다음과 같이 계산할 수 있다.

$$AB = [c_{ij}]_{m\times n}$$

여기서 c_{ij}는 다음과 같다.

$$\begin{aligned} c_{ij} &= a_{i1}b_{1j} + a_{i2}b_{2j} + \cdots + a_{ip}b_{pj} \\ &= \sum_{k=1}^{p} a_{ik}b_{kj} \quad (1 \le i \le m, \ 1 \le j \le n) \end{aligned} \tag{1.24}$$

증명

[정리 1-3]으로부터 AB의 (i, j) 성분은 A의 i행에 있는 각 성분에 B의 j열에 있는 각 성분을 차례로 곱하여 모두 더한 것임을 알 수 있다. 따라서 A와 B의 곱은 A의 열

의 개수와 B의 행의 개수가 같을 때만 정의된다. 그러므로 [정리 1-2]에 의하여 [정리 1-3]이 성립한다. ■

예제 1-19

다음 행렬 A, B에 대해 BA를 구하라.

$$A=\begin{bmatrix}1 & 2 & -1\\ 3 & 1 & 0\end{bmatrix},\ B=\begin{bmatrix}-2 & 1\\ 0 & -3\\ 2 & 1\end{bmatrix}$$

풀이

$$\begin{aligned}BA&=\begin{bmatrix}-2 & 1\\ 0 & -3\\ 2 & 1\end{bmatrix}\begin{bmatrix}1 & 2 & -1\\ 3 & 1 & 0\end{bmatrix}\\ &=\begin{bmatrix}(-2)\cdot 1+1\cdot 3 & (-2)\cdot 2+1\cdot 1 & (-2)\cdot(-1)+1\cdot 0\\ 0\cdot 1+(-3)\cdot 3 & 0\cdot 2+(-3)\cdot 1 & 0\cdot(-1)+(-3)\cdot 0\\ 2\cdot 1+1\cdot 3 & 2\cdot 2+1\cdot 1 & 2\cdot(-1)+1\cdot 0\end{bmatrix}\\ &=\begin{bmatrix}1 & -3 & 2\\ -9 & -3 & 0\\ 5 & 5 & -2\end{bmatrix}\end{aligned}$$

[예제 1-18]과 [예제 1-19]에서 알 수 있듯이, 행렬의 곱에 대한 교환법칙 $AB=BA$는 성립하지 않는다. 즉 일반적으로 $AB\neq BA$이고, 다음과 같은 세 가지 경우로 나눌 수 있다.

❶ AB와 BA의 크기가 다른 경우

[예제 1-18]과 [예제 1-19]에서 확인한 바와 같이 A의 크기는 2×3, B의 크기는 3×2이다. 따라서, AB는 2×2이고, BA는 3×3으로, $AB\neq BA$이다.

❷ AB와 BA의 크기는 같으나 상등이 아닌 경우

$A=\begin{bmatrix}-1 & 0\\ 2 & 3\end{bmatrix}$, $B=\begin{bmatrix}1 & 2\\ 3 & 0\end{bmatrix}$일 때, $AB=\begin{bmatrix}-1 & -2\\ 11 & 4\end{bmatrix}$, $BA=\begin{bmatrix}3 & 6\\ -3 & 0\end{bmatrix}$이다.

❸ AB와 BA 중 하나만 정의되는 경우

$A=\begin{bmatrix}5 & 2 & 3\\ -2 & -3 & 4\end{bmatrix}$, $B=\begin{bmatrix}1 & 0 & 1 & 0\\ 0 & 2 & 2 & 2\\ 3 & 0 & -1 & 3\end{bmatrix}$이면 AB는 정의되지만 BA는 정의되지 않는다.

Chapter 1.3 연습문제

1~4. 다음 행렬에 대해 물음에 답하라.

$$A=\begin{bmatrix}1 & -2 & 5\\ 6 & -3 & 4\end{bmatrix},\ B=\begin{bmatrix}2\\ -3\\ 5\end{bmatrix},\ C=\begin{bmatrix}6 & 0 & 2\\ -4 & 3 & 5\\ 7 & 1 & -1\end{bmatrix}$$

1. $A=[a_{ij}]$라고 할 때, a_{12}, a_{22}, a_{23}을 구하라.

2. $B=[b_{ij}]$라고 할 때, b_{11}, b_{31}을 구하라.

3. $C=[c_{ij}]$라고 할 때, c_{13}, c_{31}, c_{33}을 구하라.

4. C의 주대각선 성분을 구하라.

5~6. 다음에 주어진 두 행렬 A, B에 대해 $A=B$일 때, a, b, c, d 값을 구하라.

5. $A=\begin{bmatrix}a+b & c-d\\ c+d & a-b\end{bmatrix},\ B=\begin{bmatrix}3 & 5\\ 6 & 5\end{bmatrix}$

6. $A=\begin{bmatrix}a+2b & 2a-b\\ 2c+d & c-2d\end{bmatrix},\ B=\begin{bmatrix}4 & -2\\ 4 & -3\end{bmatrix}$

7~10. 주어진 행렬 A, B, C, D, E, F에 대해 다음을 계산하라. 또 계산할 수 없는 경우에는 그 이유를 말하라.

$$A=\begin{bmatrix}1 & 2 & 3\\ -2 & 1 & 0\end{bmatrix},\ B=\begin{bmatrix}1 & 0\\ -2 & 1\\ 3 & 2\end{bmatrix},\ C=\begin{bmatrix}-3 & -1 & 2\\ 4 & 0 & 5\\ 2 & 1 & 3\end{bmatrix}$$

$$D=\begin{bmatrix}1 & -2\\ 3 & 4\end{bmatrix},\ E=\begin{bmatrix}1 & -4 & 5\\ 0 & 1 & 6\\ 3 & 2 & 1\end{bmatrix},\ F=\begin{bmatrix}-4 & 5\\ 2 & 3\end{bmatrix}$$

7. $C+E$

8. $3(2A)$, $6A$

9. $2D-3F$

10. AB, BA

11~12. 주어진 행렬에 대해 다음 물음에 답하라.

$$A=\begin{bmatrix}1 & 2\\ 0 & -1\end{bmatrix},\ B=\begin{bmatrix}x & y\\ z & w\end{bmatrix},\ C=\begin{bmatrix}1 & -1\\ -1 & -2\end{bmatrix}$$

11. $A+B=C$일 때, x, y, z, w 값을 구하라.

12. $AB=C$일 때, x, y, z, w 값을 구하라.

13~16. 주어진 행렬 A, B의 곱 AB와 BA에 대해 덧셈과 곱셈을 가장 적게 사용하여 다음을 구하라.

$$A=\begin{bmatrix}3 & -2 & 7\\ 6 & 5 & 4\\ 0 & 4 & 9\end{bmatrix},\ B=\begin{bmatrix}6 & -2 & 4\\ 0 & 1 & 3\\ 7 & 7 & 5\end{bmatrix}$$

13. AB의 $(2, 3)$ 성분

14. BA의 $(2, 3)$ 성분

15. AB의 1행

16. AB의 3열

17. 다음 연립일차방정식을 $A\mathbf{x}=\mathbf{b}$ 꼴로 나타냈을 때, A, $\mathbf{x}$, $\mathbf{b}$를 구하라.

(a)
$$\begin{aligned} 2x-5y+z&=0\\ -3x+z&=4\\ 3x+7y&=2\end{aligned}$$

(b)
$$\begin{aligned} 4x_1-3x_3+x_4&=-1\\ 3x_1+x_2+x_3-4x_4&=3\\ x_2-5x_3+2x_4&=2\end{aligned}$$

18. 다음 식을 만족하는 실수 k 값을 구하라.

$$\begin{bmatrix}-k & 1 & 1\end{bmatrix}\begin{bmatrix}1 & 1 & 0\\ 1 & 0 & 2\\ 0 & 2 & -3\end{bmatrix}\begin{bmatrix}-k\\ 1\\ 1\end{bmatrix}=1$$

Section 1.4 행렬 연산의 성질

이 절에서는 행렬 연산의 성질에 대해 좀 더 자세히 알아보자. 행렬 연산의 성질은 우리가 이미 알고 있는 실수 연산의 성질과 유사한 점도 있지만, 다른 점도 있다.

이를테면 $1 \cdot a = a$인 것과 같이 $I_nA = A$를 만족하는 어떤 행렬 I_n이 존재하는데, 이를 **단위행렬** identity matrix 이라고 한다.[10] 즉 1이 실수에서 곱셈에 대한 항등원이듯 단위행렬 I_n은 행렬에서 곱셈에 대한 항등원이다. 한편, 실수 a, b의 곱셈에 대한 교환법칙 $ab = ba$는 항상 성립하지만, 행렬 A, B의 곱셈에 대한 교환법칙은 일반적으로 성립하지 않는다. 즉 행렬 A, B에 대해 항상 $AB = BA$가 성립한다고 할 수 없다.

행렬 연산의 기본 성질

행렬 연산의 기본적인 성질을 정리하면 다음과 같다.

정리 1-4 행렬 연산의 기본 성질

A, B, C는 연산을 수행할 수 있는 크기의 행렬이고, a, b는 스칼라라고 할 때, 다음이 성립한다.

(1) $A + B = B + A$ (덧셈에 대한 교환법칙)

(2) $A + (B + C) = (A + B) + C$ (덧셈에 대한 결합법칙)

(3) $A(BC) = (AB)C$ (곱셈에 대한 결합법칙)

(4) $A(B + C) = AB + AC$ (분배법칙)

(5) $(B + C)A = BA + CA$ (분배법칙)

(6) $a(B + C) = aB + aC$

(7) $(a + b)C = aC + bC$

(8) $(ab)C = a(bC)$

(9) $a(BC) = (aB)C = B(aC)$

10 단위행렬은 55쪽에서 자세히 다룬다.

증명

각각의 성질은 양변의 행렬이 서로 같다는 것을 보임으로써 증명된다. 여기서는 성질 (1), (4), (6)에 대해서만 증명하는데, 나머지 성질의 증명 방법은 이와 비슷하다.

(1) $A=[a_{ij}]_{m\times n}$, $B=[b_{ij}]_{m\times n}$라 하면

$$\begin{aligned} A+B &= [a_{ij}]+[b_{ij}] \\ &= [a_{ij}+b_{ij}] = [b_{ij}+a_{ij}] \\ &= [b_{ij}]+[a_{ij}] \\ &= B+A \end{aligned}$$

(4) $A=[a_{ij}]_{k\times m}$, $B=[b_{ij}]_{m\times n}$, $C=[c_{ij}]_{m\times n}$라 하면 (1)에 의해 $B+C=[b_{ij}+c_{ij}]$이다. 행렬 곱셈의 정의에 의하여 $A(B+C)$의 (i, j) 성분은 A의 i행의 성분과 $(B+C)$의 j열 성분 각각에 대한 곱의 합이다. 따라서 다음이 성립한다.

$$\begin{aligned} A(B+C) &= [a_{ij}][b_{ij}+c_{ij}] \\ &= [\sum_{p=1}^{m} a_{ip}(b_{pj}+c_{pj})] \\ &= [\sum_{p=1}^{m} a_{ip}b_{pj} + \sum_{p=1}^{m} a_{ip}c_{pj}] \\ &= [\sum_{p=1}^{m} a_{ip}b_{pj}] + [\sum_{p=1}^{m} a_{ip}c_{pj}] \\ &= AB+AC \end{aligned}$$

(6) $B=[b_{ij}]_{m\times n}$, $C=[c_{ij}]_{m\times n}$라 하면 (1)에 의하여 $B+C=[b_{ij}+c_{ij}]$이므로 $a(B+C)$는 행렬의 스칼라 배이다. 따라서 다음이 성립한다.

$$\begin{aligned} a(B+C) &= a[b_{ij}+c_{ij}] \\ &= [a(b_{ij}+c_{ij})] \\ &= [ab_{ij}+ac_{ij}] \\ &= [ab_{ij}]+[ac_{ij}] \\ &= a[b_{ij}]+a[c_{ij}] \\ &= aB+aC \end{aligned}$$

■

예제 1-20

다음 행렬에 대하여, 곱셈에 대한 결합법칙 $A(BC)=(AB)C$임을 보여라.

$$A=\begin{bmatrix}0 & 2\\ 3 & -1\\ 0 & 1\end{bmatrix},\ B=\begin{bmatrix}1 & 0\\ 2 & 1\end{bmatrix},\ C=\begin{bmatrix}1 & 0\\ 2 & 3\end{bmatrix}$$

풀이

$A(BC)$를 계산하기 전에 먼저 BC를 계산하자.

$$BC=\begin{bmatrix}1 & 0\\ 2 & 1\end{bmatrix}\begin{bmatrix}1 & 0\\ 2 & 3\end{bmatrix}=\begin{bmatrix}1 & 0\\ 4 & 3\end{bmatrix}$$

따라서 $A(BC)$는 다음과 같다.

$$A(BC)=\begin{bmatrix}0 & 2\\ 3 & -1\\ 0 & 1\end{bmatrix}\begin{bmatrix}1 & 0\\ 4 & 3\end{bmatrix}=\begin{bmatrix}8 & 6\\ -1 & -3\\ 4 & 3\end{bmatrix}$$

또 $(AB)C$를 계산하기 전에 먼저 AB를 계산하자.[11]

$$AB=\begin{bmatrix}0 & 2\\ 3 & -1\\ 0 & 1\end{bmatrix}\begin{bmatrix}1 & 0\\ 2 & 1\end{bmatrix}=\begin{bmatrix}4 & 2\\ 1 & -1\\ 2 & 1\end{bmatrix}$$

따라서 $(AB)C$는 다음과 같다.

$$(AB)C=\begin{bmatrix}4 & 2\\ 1 & -1\\ 2 & 1\end{bmatrix}\begin{bmatrix}1 & 0\\ 2 & 3\end{bmatrix}=\begin{bmatrix}8 & 6\\ -1 & -3\\ 4 & 3\end{bmatrix}$$

위의 두 결과로부터 $A(BC)=(AB)C$임을 알 수 있다.

행렬 거듭제곱의 성질

앞의 내용을 통해 행렬의 곱셈 연산이 실수 곱셈과 다름을 알았다. 이제 행렬의 곱셈 연산의 성질 중에서 단위행렬과 거듭제곱에 대하여 알아보자.

먼저 실수 곱셈의 단위원인 1과 같은 성질을 갖는 행렬에 대하여 알아보자. 주대각선 성분이 모두 1이고 나머지 성분이 모두 0인 n차 정사각행렬을 n차 **단위행렬**identity matrix이라고 한다. n차 단위행렬은 I_n으로 표기하고, 다음과 같이 나타낸다.

11 A와 B의 곱 AB의 크기는 A와 B의 크기가 각각 $m\times p$, $p\times n$인 경우 $m\times n$이 된다.

$$I_n = \begin{bmatrix} 1 & 0 & \cdots & 0 \\ 0 & 1 & \cdots & 0 \\ \vdots & \vdots & \ddots & \vdots \\ 0 & 0 & \cdots & 1 \end{bmatrix} \tag{1.25}$$

A가 $m \times n$ 행렬일 때, 단위행렬 I_m, I_n에 대해 다음이 성립함을 쉽게 알 수 있다.[12]

$$I_m A = A I_n = A$$

예제 1-21

행렬 A에 대해 $I_2 A = A I_3 = A$ 임을 보여라.

$$A = \begin{bmatrix} 1 & -2 & 3 \\ 2 & 0 & -2 \end{bmatrix}$$

풀이

$$\begin{aligned} I_2 A &= \begin{bmatrix} 1 & 0 \\ 0 & 1 \end{bmatrix} \begin{bmatrix} 1 & -2 & 3 \\ 2 & 0 & -2 \end{bmatrix} \\ &= \begin{bmatrix} 1 & -2 & 3 \\ 2 & 0 & -2 \end{bmatrix} = A \end{aligned}$$

또한

$$\begin{aligned} A I_3 &= \begin{bmatrix} 1 & -2 & 3 \\ 2 & 0 & -2 \end{bmatrix} \begin{bmatrix} 1 & 0 & 0 \\ 0 & 1 & 0 \\ 0 & 0 & 1 \end{bmatrix} \\ &= \begin{bmatrix} 1 & -2 & 3 \\ 2 & 0 & -2 \end{bmatrix} = A \end{aligned}$$

따라서 $I_2 A = A I_3 = A$ 임을 알 수 있다.

이제 행렬의 거듭제곱에 대하여 알아보자. 0이 아닌 실수 a에 대해 a의 거듭제곱은 다음과 같다.

$$a^0 = 1, \quad a^n = \underbrace{a \times a \times \cdots \times a}_{n\text{번}}$$

마찬가지 방법으로 행렬의 거듭제곱을 생각할 수 있다. A가 n차 정사각행렬일 때, A의 거듭제곱을 다음과 같이 정의한다.

$$A^0 = I_n, \quad A^k = \underbrace{AA \cdots A}_{k\text{번}} \tag{1.26}$$

12 단위행렬은 행렬 곱셈에서 곱셈의 항등원과 같다.

식 (1.26)으로부터 다음의 정리를 얻을 수 있으며, 증명은 실수에 대한 지수법칙과 유사하므로 여기서는 생략한다.

정리 1-5 행렬 거듭제곱의 지수법칙

A가 정사각행렬이고 r, s가 음이 아닌 정수일 때, 다음이 성립한다.

$$A^rA^s = A^{r+s}, \quad (A^r)^s = A^{rs} \tag{1.27}$$

역행렬의 정의와 기본 성질

실수 $a(a \neq 0)$의 역수 $\frac{1}{a}$은 $\frac{1}{a} \times a = a \times \frac{1}{a} = 1$이므로 $\frac{1}{a}$을 a의 곱셈 **역원**inverse이라 하고, $\frac{1}{a} = a^{-1}$와 같이 쓴다. 이 절에서는 정사각행렬에 대해 실수에서 곱셈 역원과 같은 역할을 하는 역행렬의 성질과 계산 방법을 알아본다.

n차 정사각행렬 A에 대해 다음을 만족하는 행렬 B가 존재하면 A는 **가역행렬**invertible matrix이라고 한다.

$$AB = I_n = BA$$

이때 B를 A의 **역행렬**inverse matrix이라고 하며, 이러한 B가 존재하지 않으면 A를 **비가역행렬**noninvertible matrix이라고 한다.[13]

가역행렬의 정의에서 $AB = I_n = BA$인 조건은 A와 B의 역할을 바꾸어도 마찬가지임을 의미한다. 즉, A가 가역이면 B도 가역이고, B가 A의 역행렬이면 A는 B의 역행렬이다.

예제 1-22

다음 행렬 A, B에 대해 B는 A의 역행렬임을 확인하라.

$$A = \begin{bmatrix} -2 & -5 \\ -1 & -3 \end{bmatrix}, \quad B = \begin{bmatrix} -3 & 5 \\ 1 & -2 \end{bmatrix}$$

13 비가역행렬을 **특이행렬**singular matrix이라고도 한다. 반대로 가역행렬을 **비특이행렬**nonsingular matrix이라고도 한다.

풀이

B가 A의 역행렬이면 $AB = I_2 = BA$가 성립한다.

$$\begin{aligned} AB &= \begin{bmatrix} -2 & -5 \\ -1 & -3 \end{bmatrix}\begin{bmatrix} -3 & 5 \\ 1 & -2 \end{bmatrix} \\ &= \begin{bmatrix} 1 & 0 \\ 0 & 1 \end{bmatrix} = I_2 \end{aligned}$$

$$\begin{aligned} BA &= \begin{bmatrix} -3 & 5 \\ 1 & -2 \end{bmatrix}\begin{bmatrix} -2 & -5 \\ -1 & -3 \end{bmatrix} \\ &= \begin{bmatrix} 1 & 0 \\ 0 & 1 \end{bmatrix} = I_2 \end{aligned}$$

따라서 B는 A의 역행렬이다.

예제 1-23

다음 행렬 A가 비가역행렬임을 보여라.

$$A = \begin{bmatrix} -2 & 7 & 3 \\ 1 & 5 & 8 \\ 0 & 0 & 0 \end{bmatrix}$$

풀이

주어진 행렬 A는 3행의 성분이 모두 0이므로 임의의 3×3 행렬

$$B = \begin{bmatrix} b_{11} & b_{12} & b_{13} \\ b_{21} & b_{22} & b_{23} \\ b_{31} & b_{32} & b_{33} \end{bmatrix}$$

에 대해 AB의 다른 행은 계산하지 않고 3행만 계산하면 다음과 같다.

$$AB = \begin{bmatrix} * & * & * \\ * & * & * \\ 0 & 0 & 0 \end{bmatrix}$$

AB의 3행은 $[0 \quad 0 \quad 0]$이다. 따라서 $AB = I_3$인 B가 존재하지 않으므로 A는 비가역행렬이다.

0이 아닌 실수 a에 대해 a의 역수 $\dfrac{1}{a} = a^{-1}$는 단 하나만 존재한다. 역행렬도 실수와 같은 성질을 갖는지 다음 정리를 통해 확인해보자.

정리 1-6 역행렬의 유일성

n차 정사각행렬 A가 가역이면 A의 역행렬은 유일하다.

증명

행렬 B, C가 모두 A의 역행렬이라고 하면

$$AB = I_n = BA,\ AC = I_n = CA$$

이므로

$$B = BI_n = B(AC) = (BA)C = I_nC = C$$

따라서 A의 역행렬은 유일하다. ■

n차 정사각행렬 A가 가역일 때, A의 역행렬 A^{-1}는 유일하고, 다음을 만족한다.

$$AA^{-1} = I_n = A^{-1}A$$

예제 1-24

행렬 $A = \begin{bmatrix} a & b \\ c & d \end{bmatrix}$에서 $ad-bc \neq 0$이라고 할 때, 역행렬 A^{-1}를 구하라.

풀이

$$\begin{bmatrix} a & b \\ c & d \end{bmatrix} \begin{bmatrix} \dfrac{d}{ad-bc} & \dfrac{-b}{ad-bc} \\ \dfrac{-c}{ad-bc} & \dfrac{a}{ad-bc} \end{bmatrix} = \begin{bmatrix} 1 & 0 \\ 0 & 1 \end{bmatrix} = \begin{bmatrix} \dfrac{d}{ad-bc} & \dfrac{-b}{ad-bc} \\ \dfrac{-c}{ad-bc} & \dfrac{a}{ad-bc} \end{bmatrix} \begin{bmatrix} a & b \\ c & d \end{bmatrix}$$

이다. 따라서 역행렬 A^{-1}는 다음과 같다.

$$A^{-1} = \begin{bmatrix} \dfrac{d}{ad-bc} & \dfrac{-b}{ad-bc} \\ \dfrac{-c}{ad-bc} & \dfrac{a}{ad-bc} \end{bmatrix} = \frac{1}{ad-bc} \begin{bmatrix} d & -b \\ -c & a \end{bmatrix}$$

이제 역행렬의 성질을 좀 더 알아보자.

정리 1-7 역행렬의 성질

n차 정사각행렬 A, B가 가역이고 m은 자연수, k는 0이 아닌 스칼라일 때, 다음이 성립한다.

(1) A^{-1}는 가역이고, $(A^{-1})^{-1} = A$ 이다.

(2) AB는 가역이고, $(AB)^{-1} = B^{-1}A^{-1}$ 다.[14]

(3) kA는 가역이고, $(kA)^{-1} = \frac{1}{k}A^{-1}$ 다.

(4) A^m 은 가역이고, $(A^m)^{-1} = (A^{-1})^m$ 이다.

증명

(1) A^{-1}가 가역인 것은 $A^{-1}B = I_n = BA^{-1}$를 만족하는 행렬 B가 존재함을 보이면 된다. 그런데

$$A^{-1}A = I_n = AA^{-1}$$

이므로 A^{-1}는 가역이고 A가 A^{-1}의 역행렬이다. 따라서 $(A^{-1})^{-1} = A$이다.

(2) $(AB)(B^{-1}A^{-1}) = A(BB^{-1})A^{-1} = AI_nA^{-1} = AA^{-1} = I_n$,

$(B^{-1}A^{-1})(AB) = B^{-1}(A^{-1}A)B = B^{-1}I_nB = B^{-1}B = I_n$

이므로 AB는 가역이고 $(AB)^{-1} = B^{-1}A^{-1}$이다.

(3) $(kA)\left(\frac{1}{k}A^{-1}\right) = \frac{1}{k}(kA)A^{-1} = \left(\frac{1}{k}\cdot k\right)AA^{-1} = I_n$,

$\left(\frac{1}{k}A^{-1}\right)(kA) = k\left(\frac{1}{k}A^{-1}\right)A = \left(k\cdot\frac{1}{k}\right)A^{-1}A = I_n$

이므로 kA 는 가역이고 $(kA)^{-1} = \frac{1}{k}A^{-1}$이다.

(4) 이 증명은 연습문제로 남긴다. ■

14 두 가역행렬의 곱은 다시 가역행렬임을 뜻한다.

예제 1-25

두 행렬 A, B에 대해 $(AB)^{-1}=B^{-1}A^{-1}$임을 확인하라.

$$A=\begin{bmatrix}1 & 2\\ 1 & 3\end{bmatrix},\ B=\begin{bmatrix}3 & 2\\ 2 & 2\end{bmatrix}$$

풀이

[예제 1-24]를 이용해 A, B의 역행렬을 구해보자.

$$A^{-1}=\begin{bmatrix}3 & -2\\ -1 & 1\end{bmatrix},\ B^{-1}=\begin{bmatrix}1 & -1\\ -1 & \frac{3}{2}\end{bmatrix}$$

그러면, $B^{-1}A^{-1}$는 다음과 같다.

$$B^{-1}A^{-1}=\begin{bmatrix}1 & -1\\ -1 & \frac{3}{2}\end{bmatrix}\begin{bmatrix}3 & -2\\ -1 & 1\end{bmatrix}=\begin{bmatrix}4 & -3\\ -\frac{9}{2} & \frac{7}{2}\end{bmatrix}$$

한편, $AB=\begin{bmatrix}7 & 6\\ 9 & 8\end{bmatrix}$이므로 AB의 역행렬 $(AB)^{-1}$를 구하면 다음과 같다.

$$(AB)^{-1}=\begin{bmatrix}4 & -3\\ -\frac{9}{2} & \frac{7}{2}\end{bmatrix}$$

따라서 $(AB)^{-1}=B^{-1}A^{-1}$가 성립함을 알 수 있다.

Chapter 1.4

연습문제

1~4. 다음 행렬 A, B, C에 대해 $a=-2$, $b=3$일 때, 다음을 확인하라.

$$A=\begin{bmatrix}1 & 2 & -2\\ 3 & 4 & 5\end{bmatrix},\ B=\begin{bmatrix}2 & 0 & 1\\ 3 & -2 & 5\end{bmatrix},\ C=\begin{bmatrix}-4 & -6 & 1\\ 2 & 3 & 0\end{bmatrix}$$

1. $A+B=B+A$

2. $A+(B+C)=(A+B)+C$

3. $(-2+3)C=-2C+3C$

4. $-2(B-C)=-2B-(-2)C$

5~7. 다음 행렬 A, B, C에 대해 $a=2$, $b=3$일 때, 다음을 확인하라.

$$A=\begin{bmatrix}1 & 3\\ 2 & -1\end{bmatrix},\ B=\begin{bmatrix}-1 & 3 & 2\\ 1 & -3 & 4\end{bmatrix},\ C=\begin{bmatrix}1 & 0\\ 3 & -1\\ 1 & 2\end{bmatrix}$$

5. $A(BC)=(AB)C$

6. $2(BC)=(2B)C=B(2C)$

7. $(2\times 3)C=2(3C)$

8. 다음 행렬 A, B, C에 대해 $B\neq C$이지만 $AB=AC$임을 확인하라.

$$A=\begin{bmatrix}-2 & 3\\ 2 & -3\end{bmatrix},\ B=\begin{bmatrix}-1 & 3\\ 2 & 0\end{bmatrix},\ C=\begin{bmatrix}-4 & -3\\ 0 & -4\end{bmatrix}$$

9~10. 행렬 $A=\begin{bmatrix}1 & -1\\ 2 & 3\end{bmatrix}$에 대해 다음을 계산하라.

9. A^2-2A

10. $3A^3-2A^2+5A-4I_2$

11~14. 다음 행렬의 역행렬을 구하라.

11. $\begin{bmatrix} 2 & -3 \\ 4 & 4 \end{bmatrix}$

12. $\begin{bmatrix} 3 & 2 \\ -1 & 2 \end{bmatrix}$

13. $\begin{bmatrix} 3 & 0 \\ 0 & 5 \end{bmatrix}$

14. $\begin{bmatrix} -3 & -1 \\ 5 & 2 \end{bmatrix}$

15. 다음 행렬의 역행렬을 구하라.

$$\begin{bmatrix} \cos\theta & \sin\theta \\ -\sin\theta & \cos\theta \end{bmatrix}$$

16. [정리 1-4]의 성질 (2)와 성질 (3)을 증명하라.

17. [정리 1-7]의 성질 (4)를 증명하라.

Section 1.5 기본행렬을 이용한 역행렬 계산

이제 역행렬을 구할 때 중요한 역할을 하는 기본행렬에 대해 알아보고, 기본행렬을 이용하여 n차 정사각행렬의 역행렬을 구하는 원리를 살펴보자.

기본행렬의 성질과 역행렬

n차 단위행렬 I_n에 대해 다음 세 가지 기본 행 연산 중 한 번만 시행하여 얻어지는 행렬을 **기본행렬** elementary matrix 이라고 한다.

❶ 두 행 교환하기
❷ 한 행에 스칼라 곱하기
❸ 한 행에 스칼라를 곱하여 다른 행에 더하기

일반적으로 기본 행 연산으로부터 얻을 수 있는 기본행렬은 다음과 같다.

❶ i행과 j행을 교환한다. $\Rightarrow$ E_{ij}
❷ i행에 0이 아닌 상수 c를 곱한다. $\Rightarrow$ $E_i(c)$
❸ i행에 0이 아닌 상수 c를 곱하여 j행에 더한다. $\Rightarrow$ $E_{ij}(c)$

예를 들어, 다음은 단위행렬에 대해 기본 행 연산을 한 번 시행하여 얻은 기본행렬들이다.

$$\begin{bmatrix} 1 & 0 & 0 \\ 0 & 0 & 1 \\ 0 & 1 & 0 \end{bmatrix}, \begin{bmatrix} 1 & 0 & 0 \\ 0 & 1 & 0 \\ 0 & 0 & -3 \end{bmatrix}, \begin{bmatrix} 1 & 0 & 0 \\ 0 & 1 & 0 \\ -2 & 0 & 1 \end{bmatrix}$$

기본 행 연산 기호를 사용하여 기본행렬을 각각 다음과 같이 나타낼 수 있다.

$$E_{23} = \begin{bmatrix} 1 & 0 & 0 \\ 0 & 0 & 1 \\ 0 & 1 & 0 \end{bmatrix},\ E_3(-3) = \begin{bmatrix} 1 & 0 & 0 \\ 0 & 1 & 0 \\ 0 & 0 & -3 \end{bmatrix},\ E_{13}(-2) = \begin{bmatrix} 1 & 0 & 0 \\ 0 & 1 & 0 \\ -2 & 0 & 1 \end{bmatrix}$$

이제 3차 정사각행렬을 이용하여 기본행렬들의 곱셈 연산에서의 특징을 살펴보자.

3차 정사각행렬 $A=\begin{bmatrix} a_{11} & a_{12} & a_{13} \\ a_{21} & a_{22} & a_{23} \\ a_{31} & a_{32} & a_{33} \end{bmatrix}$에 대해, 세 가지 기본행렬들을 A의 왼쪽에 각각 곱하자.

❶ $E_{23}A=\begin{bmatrix} 1 & 0 & 0 \\ 0 & 0 & 1 \\ 0 & 1 & 0 \end{bmatrix}\begin{bmatrix} a_{11} & a_{12} & a_{13} \\ a_{21} & a_{22} & a_{23} \\ a_{31} & a_{32} & a_{33} \end{bmatrix}=\begin{bmatrix} a_{11} & a_{12} & a_{13} \\ a_{31} & a_{32} & a_{33} \\ a_{21} & a_{22} & a_{23} \end{bmatrix}$

❷ $E_3(-3)A=\begin{bmatrix} 1 & 0 & 0 \\ 0 & 1 & 0 \\ 0 & 0 & -3 \end{bmatrix}\begin{bmatrix} a_{11} & a_{12} & a_{13} \\ a_{21} & a_{22} & a_{23} \\ a_{31} & a_{32} & a_{33} \end{bmatrix}=\begin{bmatrix} a_{11} & a_{12} & a_{13} \\ a_{21} & a_{22} & a_{23} \\ -3a_{31} & -3a_{32} & -3a_{33} \end{bmatrix}$

❸ $E_{13}(-2)A=\begin{bmatrix} 1 & 0 & 0 \\ 0 & 1 & 0 \\ -2 & 0 & 1 \end{bmatrix}\begin{bmatrix} a_{11} & a_{12} & a_{13} \\ a_{21} & a_{22} & a_{23} \\ a_{31} & a_{32} & a_{33} \end{bmatrix}$

$$=\begin{bmatrix} a_{11} & a_{12} & a_{13} \\ a_{21} & a_{22} & a_{23} \\ -2a_{11}+a_{31} & -2a_{12}+a_{32} & -2a_{13}+a_{33} \end{bmatrix}$$

따라서 일반적으로 다음 정리가 성립한다.

정리 1-8 기본행렬의 역할

n차 정사각행렬 A의 왼쪽에 기본행렬을 곱하는 것은 기본행렬을 만들 때 사용된 기본 행 연산을 행렬 A에 시행한 것과 같다.

기본행렬을 단위행렬로 바꾸는 데 사용한 기본 행 연산은 단위행렬을 기본행렬로 바꿀 때 사용한 기본 행 연산의 역과정이다. 그런데 단위행렬은 가역행렬이므로 기본행렬은 가역이고, 그 역행렬 또한 기본행렬임을 알 수 있다. 즉 다음 정리가 성립한다.

정리 1-9 기본행렬의 역행렬

(1) ${E_{ij}}^{-1}=E_{ij}$

(2) $E_i(c)^{-1}=E_i\left(\dfrac{1}{c}\right)\qquad(c\neq 0)$

(3) $E_{ij}(c)^{-1}=E_{ij}(-c)$[15] $(c\neq 0)$

---

15 $E_{ij}=E_{ji}$이지만 $E_{ij}(c)\neq E_{ji}(c)$이다.

예제 1-26

다음 기본행렬의 역행렬을 구하라.

(a) $E_{23}=\begin{bmatrix}1&0&0\\0&0&1\\0&1&0\end{bmatrix}$ (b) $E_3(-3)=\begin{bmatrix}1&0&0\\0&1&0\\0&0&-3\end{bmatrix}$

(c) $E_{13}(-2)=\begin{bmatrix}1&0&0\\0&1&0\\-2&0&1\end{bmatrix}$

풀이

(a) $E_{23}=\begin{bmatrix}1&0&0\\0&0&1\\0&1&0\end{bmatrix}$의 역행렬은 다음과 같다.

$$E_{23}^{-1}=E_{23}=\begin{bmatrix}1&0&0\\0&0&1\\0&1&0\end{bmatrix}$$

즉 $E_{23}E_{23}=E_{23}^2=I_3$이다.

(b) $E_3(-3)=\begin{bmatrix}1&0&0\\0&1&0\\0&0&-3\end{bmatrix}$의 역행렬은 다음과 같다.

$$E_3(-3)^{-1}=E_3\left(-\frac{1}{3}\right)=\begin{bmatrix}1&0&0\\0&1&0\\0&0&-\frac{1}{3}\end{bmatrix}$$

즉 $E_3\left(-\frac{1}{3}\right)E_3(-3)=I_3$이다.

(c) $E_{13}(-2)=\begin{bmatrix}1&0&0\\0&1&0\\-2&0&1\end{bmatrix}$의 역행렬은 다음과 같다.

$$E_{13}(-2)^{-1}=E_{13}(2)=\begin{bmatrix}1&0&0\\0&1&0\\2&0&1\end{bmatrix}$$

즉 $E_{13}(2)E_{13}(-2)=I_3$이다.

기본 행 연산으로 역행렬 구하기

주어진 행렬에 기본 행 연산을 시행하여 RREF를 구하는 과정에서 역행렬을 얻을 수 있다. 즉, A^{-1}는 A의 RREF를 구하는 과정에서 단위행렬에 기본 행 연산을 연달아 시행하면 얻을 수 있음을 뜻한다. 따라서 n차 정사각행렬 A가 가역일 때 A의 역행렬을 다음과 같은 단계로 얻을 수 있다.

❶ 주어진 행렬 A에 단위행렬 I_n을 첨가하여 $n \times 2n$ 행렬 $[A \mid I_n]$을 만든다.

❷ 이전 단계에서 만든 행렬 $[A \mid I_n]$의 RREF를 구한다.

$$[A \mid I_n] \rightarrow [E_k \cdots E_2 E_1 A \mid E_k \cdots E_2 E_1 I_n]$$

여기서, E_1, E_2, $\cdots$, E_k는 각각 세 종류의 기본 행 연산 중 어떤 것들이다. 따라서, 이는 A와 I_n에 연속적으로 기본 행렬을 곱하는 것과 같은 의미다.

❸ 이전 단계에서 얻어진 RREF를 $[C \mid D]$라고 하면 다음이 성립한다.

(i) $C = I_n$이면 $D = A^{-1}$다.

(ii) $C \neq I_n$이면 A는 가역이 아니고 A^{-1}는 존재하지 않는다.

위의 방법으로 역행렬을 구해보자.

예제 1-27

다음 행렬의 역행렬을 구하라.

$$A = \begin{bmatrix} 1 & 2 & 3 \\ 2 & 5 & 3 \\ 1 & 0 & 8 \end{bmatrix}$$

풀이

$[A \mid I_3]$를 만들자.

$$[A \mid I_3] = \left[\begin{array}{ccc:ccc} 1 & 2 & 3 & 1 & 0 & 0 \\ 2 & 5 & 3 & 0 & 1 & 0 \\ 1 & 0 & 8 & 0 & 0 & 1 \end{array}\right]$$

이 행렬의 RREF를 구하면 다음과 같다.

$$\left[\begin{array}{ccc:ccc} 1 & 2 & 3 & 1 & 0 & 0 \\ 2 & 5 & 3 & 0 & 1 & 0 \\ 1 & 0 & 8 & 0 & 0 & 1 \end{array}\right] \xrightarrow[E_{13}(-1)]{E_{12}(-2)} \left[\begin{array}{ccc:ccc} 1 & 2 & 3 & 1 & 0 & 0 \\ 0 & 1 & -3 & -2 & 1 & 0 \\ 0 & -2 & 5 & -1 & 0 & 1 \end{array}\right]$$

$$\xrightarrow{E_{23}(2)} \left[\begin{array}{ccc:ccc} 1 & 2 & 3 & 1 & 0 & 0 \\ 0 & 1 & -3 & -2 & 1 & 0 \\ 0 & 0 & -1 & -5 & 2 & 1 \end{array}\right]$$

$$\xrightarrow{E_3(-1)} \left[\begin{array}{ccc:ccc} 1 & 2 & 3 & 1 & 0 & 0 \\ 0 & 1 & -3 & -2 & 1 & 0 \\ 0 & 0 & 1 & 5 & -2 & -1 \end{array}\right]$$

$$\xrightarrow[E_{31}(-3)]{E_{32}(3)} \left[\begin{array}{ccc:ccc} 1 & 2 & 0 & -14 & 6 & 3 \\ 0 & 1 & 0 & 13 & -5 & -3 \\ 0 & 0 & 1 & 5 & -2 & -1 \end{array}\right]$$

$$\xrightarrow{E_{21}(-2)} \left[\begin{array}{ccc:ccc} 1 & 0 & 0 & -40 & 16 & 9 \\ 0 & 1 & 0 & 13 & -5 & -3 \\ 0 & 0 & 1 & 5 & -2 & -1 \end{array}\right]$$

여기에서 $C=I_3$ 이므로 $D=A^{-1}$다.

$$A^{-1}=\begin{bmatrix} -40 & 16 & 9 \\ 13 & -5 & -3 \\ 5 & -2 & -1 \end{bmatrix}$$

위와 같은 방법으로 주어진 행렬의 역행렬을 구할 때, 역행렬이 존재하지 않으면 어떤 현상이 일어나는지 다음 예제를 통해 알아보자.

예제 1-28

다음 행렬의 역행렬이 존재하는지 판단하라.

$$A=\begin{bmatrix} 1 & 6 & 4 \\ 2 & 4 & -1 \\ -1 & 2 & 5 \end{bmatrix}$$

풀이

[예제 1-27]과 같은 과정을 거치면[16]

$$\left[\begin{array}{ccc:ccc} 1 & 6 & 4 & 1 & 0 & 0 \\ 2 & 4 & -1 & 0 & 1 & 0 \\ -1 & 2 & 5 & 0 & 0 & 1 \end{array}\right] \xrightarrow[E_{13}(1)]{E_{12}(-2)} \left[\begin{array}{ccc:ccc} 1 & 6 & 4 & 1 & 0 & 0 \\ 0 & -8 & -9 & -2 & 1 & 0 \\ 0 & 8 & 9 & 1 & 0 & 1 \end{array}\right]$$

$$\xrightarrow{E_{23}(1)} \left[\begin{array}{ccc:ccc} 1 & 6 & 4 & 1 & 0 & 0 \\ 0 & -8 & -9 & -2 & 1 & 0 \\ 0 & 0 & 0 & -1 & 1 & 1 \end{array}\right]$$

이다. 그런데 왼쪽의 행렬은 마지막 행의 성분이 모두 0이므로 왼쪽 행렬은 단위행렬이 될 수 없다. 즉 $C\neq I_3$이므로 A^{-1}는 존재하지 않는다.

1.2절에서 소개한 행 사다리꼴(REF)과 기약 행 사다리꼴(RREF)의 내용을 상기하면서 다음 정리를 살펴보면, 기본행렬과 행렬의 가역성 그리고 RREF 사이의 관계를 알 수 있다.

16 $[A\,|\,I_n]$의 RREF를 구하는 과정에서 왼쪽에 전부 0인 행이 만들어지면 더 이상 역행렬을 구할 필요가 없음을 의미한다.

정리 1-10 기본행렬과 가역행렬

n차 정사각행렬 A에 대해 다음의 명제들은 동치이다.

(1) 행렬 A의 RREF는 단위행렬 I_n이다.

(2) 행렬 A는 기본행렬들의 곱으로 나타낼 수 있다.

(3) 행렬 A는 가역행렬이다.

증명

(1) ⇒ (2) ⇒ (3) ⇒ (1) 순서로 증명하자.

(1) ⇒ (2)

행렬 A의 RREF가 단위행렬이라면, 행렬 A는 몇 번의 기본 행 연산을 시행하여 단위행렬로 만들 수 있다. 즉, 행렬 A의 왼쪽에 몇 개의 기본행렬을 곱하면 단위행렬이 된다.

$$E_k E_{k-1} \cdots E_1 A = \mathrm{RREF}(A) = I_n$$

그런데 [정리 1-9]로부터 기본행렬은 모두 가역이며 그 역행렬 또한 기본행렬임을 알고 있다. 따라서 [정리 1-7]로부터 다음을 얻는다.

$$A = (E_k E_{k-1} \cdots E_1)^{-1} I_n = E_1^{-1} E_2^{-1} \cdots E_k^{-1}$$

(2) ⇒ (3)

행렬 A가 기본행렬들의 곱이고 각각의 기본행렬들은 모두 가역행렬이다. 가역행렬의 곱은 다시 가역행렬이므로 행렬 A는 가역행렬이다.

(3) ⇒ (1)

행렬 A를 RREF로 바꾸면 다음과 같은 모양을 얻는다.

$$E_k E_{k-1} \cdots E_1 A = \mathrm{RREF}(A)$$

여기에서 $E_1, E_2, \cdots, E_k, A$는 모두 가역이므로 $\mathrm{RREF}(A)$도 가역이다. 그런데 $\mathrm{RREF}(A)$가 가역인 경우는 $\mathrm{RREF}(A) = I_n$뿐이다. ■

RREF를 이용하여 역행렬의 존재성을 확인하거나 역행렬을 구하는 방법은 단순한 계산을 반복하는 것이다. 이런 경우에는 컴퓨터 프로그램을 이용하면 계산 과정을 줄여 간편하게 계산할 수 있다.

Chapter

1.5 연습문제

1~10. 다음 행렬 중 가역인 것을 찾고, 그 역행렬을 구하라.

1. $\begin{bmatrix} 1 & 2 \\ 3 & 5 \end{bmatrix}$

2. $\begin{bmatrix} -2 & 3 \\ 3 & -5 \end{bmatrix}$

3. $\begin{bmatrix} 8 & -6 \\ -4 & 3 \end{bmatrix}$

4. $\begin{bmatrix} 2 & 1 \\ -4 & -2 \end{bmatrix}$

5. $\begin{bmatrix} 3 & 4 & -1 \\ 1 & 0 & 3 \\ 2 & 5 & -4 \end{bmatrix}$

6. $\begin{bmatrix} 3 & 1 & 5 \\ 2 & 4 & 1 \\ -4 & 2 & -9 \end{bmatrix}$

7. $\begin{bmatrix} 1 & 0 & 1 \\ 0 & 1 & 1 \\ 1 & 1 & 0 \end{bmatrix}$

8. $\begin{bmatrix} 1 & 0 & 0 & 0 \\ 1 & 2 & 0 & 0 \\ 1 & 2 & 4 & 0 \\ 1 & 2 & 4 & 8 \end{bmatrix}$

9. $\begin{bmatrix} 1 & 2 & -3 & 1 \\ -1 & 2 & -3 & -2 \\ 2 & 0 & 1 & 5 \\ 3 & 1 & -2 & 5 \end{bmatrix}$

10. $\begin{bmatrix} 1 & -1 & 2 & 3 \\ 4 & 1 & 2 & 0 \\ 2 & -1 & 3 & 1 \\ 4 & 2 & 1 & -5 \end{bmatrix}$

11. 기본 행 연산을 이용하여 역행렬을 구할 때, 다음 행렬 A의 역행렬이 존재하기 위한 a 값을 모두 구하라. 그리고 그때의 A^{-1}를 구하라.

$$A = \begin{bmatrix} 1 & 1 & 0 \\ 1 & 0 & 0 \\ 1 & 2 & a \end{bmatrix}$$

12~14. 다음 기본행렬들의 역행렬을 구하라.

12. $\begin{bmatrix} 0 & 0 & 1 \\ 0 & 1 & 0 \\ 1 & 0 & 0 \end{bmatrix}$

13. $\begin{bmatrix} 1 & 3 & 0 \\ 0 & 1 & 0 \\ 0 & 0 & 1 \end{bmatrix}$

14. $\begin{bmatrix} 1 & 0 & 0 \\ 0 & 1 & 0 \\ 0 & 0 & -3 \end{bmatrix}$

15. 행렬 $A = \begin{bmatrix} 1 & 3 & 3 & 8 \\ -2 & -5 & 1 & -8 \\ 0 & 1 & 7 & 8 \end{bmatrix}$를 $A = E_1E_2R$ 꼴로 표시하라. (단, E_1, E_2는 기본 행렬이고, R은 REF이다.)

16~17. 행렬 $A = \begin{bmatrix} 1 & 0 \\ -2 & 3 \end{bmatrix}$에 대해 다음 물음에 답하라.

16. $E_2E_1A = I$를 만족하는 기본행렬 E_1, E_2를 구하라.

17. 역행렬 A^{-1}를 기본행렬들의 곱으로 나타내라.

18. n차 정사각행렬 A가 가역이고 다음 식을 만족하면 $A^{-1} = A^2 - 2A + 3I_n$ 임을 보여라.

$$A^3 - 2A^2 + 3A - I_n = 0$$

19. 다음 행렬의 역행렬을 구하라.

$$A = \begin{bmatrix} k & 0 & 0 & 0 \\ 1 & k & 0 & 0 \\ 0 & 1 & k & 0 \\ 0 & 0 & 1 & k \end{bmatrix} \quad (k \neq 0)$$

20. 다음 기본행렬들의 곱으로 이루어진 행렬의 역행렬을 구하라. (단, a, b, c는 0이 아닌 실수이다.)

$$\begin{bmatrix} 1 & 0 & 0 \\ 0 & 1 & 0 \\ 0 & -c & 1 \end{bmatrix} \begin{bmatrix} 1 & 0 & 0 \\ 0 & 1 & 0 \\ -b & 0 & 1 \end{bmatrix} \begin{bmatrix} 1 & 0 & 0 \\ -a & 1 & 0 \\ 0 & 0 & 1 \end{bmatrix}$$

Section 1.6 역행렬을 이용한 연립일차방정식 풀이

우리는 1.1절에서 연립일차방정식과 함께 행렬을 도입하고 1.3절에서 행렬의 연산에 대해 알아보았다. 그리고, 1.5절에서는 행렬의 역행렬을 구하는 방법을 살펴보았다. 이 절에서는 행렬의 역행렬을 이용해 연립일차방정식의 해를 구하는 방법에 대해 알아본다.

역행렬을 이용한 연립일차방정식의 해법

실수 $a, b\ (a \neq 0)$에 대해 일차방정식 $ax = b$의 해는 $x = \dfrac{b}{a} = a^{-1}b$와 같이 구할 수 있다. 이와 비슷한 방법으로 연립일차방정식 $A\mathbf{x} = \mathbf{b}$의 해를 구해보자.

정리 1-11 해의 존재성과 유일성

n차 정사각행렬 A가 가역이고 $\mathbf{b}$가 $n \times 1$ 행렬일 때, 연립일차방정식 $A\mathbf{x} = \mathbf{b}$는 유일한 해 $\mathbf{x} = A^{-1}\mathbf{b}$를 갖는다.

증명

먼저 연립일차방정식 $A\mathbf{x} = \mathbf{b}$의 계수행렬 A가 가역이면 주어진 연립일차방정식은 해를 갖는다는 것을 증명하자.

A가 가역이므로 A^{-1}가 존재하고

$$A\mathbf{x} = \mathbf{b}$$

의 양변에 A^{-1}를 곱하면

$$\begin{aligned} & A^{-1}(A\mathbf{x}) = A^{-1}\mathbf{b} \\ \Rightarrow\ & (A^{-1}A)\mathbf{x} = A^{-1}\mathbf{b} \\ \Rightarrow\ & \mathbf{x} = A^{-1}\mathbf{b} \end{aligned}$$

이다. 따라서 연립일차방정식 $A\mathbf{x} = \mathbf{b}$는 해 $A^{-1}\mathbf{b}$를 갖는다.

이제 연립일차방정식의 해가 유일하다는 것을 증명하자.

$\mathbf{x}_1$, $\mathbf{x}_2$가 $A\mathbf{x}=\mathrm{b}$의 해라 하면 다음을 만족한다.

$$A\mathbf{x}_1=\mathrm{b},\ A\mathbf{x}_2=\mathrm{b}$$

이 식의 양변에 A^{-1}를 곱하면

$$\mathbf{x}_1=A^{-1}\mathrm{b},\ \mathbf{x}_2=A^{-1}\mathrm{b}$$

이므로 $\mathbf{x}_1=\mathbf{x}_2=A^{-1}\mathrm{b}$이다.

따라서 연립일차방정식 $A\mathbf{x}=\mathrm{b}$는 유일한 해 $\mathbf{x}=\mathbf{x}_1=\mathbf{x}_2$를 갖는다. ■

예제 1-29

다음 연립일차방정식의 해를 역행렬을 이용하여 구하라.

$$\begin{aligned} x_1+2x_2+3x_3&=\ \ 1\\ 2x_1+5x_2+3x_3&=\ \ 3\\ x_1\qquad\ \ +8x_3&=-1 \end{aligned}$$

풀이

$$A=\begin{bmatrix}1&2&3\\2&5&3\\1&0&8\end{bmatrix},\ \mathbf{x}=\begin{bmatrix}x_1\\x_2\\x_3\end{bmatrix},\ \mathrm{b}=\begin{bmatrix}1\\3\\-1\end{bmatrix}$$

이라 놓으면 $A\mathbf{x}=\mathrm{b}$로 나타낼 수 있다. 여기서 행렬 A는 [예제 1-27]에서 알 수 있듯이 가역이고 역행렬은 다음과 같다.

$$A^{-1}=\begin{bmatrix}-40&16&9\\13&-5&-3\\5&-2&-1\end{bmatrix}$$

따라서 주어진 연립일차방정식의 해는 다음과 같다.

$$\mathbf{x}=A^{-1}\mathrm{b}=\begin{bmatrix}-40&16&9\\13&-5&-3\\5&-2&-1\end{bmatrix}\begin{bmatrix}1\\3\\-1\end{bmatrix}=\begin{bmatrix}-1\\1\\0\end{bmatrix}$$

즉 $x_1=-1$, $x_2=1$, $x_3=0$이다.

다음 예제는 계수행렬이 같은 여러 개의 연립일차방정식을 역행렬을 이용하여 간단히 계산할 수 있음을 보여준다.

예제 1-30

다음 세 개의 연립일차방정식의 해를 역행렬을 이용하여 구하라.

(a)
$$\begin{aligned} x_1+2x_2+3x_3 &= 1 \\ 2x_1+5x_2+3x_3 &= 3 \\ x_1 \qquad\quad +8x_3 &= -1 \end{aligned}$$

(b)
$$\begin{aligned} x_1+2x_2+3x_3 &= 2 \\ 2x_1+5x_2+3x_3 &= 1 \\ x_1 \qquad\quad +8x_3 &= 1 \end{aligned}$$

(c)
$$\begin{aligned} x_1+2x_2+3x_3 &= 1 \\ 2x_1+5x_2+3x_3 &= 0 \\ x_1 \qquad\quad +8x_3 &= 0 \end{aligned}$$

풀이

주어진 세 개의 연립일차방정식은 계수행렬이 모두 같으므로, 계수행렬 A와 미지수 벡터 $\mathbf{x}$를 다음과 같이 나타낼 수 있다.

$$A=\begin{bmatrix} 1 & 2 & 3 \\ 2 & 5 & 3 \\ 1 & 0 & 8 \end{bmatrix}, \quad \mathbf{x}=\begin{bmatrix} x_1 \\ x_2 \\ x_3 \end{bmatrix}$$

각각의 연립일차방정식의 상수항 벡터는

$$\mathbf{b}_1=\begin{bmatrix} 1 \\ 3 \\ -1 \end{bmatrix}, \quad \mathbf{b}_2=\begin{bmatrix} 2 \\ 1 \\ 1 \end{bmatrix}, \quad \mathbf{b}_3=\begin{bmatrix} 1 \\ 0 \\ 0 \end{bmatrix}$$

라 할 수 있다. 그러므로 세 개의 연립일차방정식은 $A\mathbf{x}=\mathbf{b}_1$, $A\mathbf{x}=\mathbf{b}_2$, $A\mathbf{x}=\mathbf{b}_3$로 나타낼 수 있다. 여기서 행렬 A의 역행렬은 [예제 1-27]에서 알 수 있듯이 가역이고, 역행렬은 다음과 같다.

$$A^{-1}=\begin{bmatrix} -40 & 16 & 9 \\ 13 & -5 & -3 \\ 5 & -2 & -1 \end{bmatrix}$$

따라서 주어진 세 개의 연립일차방정식의 해는 각각 다음과 같다.

(a) $\mathbf{x}=A^{-1}\mathbf{b}_1=\begin{bmatrix} -40 & 16 & 9 \\ 13 & -5 & -3 \\ 5 & -2 & -1 \end{bmatrix}\begin{bmatrix} 1 \\ 3 \\ -1 \end{bmatrix}=\begin{bmatrix} -1 \\ 1 \\ 0 \end{bmatrix}$

(b) $\mathbf{x}=A^{-1}\mathbf{b}_2=\begin{bmatrix} -40 & 16 & 9 \\ 13 & -5 & -3 \\ 5 & -2 & -1 \end{bmatrix}\begin{bmatrix} 2 \\ 1 \\ 1 \end{bmatrix}=\begin{bmatrix} -55 \\ 18 \\ 7 \end{bmatrix}$

(c) $\mathbf{x}=A^{-1}\mathbf{b}_3=\begin{bmatrix} -40 & 16 & 9 \\ 13 & -5 & -3 \\ 5 & -2 & -1 \end{bmatrix}\begin{bmatrix} 1 \\ 0 \\ 0 \end{bmatrix}=\begin{bmatrix} -40 \\ 13 \\ 5 \end{bmatrix}$

$A\mathbf{x}=\mathbf{b}$가 항상 해를 갖도록 하는 b의 조건

[정리 1-11]로부터 정사각행렬 A가 가역행렬이면 연립일차방정식 $A\mathbf{x}=\mathbf{b}$는 $\mathbf{b}$에 관계없이 유일한 해 $\mathbf{x}=A^{-1}\mathbf{b}$를 갖는다는 것을 알았다. 그런데 A가 정사각행렬이 아니거나, 정사각행렬이라고 하더라도 가역행렬이 아니라면 [정리 1-11]을 적용할 수 없다. 이런 경우에 연립일차방정식 $A\mathbf{x}=\mathbf{b}$가 항상 해를 갖기 위하여 $\mathbf{b}$는 어떤 조건을 만족해야 한다.

다음 예제는 연립일차방정식 $A\mathbf{x}=\mathbf{b}$가 항상 해를 가지려면 $\mathbf{b}$가 어떤 조건을 만족해야 하는지 알아보는 방법이다.

예제 1-31

다음 연립일차방정식이 항상 해를 갖기 위하여 b_1, b_2, b_3는 어떤 조건을 만족해야 하는지 구하라.

$$\begin{aligned} x_1 \quad\quad + x_3 \;\; &= b_1 \\ x_1 + x_2 + 2x_3 &= b_2 \\ 2x_1 + x_2 + 3x_3 &= b_3 \end{aligned}$$

풀이

주어진 연립일차방정식의 첨가행렬은 다음과 같다.

$$\left[\begin{array}{ccc:c} 1 & 0 & 1 & b_1 \\ 1 & 1 & 2 & b_2 \\ 2 & 1 & 3 & b_3 \end{array}\right] \tag{1.28}$$

첨가행렬 (1.27)을 행 사다리꼴로 변형하면

$$\begin{aligned} \left[\begin{array}{ccc:c} 1 & 0 & 1 & b_1 \\ 1 & 1 & 2 & b_2 \\ 2 & 1 & 3 & b_3 \end{array}\right] &\xrightarrow[E_{13}(-2)]{E_{12}(-1)} \left[\begin{array}{ccc:c} 1 & 0 & 1 & b_1 \\ 0 & 1 & 1 & b_2-b_1 \\ 0 & 1 & 1 & b_3-2b_1 \end{array}\right] \\ &\xrightarrow{E_{23}(-1)} \left[\begin{array}{ccc:c} 1 & 0 & 1 & b_1 \\ 0 & 1 & 1 & b_2-b_1 \\ 0 & 0 & 0 & b_3-b_2-b_1 \end{array}\right] \end{aligned} \tag{1.29}$$

첨가행렬 (1.29)의 3행으로부터 $b_3-b_2-b_1=0$일 경우에만 주어진 연립일차방정식은 해를 가짐을 알 수 있다. 이를테면 $b_1=1$, $b_2=1$, $b_3=2$이면 $b_3-b_2-b_1=0$을 만족하므로 다음 연립일차방정식은 해를 갖는다.

$$\begin{aligned} x_1 \quad\quad + x_3 \;\; &= 1 \\ x_1 + x_2 + 2x_3 &= 1 \\ 2x_1 + x_2 + 3x_3 &= 2 \end{aligned}$$

그러나 $b_1 = -1$, $b_2 = 1$, $b_3 = 2$이면 $b_3 - b_2 - b_1 \neq 0$이므로 다음 연립일차방정식은 해를 갖지 않는다.

$$\begin{aligned} x_1 + x_3 &= -1 \\ x_1 + x_2 + 2x_3 &= 1 \\ 2x_1 + x_2 + 3x_3 &= 2 \end{aligned}$$

Chapter 1.6 연습문제

1~5. 다음의 연립일차방정식의 해를 역행렬을 이용하여 구하라.

1. $\begin{aligned} x_1 + x_2 &= 2 \\ 5x_1 + 6x_2 &= 9 \end{aligned}$

2. $\begin{aligned} 4x_1 - 3x_2 &= -3 \\ 2x_1 - 5x_2 &= 9 \end{aligned}$

3. $\begin{aligned} x_1 + 3x_2 + x_3 &= 4 \\ 2x_1 + 2x_2 + x_3 &= -1 \\ 2x_1 + 3x_2 + x_3 &= 3 \end{aligned}$

4. $\begin{aligned} 5x_1 + 3x_2 + 2x_3 &= 4 \\ 3x_1 + 3x_2 + 2x_3 &= 2 \\ x_2 + x_3 &= 5 \end{aligned}$

5. $\begin{aligned} -x_2 - 2x_3 - 3x_4 &= 0 \\ x_1 + x_2 + 4x_3 + 4x_4 &= 7 \\ x_1 + 3x_2 + 7x_3 + 9x_4 &= 4 \\ -x_1 - 2x_2 - 4x_3 - 6x_4 &= 6 \end{aligned}$

6~9. 다음 여러 개의 연립일차방정식의 해를 역행렬을 이용하여 구하라.

6. (a) $\begin{aligned} x_1 - 5x_2 &= 1 \\ 3x_1 + 2x_2 &= 4 \end{aligned}$ (b) $\begin{aligned} x_1 - 5x_2 &= -2 \\ 3x_1 + 2x_2 &= 5 \end{aligned}$

7. (a) $\begin{aligned} 4x_1 - 7x_2 &= 0 \\ x_1 + 2x_2 &= 1 \end{aligned}$ (b) $\begin{aligned} 4x_1 - 7x_2 &= -4 \\ x_1 + 2x_2 &= 6 \end{aligned}$

(c) $\begin{aligned} 4x_1 - 7x_2 &= -1 \\ x_1 + 2x_2 &= 3 \end{aligned}$

8. (a) $\begin{aligned} x_1 + 2x_2 + 3x_3 &= 4 \\ 2x_1 + 5x_2 + 3x_3 &= 5 \\ x_1 + 8x_3 &= 9 \end{aligned}$ (b) $\begin{aligned} x_1 + 2x_2 + 3x_3 &= 1 \\ 2x_1 + 5x_2 + 3x_3 &= 6 \\ x_1 + 8x_3 &= -6 \end{aligned}$

9. (a) $\begin{aligned} x_1 + 3x_2 + 5x_3 &= 1 \\ -x_1 - 2x_2 &= 0 \\ 2x_1 + 5x_2 + 4x_3 &= -1 \end{aligned}$ (b) $\begin{aligned} x_1 + 3x_2 + 5x_3 &= 0 \\ -x_1 - 2x_2 &= 0 \\ 2x_1 + 5x_2 + 4x_3 &= 1 \end{aligned}$

(c) $\begin{aligned} x_1 + 3x_2 + 5x_3 &= -1 \\ -x_1 - 2x_2 &= -1 \\ 2x_1 + 5x_2 + 4x_3 &= 0 \end{aligned}$

10. 다음 연립일차방정식이 항상 해를 갖기 위한 b_1, b_2의 조건을 구하라.

(a) $\begin{aligned} x_1 + 2x_2 &= b_1 \\ 2x_1 + 4x_2 &= b_2 \end{aligned}$

(b) $\begin{aligned} 6x_1 - 4x_2 &= b_1 \\ 3x_1 - 2x_2 &= b_2 \end{aligned}$

11. 다음 연립일차방정식이 항상 해를 갖기 위한 b_1, b_2, b_3의 조건을 구하라.

(a) $\begin{aligned} x_1 + 2x_2 + 3x_3 &= b_1 \\ x_2 - x_3 &= b_2 \\ 2x_1 + 3x_2 + 5x_3 &= b_3 \end{aligned}$

(b) $\begin{aligned} 2x_1 - x_2 + 3x_3 &= b_1 \\ x_1 + 2x_2 - 2x_3 &= b_2 \\ 3x_1 + x_2 + x_3 &= b_3 \end{aligned}$

12. A가 $m \times n$ 행렬이고 $\mathbf{b}$가 $\mathbf{0}$이 아닌 행렬일 때, 연립일차방정식 $A\mathbf{x} = \mathbf{b}$가 해를 갖는다고 하자. 이때 $\mathbf{x}_1$이 $A\mathbf{x} = \mathbf{b}$의 해이고 $\mathbf{y}_1$이 $A\mathbf{x} = \mathbf{0}$의 해이면 $\mathbf{x}_1 + \mathbf{y}_1$은 $A\mathbf{x} = \mathbf{b}$의 해가 됨을 증명하라.

Section 1.7 특별한 행렬

일반적으로 두 행렬을 곱할 때, 수많은 곱셈과 덧셈을 한 뒤에야 그 결과를 얻을 수 있다. 그러나 몇몇 특별한 행렬은 복잡한 곱셈 연산을 간단히 만들기도 하고, 특별한 의미로 해석되기도 한다. 이 절에서는 특별한 성질을 갖는 행렬들에 대해 차례로 살펴본다.

영행렬

성분이 모두 0인 행렬을 **영행렬**zero matrix이라 하고, O로 나타낸다. 예를 들어, 다음은 모두 영행렬이다.

$$\begin{bmatrix} 0 & 0 \\ 0 & 0 \end{bmatrix}, \begin{bmatrix} 0 & 0 & 0 \\ 0 & 0 & 0 \\ 0 & 0 & 0 \end{bmatrix}, \begin{bmatrix} 0 & 0 & 0 & 0 \\ 0 & 0 & 0 & 0 \end{bmatrix}, \begin{bmatrix} 0 \\ 0 \\ 0 \\ 0 \end{bmatrix}$$

임의의 행렬 A에 대하여 O가 A와 크기가 같은 영행렬이면 다음이 성립한다.

$$A + O = O + A = A$$

즉 영행렬 O는 실수의 덧셈에 대한 항등원 0과 같은 역할을 하는 행렬이다. 그러나 실수의 연산에서 성립하는 다음 두 가지 성질은 행렬 연산에서는 일반적으로 성립하지 않는다.

$$ab = ac,\ a \neq 0 \quad \Rightarrow \quad b = c$$
$$ab = 0 \quad \Leftrightarrow \quad a = 0 \text{ 또는 } b = 0$$

다음의 행렬 A, B, C, D를 예로 들어 살펴보자.

$$A = \begin{bmatrix} 0 & 1 \\ 0 & 2 \end{bmatrix},\ B = \begin{bmatrix} 1 & 1 \\ 3 & 4 \end{bmatrix},\ C = \begin{bmatrix} 2 & 5 \\ 3 & 4 \end{bmatrix},\ D = \begin{bmatrix} 3 & 7 \\ 0 & 0 \end{bmatrix}$$

$AB = \begin{bmatrix} 3 & 4 \\ 6 & 8 \end{bmatrix} = AC$이고 $A \neq O$이지만, $B \neq C$이다. 또한 $AD = O$이고 $A \neq O$이지만, $D \neq O$이다.

다음 정리는 영행렬의 성질이다. 간단한 식이므로 여기서는 증명을 생략한다.

정리 1-12 영행렬의 성질

행렬 A와 영행렬 O에 대해 다음이 성립한다.

(1) $A+O=O+A=A$ (2) $A-A=O$

(3) $O-A=-A$ (4) $AO=OA=O$[17]

전치행렬

이제 행렬 A의 행과 열을 바꾸어 만든 새로운 행렬에 대해 알아보자. 행렬 $A=[a_{ij}]_{m\times n}$에 대해 A의 행을 열로 바꾼 행렬을 A의 **전치행렬**transpose matrix이라 하고 A^T로 나타낸다. 따라서 A의 전치행렬 A^T는 다음과 같이 나타낼 수 있다.

$$A^T=[a_{ij}']_{n\times m},\ a_{ij}'=a_{ji}\ \ (1\le i\le m,\ 1\le j\le n)$$[18]

예제 1-32

다음 행렬의 전치행렬을 각각 구하라.

$$A=\begin{bmatrix}0&-2&1\\4&-5&0\end{bmatrix},\ B=\begin{bmatrix}-1&2&-4\\2&-1&1\\0&5&8\end{bmatrix},\ C=\begin{bmatrix}1&4\\-3&2\\2&-1\end{bmatrix}$$

$$D=\begin{bmatrix}3&-1&2\end{bmatrix},\ E=\begin{bmatrix}-2\\0\\3\end{bmatrix}$$

풀이

전치행렬은 행렬의 행을 열로 바꾼 것이다.

$$A^T=\begin{bmatrix}0&4\\-2&-5\\1&0\end{bmatrix},\ B^T=\begin{bmatrix}-1&2&0\\2&-1&5\\-4&1&8\end{bmatrix},\ C^T=\begin{bmatrix}1&-3&2\\4&2&-1\end{bmatrix}$$

$$D^T=\begin{bmatrix}3\\-1\\2\end{bmatrix},\ E^T=\begin{bmatrix}-2&0&3\end{bmatrix}$$

---

17 $AO=O$의 좌변에서 A의 크기가 $m\times n$이고 영행렬 O의 크기가 $n\times p$이면 우변의 영행렬 O의 크기는 $m\times p$이다.

18 행렬 A의 전치행렬 A^T는 A의 행과 열을 바꾸어 얻은 행렬이므로 a_{ij}는 첨자 ij가 ji로 바뀌어 a_{ji}가 된다. 즉 행을 열로 바꾼 것이다.

전치행렬에 대해 다음과 같은 성질이 성립한다.

정리 1-13 전치행렬의 성질

두 행렬 A, B와 임의의 스칼라 k에 대해 다음이 성립한다.

(1) $(A^T)^T = A$

(2) $(A+B)^T = A^T + B^T$

(3) $(AB)^T = B^T A^T$

(4) $(kA)^T = kA^T$

증명

여기서는 성질 (3)에 대해서만 증명하고 나머지는 연습문제로 남긴다.

$$A = [a_{ij}]_{m\times p},\ \ B = [b_{ij}]_{p\times n},\ \ AB = [c_{ij}]_{m\times n},\ \ A^T = [a_{ij}{}']_{p\times m},\ \ B^T = [b_{ij}{}']_{n\times p}$$

라 하고, $(AB)^T$의 $(i,\ j)$ 성분을 $c_{ij}{}'$이라 하자. 그러면 $c_{ij}{}'$은 다음과 같이 나타낼 수 있다.

$$\begin{aligned} c_{ij}{}' = c_{ji} &= a_{j1}b_{1i} + a_{j2}b_{2i} + \cdots + a_{jp}b_{pi} \\ &= a_{1j}{}'b_{i1}{}' + a_{2j}{}'b_{i2}{}' + \cdots + a_{pj}{}'b_{ip}{}' \\ &= b_{i1}{}'a_{1j}{}' + b_{i2}{}'a_{2j}{}' + \cdots + b_{ip}{}'a_{pj}{}' \end{aligned}$$

여기서

$$b_{i1}{}'a_{1j}{}' + b_{i2}{}'a_{2j}{}' + \cdots + b_{ip}{}'a_{pj}{}'$$

은 $B^T A^T$의 $(i,\ j)$ 성분이므로 $(AB)^T = B^T A^T$다. ■

예제 1-33

다음 행렬 A, B에 대해 [정리 1-13]의 성질 (3)이 성립함을 확인하라.

$$A = \begin{bmatrix} 1 & 3 \\ 2 & -1 \end{bmatrix},\ \ B = \begin{bmatrix} 1 & 1 & 3 \\ 2 & 1 & 0 \end{bmatrix}$$

풀이

$$AB = \begin{bmatrix} 1 & 3 \\ 2 & -1 \end{bmatrix}\begin{bmatrix} 1 & 1 & 3 \\ 2 & 1 & 0 \end{bmatrix} = \begin{bmatrix} 7 & 4 & 3 \\ 0 & 1 & 6 \end{bmatrix}$$

이므로, 행렬 AB의 전치행렬은 다음과 같다.

$$(AB)^T = \begin{bmatrix} 7 & 0 \\ 4 & 1 \\ 3 & 6 \end{bmatrix}$$

또한 B^TA^T는 다음과 같다.

$$B^TA^T = \begin{bmatrix} 1 & 2 \\ 1 & 1 \\ 3 & 0 \end{bmatrix}\begin{bmatrix} 1 & 2 \\ 3 & -1 \end{bmatrix} = \begin{bmatrix} 7 & 0 \\ 4 & 1 \\ 3 & 6 \end{bmatrix}$$

따라서 $(AB)^T = B^TA^T$가 성립함을 알 수 있다.

이제 마지막 성질로 역행렬의 전치행렬을 생각해보자. 다음 정리는 전치행렬의 역행렬은 역행렬의 전치행렬과 같음을 보여준다.

정리 1-14 전치행렬의 역행렬

n차 정사각행렬 A가 가역행렬이면 $(A^T)^{-1} = (A^{-1})^T$다.

증명

$AA^{-1} = I_n = A^{-1}A$ 이므로

$$I_n = I_n^T = (AA^{-1})^T = (A^{-1})^TA^T$$

$$I_n = I_n^T = (A^{-1}A)^T = A^T(A^{-1})^T$$

이다. 따라서 A^T는 가역이고 $(A^T)^{-1} = (A^{-1})^T$다. ■

대칭행렬

정사각행렬 A가 $A^T = A$를 만족하면 A를 **대칭행렬**symmetric matrix이라 하고, $A^T = -A$를 만족하면 **반대칭행렬**skew-symmetric matrix이라고 한다.

위 정의로부터 정사각행렬 $A = [a_{ij}]$가 대칭행렬이면 모든 i, j에 대해 다음을 만족한다.

$$a_{ij} = a_{ji}$$

즉 대칭행렬은 주대각선 성분을 기준으로 대칭인 위치에 있는 성분이 서로 같음을 의미한다.

또한 $A=[a_{ij}]$가 반대칭행렬이면 모든 i, j에 대해 다음을 만족한다.

$$a_{ij}=-a_{ji}$$

반대칭행렬은 주대각선 성분이 모두 0이고, 주대각선 성분을 기준으로 대칭인 위치에 있는 성분의 부호가 서로 반대임을 의미한다.[19]

예를 들어, 다음 행렬 A, B, I_3에 대해 $A=A^T$, $I_3^T=I_3$ 이므로 A, I_3는 대칭행렬이고, $B^T=-B$이므로 B는 반대칭행렬이다.

$$A=\begin{bmatrix}1&0&3\\0&4&5\\3&5&-6\end{bmatrix},\ B=\begin{bmatrix}0&1&-2\\-1&0&3\\2&-3&0\end{bmatrix},\ I_3=\begin{bmatrix}1&0&0\\0&1&0\\0&0&1\end{bmatrix}$$

다음 예제에서 알 수 있듯이 일반적으로 정사각행렬은 대칭행렬과 반대칭행렬의 합으로 나타낼 수 있다.

예제 1-34

행렬 A가 임의의 정사각행렬일 때, 다음을 보여라.

(a) $A+A^T$는 대칭행렬이고, $A-A^T$는 반대칭행렬이다.

(b) A는 대칭행렬과 반대칭행렬의 합으로 나타낼 수 있다.

풀이

(a) $(A+A^T)^T=A^T+(A^T)^T=A^T+A=A+A^T$이므로 $A+A^T$는 대칭행렬이다.
$(A-A^T)^T=A^T-(A^T)^T=A^T-A=-(A-A^T)$이므로 $A-A^T$는 반대칭행렬이다.

(b) (a)로부터 $A+A^T$는 대칭행렬이고, $A-A^T$는 반대칭행렬이다.
따라서 $\frac{1}{2}(A+A^T)$는 대칭행렬이고, $\frac{1}{2}(A-A^T)$는 반대칭행렬이므로

$$A=\frac{A+A^T}{2}+\frac{A-A^T}{2}$$

이다. 그러므로 A는 대칭행렬과 반대칭행렬의 합으로 나타낼 수 있다.

19 $A=[a_{ij}]$가 반대칭행렬이면 모든 i에 대해 $a_{ii}=-a_{ii}$이므로 주대각선 성분은 모두 0임을 알 수 있다. 또한 반대칭행렬을 **교대행렬** alternating matrix 이라고도 한다.

대각행렬

행렬 중에서도 정사각행렬은 여러 가지 유용한 성질과 특별한 모양의 행렬들이 많기 때문에 그것들에 이름을 붙여 사용한다.

정사각행렬 A의 주대각선 성분 이외의 성분이 모두 0일 때, A를 **대각행렬** diagonal matrix 이라 한다. 그리고 주대각선 성분이 $a_{11}, a_{22}, \cdots, a_{nn}$인 대각행렬을 $A = \mathrm{diag}(a_{11}, a_{22}, \cdots, a_{nn})$으로 나타내기도 한다. 특히 대각행렬 중에서 주대각선 성분이 모두 같은 행렬을 **스칼라행렬** scalar matrix 이라고 한다.

$$A = \mathrm{diag}(a_{11},\ a_{22},\ \cdots,\ a_{nn}) = \begin{bmatrix} a_{11} & 0 & \cdots & 0 \\ 0 & a_{22} & \cdots & 0 \\ \vdots & \vdots & \ddots & \vdots \\ 0 & 0 & \cdots & a_{nn} \end{bmatrix}$$

특히 주대각선 성분이 모두 1인 스칼라행렬을 단위행렬이라고 한다. 예를 들어, 다음은 모두 대각행렬이고, 특히 행렬 I와 행렬 J는 주대각선 성분이 모두 같기 때문에 스칼라행렬이다.

$$G = \begin{bmatrix} -2 & 0 \\ 0 & 1 \end{bmatrix},\ H = \begin{bmatrix} 3 & 0 & 0 \\ 0 & -2 & 0 \\ 0 & 0 & 1 \end{bmatrix},\ I = \begin{bmatrix} 1 & 0 & 0 \\ 0 & 1 & 0 \\ 0 & 0 & 1 \end{bmatrix},\ J = \begin{bmatrix} 3 & 0 \\ 0 & 3 \end{bmatrix}$$

이 행렬들을 기호로 나타내면 다음과 같다.

$$G = \mathrm{diag}(-2, 1),\ H = \mathrm{diag}(3, -2, 1),\ I = \mathrm{diag}(1, 1, 1),\ J = \mathrm{diag}(3, 3)$$

다음과 같은 $m \times n$ 행렬 A에 대해

$$A = \begin{bmatrix} a_{11} & a_{12} & \cdots & a_{1n} \\ a_{21} & a_{22} & \cdots & a_{2n} \\ \vdots & \vdots & \ddots & \vdots \\ a_{m1} & a_{m2} & \cdots & a_{mn} \end{bmatrix}$$

다음의 두 대각행렬을 A의 왼쪽과 오른쪽에 곱하면 어떻게 되는지 알아보자.

$$D_1 = \mathrm{diag}(d_1, d_2, \cdots, d_m),\ D_2 = \mathrm{diag}(d_1', d_2', \cdots, d_n')$$

두 대각행렬 D_1, D_2를 A의 왼쪽과 오른쪽에 각각 곱하면 다음과 같다.[20]

20 대각행렬 D_1은 $m \times m$인 정사각행렬이고, D_2는 $n \times n$인 정사각행렬이다.

$$D_1A = \begin{bmatrix} d_1 & 0 & \cdots & 0 \\ 0 & d_2 & \cdots & 0 \\ \vdots & \vdots & \ddots & \vdots \\ 0 & 0 & \cdots & d_m \end{bmatrix} \begin{bmatrix} a_{11} & a_{12} & \cdots & a_{1n} \\ a_{21} & a_{22} & \cdots & a_{2n} \\ \vdots & \vdots & \ddots & \vdots \\ a_{m1} & a_{m2} & \cdots & a_{mn} \end{bmatrix}$$

$$= \begin{bmatrix} d_1 a_{11} & d_1 a_{12} & \cdots & d_1 a_{1n} \\ d_2 a_{21} & d_2 a_{22} & \cdots & d_2 a_{2n} \\ \vdots & \vdots & \ddots & \vdots \\ d_m a_{m1} & d_m a_{m2} & \cdots & d_m a_{mn} \end{bmatrix}$$

$$AD_2 = \begin{bmatrix} a_{11} & a_{12} & \cdots & a_{1n} \\ a_{21} & a_{22} & \cdots & a_{2n} \\ \vdots & \vdots & \ddots & \vdots \\ a_{m1} & a_{m2} & \cdots & a_{mn} \end{bmatrix} \begin{bmatrix} d_{1'} & 0 & \cdots & 0 \\ 0 & d_2' & \cdots & 0 \\ \vdots & \vdots & \ddots & \vdots \\ 0 & 0 & \cdots & d_n' \end{bmatrix}$$

$$= \begin{bmatrix} d_1' a_{11} & d_2' a_{12} & \cdots & d_n' a_{1n} \\ d_1' a_{21} & d_2' a_{22} & \cdots & d_n' a_{2n} \\ \vdots & \vdots & \ddots & \vdots \\ d_1' a_{m1} & d_2' a_{m2} & \cdots & d_n' a_{mn} \end{bmatrix}$$

위 식에서 알 수 있듯이 대각행렬 $D_1 = \mathrm{diag}(d_1, d_2, \cdots, d_m)$을 행렬 A의 왼쪽에 곱하면 A의 i행의 각 성분에 d_i를 곱하는 것과 같다. 또 대각행렬 $D_2 = \mathrm{diag}(d_1', d_2', \cdots, d_n')$을 오른쪽에 곱하면 행렬 A의 j열의 각 성분에 d_j'을 곱하는 것과 같음을 알 수 있다.

예제 1-35

행렬 A, D에 대해 DA, AD를 각각 구하라.

$$A = \begin{bmatrix} 1 & -2 & 8 \\ 0 & 2 & -1 \\ 1 & 2 & 3 \end{bmatrix}, \quad D = \mathrm{diag}(2, -3, 1)$$

풀이

DA는 행렬 A의 왼쪽에 대각행렬을 곱하는 것이므로 행렬 A의 각 행에 대각행렬의 해당 성분을 곱해주는 것과 같다. 따라서 DA는 다음과 같다.

$$DA = \begin{bmatrix} 2 & 0 & 0 \\ 0 & -3 & 0 \\ 0 & 0 & 1 \end{bmatrix} \begin{bmatrix} 1 & -2 & 8 \\ 0 & 2 & -1 \\ 1 & 2 & 3 \end{bmatrix} = \begin{bmatrix} 2 & -4 & 16 \\ 0 & -6 & 3 \\ 1 & 2 & 3 \end{bmatrix}$$

또 AD는 행렬 A의 오른쪽에 대각행렬을 곱하는 것이므로 행렬 A의 각 열에 대각행렬의 해당 성분을 곱해주는 것과 같다. 따라서 다음과 같은 결과를 얻는다.

$$AD = \begin{bmatrix} 1 & -2 & 8 \\ 0 & 2 & -1 \\ 1 & 2 & 3 \end{bmatrix} \begin{bmatrix} 2 & 0 & 0 \\ 0 & -3 & 0 \\ 0 & 0 & 1 \end{bmatrix} = \begin{bmatrix} 2 & 6 & 8 \\ 0 & -6 & -1 \\ 2 & -6 & 3 \end{bmatrix}$$

삼각행렬

행렬의 성분 중 0이 아닌 성분이 삼각형 형태를 띠는 행렬에 대해 알아보자. 주대각선 성분 아래쪽의 성분이 모두 0인 정사각행렬을 **상삼각행렬** upper triangular matrix, 위쪽의 성분이 모두 0인 정사각행렬을 **하삼각행렬** lower triangular matrix이라고 한다. 또 상삼각행렬과 하삼각행렬을 통틀어 **삼각행렬** triangular matrix이라고 한다. 즉 상삼각행렬은 주대각선 성분 위쪽을 제외하고 모든 성분이 0이고, 하삼각행렬은 주대각선 성분 아래쪽을 제외하고 모든 성분이 0이다.

예를 들어, 다음에 주어진 행렬에서 U_4는 주대각선 아래쪽의 모든 성분이 0이므로 상삼각행렬이다. 또한 L_4는 주대각선 위쪽의 모든 성분이 0이므로 하삼각행렬이다.

$$U_4 = \begin{bmatrix} a_{11} & a_{12} & a_{13} & a_{14} \\ 0 & a_{22} & a_{23} & a_{24} \\ 0 & 0 & a_{33} & a_{34} \\ 0 & 0 & 0 & a_{44} \end{bmatrix}, \quad L_4 = \begin{bmatrix} a_{11} & 0 & 0 & 0 \\ a_{21} & a_{22} & 0 & 0 \\ a_{31} & a_{32} & a_{33} & 0 \\ a_{41} & a_{42} & a_{43} & a_{44} \end{bmatrix}$$

삼각행렬의 정의로부터 행렬의 성분을 이용하여 상삼각행렬과 하삼각행렬을 각각 다음과 같이 나타낼 수 있다.

- $U_n = [u_{ij}]_{n \times n}$이 상삼각행렬이라면 $i > j$일 때, $u_{ij} = 0$ 이다.
- $L_n = [l_{ij}]_{n \times n}$이 하삼각행렬이라면 $i < j$일 때, $l_{ij} = 0$이다.

다음 정리는 삼각행렬의 곱셈과 역행렬에 관한 성질이다.

정리 1-15 삼각행렬의 곱과 역행렬

(1) 하(상)삼각행렬들의 곱은 하(상)삼각행렬이다.

(2) 가역인 하(상)삼각행렬의 역행렬은 하(상)삼각행렬이다.

증명

하삼각행렬인 경우에 대하여 증명해보자.

(1) n차인 두 하삼각행렬 A, B에 대해 $AB = C$라 하면 c_{ij}는 다음과 같다.

$$c_{ij} = \sum_{k=1}^{n} a_{ik} b_{kj} \ (1 \le i, j \le n)$$

$i < j$이면 $a_{ik} = 0$ 또는 $b_{kj} = 0$이므로 $c_{ij} = 0$이다. 따라서 C는 하삼각행렬이다.

(2) 행렬 A가 가역행렬이면 기본행렬 $E_1, E_2, \cdots, E_k$에 대해 다음이 성립한다.

$$E_k E_{k-1} \cdots E_1 A = I_n$$

A가 하삼각행렬이므로 $E_i \, (1 \le i \le k)$는 I_n에서 기본 행 연산을 할 때 $E_i(c)$와 $E_{ij}(c)$ $(i < j)$일 수 밖에 없으므로 하삼각행렬이다. 즉, $A^{-1} = E_k E_{k-1} \cdots E_1$이고 이들은 하삼각행렬들의 곱이다. 따라서 하삼각행렬의 곱은 하삼각행렬이 되므로 A^{-1}는 하삼각행렬이다. ■

예제 1-36

다음과 같은 두 하삼각행렬의 곱 AB를 구하라.

$$A = \begin{bmatrix} 1 & 0 & 0 \\ -1 & 3 & 0 \\ 2 & 1 & -5 \end{bmatrix}, \quad B = \begin{bmatrix} 2 & 0 & 0 \\ 2 & 1 & 0 \\ 1 & 2 & -3 \end{bmatrix}$$

풀이

$$AB = \begin{bmatrix} 1 & 0 & 0 \\ -1 & 3 & 0 \\ 2 & 1 & -5 \end{bmatrix} \begin{bmatrix} 2 & 0 & 0 \\ 2 & 1 & 0 \\ 1 & 2 & -3 \end{bmatrix} = \begin{bmatrix} 2 & 0 & 0 \\ 4 & 3 & 0 \\ 1 & -9 & 15 \end{bmatrix}$$

예제 1-37

다음 하삼각행렬의 역행렬을 구하라.

$$A = \begin{bmatrix} 2 & 0 & 0 \\ 2 & 1 & 0 \\ 1 & 2 & -3 \end{bmatrix}$$

풀이

$$[A \mid I] = \left[\begin{array}{ccc:ccc} 2 & 0 & 0 & 1 & 0 & 0 \\ 2 & 1 & 0 & 0 & 1 & 0 \\ 1 & 2 & -3 & 0 & 0 & 1 \end{array}\right] \xrightarrow{E_1\left(\frac{1}{2}\right)} \left[\begin{array}{ccc:ccc} 1 & 0 & 0 & \frac{1}{2} & 0 & 0 \\ 2 & 1 & 0 & 0 & 1 & 0 \\ 1 & 2 & -3 & 0 & 0 & 1 \end{array}\right]$$

$$\xrightarrow[E_{13}(-1)]{E_{12}(-2)} \left[\begin{array}{ccc:ccc} 1 & 0 & 0 & \frac{1}{2} & 0 & 0 \\ 0 & 1 & 0 & -1 & 1 & 0 \\ 0 & 2 & -3 & -\frac{1}{2} & 0 & 1 \end{array}\right]$$

$$\xrightarrow{E_{23}(-2)}\left[\begin{array}{ccc:ccc}1&0&0&\frac{1}{2}&0&0\\0&1&0&-1&1&0\\0&0&-3&\frac{3}{2}&-2&1\end{array}\right]$$

$$\xrightarrow{E_3\left(-\frac{1}{3}\right)}\left[\begin{array}{ccc:ccc}1&0&0&\frac{1}{2}&0&0\\0&1&0&-1&1&0\\0&0&1&-\frac{1}{2}&\frac{2}{3}&-\frac{1}{3}\end{array}\right]$$

그러므로 A^{-1}는 다음과 같다.

$$A^{-1}=\begin{bmatrix}\frac{1}{2}&0&0\\-1&1&0\\-\frac{1}{2}&\frac{2}{3}&-\frac{1}{3}\end{bmatrix}$$

대각합

여러 가지 방법으로 행렬의 특징을 나타낼 수 있는데, 그 중 하나는 행렬의 주대각선 성분의 합을 이용하는 것이다. 주대각선 성분의 합에 대한 몇 가지 성질을 간단히 알아보자.[21]

n차 정사각행렬

$$A=\begin{bmatrix}a_{11}&a_{12}&\cdots&a_{1n}\\a_{21}&a_{22}&\cdots&a_{2n}\\\vdots&\vdots&\ddots&\vdots\\a_{n1}&a_{n2}&\cdots&a_{nn}\end{bmatrix}$$

에 대해 주대각선 성분의 합을 **대각합**[trace]이라고 하며, 기호로 다음과 같이 나타낸다.

$$\text{tr}(A)=a_{11}+a_{22}+\cdots+a_{nn}=\sum_{k=1}^{n}a_{kk}$$

21 주대각선 성분의 합에 대한 성질은 6장에서 더 자세히 살펴볼 것이다.

예제 1-38

다음 행렬 A의 대각합을 구하라.

$$A=\begin{bmatrix}1 & -2 & 8\\ 0 & 2 & -1\\ 1 & 2 & 3\end{bmatrix}$$

풀이

행렬 A의 주대각선 성분은 1, 2, 3이고, 이들의 합은 다음과 같다.

$$\text{tr}(A)=1+2+3=6$$

이제 대각합의 성질에 대해 알아보자.

정리 1-16 대각합의 성질

n차 정사각행렬 A, B와 스칼라 k에 대해 다음이 성립한다.

(1) $\text{tr}(A+B)=\text{tr}(A)+\text{tr}(B)$

(2) $\text{tr}(A^T)=\text{tr}(A)$

(3) $\text{tr}(kA)=k\,\text{tr}(A)$

(4) $\text{tr}(AB)=\text{tr}(BA)$

증명

여기서는 성질 (1)만 증명하고, 나머지는 연습문제로 남긴다.

(1) $A=[a_{ij}]$, $B=[b_{ij}]$라 하면 $A+B=[(a_{ij}+b_{ij})]$이므로 $(A+B)$의 대각합은 다음과 같다.

$$\begin{aligned}\text{tr}(A+B)&=\sum_{k=1}^{n}(a_{kk}+b_{kk})\\&=\sum_{k=1}^{n}a_{kk}+\sum_{k=1}^{n}b_{kk}\\&=\text{tr}(A)+\text{tr}(B)\end{aligned}$$

■

예제 1-39

다음 행렬 A, B에 대해 [정리 1-16]의 성질 (1) ~ (4)를 만족하는지 확인하라.

$$A=\begin{bmatrix}-1 & 0\\ 2 & 3\end{bmatrix},\quad B=\begin{bmatrix}1 & 2\\ 3 & 0\end{bmatrix}$$

풀이

$$A+B=\begin{bmatrix}-1 & 0\\ 2 & 3\end{bmatrix}+\begin{bmatrix}1 & 2\\ 3 & 0\end{bmatrix}=\begin{bmatrix}0 & 2\\ 5 & 3\end{bmatrix},\quad A^T=\begin{bmatrix}-1 & 2\\ 0 & 3\end{bmatrix}$$

$$3A=\begin{bmatrix}-3 & 0\\ 6 & 9\end{bmatrix},\quad AB=\begin{bmatrix}-1 & -2\\ 11 & 4\end{bmatrix},\quad BA=\begin{bmatrix}3 & 6\\ -3 & 0\end{bmatrix}$$

위의 결과에 따라 다음이 성립한다.

(1) $\mathrm{tr}(A+B)=0+3=(-1+3)+(1+0)=\mathrm{tr}(A)+\mathrm{tr}(B)$

(2) $\mathrm{tr}(A^T)=-1+3=2=\mathrm{tr}(A)$

(3) $\mathrm{tr}(3A)=-3+9=6=3\mathrm{tr}(A)$

(4) $\mathrm{tr}(AB)=-1+4=3+0=\mathrm{tr}(BA)$

두 열벡터 $\mathbf{u}=\begin{bmatrix}u_1\\ u_2\\ \vdots\\ u_n\end{bmatrix}$, $\mathbf{v}=\begin{bmatrix}v_1\\ v_2\\ \vdots\\ v_n\end{bmatrix}$에 대해 $\mathbf{uv}^T$를 계산해보자.

$$\mathbf{uv}^T=\begin{bmatrix}u_1\\ u_2\\ \vdots\\ u_n\end{bmatrix}\begin{bmatrix}v_1 & v_2 & \cdots & v_n\end{bmatrix}=\begin{bmatrix}u_1v_1 & u_1v_2 & \cdots & u_1v_n\\ u_2v_1 & u_2v_2 & \cdots & u_2v_n\\ \vdots & \vdots & \ddots & \vdots\\ u_nv_1 & u_nv_2 & \cdots & u_nv_n\end{bmatrix}$$

즉, 두 열벡터에 대하여 곱 $\mathbf{uv}^T$는 n차 정사각행렬이고, $\mathbf{uv}^T$의 i행은 $\mathbf{v}$의 성분에 $\mathbf{u}$의 i번째 성분 u_i배하여 얻은 행렬이다. 또 행렬 $\mathbf{uv}^T$의 주대각선 성분은 $u_1v_1, u_2v_2, \cdots, u_nv_n$이므로 다음이 성립한다.

$$\mathrm{tr}(\mathbf{uv}^T)=u_1v_1+u_2v_2+\cdots+u_nv_n$$

한편, $\mathbf{u}^T\mathbf{v}=\begin{bmatrix}u_1 & u_2 & \cdots & u_n\end{bmatrix}\begin{bmatrix}v_1\\ v_2\\ \vdots\\ v_n\end{bmatrix}=u_1v_1+u_2v_2+\cdots+u_nv_n$이므로 다음이 성립함을 알 수 있다.

$$\mathrm{tr}(\mathbf{uv}^T)=\mathbf{u}^T\mathbf{v}$$

Chapter 1.7

연습문제

1~4. 다음 행렬이 가역인지 아닌지를 판단하라.

1. $\begin{bmatrix} 4 & 0 & 0 \\ 0 & 0 & 0 \\ 0 & 0 & 5 \end{bmatrix}$

2. $\begin{bmatrix} -1 & 0 & 0 \\ 0 & 1 & 0 \\ 0 & 0 & 3 \end{bmatrix}$

3. $\begin{bmatrix} 1 & 0 & 0 \\ 0 & 2 & 0 \\ 0 & 0 & -3 \end{bmatrix}$

4. $\begin{bmatrix} 4 & 0 & 0 \\ 0 & -7 & 0 \\ 0 & 0 & 0 \end{bmatrix}$

5~6. 다음 행렬의 곱을 계산하라.

5. $\begin{bmatrix} 3 & 0 & 0 \\ 0 & -1 & 0 \\ 0 & 0 & 2 \end{bmatrix}\begin{bmatrix} 2 & 1 & 1 \\ -4 & 1 & 3 \\ 2 & 5 & 5 \end{bmatrix}$

6. $\begin{bmatrix} 2 & 1 & 1 \\ -4 & 1 & 3 \\ 2 & 5 & 5 \end{bmatrix}\begin{bmatrix} 3 & 0 & 0 \\ 0 & -1 & 0 \\ 0 & 0 & 2 \end{bmatrix}$

7~10. 행렬 A에 대해 다음을 확인하라.

$$A = \begin{bmatrix} 1 & 3 & 2 \\ 2 & 1 & -3 \end{bmatrix},\ B = \begin{bmatrix} 4 & 2 & -1 \\ -2 & 1 & 5 \end{bmatrix},\ C = \begin{bmatrix} 3 & -1 \\ 1 & 4 \\ 1 & 2 \end{bmatrix}$$

7. $(A^T)^T = A$

8. $(A+B)^T = A^T + B^T$

9. $(AC)^T = C^T A^T$

10. $(-4C)^T = -4C^T$

11. A가 $m \times n$ 행렬이고 k가 스칼라일 때, $kA = O$이면 $k = 0$ 또는 $A = O$임을 증명하라.

12. n차 정사각행렬 A에 대해 AA^T는 대칭행렬임을 증명하라.

13. 다음 행렬이 가역행렬이기 위한 x 값을 결정하라.

$$\begin{bmatrix} x-1 & x^2 & x^4 \\ 0 & x+2 & x^3 \\ 0 & 0 & x-4 \end{bmatrix}$$

14. [정리 1-13]의 성질 (1), (2), (4)를 증명하라.

15. [정리 1-16]의 성질 (2), (3), (4)를 증명하라.

16. 대각합을 이용하여 다음을 만족하는 n차 정사각행렬 A, B는 존재하지 않음을 증명하라.

$$AB - BA = I_n$$

17. 대각행렬 $D = \mathrm{diag}(a_{11},\ a_{22},\ \cdots,\ a_{nn}) = \begin{bmatrix} a_{11} & 0 & \cdots & 0 \\ 0 & a_{22} & \cdots & 0 \\ \vdots & \vdots & \ddots & \vdots \\ 0 & 0 & \cdots & a_{nn} \end{bmatrix}$의 거듭제곱 D^k을 구하라.

18. 대각행렬 $D = \mathrm{diag}(a_{11},\ a_{22},\ \cdots,\ a_{nn}) = \begin{bmatrix} a_{11} & 0 & \cdots & 0 \\ 0 & a_{22} & \cdots & 0 \\ \vdots & \vdots & \ddots & \vdots \\ 0 & 0 & \cdots & a_{nn} \end{bmatrix}$가 역행렬을 갖기 위한 조건을 말하고, 그때의 역행렬을 구하라.

19~22. 파스칼 삼각형 모양으로 나열한 이항계수를 성분으로 하는, 다음과 같은 행렬을 **파스칼 행렬**Pascal matrix이라고 한다. 각 행렬의 역행렬을 각각 구하라.

19. $P_1 = [\,1\,]$

20. $P_2 = \begin{bmatrix} 1 & 0 \\ 1 & 1 \end{bmatrix}$

21. $P_3 = \begin{bmatrix} 1 & 0 & 0 \\ 1 & 1 & 0 \\ 1 & 2 & 1 \end{bmatrix}$

22. $P_4 = \begin{bmatrix} 1 & 0 & 0 & 0 \\ 1 & 1 & 0 & 0 \\ 1 & 2 & 1 & 0 \\ 1 & 3 & 3 & 1 \end{bmatrix}$

23~24. 다음과 같은 형태의 행렬을 **헤센베르크 행렬**Hessenberg matrix이라고 한다. 아래 주어진 헤센베르크 행렬의 역행렬을 구하라.

$$H_n = \begin{bmatrix} a_{11} & a_{12} & a_{13} & \cdots & a_{1(n-1)} & a_{1n} \\ a_{21} & a_{22} & a_{23} & \cdots & a_{2(n-1)} & a_{2n} \\ 0 & a_{32} & a_{33} & \cdots & a_{3(n-1)} & a_{3n} \\ 0 & 0 & a_{43} & \cdots & a_{4(n-1)} & a_{4n} \\ \vdots & \vdots & \vdots & \ddots & \vdots & \vdots \\ 0 & 0 & 0 & \cdots & a_{n(n-1)} & a_{nn} \end{bmatrix}$$

23. $A = \begin{bmatrix} 1 & 1 & 0 \\ 1 & 1 & 1 \\ 0 & 1 & 1 \end{bmatrix}$

24. $B = \begin{bmatrix} -1 & 1 & 1 \\ 1 & -1 & 1 \\ 0 & 1 & -1 \end{bmatrix}$

25. 벡터 $\mathbf{a} = \begin{bmatrix} 1 \\ 2 \\ \vdots \\ n \end{bmatrix}$에 대해 $\mathrm{tr}(\mathbf{a}^{\mathrm{T}}\mathbf{a})$를 구하라.

Section 1.8 연립일차방정식의 응용

연립일차방정식을 응용하는 예에는 네트워크 분석, 전기회로, 화학반응식, 곡선맞춤 등 생활과 밀접하게 연결된 흥미로운 문제가 많다. 이 절에서는 이러한 연립일차방정식을 응용하는 다양한 사례를 살펴본다.

네트워크 분석

오늘날 다양한 분야에서 활용하는 **네트워크**network는 무언가 '흐르는' **가지**branch의 집합이라고 할 수 있다. 예를 들면, 전기가 흐르는 전선, 물이나 기름이 흐르는 파이프, 교통 흐름을 나타내는 도로, 돈의 흐름을 보여주는 경제적 연결 등을 일종의 네트워크라고 할 수 있다.

일반적으로 네트워크에서 몇 개의 가지가 만나는 곳을 **노드**node, 또는 **교차점**junction이라고 하며 이곳에서 흐름이 나누어진다. 전기회로에서는 3개 혹은 더 많은 전선이 만나는 곳이 노드다. 교통망에서는 도로의 교차로, 금융 네트워크에서는 들어온 돈을 개인이나 기관에게 나누어 주는 은행 등을 노드라고 할 수 있다.

네트워크에서는 매체가 가지를 통해서 흐르는 양을 측정한다. 예를 들면, 전기의 흐름은 암페어[A]로 나타내고, 물이나 기름은 분당 들이[L/m], 교통량은 시간당 자동차 수, (화폐의) 통화량은 하루에 얼마나 많은 돈이 통용되었는지로 나타낸다.

이제, 각 노드에서 흐름이 보존되는 네트워크에 대하여 알아보자. 각 노드에서 흐름이 보존된다는 뜻은 각 노드에서 들어오는 흐름과 나가는 흐름은 같다는 것을 의미한다. 도로 교통의 흐름을 예로 들어 살펴보자.

[그림 1-7]의 모든 도로에서 화살표는 한쪽 방향으로의 교통 흐름을 나타낸 것이다. 그리고 교차로에 들어가는 교통량의 합과 나가는 교통량의 합은 $50+30=55+25=80$으로 같다. 이와 같은 사실로부터 교통량을 계산하기 위해 연립일차방정식을 활용하는 구체적인 예를 살펴보자.

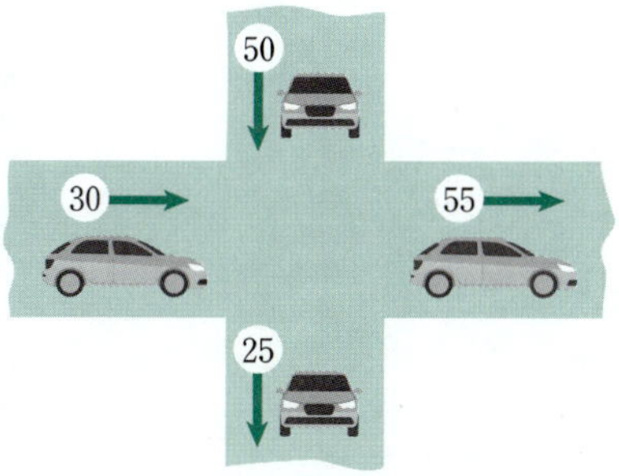

[그림 1-7] **교통량의 출입**

예제 1-40

다음 그림은 어떤 도시의 중심지를 나타낸 약도다. 화살표로 표시된 각 거리는 일방통행이고, 표기된 수는 오후 3시 30분에 해당 거리에 진입하거나 벗어나는 자동차의 분당 평균 대수를 나타낸다. 또 각 변수 x, y, z, w는 자동차의 분당 평균 대수를 나타낸다. 교차로에 진입하는 자동차의 총 대수와 벗어나는 자동차의 총 대수가 같다고 할 때, 각각의 거리를 지나는 자동차의 분당 평균 대수를 구하라.

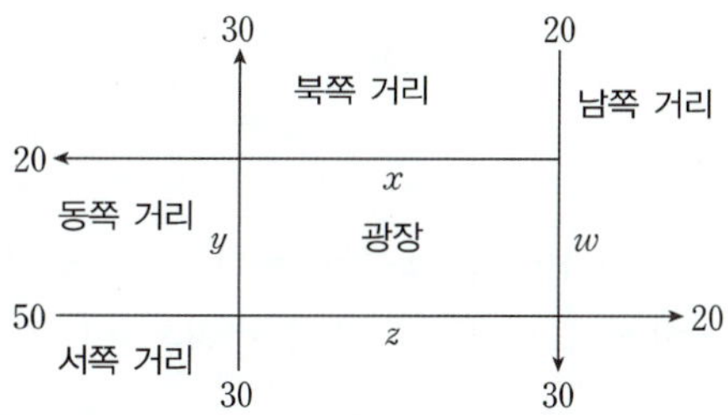

풀이

교차로에 진입하는 자동차의 총 대수와 벗어나는 자동차의 총 대수는 같다고 했으므로 동쪽 거리와 북쪽 거리의 교차로로부터 다음 일차방정식을 얻을 수 있다.

$$x + y = 50$$

광장을 중심으로 시계 방향으로 이와 같은 방법을 계속하면 다음과 같은 연립일차방정식을 얻는다.

$$\begin{array}{rcrcrcrcl} x & + & y & & & & & = & 50 \\ & & y & + & z & & & = & 80 \\ & & & & z & + & w & = & 50 \\ x & & & & & + & w & = & 20 \end{array}$$

이때 각 거리를 지나는 자동차의 분당 평균 대수를 알려면, 위의 연립일차방정식의 해를 구하면 된다. 위의 연립일차방정식의 첨가행렬을 구해보자.

$$\left[\begin{array}{cccc:c} 1 & 1 & 0 & 0 & 50 \\ 0 & 1 & 1 & 0 & 80 \\ 0 & 0 & 1 & 1 & 50 \\ 1 & 0 & 0 & 1 & 20 \end{array}\right]$$

가우스 소거법에 의해 첨가행렬의 REF를 구하면 다음과 같다.

$$\left[\begin{array}{cccc:c} 1 & 1 & 0 & 0 & 50 \\ 0 & 1 & 1 & 0 & 80 \\ 0 & 0 & 1 & 1 & 50 \\ 0 & 0 & 0 & 0 & 0 \end{array}\right]$$

즉 임의의 실수 t에 대해 $w=t$라 하면, 주어진 연립일차방정식의 해는 다음과 같다.

$$\begin{aligned} x &= 20-t \\ y &= 30+t \\ z &= 50-t \\ w &= \ t \end{aligned}$$

그런데 t는 교통량이므로 범위는 $0 \le t \le 20$이다. 따라서 구하는 해는 다음과 같다.

$$0 \le x \le 20,\ 30 \le y \le 50,\ 30 \le z \le 50,\ 0 \le w \le 20$$

전기회로

연립일차방정식은 전기회로의 도선에 흐르는 전류의 양을 결정하는 데 사용된다. 이때 실험적 방법에 기초한 키르히호프의 법칙과 옴의 법칙은 연립일차방정식을 유도한다.

■ 키르히호프Kirchhoff의 법칙

❶ **노드** : 노드로 흘러들어가는 모든 전류의 합은 그 점에서 흘러나오는 전류의 합과 같다.

❷ **경로** : 임의의 방향으로 닫힌 경로를 따라 IR항(I는 전류, R은 저항)들을 모두 합한 것은 그 방향의 경로에 있는 총 전압과 같다.

한편, 전류(I)와 전압(V) 그리고 저항(R) 사이에 성립하는 **옴Ohm의 법칙**은 $V=IR$이다. 예를 들어, 다음과 같은 전기회로를 생각해보자.[22]

22 저항은 톱니바퀴와 같은 모양의 선으로, 전지는 하나는 길고 하나는 짧은 한 쌍의 평행선으로 나타낸다. Ω은 저항의 단위를 의미한다.

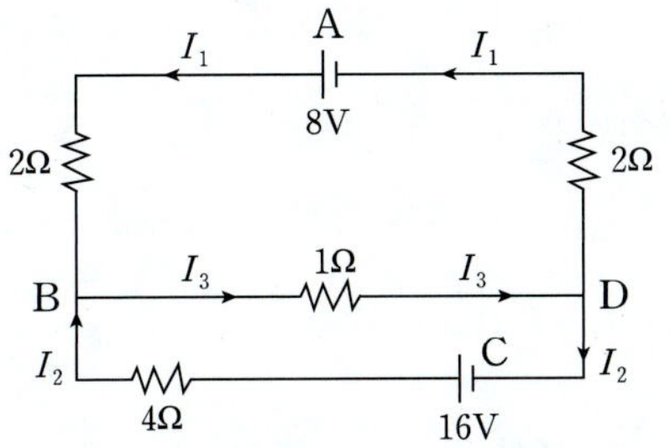

[그림 1-8] **전기회로**

전지는 8V와 16V이고, 저항은 1Ω, 4Ω이 각각 한 개, 2Ω이 두 개다. 이때 접합점 B와 D에서의 전류는 다음을 만족한다.

접합점 B : $I_1 + I_2 = I_3$

접합점 D : $I_3 = I_1 + I_2$

이 두 방정식은 다음과 같은 하나의 일차방정식으로 나타낼 수 있다.

$$I_1 + I_2 - I_3 = 0$$

한편, 경로에 따른 전류와 전압 사이에는 다음과 같은 관계가 성립한다.

경로 ABDA : $2I_1 + I_3 + 2I_1 = 8$

경로 CBDC : $4I_2 + I_3 = 16$

따라서 이 세 개의 일차방정식을 연립하여 해를 구하면 각각의 전류가 $I_1 = 1$, $I_2 = 3$, $I_3 = 4$임을 알 수 있다.

예제 1-41

30V인 전지와 50V인 전지가 5Ω인 저항기 2개, 1Ω인 저항기 1개와 연결되어 있는 전기회로를 생각해보자. 이때 각 저항기를 흐르는 전류 I_1, I_2, I_3를 구하라.

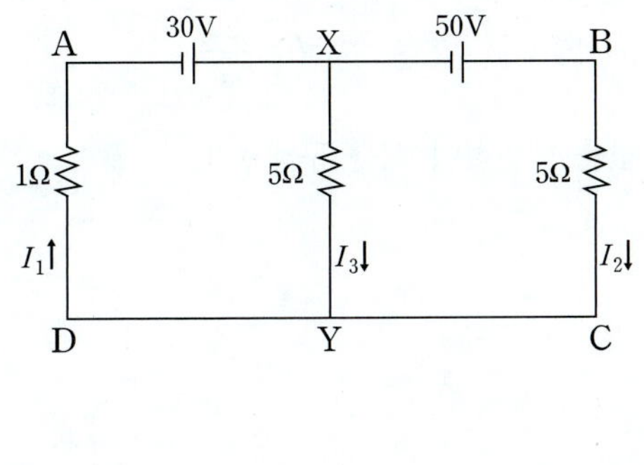

풀이

세 전류 I_1, I_2, I_3에 관한 연립일차방정식을 만들어 보자.

먼저 점 X에서 전류 사이에는 다음이 성립한다.

$$I_1 = I_2 + I_3$$

또 두 개의 작은 폐회로 AXYD, XBCY에서는 다음 식을 얻는다.

$$\begin{aligned} I_1 + 5I_3 \quad\quad &= 30 \\ -5I_3 + 5I_2 &= 50 \end{aligned}$$

위의 세 방정식을 함께 쓰면 다음 연립일차방정식을 얻는다.

$$\begin{aligned} I_1 - I_2 - I_3 &= 0 \\ I_1 \quad\quad + 5I_3 &= 30 \\ 5I_2 - 5I_3 &= 50 \end{aligned}$$

이 연립일차방정식의 첨가행렬은 다음과 같다.

$$\left[\begin{array}{ccc:c} 1 & -1 & -1 & 0 \\ 1 & 0 & 5 & 30 \\ 0 & 5 & -5 & 50 \end{array}\right]$$

또한 첨가행렬의 행 사다리꼴 행렬을 구하면 다음과 같다.

$$\left[\begin{array}{ccc:c} 1 & -1 & -1 & 0 \\ 1 & 0 & 5 & 30 \\ 0 & 5 & -5 & 50 \end{array}\right] \xrightarrow{E_{12}(-1)} \left[\begin{array}{ccc:c} 1 & -1 & -1 & 0 \\ 0 & 1 & 6 & 30 \\ 0 & 5 & -5 & 50 \end{array}\right]$$

$$\xrightarrow{E_{23}(-5)} \left[\begin{array}{ccc:c} 1 & -1 & -1 & 0 \\ 0 & 1 & 6 & 30 \\ 0 & 0 & -35 & -100 \end{array}\right]$$

$$\xrightarrow{E_3\left(-\frac{1}{35}\right)} \left[\begin{array}{ccc:c} 1 & -1 & -1 & 0 \\ 0 & 1 & 6 & 30 \\ 0 & 0 & 1 & \frac{20}{7} \end{array}\right]$$

이로부터 다음과 같은 연립일차방정식을 얻는다.

$$\begin{aligned} I_1 - I_2 - I_3 &= 0 \\ I_2 + 6I_3 &= 30 \\ I_3 &= \frac{20}{7} \end{aligned}$$

마지막 식부터 거꾸로 값을 대입하여 해를 구해보자.

$$I_3 = \frac{20}{7}$$

$$I_2 = 30 - 6I_3 = 30 - \frac{120}{7} = \frac{90}{7}$$

$$I_1 = I_2 + I_3 = \frac{90}{7} + \frac{20}{7} = \frac{110}{7}$$

따라서 저항기를 흐르는 전류는 $I_1 = \frac{110}{7}$ A, $I_2 = \frac{90}{7}$ A, $I_3 = \frac{20}{7}$ A이다.

참고로 회로 ABCD에서 방정식 $I_1 + 5I_2 - 50 - 30 = 0$을 얻는다. 그러나 이 방정식은 위 두 방정식을 더하면 얻어지므로 여분의 정보일 뿐이다. 이 경우는 미지수가 세 개이고 전류법칙으로부터 한 방정식을 이미 얻었으므로 세 폐회로 AXYD, XBCY, ABCD 중 임의의 두 개에 대해 키르히호프의 법칙을 적용하면 충분하다.

화학반응식

화학반응식은 화학반응을 식으로 써서 나타낸 것으로, 이를 통해 물질이 반응하는 정보를 쉽게 알아낼 수 있다. 화학반응식의 화살표 왼쪽과 오른쪽을 보면 반응 전후의 질량이나 전하가 보존되는 것을 알 수 있는데, 양쪽의 원자수가 동일하게 나타난다. 즉 화학반응식을 보면 생성되는 물질의 종류 및 양을 예측할 수 있으며, 질량보존의 법칙, 기체반응의 법칙에 따라 각 물질의 분자수, 질량, 부피 등 양적 관계도 알 수 있다. 다음은 에테인의 연소 시 이산화탄소와 물이 생기는 화학반응식이다.

$$2C_2H_6 + 7O_2 \rightarrow 4CO_2 + 6H_2O$$

화학반응식을 쓸 때, 각 원소의 원자수는 화살표의 왼쪽과 오른쪽이 서로 같아야 한다. 따라서 각 물질 앞에 정수 계수를 놓아 균형이 맞는 화학반응식이 되도록 해야 한다. 화학반응식의 균형을 맞추고자 할 때 다음의 사항들이 도움이 된다.

- 양쪽 항에 각각 한 화합물에만 존재하는 원소(단지 한 개의 반응물과 한 개의 생성물)를 찾아서 그들 원소의 균형을 잡아라.
- 한쪽 면에 결합되지 않은 원소가 있다면, 그 원소는 마지막에 균형을 잡아라.
- 방정식의 균형을 잡기 위해서는 해당 원소 앞의 계수만 변화시켜야 한다.
- 계수는 뒤따라오는 화학식의 모든 아래첨자를 곱한 것이다. 예를 들어, $3H_2O$는 수소 원자 6개, 산소 원자 3개를 의미한다.

예제 1-42

다음 화학반응식이 균형을 이루도록 하는 x_1, x_2, x_3, x_4를 구하라.

$$x_1 C_2H_6 + x_2 O_2 \rightarrow x_3 CO_2 + x_4 H_2O$$

풀이

각 원소의 원자수가 서로 같아지는 양의 정수 x_1, x_2, x_3, x_4를 구해야 한다. 화학반응식의 균형을 맞추기 위해서는 다음과 같은 관계식이 성립한다.

탄소(C) : $2x_1 = x_3$

수소(H) : $6x_1 = 2x_4$

산소(O) : $2x_2 = 2x_3 + x_4$

그런 다음, 다음 연립일차방정식을 풀어야 한다.

$$\begin{aligned} 2x_1 \qquad\quad - x_3 \qquad\quad &= 0 \\ 6x_1 \qquad\qquad\qquad - 2x_4 &= 0 \\ 2x_2 - 2x_3 - x_4 &= 0 \end{aligned}$$

이 연립일차방정식의 첨가행렬을 RREF로 바꾸면 다음을 얻는다.

$$\left[\begin{array}{cccc:c} 2 & 0 & -1 & 0 & 0 \\ 6 & 0 & 0 & -2 & 0 \\ 0 & 2 & -2 & -1 & 0 \end{array}\right] \longrightarrow \left[\begin{array}{cccc:c} 1 & 0 & 0 & -\frac{1}{3} & 0 \\ 0 & 1 & 0 & -\frac{7}{6} & 0 \\ 0 & 0 & 1 & -\frac{2}{3} & 0 \end{array}\right]$$

이로부터 연립일차방정식의 해를 구하면 다음과 같다.

$$x_1 = \frac{1}{3}t,\ x_2 = \frac{7}{6}t,\ x_3 = \frac{2}{3}t,\ x_4 = t \ (t\text{는 임의의 실수})$$

이제 x_1, x_2, x_3, x_4가 모두 양의 정수가 되도록 t를 택하면 된다. 예를 들어, $t = 6$이라 놓으면 $x_1 = 2$, $x_2 = 7$, $x_3 = 4$, $x_4 = 6$이다. 따라서 화학반응식의 균형을 완성하면 다음과 같다.

$$2C_2H_6 + 7O_2 \rightarrow 4CO_2 + 6H_2O$$

곡선맞춤

평면 위에 흩어진 점에 대하여 그에 맞는 곡선을 찾는 것을 **곡선맞춤** curve fitting이라고 한다. 곡선맞춤은 어떤 실험 데이터로부터 그에 맞는 곡선을 찾아 여러 가지 예측을 할 수 있게 해준다. 이는 연립일차방정식을 이용하여 얻을 수 있는데, 다음 예제를 통해 곡선을 얻는 과정을 살펴보자.

예제 1-43

다음과 같은 그래프를 갖는 곡선의 방정식 $y=ax^3+bx^2+cx+d$를 결정하라.

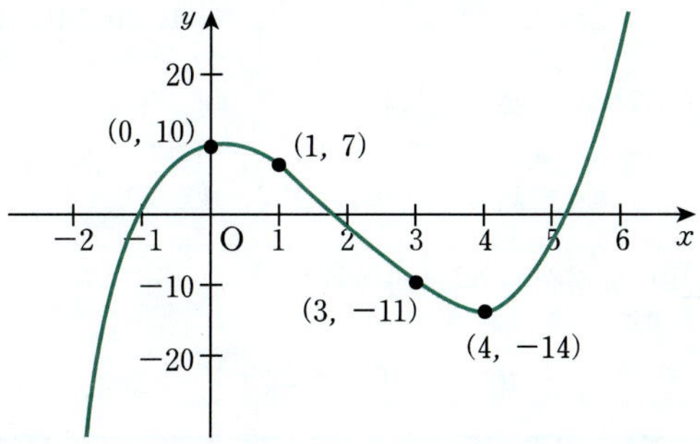

풀이

곡선 위의 점을 주어진 식에 대입해보자.

$$
\begin{aligned}
10 &= a0^3+b0^2+c0+d=d \\
7 &= a1^3+b1^2+c1+d=a+b+c+d \\
-11 &= a(3)^3+b(3)^2+c(3)+d=27a+9b+3c+d \\
-14 &= a(4)^3+b(4)^2+c(4)+d=64a+16b+4c+d
\end{aligned}
$$

즉 다음과 같은 연립일차방정식을 얻을 수 있다.

$$
\begin{aligned}
d &= 10 \\
a+b+c+d &= 7 \\
27a+9b+3c+d &= -11 \\
64a+16b+4c+d &= -14
\end{aligned}
$$

이 연립일차방정식의 첨가행렬을 구하면

$$
\left[\begin{array}{cccc:c} 0 & 0 & 0 & 1 & 10 \\ 1 & 1 & 1 & 1 & 7 \\ 27 & 9 & 3 & 1 & -11 \\ 64 & 16 & 4 & 1 & -14 \end{array}\right] \xrightarrow[E_{13}(-1),\ E_{14}(-1)]{E_{12}(-1)} \left[\begin{array}{cccc:c} 0 & 0 & 0 & 1 & 10 \\ 1 & 1 & 1 & 0 & -3 \\ 27 & 9 & 3 & 0 & -21 \\ 64 & 16 & 4 & 0 & -24 \end{array}\right]
$$

$$\xrightarrow[E_{24}(-4)]{E_{23}(-3)} \left[\begin{array}{cccc:c} 0 & 0 & 0 & 1 & 10 \\ 1 & 1 & 1 & 0 & -3 \\ 24 & 6 & 0 & 0 & -12 \\ 60 & 12 & 0 & 0 & -12 \end{array}\right]$$

$$\xrightarrow{E_3\left(\frac{1}{6}\right)} \left[\begin{array}{cccc:c} 0 & 0 & 0 & 1 & 10 \\ 1 & 1 & 1 & 0 & -3 \\ 4 & 1 & 0 & 0 & -2 \\ 60 & 12 & 0 & 0 & -12 \end{array}\right]$$

$$\xrightarrow{E_{34}(-12)} \left[\begin{array}{cccc:c} 0 & 0 & 0 & 1 & 10 \\ 1 & 1 & 1 & 0 & -3 \\ 4 & 1 & 0 & 0 & -2 \\ 12 & 0 & 0 & 0 & 12 \end{array}\right]$$

$$\xrightarrow{E_4\left(\frac{1}{12}\right)} \left[\begin{array}{cccc:c} 0 & 0 & 0 & 1 & 10 \\ 1 & 1 & 1 & 0 & -3 \\ 4 & 1 & 0 & 0 & -2 \\ 1 & 0 & 0 & 0 & 1 \end{array}\right]$$

그러므로 a, b, c, d는 각각 다음과 같다.

$$a=1,\ b=-6,\ c=2,\ d=10$$

따라서, 구하려는 곡선의 방정식은 다음과 같다.

$$y=x^3-6x^2+2x+10$$

Chapter 1.8 연습문제

1. 다음 그림은 일방통행도로의 교통량을 표시한 것이다. 표시된 수는 시간당 평균 교통량을 의미한다. 연립일차방정식을 이용하여 미지의 교통량 x_1, x_2, x_3, x_4를 구하라.

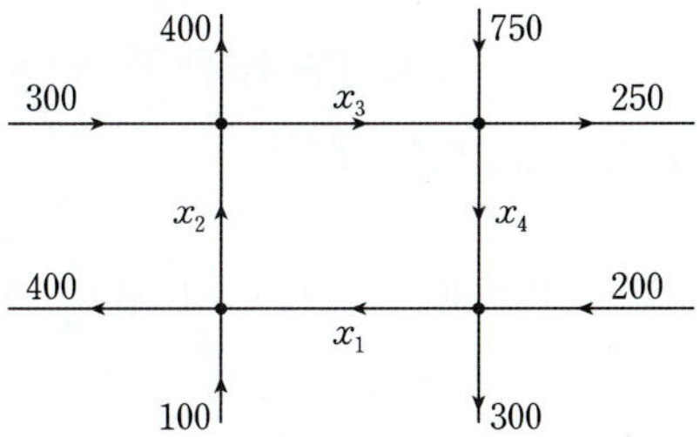

2. 다음 전기회로에 흐르는 각각의 전류를 구하는 연립일차방정식을 구하라.

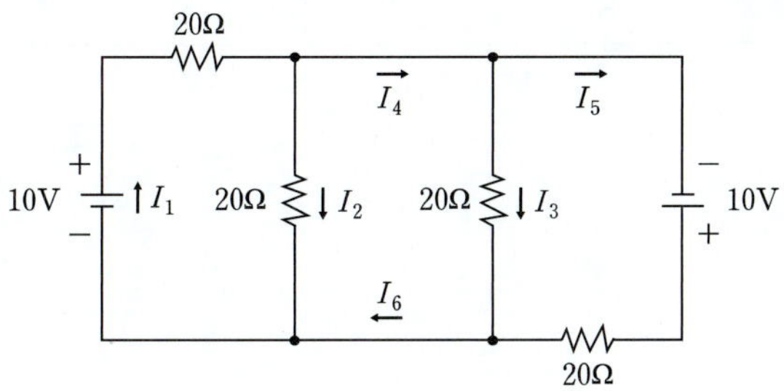

3~5. 다음 각 전기회로에 흐르는 각각의 전류를 구하라.

3.

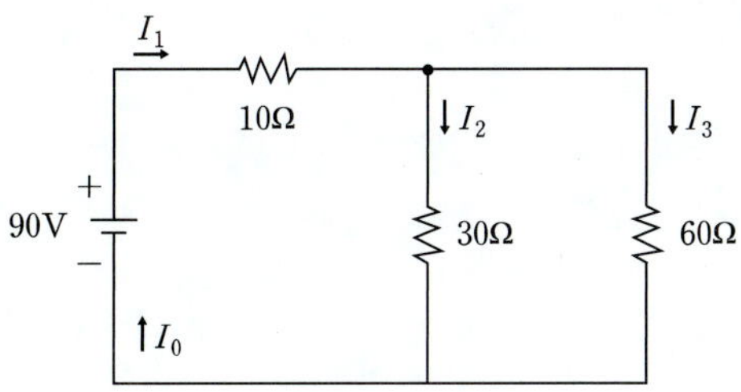

4.

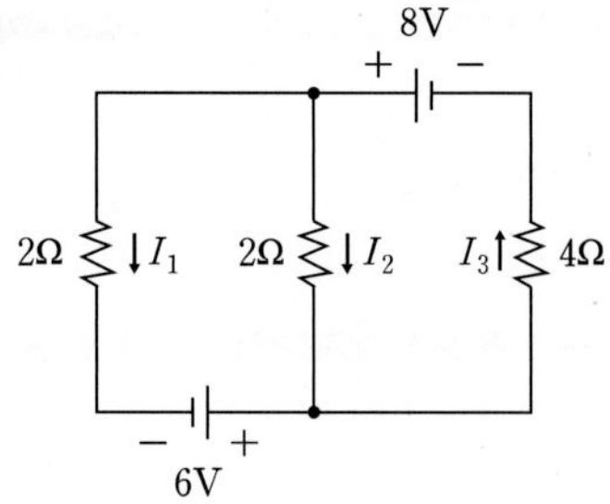

5.

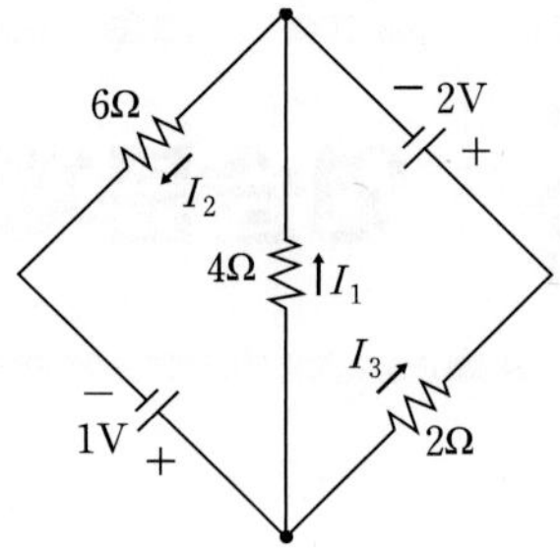

6. 황산알루미늄과 질산바륨을 반응시켜 질산알루미늄과 황산바륨을 얻은, 다음 화학반응식이 균형을 이루도록 하는 x_1, x_2, x_3, x_4를 구하라.

$$x_1 Al_2(SO_4)_3 + x_2 Ba(NO_3)_2 \rightarrow x_3 Al(NO_3)_3 + x_4 BaSO_4$$

7. 다음 주어진 데이터에 맞는 곡선의 방정식 $y = ax^3 + bx^2 + cx + d$를 결정하라.

x	1	2	3	4
y	8	2	5	7

Chapter

02

행렬식

Determinants

Contents

행렬식의 정의와 성질 _ 2.1
여인수 전개와 크래머 공식 _ 2.2
행렬식의 응용 _ 2.3

Summary

이 장에서는 행렬식의 정의와 성질에 대해 알아본다. 행렬식을 본래의 정의대로 구하면 매우 복잡하지만, 행렬식의 여러 가지 성질들을 이용하면 쉽게 계산할 수 있다. 또한 행렬식을 좀 더 편리하게 계산할 수 있는 방법인 여인수 전개와 여인수를 이용하여 역행렬을 구하는 방법을 알아본다. 마지막으로 행렬식을 이용하여 도형의 방정식, 보간 다항식, 방데르몽드 행렬식, 삼중 대각행렬식을 이용한 수열의 일반항 등 여러 가지 문제를 해결하는 예를 제시한다.

Section 2.1 행렬식의 정의와 성질

1장에서는 실수를 직사각형 모양으로 배열한 행렬과 그 성질에 대하여 알아보았다. 행렬은 단순히 실수를 배열한 것이므로 하나의 실수 값으로 나타낼 수 없었다. 이 절에서는 행렬을 하나의 실수 값에 대응시키는 행렬식에 대하여 알아본다. 행렬식을 정의하기 전에 치환을 먼저 살펴보자.

치환

세 자연수 1, 2, 3의 순열은 1, 2, 3의 순서를 정하여 차례로 나열하는 것이다. 예를 들어, (2, 1, 3)은 다음과 같이 1은 2에 대응, 2는 1에 대응, 3은 3에 대응하여 나열한 것이다.

$$\begin{array}{ccc} 1 & 2 & 3 \\ \downarrow & \downarrow & \downarrow \\ 2 & 1 & 3 \end{array}$$

'위치를 교환'한다는 의미로 순열을 치환이라고도 하는데, 이것은 일대일 대응이다. $\{1, 2, 3\}$에서 $\{1, 2, 3\}$으로의 일대일 대응은 모두 $3!(=6)$개다.

이제 이를 좀 더 일반적인 경우로 확장해보자.

자연수 집합 $S=\{1, 2, \cdots, n\}$의 **치환(순열)** permutation이란 S에서 S로의 일대일 대응이다. 치환은 보통 그리스 알파벳으로 나타낸다.[1]

이를테면 S에서 S로의 일대일 대응 σ가 다음과 같다고 해보자.

$$\sigma(1)=i_1, \ \cdots, \ \sigma(k)=i_k, \ \cdots, \ \sigma(n)=i_n$$

그러면 이 일대일 대응은 다음과 같이 나타낸다.

1 치환은 보통 그리스 알파벳 중에서 σ(sigma), τ(tau), ρ(rho)로 표기한다.

$$\sigma = \begin{pmatrix} 1 & 2 & \cdots & k & \cdots & n \\ i_1 & i_2 & \cdots & i_k & \cdots & i_n \end{pmatrix}$$

이 표현에서 윗줄의 $1 \quad 2 \quad \cdots \quad k \quad \cdots \quad n$은 σ가 다른 일대일 대응으로 바뀌어도 변하지 않으므로 $\sigma = \begin{pmatrix} 1 & 2 & \cdots & k & \cdots & n \\ i_1 & i_2 & \cdots & i_k & \cdots & i_n \end{pmatrix}$을 간단히 다음으로 나타낸다.

$$(i_1 \quad i_2 \cdots \quad i_n)$$

한편, $1, 2, \cdots, n$을 순서대로 나열하는 방법의 수는 $n!$이므로 자연수 집합

$$S = \{1, 2, \cdots, n\}$$

의 치환은 모두 $n!$ 개이다. S 상의 치환 전체의 집합을 S_n으로 나타낸다.

예제 2-1

집합 $\{1\}$, $\{1, 2\}$, $\{1, 2, 3\}$의 치환 S_1, S_2, S_3를 구하라.

풀이

집합 $\{1\}$의 치환은 하나이므로 $S_1 = \{(1)\}$이다.

집합 $\{1, 2\}$의 치환은 $(1 \quad 2)$, $(2 \quad 1)$이므로 다음과 같다.

$$S_2 = \{\sigma_1 = (1 \quad 2), \sigma_2 = (2 \quad 1)\}$$

집합 $\{1, 2, 3\}$의 치환은 $3! = 6$ 개이고, 모두 열거하면

$$(1 \quad 2 \quad 3), (2 \quad 3 \quad 1), (3 \quad 1 \quad 2), (1 \quad 3 \quad 2), (2 \quad 1 \quad 3), (3 \quad 2 \quad 1)$$

이므로, 다음과 같다.

$$S_3 = \{\sigma_1 = (1 \quad 2 \quad 3), \sigma_2 = (2 \quad 3 \quad 1), \sigma_3 = (3 \quad 1 \quad 2), \\ \sigma_4 = (1 \quad 3 \quad 2), \sigma_5 = (2 \quad 1 \quad 3), \sigma_6 = (3 \quad 2 \quad 1)\}$$

$S = \{1, 2, \cdots, n\}$의 치환 $\sigma = (i_1 \quad i_2 \quad \cdots \quad i_n)$에서 큰 자연수가 작은 자연수보다 먼저 나타나면 이 치환은 **반전**inversion을 가졌다고 한다. 또한 치환이 가진 반전의 총 개수가 짝수이면 이 치환은 **짝치환**even permutation, 홀수이면 **홀치환**odd permutation이라고 한다.

이때 S_n의 치환의 **부호**signature $sgn: S_n \to \{+1, -1\}$은 다음과 같이 정의한다.[2]

$$sgn(\sigma) = \begin{cases} +1 & (\sigma : \text{짝치환}) \\ -1 & (\sigma : \text{홀치환}) \end{cases}$$

예제 2-2

[예제 2-1]의 S_2, S_3를 보고, 다음 물음에 답하라.

(a) S_2의 치환을 짝치환과 홀치환으로 구분하고, 각 치환의 부호를 결정하라.

(b) S_3의 치환을 짝치환과 홀치환으로 구분하고, 각 치환의 부호를 결정하라.

풀이

(a) S_2에서 치환 $\sigma_1 = (1 \ \ 2)$는 반전을 갖지 않으므로 짝치환이고, 치환 $\sigma_2 = (2 \ \ 1)$은 반전의 개수가 1이므로 홀치환이다. 따라서, σ_1의 부호는 $+1$, σ_2의 부호는 -1이다.

(b) S_3의 치환은 다음 표와 같이 분류할 수 있다.

치환	반전의 개수	분류	부호
$\sigma_1 = (1 \ \ 2 \ \ 3)$	0	짝치환	$+1$
$\sigma_2 = (2 \ \ 3 \ \ 1)$	$2\,(2 \ \ 1,\ 3 \ \ 1)$	짝치환	$+1$
$\sigma_3 = (3 \ \ 1 \ \ 2)$	$2\,(3 \ \ 1,\ 3 \ \ 2)$	짝치환	$+1$
$\sigma_4 = (1 \ \ 3 \ \ 2)$	$1\,(3 \ \ 2)$	홀치환	-1
$\sigma_5 = (3 \ \ 2 \ \ 1)$	$3\,(3 \ \ 2,\ 3 \ \ 1,\ 2 \ \ 1)$	홀치환	-1
$\sigma_6 = (2 \ \ 1 \ \ 3)$	$1\,(2 \ \ 1)$	홀치환	-1

치환 S_3에서 $\sigma_3 = (3 \ 1 \ 2)$의 두 수 3과 1의 위치를 바꾼 치환은 $\sigma_4 = (1 \ 3 \ 2)$이다. [예제 2-2]로부터 다음이 성립함을 알 수 있다.

$$sgn(\sigma_3) = +1,\ sgn(\sigma_4) = -1$$

즉, 치환 σ_3의 두 수를 바꾼 치환 σ_4의 부호는 σ_3의 부호를 바꾼 것이다. 일반적으로 다음 정리가 성립한다.

---

2 'sgn'은 signature(부호)의 약자이다.

정리 2-1 치환의 성질

치환 σ의 임의의 두 수를 바꾼 치환을 τ라 하면 다음이 성립한다.

$$sgn(\tau) = -sgn(\sigma)$$

증명

$\sigma = (j_1 \ \cdots \ j_i \ \cdots \ j_k \ \cdots \ j_n)$, $\tau = (j_1 \ \cdots \ j_k \ \cdots \ j_i \ \cdots \ j_n)$이라 하자. σ에서 j_i 앞에 있는 수, j_k 뒤에 있는 수와 j_i, j_k 사이의 반전 관계는 j_i, j_k를 바꿨을 때에도 변함이 없다.

그러나 σ에서 j_i와 j_k 사이에 있는 수와 j_i의 반전 관계는 모두 바뀐다. 즉 반전이 있던 것은 없어지고, 없던 것은 생긴다. 따라서 j_i와 j_k 사이에 l개의 수가 있다면 총 l번의 반전이 생긴다.

마찬가지로 j_i와 j_k 사이에 있는 수와 j_k의 반전 관계도 모두 바뀌고 총 l번의 변화가 생긴다. 또한 j_i와 j_k의 위치가 바뀌면 1번의 반전이 생기므로 τ에서의 총 반전 개수는 σ에서의 총 반전 개수에서 $(2l+1)$번의 변화가 있게 된다.

즉 τ의 총 반전 개수는 σ의 총 반전 개수와 홀수 개만큼 차이가 있다. 따라서 다음과 같이 나타낼 수 있다.

$$sgn(\tau) = -sgn(\sigma)$$ ■

행렬식

이제 치환 전체의 집합 S_n을 이용하여 행렬식을 정의해보자. n차 정사각행렬 $A = [a_{ij}]$의 **행렬식**determinant을 $\det(A)$ 또는 $|A|$로 나타내고 다음과 같이 정의한다.

$$\begin{aligned}\det(A) &= |A| \\ &= \sum_{\sigma \in S_n} sgn(\sigma) a_{1\sigma(1)} a_{2\sigma(2)} \cdots a_{n\sigma(n)}\end{aligned}$$ [3]

3 $a_{1\sigma(1)} a_{2\sigma(2)} \cdots a_{n\sigma(n)}$은 행렬 A의 행과 열에서 중복 없이 성분을 하나씩 뽑아 곱한 항으로 이를 **기본 곱** elementary product이라고 한다.

예제 2-3

다음 행렬의 행렬식 $\det(A)$를 구하라.

(a) $A=\begin{bmatrix} a_{11} & a_{12} \\ a_{21} & a_{22} \end{bmatrix}$　　(b) $A=\begin{bmatrix} a_{11} & a_{12} & a_{13} \\ a_{21} & a_{22} & a_{23} \\ a_{31} & a_{32} & a_{33} \end{bmatrix}$

풀이

[예제 2-1]에서 구한 S_2, S_3를 이용하면 A의 행렬식은 다음과 같다.

(a) $$\det(A) = \sum_{\sigma \in S_2} sgn(\sigma)\, a_{1\sigma(1)} a_{2\sigma(2)}$$
$$= sgn(\sigma_1) a_{1\sigma_1(1)} a_{2\sigma_1(2)} + sgn(\sigma_2) a_{1\sigma_2(1)} a_{2\sigma_2(2)} = a_{11}a_{22} - a_{12}a_{21}$$ [4]

(b) $$\det(A) = \sum_{\sigma \in S_3} sgn(\sigma)\, a_{1\sigma(1)} a_{2\sigma(2)} a_{3\sigma(3)}$$
$$= sgn(\sigma_1) a_{1\sigma_1(1)} a_{2\sigma_1(2)} a_{3\sigma_1(3)} + sgn(\sigma_2) a_{1\sigma_2(1)} a_{2\sigma_2(2)} a_{3\sigma_2(3)} + \cdots$$
$$+ sgn(\sigma_6) a_{1\sigma_6(1)} a_{2\sigma_6(2)} a_{3\sigma_6(3)}$$
$$= a_{11}a_{22}a_{33} + a_{12}a_{23}a_{31} + a_{13}a_{21}a_{32} - a_{11}a_{23}a_{32} - a_{12}a_{21}a_{33} - a_{13}a_{22}a_{31}$$

■ 사루스 방법

2차, 3차 정사각행렬의 행렬식은 [그림 2-1]을 이용하면 쉽게 계산할 수 있다. 3차 정사각행렬의 경우에는 먼저 a_{11}과 a_{13}, 그리고 a_{31}과 a_{33}을 아래 그림과 같이 덧붙여 쓰고 오른쪽 방향의 화살표의 곱에는 +, 왼쪽 방향의 화살표의 곱에는 −를 붙인다. 이 방법을 **사루스**sarrus **방법**이라고 한다. 사루스 방법은 $n=2, 3$인 경우만 성립한다.[5]

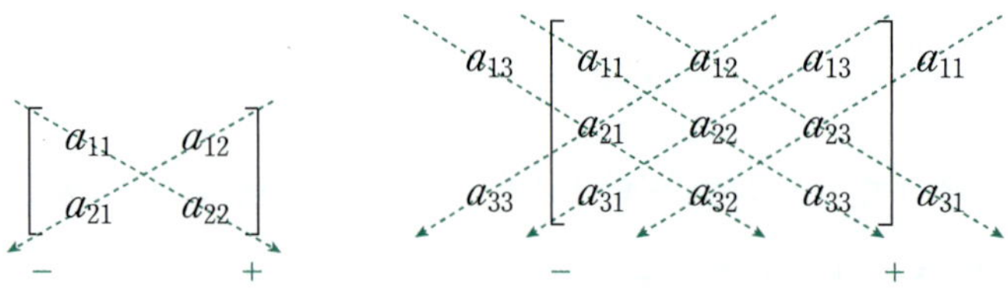

(a) 2차 정사각행렬　　(b) 3차 정사각행렬

[그림 2-1] 사루스 방법

---

4 $\sigma_1 = \begin{pmatrix} 1\,2 \\ 1\,2 \end{pmatrix}$, $\sigma_2 = \begin{pmatrix} 1\,2 \\ 2\,1 \end{pmatrix}$는 $\sigma_1(1)=1$, $\sigma_1(2)=2$, $\sigma_2(1)=2$, $\sigma_2(2)=1$을 의미한다.

5 사루스 방법은 다음과 같이 나타낼 수도 있다.

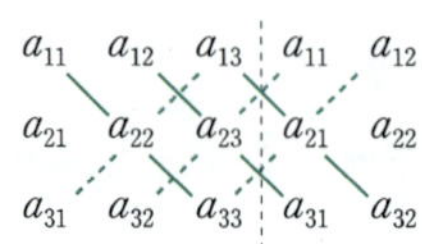

예제 2-4

사루스 방법을 사용하여 다음 행렬 A, B의 행렬식을 계산하라.

(a) $A=\begin{bmatrix} 0 & 2 \\ 4 & -3 \end{bmatrix}$ (b) $B=\begin{bmatrix} -1 & 3 & 0 \\ 5 & 2 & 1 \\ 2 & 1 & 0 \end{bmatrix}$

풀이

(a) $|A|=\begin{vmatrix} 0 & 2 \\ 4 & -3 \end{vmatrix}$
$=0(-3)-(2)(4)$
$=-8$

(b) $|B|=\begin{vmatrix} -1 & 3 & 0 \\ 5 & 2 & 1 \\ 2 & 1 & 0 \end{vmatrix}$
$=(0)+(0)+(6)-(0)-(0)-(-1)$
$=7$

2차와 3차의 경우, 치환의 개수가 각각 2개와 6개다. 이는 사루스 방법으로 행렬식을 구할 때 계산해야 하는 항의 개수와 같다.

4차 행렬에 사루스 방법을 적용하면 곱하여 더한 항이 모두 8개가 나온다. 그러나 $\{1, 2, 3, 4\}$의 치환 개수는 총 $4!=24$개이다. 따라서 4차 이상의 행렬식에 대해서는 사루스 방법을 적용할 수 없으며, 행렬식의 정의를 이용하여 구해야 한다. 그런데 일반적으로 행렬식의 정의에 따라 직접 행렬식을 계산하는 것은 매우 번거롭다. 실제로 5차 행렬이라면 $5!=120$개의 항과 그 부호를 결정해야 하고, 10차 행렬이라면 $10!=3{,}628{,}800$개의 항과 그 부호를 결정해야 한다. 따라서 행렬식을 정의로 구하는 방법 외에 다른 방법을 찾아야 한다.

행렬식의 성질

행렬의 크기가 작으면 사루스 방법으로 행렬식을 구할 수 있지만, 앞에서 설명한 것처럼 행렬의 크기가 크면 사루스 방법은 사용할 수 없다. 따라서 크기가 큰 행렬의 행렬식을 쉽게 구할 수 있는 다른 방법이 필요하다. 그러기 위해서는 행렬식의 다양한 성질을 먼저 살펴보아야 한다.

앞으로 소개할 정리들은 행렬식을 계산하는 데 매우 유용한 성질들이다.

정리 2-2 전치행렬의 행렬식

정사각행렬 A 의 행렬식과 A 의 전치행렬 A^T의 행렬식은 같다.

$$|A| = |A^T|$$

증명

$A^T = [a'_{ij}] = [a_{ji}]$ 라 하면 행렬식의 정의에 의하여 $|A^T|$는 다음과 같다.

$$\begin{aligned} |A^T| &= \sum_{\sigma \in S_n} sgn(\sigma) a'_{1\sigma(1)} \cdots a'_{n\sigma(n)} \\ &= \sum_{\sigma \in S_n} sgn(\sigma) a_{\sigma(1)1} \cdots a_{\sigma(n)n} \end{aligned}$$

이때 $a_{\sigma(1)1} a_{\sigma(2)2} \cdots a_{\sigma(n)n}$을 재배열하여 $a_{1\tau(1)} a_{2\tau(2)} \cdots a_{n\tau(n)}$이 되었다고 하자. 이때 두 성분을 k 번 바꾸었다고 하면 치환 $(\sigma(1) \ \cdots \ \sigma(n))$은 두 성분을 k 번 바꾸어 치환 $(1 \ \cdots \ n)$이 되었고, 치환 $(1 \ \cdots \ n)$은 두 성분을 k 번 바꾸어 치환 $(\tau(1) \ \cdots \ \tau(n))$이 되었다. 따라서 [정리 2-1]에 의하여 다음이 성립한다.

$$(-1)^k sgn(\sigma) = 1, \ \ sgn(\tau) = (-1)^k 1$$

이 두 식으로부터 다음을 얻는다.

$$sgn(\tau) = (-1)^k 1 = (-1)^k \cdot (-1)^k sgn(\sigma) = sgn(\sigma)$$

그러므로 다음이 성립한다.

$$\begin{aligned} |A^T| &= \sum_{\tau \in S_n} sgn(\tau) a_{1\tau(1)} \cdots a_{n\tau(n)} \\ &= \sum_{\sigma \in S_n} sgn(\sigma) a_{1\sigma(1)} a_{2\sigma(2)} \cdots a_{n\sigma(n)} \\ &= |A| \end{aligned}$$

■

예제 2-5

행렬 A가 다음과 같을 때, $|A|=|A^T|$임을 확인하라.

$$A=\begin{bmatrix}1 & 2 & 3\\ 3 & 2 & 1\\ 2 & 0 & 2\end{bmatrix}$$

풀이

행렬 A의 행렬식을 구하면 다음과 같다.

$$\begin{aligned}|A|&=\begin{vmatrix}1 & 2 & 3\\ 3 & 2 & 1\\ 2 & 0 & 2\end{vmatrix}\\ &=(4)+(4)+(0)-(12)-(12)-(0)\\ &=-16\end{aligned}$$

A의 전치행렬을 구해보자.

$$A^T=\begin{bmatrix}1 & 3 & 2\\ 2 & 2 & 0\\ 3 & 1 & 2\end{bmatrix}$$

전치행렬 A^T의 행렬식을 구하면 다음과 같다.

$$\begin{aligned}|A^T|&=\begin{vmatrix}1 & 3 & 2\\ 2 & 2 & 0\\ 3 & 1 & 2\end{vmatrix}\\ &=(4)+(0)+(4)-(12)-(12)-(0)\\ &=-16\end{aligned}$$

따라서 $|A|=|A^T|$이다.

[정리 2-2]는 행에 대한 행렬식의 성질이 열에 대해서도 모두 성립함을 보여준다. 따라서 이제부터 다루게 될 행렬식의 행에 대한 성질은 열에 대해서도 성립한다.

정리 2-3 두 행을 바꾼 행렬의 행렬식

행렬 B가 정사각행렬 A의 두 행을 서로 바꾼 행렬이라면 다음이 성립한다.

$$|B|=-|A|$$

증명

$B=[b_{ij}]$가 $A=[a_{ij}]$의 r행과 s행을 바꾼 행렬이고 $r<s$라 하자. 그러면 $b_{rj}=a_{sj}$, $b_{sj}=a_{rj}$이고, $i\neq r$, $i\neq s$일 때에는 $b_{ij}=a_{ij}$이다. 행렬식의 정의에 의하여 $|B|$는 다음과 같다.

$$
\begin{aligned}
|B| &= \sum_{\sigma\in S_n} sgn(\sigma) b_{1\sigma(1)}\cdots b_{r\sigma(r)}\cdots b_{s\sigma(s)}\cdots b_{n\sigma(n)} \\
&= \sum_{\sigma\in S_n} sgn(\sigma) a_{1\sigma(1)}\cdots a_{s\sigma(r)}\cdots a_{r\sigma(s)}\cdots a_{n\sigma(n)} \\
&= \sum_{\sigma\in S_n} sgn(\sigma) a_{1\sigma(1)}\cdots a_{r\sigma(s)}\cdots a_{s\sigma(r)}\cdots a_{n\sigma(n)} \\
&= -\sum_{\tau\in S_n} sgn(\tau) a_{1\tau(1)}\cdots a_{r\tau(r)}\cdots a_{s\tau(s)}\cdots a_{n\tau(n)} \\
&= -|A|
\end{aligned}
$$

■

예제 2-6

행렬 A와 행렬 B가 다음과 같을 때, $|B|=-|A|$임을 확인하라.

$$A=\begin{bmatrix}4&3&0\\2&2&1\\5&3&1\end{bmatrix},\quad B=\begin{bmatrix}5&3&1\\2&2&1\\4&3&0\end{bmatrix}$$

풀이

행렬 A의 1행과 3행을 서로 바꾸면 행렬 B가 된다. 행렬 A와 B의 행렬식을 각각 구해보자.

$$|A|=\begin{vmatrix}4&3&0\\2&2&1\\5&3&1\end{vmatrix}=5,\quad |B|=\begin{vmatrix}5&3&1\\2&2&1\\4&3&0\end{vmatrix}=-5$$

이므로, $|B|=-|A|$이다.

정리 2-4 두 행이 일치하는 행렬의 행렬식

정사각행렬 A의 두 행이 일치하면 다음이 성립한다.

$$|A|=0$$

증명

A의 일치하는 두 행을 바꿔서 얻은 행렬을 B라 하면 $A=B$이고 $|A|=|B|$이다. [정리 2-3]에 의하여 $|B|=-|A|$이므로 $|A|=|B|=-|A|$이다. 따라서 $|A|=0$이다. ■

예제 2-7

두 행이 같은 행렬 A가 다음과 같을 때, $|A|=0$임을 확인하라.

$$A=\begin{bmatrix} -2 & 5 & 8 \\ -9 & 0 & 1 \\ -2 & 5 & 8 \end{bmatrix}$$

풀이

1행과 3행이 같은 행렬 A에 대하여 $|A|$를 구하면 다음과 같다.

$$\begin{aligned} |A| &= \begin{vmatrix} -2 & 5 & 8 \\ -9 & 0 & 1 \\ -2 & 5 & 8 \end{vmatrix} \\ &= (0)+(-360)+(-10)-(0)-(-360)-(-10) \\ &= 0 \end{aligned}$$

정리 2-5 한 행의 성분이 모두 0인 행렬의 행렬식

정사각행렬 A의 한 행의 성분이 모두 0이면 다음이 성립한다.

$$|A|=0$$

증명

A의 i행의 성분이 모두 0이라 하면, $a_{i\sigma(i)}=0$이다. 행렬식의 정의에 의하여 $|A|$는 다음과 같다.

$$\begin{aligned} |A| &= \sum_{\sigma\in S_n} sgn(\sigma)\, a_{1\sigma(1)}\cdots\, a_{i\sigma(i)}\cdots\, a_{n\sigma(n)} \\ &= \sum_{\sigma\in S_n} sgn(\sigma)\, a_{1\sigma(1)}\cdots\, 0\cdots\, a_{n\sigma(n)} \\ &= 0 \end{aligned}$$

■

예제 2-8

행렬 A가 다음과 같을 때, $|A|=0$임을 확인하라.

$$A=\begin{bmatrix} 12 & 5 & -3 \\ -1 & 4 & 5 \\ 0 & 0 & 0 \end{bmatrix}$$

풀이

3행의 모든 성분이 0인 행렬 A에 대하여 $|A|$를 계산하면 다음과 같다.

$$\begin{aligned} |A| &= \begin{vmatrix} 12 & 5 & -3 \\ -1 & 4 & 5 \\ 0 & 0 & 0 \end{vmatrix} \\ &= 12\times4\times0+5\times5\times0+(-3)\times(-1)\times0-(-3)\times4\times0-5\times(-1)\times0-12\times5\times0 \\ &= 0 \end{aligned}$$

정리 2-6 한 행을 k배하여 얻은 행렬식

정사각행렬 A의 한 행을 k배하여 얻은 행렬을 B라 하면 다음이 성립한다.

$$|B|=k|A|$$

증명

$B=[b_{ij}]$를 $A=[a_{ij}]$의 s행을 k배하여 얻은 행렬이라고 하자. 그러면 $b_{sj}=ka_{sj}$이고, $i\neq s$일 때에는 $b_{ij}=a_{ij}$이다. 행렬식의 정의에 의하여 $|B|$는 다음과 같다.

$$\begin{aligned} |B| &= \sum_{\sigma\in S_n} sgn(\sigma)b_{1\sigma(1)}\cdots b_{s\sigma(s)}\cdots b_{n\sigma(n)} \\ &= \sum_{\sigma\in S_n} sgn(\sigma)a_{1\sigma(1)}\cdots (ka_{s\sigma(s)})\cdots a_{n\sigma(n)} \\ &= k\sum_{\sigma\in S_n} sgn(\sigma)a_{1\sigma(1)}\cdots a_{s\sigma(s)}\cdots a_{n\sigma(n)} \\ &= k|A| \end{aligned}$$

■

예제 2-9

다음 행렬 A에 대하여 행렬 B는 행렬 A의 2행에 5를 곱한 행렬이다. 두 행렬의 행렬식을 구하라.

$$A=\begin{bmatrix}1&2&1\\1&1&0\\2&-1&1\end{bmatrix},\quad B=\begin{bmatrix}1&2&1\\5&5&0\\2&-1&1\end{bmatrix}$$

풀이

행렬 A의 행렬식을 구해보자.

$$|A|=1-1+0-2-2-0=-4$$

행렬 B는 행렬 A의 2행에 5를 곱한 행렬이므로 B의 행렬식은 다음과 같다.

$$|B|=5|A|=5\times(-4)=-20$$

실제로 행렬 B의 행렬식을 구하면 다음과 같다.

$$|B|=5-5+0-10-10-0=-20$$

정리 2-7 한 행의 k배를 다른 행에 더하여 얻은 행렬의 행렬식

정사각행렬 A의 한 행의 k배를 다른 행에 더하여 얻은 행렬을 B라 하면 다음이 성립한다.

$$|B|=|A|$$

증명

$B=[b_{ij}]$가 $A=[a_{ij}]$의 r행을 k배하여 s행에 더한 행렬이라고 하자. 그러면 $b_{sj}=a_{sj}+ka_{rj}$이고, $i\neq s$일 때에는 $b_{ij}=a_{ij}$이다. 행렬식의 정의에 의하여 $|B|$는 다음과 같다.

$$\begin{aligned}|B| &= \sum_{\sigma\in S_n} sgn(\sigma)b_{1\sigma(1)}\cdots b_{r\sigma(r)}\cdots b_{s\sigma(s)}\cdots b_{n\sigma(n)}\\ &= \sum_{\sigma\in S_n} sgn(\sigma)a_{1\sigma(1)}\cdots a_{r\sigma(r)}\cdots (a_{s\sigma(s)}+ka_{r\sigma(r)})\cdots a_{n\sigma(n)}\\ &= \sum_{\sigma\in S_n} sgn(\sigma)a_{1\sigma(1)}\cdots a_{r\sigma(r)}\cdots a_{s\sigma(s)}\cdots a_{n\sigma(n)}\\ &\quad +k\sum_{\sigma\in S_n} sgn(\sigma)a_{1\sigma(1)}\cdots a_{r\sigma(r)}\cdots a_{r\sigma(r)}\cdots a_{n\sigma(n)}\end{aligned}$$

그런데

$$\sum_{\sigma \in S_n} sgn(\sigma) a_{1\sigma(1)} \cdots a_{r\sigma(r)} \cdots a_{r\sigma(r)} \cdots a_{n\sigma(n)}$$

은 r행과 s행이 일치하는 행렬의 행렬식이므로 [정리 2-4]에 의하여 0이 된다. 따라서 다음과 같다.

$$\begin{aligned} |B| &= \sum_{\sigma \in S_n} sgn(\sigma) a_{1\sigma(1)} \cdots a_{r\sigma(r)} \cdots a_{s\sigma(s)} \cdots a_{n\sigma(n)} \\ &= |A| \end{aligned}$$

■

예제 2-10

[정리 2-7]을 이용하여 다음 두 행렬 A, B에 대하여 $|A|=|B|$임을 보여라.

$$A = \begin{bmatrix} 1 & 2 & 3 \\ 2 & -1 & 3 \\ 1 & 0 & 1 \end{bmatrix}, \quad B = \begin{bmatrix} 5 & 0 & 9 \\ 2 & -1 & 3 \\ 1 & 0 & 1 \end{bmatrix}$$

풀이

행렬 A의 행렬식을 구해보자.

$$|A| = -1+0+6-(-3)-0-4=4$$

행렬 B는 행렬 A의 2행을 2배하여 1행에 더한 행렬이므로 $|B|$를 계산하면 $|B|=|A|=4$이다.

우리는 1.7절에서 삼각행렬을 정의하였다. 4차인 상삼각행렬과 하삼각행렬은 각각 다음과 같이 나타낼 수 있다.

$$U_4 = \begin{bmatrix} a_{11} & a_{12} & a_{13} & a_{14} \\ 0 & a_{22} & a_{23} & a_{24} \\ 0 & 0 & a_{33} & a_{34} \\ 0 & 0 & 0 & a_{44} \end{bmatrix}, \quad L_4 = \begin{bmatrix} a_{11} & 0 & 0 & 0 \\ a_{21} & a_{22} & 0 & 0 \\ a_{31} & a_{32} & a_{33} & 0 \\ a_{41} & a_{42} & a_{43} & a_{44} \end{bmatrix}$$

삼각행렬의 행렬식은 행렬의 크기에 관계없이 행렬식의 정의로부터 간단히 구할 수 있다. 이를테면 위의 상삼각행렬 U_4의 행렬식을 구할 때, 4행에서 선택할 수 있는 0이 아닌 성분은 a_{44}, 3행에서 선택할 수 있는 0이 아닌 성분은 a_{33}, 2행에서 선택할 수 있는 0이 아닌 성분은 a_{22}, 1행에서 선택할 수 있는 0이 아닌 성분은 a_{11}이다. 따라서 다음이 성립함을 알 수 있다.

$$|U_4| = a_{11}a_{22}a_{33}a_{44}$$

마찬가지 방법으로 L_4의 행렬식을 구하면, $|L_4| = a_{11}a_{22}a_{33}a_{44}$다.

정리 2-8 삼각행렬의 행렬식

n차 삼각행렬 $A = [a_{ij}]$의 행렬식은 주대각선 성분의 곱과 같다. 즉 다음이 성립한다.

$$|A| = a_{11}a_{22}\cdots a_{nn}$$

예제 2-11

다음 삼각행렬의 행렬식을 구하라.

$$A = \begin{bmatrix} 3 & 10 & -30 & 77 & 33 \\ 0 & -5 & 87 & 95 & 40 \\ 0 & 0 & 2 & -27 & 65 \\ 0 & 0 & 0 & 7 & 88 \\ 0 & 0 & 0 & 0 & 2 \end{bmatrix}$$

풀이

주어진 행렬 A는 상삼각행렬이다. [정리 2-8]을 이용하여 행렬 A의 행렬식을 구하면 다음과 같다.

$$\begin{aligned} |A| &= \begin{vmatrix} 3 & 10 & -30 & 77 & 33 \\ 0 & -5 & 87 & 95 & 40 \\ 0 & 0 & 2 & -27 & 65 \\ 0 & 0 & 0 & 7 & 88 \\ 0 & 0 & 0 & 0 & 2 \end{vmatrix} \\ &= (3)(-5)(2)(7)(2) \\ &= -420 \end{aligned}$$

지금까지 행렬식의 여러 가지 성질을 알아보았다. 이제 행렬식의 성질들을 이용하여 행렬식을 쉽게 계산하는 방법을 살펴보자. 이 방법의 기본적인 원리는 앞에서 열거한 행렬식에 관한 정리들을 이용하여 삼각행렬의 행렬식으로 변형하는 것이다. 특히 [정리 2-3], [정리 2-6], [정리 2-7]을 이용하면 가우스 소거법과 같은 방법으로 행렬식을 삼각행렬의 행렬식으로 쉽게 변형할 수 있다.

예제 2-12

다음 행렬 A의 행렬식을 구하라.

$$A=\begin{bmatrix}0 & 1 & 5\\3 & -6 & 9\\2 & 6 & 1\end{bmatrix}$$

풀이

$$\begin{aligned}
|A| &= \begin{vmatrix}0 & 1 & 5\\3 & -6 & 9\\2 & 6 & 1\end{vmatrix}\\
&= -\begin{vmatrix}3 & -6 & 9\\0 & 1 & 5\\2 & 6 & 1\end{vmatrix} && \cdots \text{ 1행과 2행을 교환함}\\
&= -3\begin{vmatrix}1 & -2 & 3\\0 & 1 & 5\\2 & 6 & 1\end{vmatrix} && \cdots \text{ 1행의 공통인수 3을 밖으로 끌어냄}\\
&= -3\begin{vmatrix}1 & -2 & 3\\0 & 1 & 5\\0 & 10 & -5\end{vmatrix} && \cdots \text{ 1행의 (−2)배를 3행에 더함}\\
&= -3\begin{vmatrix}1 & -2 & 3\\0 & 1 & 5\\0 & 0 & -55\end{vmatrix} && \cdots \text{ 2행의 (−10)배를 3행에 더함}\\
&= (-3)(-55)\begin{vmatrix}1 & -2 & 3\\0 & 1 & 5\\0 & 0 & 1\end{vmatrix} && \cdots \text{ 3행의 공통인수 (−55)를 밖으로 끌어냄}\\
&= (-3)(-55)(1)\\
&= 165
\end{aligned}$$

두 행렬의 곱의 행렬식을 쉽게 구할 수 있다면 행렬식을 이용할 때 복잡한 계산을 많이 하지 않아도 되기 때문에 매우 편리하다. 그런데 두 행렬의 곱의 행렬식을 쉽게 구하기 위해서는 1.5절에서 정의했던 기본행렬에 관한 몇 가지 예비 정리들이 필요하다. 먼저 기본행렬들의 행렬식에 대하여 알아보자.

정리 2-9 기본행렬의 행렬식

기본행렬 $E_i(k)$, E_{ij}, $E_{ij}(k)$에 대하여 다음이 성립한다.

(1) $\det(E_i(k))=k$

(2) $\det(E_{ij})=-1$

(3) $\det(E_{ij}(k))=1$

증명

(1) 기본행렬 $E_i(k)$는 $(i,\ i)$ 성분이 k인 대각행렬이고, 단위행렬의 행렬식은 1이므로[6] [정리 2-6]에 의하여 다음과 같다.

$$\det(E_i(k)) = \begin{vmatrix} 1 & & & & \\ & \ddots & & 0 & \\ & & k & & \\ & 0 & & \ddots & \\ & & & & 1 \end{vmatrix} = k \begin{vmatrix} 1 & & & & \\ & \ddots & & 0 & \\ & & 1 & & \\ & 0 & & \ddots & \\ & & & & 1 \end{vmatrix} = k$$

(2) 기본행렬 E_{ij}는 I_n의 i행과 j행을 교환한 행렬이므로 [정리 2-3]에 의하여 다음과 같다.

$$\det(E_{ij}) = \begin{vmatrix} 1 & & & & & \\ & \ddots & & & & \\ & & 0 & & 1 & \\ & & & \ddots & & \\ & & 1 & & 0 & \\ & & & & & \ddots & \\ & & & & & & 1 \end{vmatrix} = -\det(I_n) = -1$$

(3) $i < j\,(i > j)$일 때 기본행렬 $E_{ij}(k)$는 i행을 k배하여 j행에 더한 행렬이므로 주대각선 성분이 모두 1인 하(상)삼각행렬이다. 따라서 [정리 2-8]에 의하여 다음과 같다.

$$\det(E_{ij}(k)) = \begin{vmatrix} 1 & & & & & \\ & \ddots & & & & \\ & & 1 & & 0 & \\ & & & \ddots & & \\ & & k & & 1 & \\ & & & & & \ddots & \\ & & & & & & 1 \end{vmatrix} = 1$$

■

[정리 2-9]는 기본행렬의 행렬식에 관한 것이다. 이를 이용하면 어떤 행렬에 몇 개의 기본행렬을 곱했을 때의 행렬식을 쉽게 구할 수 있다.

6 n차 단위행렬 I_n의 행렬식은 $\det(I_n) = 1$이다.

정리 2-10 기본 행 연산에 의한 행렬식

B는 $n\times n$ 행렬이고 E는 $n\times n$ 기본행렬이라 하면 다음이 성립한다.

$$\det(EB)=\det(E)\det(B)$$

증명

[정리 2-9]에 제시된 세 가지 기본행렬에 대하여 차례로 증명해보자.

(1) 행렬 E를 $E=E_i(k)$라 하면 [정리 2-6]과 [정리 2-9]에 의하여 다음과 같이 정리할 수 있다.

$$\det(E_i(k)B)=k\det(B)=\det(E_i(k))\det(B)$$

(2) 행렬 E를 $E=E_{ij}$라 하면 $E_{ij}B$는 행렬 B의 i행과 j행을 교환한 행렬이므로 [정리 2-3]과 [정리 2-9]에 의하여 다음과 같이 정리할 수 있다.

$$\det(E_{ij}B)=-\det(B)=\det(E_{ij})\det(B)$$

(3) 행렬 E를 $E=E_{ij}(k)$라 하면 $E_{ij}B$는 행렬 B의 i행을 k배하여 j행에 더한 행렬이므로 [정리 2-7]과 [정리 2-9]에 의하여 다음과 같이 정리할 수 있다.

$$\det(E_{ij}(k)B)=\det(B)=\det(E_{ij}(k))\det(B)$$ ■

예제 2-13

다음 행렬 A에 대하여 $\det(E_{12}A)$, $\det(E_2(3)A)$, $\det(E_{13}(-2)A)$를 구하라.

$$A=\begin{bmatrix}0&1&5\\3&-6&9\\2&6&1\end{bmatrix}$$

풀이

[예제 2-12]에 의하여 $\det(A)=165$이므로 다음이 성립한다.

$$\begin{aligned}\det(E_{12}A)&=\begin{vmatrix}3&-6&9\\0&1&5\\2&6&1\end{vmatrix} \quad \cdots \text{1행과 2행을 교환함}\\&=\begin{vmatrix}0&1&0\\1&0&0\\0&0&1\end{vmatrix}\begin{vmatrix}0&1&5\\3&-6&9\\2&6&1\end{vmatrix}\\&=-165\end{aligned}$$

$$\det(E_2(3)A)=\begin{vmatrix}0&1&5\\9&-18&27\\2&6&1\end{vmatrix}$$ … 2행에 3배를 함

$$=\begin{vmatrix}1&0&0\\0&3&0\\0&0&1\end{vmatrix}\begin{vmatrix}0&1&5\\3&-6&9\\2&6&1\end{vmatrix}$$ … 2행의 공통인수 3을 밖으로 끌어냄

$$=3\times 165$$

$$=495$$

$$\det(E_{13}(-2)A)=\begin{vmatrix}0&1&5\\3&-6&9\\2&4&-9\end{vmatrix}$$ … 1행의 (−2)배를 3행에 더함

$$=\begin{vmatrix}1&0&0\\0&1&0\\-2&0&1\end{vmatrix}\begin{vmatrix}0&1&5\\3&-6&9\\2&6&1\end{vmatrix}$$

$$=165$$

이제 두 행렬의 곱의 행렬식을 구하는 방법에 대하여 알아보자.

정리 2-11 행렬의 곱의 행렬식

n차 정사각행렬 A, B에 대하여 다음이 성립한다.

$$\det(AB)=\det(A)\det(B)$$

증명

행렬 A가 비가역행렬인 경우와 가역행렬인 경우로 나누어 증명하자.

❶ 행렬 A가 비가역행렬인 경우

A의 RREF를 R이라 하면 R은 모두 0인 행을 포함하므로 $A=E_1\cdots E_kR$이다. $AB=E_1\cdots E_kRB$ 이므로 행렬 곱셈에 의하여 AB도 모두 0인 행을 갖는다. 따라서 AB는 비가역행렬이고, [정리 2-10]에 의하여 $\det(A)=0$이고, $\det(AB)=0$이다. 따라서 다음과 같이 된다.

$$\det(AB)=0=\det(A)\det(B)$$

❷ 행렬 A가 가역행렬인 경우

행렬 A가 가역이면 [정리 1-10]에 의해 A를 기본행렬의 곱으로 분해할 수 있다. 즉 다음과 같이 된다.

$$A=E_1E_2\cdots E_k$$

그러면 [정리 2-10]으로부터 다음을 얻는다.

$$\begin{aligned}\det(AB) &= \det(E_1E_2\cdots E_kB)\\ &= \det(E_1)\det(E_2\cdots E_kB)\\ &\ \ \vdots\\ &= \det(E_1)\det(E_2)\cdots\det(E_k)\det(B)\\ &= \det(E_1E_2)\det(E_3)\cdots\det(E_k)\det(B)\\ &\ \ \vdots\\ &= \det(E_1E_2\cdots E_k)\det(B)\\ &= \det(A)\det(B)\end{aligned}$$

■

예제 2-14

행렬 A, B에 대하여 [정리 2-11]을 확인하라.

$$A=\begin{bmatrix}1 & -2\\ 3 & -2\end{bmatrix},\quad B=\begin{bmatrix}2 & 1\\ 1 & 1\end{bmatrix}$$

풀이

$$AB=\begin{bmatrix}1 & -2\\ 3 & -2\end{bmatrix}\begin{bmatrix}2 & 1\\ 1 & 1\end{bmatrix}=\begin{bmatrix}0 & -1\\ 4 & 1\end{bmatrix}$$ [7]

이고 $|A|=\begin{vmatrix}1 & -2\\ 3 & -2\end{vmatrix}=4$, $|B|=\begin{vmatrix}2 & 1\\ 1 & 1\end{vmatrix}=1$, $|AB|=\begin{vmatrix}0 & -1\\ 4 & 1\end{vmatrix}=4$이므로, $|AB|=4=|A||B|$이다.

앞에서 우리는 두 행렬의 곱의 행렬식이 각 행렬의 행렬식의 곱과 같다는 것을 알았다. 그런데 두 행렬의 곱의 행렬식을 구하는 방법을 이용하면 가역행렬 A의 역행렬의 행렬식을 구할 수 있다. 그러기 위해 먼저 다음 정리가 필요하다.

정리 2-12 가역행렬과 행렬식

$n\times n$ 행렬 A가 가역일 필요충분조건은 $\det(A)\neq 0$이다.

7 [예제 2-14]의 두 행렬 A, B에 대하여 $\det(A+B)=1\neq 4+1=\det(A)+\det(B)$이다.

증명

(⇒) A가 가역이므로 [정리 1-10]에 의하여 $A = E_1E_2\cdots E_k$이다. 그리고 [정리 2-9]에 의하여 $\det(E_1), \cdots, \det(E_k)$는 모두 0이 아니고, [정리 2-10]에 의하여 다음이 성립하므로 $\det(A)$는 0이 아니다.

$$\det(A) = \det(E_1)\cdots\det(E_k)$$

(⇐) A가 비가역이면 $R = \mathrm{RREF}(A) = I_n$이 아니므로 $A = E_1\cdots E_kR$ 이고, R은 모두 0인 행을 포함하므로 다음과 같다.

$$\det(A) = \det(E_1)\cdots\det(E_k)\det(R) = \det(E_1)\cdots\det(E_k)\cdot 0 = 0$$ ■

예제 2-15

다음 행렬이 가역행렬인지 아닌지 판별하라.

(a) $A = \begin{bmatrix} 7 & -2 \\ 6 & 2 \end{bmatrix}$

(b) $B = \begin{bmatrix} 1 & 2 & 3 \\ 1 & 5 & 3 \\ 2 & 8 & 6 \end{bmatrix}$

풀이

(a) A의 행렬식은

$$\det(A) = 14 - (-12) = 26 \neq 0$$

이므로 A는 가역이다. 즉 A는 A^{-1}가 존재한다.

(b) B의 행렬식은

$$\det(B) = 30 + 24 + 12 - 30 - 24 - 12 = 0$$

이므로 B는 가역이 아니다. 즉 B는 역행렬이 존재하지 않는다.

다음 정리는 [정리 2-12]로부터 가역행렬 A의 역행렬 A^{-1}의 행렬식 $\det(A^{-1})$를 A의 행렬식 $\det(A)$를 이용하여 구하는 방법을 알려준다.

정리 2-13 역행렬의 행렬식

A가 가역행렬이면 $\det(A) \neq 0$이고 다음이 성립한다.

$$\det(A^{-1}) = \frac{1}{\det(A)}$$

증명

A가 n차 가역행렬이면 A^{-1}가 존재하고 $AA^{-1}=I_n=A^{-1}A$이므로, $\det(AA^{-1})=\det(I_n)=1$이다. 즉 $\det(AA^{-1})=\det(A)\det(A^{-1})=1$이므로 $\det(A)\neq 0$이고 다음이 성립한다.

$$\det(A^{-1})=\frac{1}{\det(A)}$$ ■

[정리 2-13]은 행렬식을 이용하면 행렬 A가 가역인지 아닌지를 알 수 있음을 의미한다. 즉 $\det(A)=0$ 이면 $\frac{1}{\det(A)}$ 은 존재하지 않으므로 A의 역행렬의 행렬식을 구할 수 없다. 행렬식을 구할 수 없다는 것은 A의 역행렬이 없다는 뜻이므로 $\det(A)=0$이면 A는 비가역이다. 그러나 $\det(A)\neq 0$ 이면 $\frac{1}{\det(A)}$ 을 구할 수 있다. 즉 $\det(A^{-1})$를 구할 수 있으므로 A^{-1}가 존재한다는 뜻이다.

따라서 [정리 2-13]으로부터 행렬 A가 가역행렬일 필요충분조건은 $\det(A)\neq 0$임을 알 수 있다. 그러므로 [정리 2-12]와 [정리 2-13]은 동치임을 알 수 있다.

예제 2-16

행렬 A의 역행렬의 행렬식을 구하라.

$$A=\begin{bmatrix}4 & 3\\ 6 & 5\end{bmatrix}$$

풀이

$|A|=2\neq 0$이므로 A는 가역이고 [정리 2-13]에 의해

$$|A^{-1}|=\frac{1}{|A|}=\frac{1}{2}$$

이다. 실제로 $A^{-1}=\begin{bmatrix}\frac{5}{2} & -\frac{3}{2}\\ -3 & 2\end{bmatrix}$이므로 다음과 같다.[8]

$$|A^{-1}|=5-\frac{9}{2}=\frac{1}{2}$$

8 $A=\begin{bmatrix}a & b\\ c & d\end{bmatrix}$일 때, $A^{-1}=\frac{1}{ad-bc}\begin{bmatrix}d & -b\\ -c & a\end{bmatrix}$이다.

Chapter 2.1 연습문제

1~4. $S=\{1, 2, 3, 4, 5\}$의 다음 치환의 반전의 수를 구하라.

1. $(5\ \ 2\ \ 1\ \ 3\ \ 4)$

2. $(4\ \ 5\ \ 2\ \ 1\ \ 3)$

3. $(4\ \ 2\ \ 1\ \ 3\ \ 5)$

4. $(1\ \ 3\ \ 5\ \ 4\ \ 2)$

5~10. $S=\{1, 2, 3, 4\}$의 다음 치환이 짝치환인지 홀치환인지를 판별하라.

5. $(4\ \ 2\ \ 1\ \ 3)$

6. $(1\ \ 2\ \ 4\ \ 3)$

7. $(1\ \ 2\ \ 3\ \ 4)$

8. $(3\ \ 2\ \ 1\ \ 4)$

9. $(1\ \ 4\ \ 2\ \ 3)$

10. $(2\ \ 4\ \ 3\ \ 1)$

11~18. 다음 행렬식을 구하라.

11. $\begin{vmatrix} 2 & -1 \\ 3 & 2 \end{vmatrix}$

12. $\begin{vmatrix} 0 & 3 & 0 \\ 2 & 0 & 0 \\ 0 & 0 & -5 \end{vmatrix}$

13. $\begin{vmatrix} 3 & 4 & 2 \\ 2 & 5 & 0 \\ 3 & 0 & 0 \end{vmatrix}$

14. $\begin{vmatrix} -3 & 1 & 14 \\ 0 & 1 & 6 \\ 2 & -3 & 4 \end{vmatrix}$

15. $\begin{vmatrix} -4 & 2 & 0 & 0 \\ 2 & 3 & 1 & 0 \\ 3 & 1 & 0 & 2 \\ 1 & 3 & 0 & 3 \end{vmatrix}$

16. $\begin{vmatrix} 4 & 2 & 2 & 0 \\ 2 & 0 & 0 & 0 \\ 3 & 0 & 0 & 1 \\ 0 & 0 & 1 & 0 \end{vmatrix}$

17. $\begin{vmatrix} 4 & 2 & 3 & -4 \\ 3 & -2 & 1 & 5 \\ -2 & 0 & 1 & -3 \\ 8 & -2 & 6 & 4 \end{vmatrix}$

18. $\begin{vmatrix} 1 & 3 & 1 & 5 & 3 \\ -2 & -7 & 0 & -4 & 2 \\ 0 & 0 & 1 & 0 & 1 \\ 0 & 0 & 2 & 1 & 1 \\ 0 & 0 & 0 & 1 & 1 \end{vmatrix}$

19~22. $|A| = \begin{vmatrix} a_1 & a_2 & a_3 \\ b_1 & b_2 & b_3 \\ c_1 & c_2 & c_3 \end{vmatrix} = -4$일 때, 다음 행렬의 행렬식을 구하라.

19. $B = \begin{bmatrix} a_3 & a_2 & a_1 \\ b_3 & b_2 & b_1 \\ c_3 & c_2 & c_1 \end{bmatrix}$

20. $C = \begin{bmatrix} a_1 & a_2 & a_3 \\ b_1 & b_2 & b_3 \\ 2c_1 & 2c_2 & 2c_3 \end{bmatrix}$

21. $D = \begin{bmatrix} a_1 & -b_1 & c_1 \\ a_2 & -b_2 & c_2 \\ a_3 & -b_3 & c_3 \end{bmatrix}$

22. $E = \begin{bmatrix} a_1 & a_2 & a_3 \\ b_1 + 4c_1 & b_2 + 4c_2 & b_3 + 4c_3 \\ c_1 & c_2 & c_3 \end{bmatrix}$

23~24. 다음 방정식을 풀어라.

23. $\begin{vmatrix} 1 & 1 & 1 \\ 1 & x & 2 \\ 1 & x^2 & 4 \end{vmatrix} = 0$

24. $\begin{vmatrix} 2 & -1 & 0 \\ 5 & x & -1 \\ -3 & 0 & x \end{vmatrix} = 0$

25~27. 행렬식을 계산하지 말고 행렬식의 성질을 이용하여 다음 등식이 성립함을 설명하라.

25. $\begin{vmatrix} a_1 & b_1 & a_1 + b_1 + c_1 \\ a_2 & b_2 & a_2 + b_2 + c_2 \\ a_3 & b_3 & a_3 + b_3 + c_3 \end{vmatrix} = \begin{vmatrix} a_1 & b_1 & c_1 \\ a_2 & b_2 & c_2 \\ a_3 & b_3 & c_3 \end{vmatrix}$

26. $\begin{vmatrix} a_1 + b_1 & a_1 - b_1 & c_1 \\ a_2 + b_2 & a_2 - b_2 & c_2 \\ a_3 + b_3 & a_3 - b_3 & c_3 \end{vmatrix} = -2\begin{vmatrix} a_1 & b_1 & c_1 \\ a_2 & b_2 & c_2 \\ a_3 & b_3 & c_3 \end{vmatrix}$

27. $\begin{vmatrix} a_1 & b_1 + ra_1 & c_1 + sb_1 + ta_1 \\ a_2 & b_2 + ra_2 & c_2 + sb_2 + ta_2 \\ a_3 & b_3 + ra_3 & c_3 + sb_3 + ta_3 \end{vmatrix} = \begin{vmatrix} a_1 & a_2 & a_3 \\ b_1 & b_2 & b_3 \\ c_1 & c_2 & c_3 \end{vmatrix}$

28~36. A가 n차 정사각행렬이고 $|A|=-4$, $|B|=3$일 때, 다음을 구하라.

28. $|A^2|$

29. $|A^{-1}|$

30. $|2A|$

31. $|(2A)^{-1}|$

32. $|AA^T|$

33. $|AB|$

34. $|(AB)^{-1}|$

35. $|B^{-1}A|$

36. $|A^2B(3A^T)|$

37. 행렬식의 성질을 이용하여 다음 행렬 A의 행렬식을 구하라.

$$A=\begin{bmatrix}-3 & 1 & 1 & 1\\ 1 & -3 & 1 & 1\\ 1 & 1 & -3 & 1\\ 1 & 1 & 1 & -3\end{bmatrix}$$

38. A가 정사각행렬이고 $A^2=A$이면 $|A|=0$ 또는 $|A|=1$임을 보여라.

39. 정사각행렬 A가 $A^T=A^{-1}$를 만족하면 A의 행렬식은 1 또는 -1임을 보여라.

40. 두 정사각행렬 A, B와 가역행렬 P에 대하여 $A=P^{-1}BP$이면 $|A|=|B|$임을 보여라.

41. n차 정사각행렬 A가 어떤 양의 정수 k에 대하여 $A^k=0$을 만족하면 행렬 A는 비가역행렬임을 보여라.

Section

2.2 여인수 전개와 크래머 공식

이 절에서는 행렬식을 직접 계산하는 데 편리하고 이론적으로도 중요한 여인수 전개와 여인수를 이용하여 역행렬을 구하는 방법을 알아본다. 또한 여인수 전개를 이용하여 연립일차방정식의 특정한 해를 구하는 방법인 크래머 공식에 대해 알아본다.

여인수와 여인수 전개

행렬식을 구하는 여러 가지 방법 중에서 행렬의 크기를 줄여서 구하는 방법이 있다. 즉, n차 정사각행렬의 행렬식을 구할 때 행렬의 크기를 $(n-1)$차로 줄여서 구하는 것이다. 마찬가지로 $(n-1)$차 정사각행렬의 행렬식을 $(n-2)$차로 줄여서 구할 수 있다. 이와 같은 방법을 계속하면 크기가 큰 행렬의 행렬식은 크기가 작은 행렬의 행렬식을 구하여 얻을 수 있다.

■ 여인수

정사각행렬 $A=[a_{ij}]$ 의 i행과 j열을 제거하여 만든 행렬을 $A(i\,|\,j)$라 하고, 그의 행렬식 $M_{ij}=|A(i\,|\,j)|$를 a_{ij}의 **소행렬식**minor이라고 한다. 또 $A_{ij}=(-1)^{i+j}M_{ij}$를 a_{ij}의 **여인수**cofactor라고 한다.

예제 2-17

다음 행렬 A의 a_{11}의 여인수와 a_{32}의 여인수를 구하라.

$$A=\begin{bmatrix} 1 & 2 & -2 \\ 2 & 5 & 3 \\ 4 & 4 & 6 \end{bmatrix}$$

풀이

주어진 행렬의 a_{11}의 소행렬식을 구해보자.

$$M_{11} = |A(1|1)| = \begin{vmatrix} 1 & 2 & -2 \\ 2 & 5 & 3 \\ 4 & 4 & 6 \end{vmatrix} = \begin{vmatrix} 5 & 3 \\ 4 & 6 \end{vmatrix} = 18$$

a_{11}의 여인수 A_{11}은 다음과 같다.

$$A_{11} = (-1)^{1+1} M_{11} = 18$$

마찬가지 방법으로 a_{32}의 소행렬식을 구해보자.

$$M_{32} = \begin{vmatrix} 1 & 2 & -2 \\ 2 & 5 & 3 \\ 4 & 4 & 6 \end{vmatrix} = \begin{vmatrix} 1 & -2 \\ 2 & 3 \end{vmatrix} = 7$$

그러면 a_{32}의 여인수 A_{32}는 다음과 같다.

$$A_{32} = (-1)^{3+2} M_{32} = -7$$

참고로, 소행렬식 M_{ij}와 여인수 A_{ij}는 $(-1)^{i+j}$에 따라서 부호가 같기도 하고 서로 다르기도 한데, 다음과 같이 격자모양으로 그 부호를 배열할 수 있다.

$$\begin{bmatrix} + & - & + & - & + & \cdots \\ - & + & - & + & - & \cdots \\ + & - & + & - & + & \cdots \\ - & + & - & + & - & \cdots \\ \vdots & \vdots & \vdots & \vdots & \vdots & \ddots \end{bmatrix}$$

예를 들어, $A_{11} = M_{11}$, $A_{21} = -M_{21}$, $A_{22} = M_{22}$ 등이 성립한다. 따라서 A_{ij}를 구할 때 $(-1)^{i+j}$을 고려하지 않고 M_{ij}를 먼저 구한 후에 위의 격자모양의 부호 배열로부터 A_{ij}의 부호를 정할 수 있다.

■ 수반행렬

이제 행렬 A와 크기가 같고, A의 여인수를 성분으로 갖는 행렬을 정의하자. 정사각행렬 $A = [a_{ij}]$에 대하여 A의 여인수를 성분으로 갖는 행렬의 전치행렬 $[A_{ij}]^T$를 A의 **수반행렬** adjoint matrix 이라 하고 $\text{adj}(A)$로 나타낸다.

$$\begin{aligned}\operatorname{adj}(A) &= [A_{ij}]^T \\ &= \begin{bmatrix} A_{11} & A_{12} & \cdots & A_{1n} \\ A_{21} & A_{22} & \cdots & A_{2n} \\ \vdots & \vdots & \ddots & \vdots \\ A_{n1} & A_{n2} & \cdots & A_{nn} \end{bmatrix}^T \\ &= \begin{bmatrix} A_{11} & A_{21} & \cdots & A_{n1} \\ A_{12} & A_{22} & \cdots & A_{n2} \\ \vdots & \vdots & \ddots & \vdots \\ A_{1n} & A_{2n} & \cdots & A_{nn} \end{bmatrix}\end{aligned}$$

예제 2-18

행렬 A의 수반행렬을 구하라.

$$A = \begin{bmatrix} 2 & -3 & 1 \\ 4 & 2 & 2 \\ 1 & 0 & -2 \end{bmatrix}$$

풀이

행렬 A의 각 성분의 여인수는 각각 다음과 같다.

$$A_{11} = (-1)^{1+1}\begin{vmatrix} 2 & 2 \\ 0 & -2 \end{vmatrix} = -4,\ A_{12} = (-1)^{1+2}\begin{vmatrix} 4 & 2 \\ 1 & -2 \end{vmatrix} = 10$$

$$A_{13} = (-1)^{1+3}\begin{vmatrix} 4 & 2 \\ 1 & 0 \end{vmatrix} = -2$$

$$A_{21} = (-1)^{2+1}\begin{vmatrix} -3 & 1 \\ 0 & -2 \end{vmatrix} = -6,\ A_{22} = (-1)^{2+2}\begin{vmatrix} 2 & 1 \\ 1 & -2 \end{vmatrix} = -5$$

$$A_{23} = (-1)^{2+3}\begin{vmatrix} 2 & -3 \\ 1 & 0 \end{vmatrix} = -3$$

$$A_{31} = (-1)^{3+1}\begin{vmatrix} -3 & 1 \\ 2 & 2 \end{vmatrix} = -8,\ A_{32} = (-1)^{3+2}\begin{vmatrix} 2 & 1 \\ 4 & 2 \end{vmatrix} = 0$$

$$A_{33} = (-1)^{3+3}\begin{vmatrix} 2 & -3 \\ 4 & 2 \end{vmatrix} = 16$$

수반행렬의 정의에 의하여 $\operatorname{adj}(A) = [A_{ij}]^T$이므로 다음을 얻을 수 있다.

$$\operatorname{adj}(A) = \begin{bmatrix} -4 & 10 & -2 \\ -6 & -5 & -3 \\ -8 & 0 & 16 \end{bmatrix}^T = \begin{bmatrix} -4 & -6 & -8 \\ 10 & -5 & 0 \\ -2 & -3 & 16 \end{bmatrix}$$

■ 여인수 전개

이제 여인수를 이용하여 행렬식을 구하는 방법을 알아보자. 3차 정사각행렬 A를 예로 들어보자.

$$A = \begin{bmatrix} a_{11} & a_{12} & a_{13} \\ a_{21} & a_{22} & a_{23} \\ a_{31} & a_{32} & a_{33} \end{bmatrix}$$

A의 행렬식은 다음과 같음을 알고 있다.

$$|A| = a_{11}a_{22}a_{33} + a_{12}a_{23}a_{31} + a_{13}a_{21}a_{32} - a_{13}a_{22}a_{31} - a_{12}a_{21}a_{33} - a_{11}a_{23}a_{32}$$

이것은 1열의 성분으로 정리하여 다음과 같이 쓸 수 있다.

$$|A| = a_{11}(a_{22}a_{33} - a_{23}a_{32}) + a_{21}(a_{13}a_{32} - a_{12}a_{33}) + a_{31}(a_{12}a_{23} - a_{13}a_{22})$$

그런데 이 식의 우변의 괄호 속이 각각 여인수 A_{11}, A_{21}, A_{31}과 같으므로 다음이 성립한다.

$$|A| = a_{11}A_{11} + a_{21}A_{21} + a_{31}A_{31} \qquad (2.1)$$

식 (2.1)에 의하여 A의 1열의 성분과 그 성분의 여인수를 곱하여 더한 것은 $|A|$와 같음을 알 수 있다. $|A|$를 계산한 이와 같은 방법을 행렬 A의 1열에 관한 **여인수 전개** cofactor expansion라고 한다. 이것은 임의의 열에 대하여도 성립하며, 임의의 행에 대하여도 마찬가지로 성립한다.[9]

예제 2-19

[예제 2-18]의 행렬 A의 행렬식을 1열에 관한 여인수 전개를 이용하여 구하라.

풀이

식 (2.1)로부터 다음과 같이 계산된다.

$$\begin{aligned} |A| &= a_{11}A_{11} + a_{21}A_{21} + a_{31}A_{31} \\ &= 2(-4) + 4(-6) + (1)(-8) \\ &= -40 \end{aligned}$$

9 $\det(A) = \det(A^T)$이므로 행렬식의 열에 관한 성질은 행에 관해서도 성립한다.

이제 [예제 2-18]의 행렬 A에 대하여 $A \cdot \mathrm{adj}(A)$를 구해보자.

$$
\begin{aligned}
A \cdot \mathrm{adj}(A) &= \begin{bmatrix} 2 & -3 & 1 \\ 4 & 2 & 2 \\ 1 & 0 & -2 \end{bmatrix} \begin{bmatrix} A_{11} & A_{21} & A_{31} \\ A_{12} & A_{22} & A_{32} \\ A_{13} & A_{23} & A_{33} \end{bmatrix} \\
&= \begin{bmatrix} 2 & -3 & 1 \\ 4 & 2 & 2 \\ 1 & 0 & -2 \end{bmatrix} \begin{bmatrix} -4 & -6 & -8 \\ 10 & -5 & 0 \\ -2 & -3 & 16 \end{bmatrix} \\
&= \begin{bmatrix} -40 & 0 & 0 \\ 0 & -40 & 0 \\ 0 & 0 & -40 \end{bmatrix} \\
&= -40 \cdot I_3 \\
&= |A| \cdot I_3
\end{aligned}
$$

이는 임의의 3차 정사각행렬 $A = [a_{ij}]$에 대하여도 성립한다. 즉 다음과 같다.

$$
\begin{aligned}
A \cdot \mathrm{adj}(A) &= \begin{bmatrix} \sum_{k=1}^{3} a_{1k}A_{1k} & \sum_{k=1}^{3} a_{1k}A_{2k} & \sum_{k=1}^{3} a_{1k}A_{3k} \\ \sum_{k=1}^{3} a_{2k}A_{1k} & \sum_{k=1}^{3} a_{2k}A_{2k} & \sum_{k=1}^{3} a_{2k}A_{3k} \\ \sum_{k=1}^{3} a_{3k}A_{1k} & \sum_{k=1}^{3} a_{3k}A_{2k} & \sum_{k=1}^{3} a_{3k}A_{3k} \end{bmatrix} \\
&= \begin{bmatrix} |A| & 0 & 0 \\ 0 & |A| & 0 \\ 0 & 0 & |A| \end{bmatrix} \\
&= |A| \cdot I_3
\end{aligned}
$$

이것으로부터 다음을 알 수 있다.

$$
\sum_{k=1}^{3} a_{ik}A_{jk} = \begin{cases} |A| & (i = j) \\ 0 & (i \neq j) \end{cases}
$$

예제 2-20

행렬 $A=\begin{bmatrix} 3 & 1 & -2 \\ 2 & 4 & -3 \\ -1 & 5 & 0 \end{bmatrix}$에 대하여 다음을 만족함을 확인하라.

$$a_{31}A_{11}+a_{32}A_{12}+a_{33}A_{13}=0$$

풀이

여인수를 구하면

$$A_{11}=M_{11}=\begin{vmatrix} 4 & -3 \\ 5 & 0 \end{vmatrix}=15$$

$$A_{12}=-M_{12}=-\begin{vmatrix} 2 & -3 \\ -1 & 0 \end{vmatrix}=3$$

$$A_{13}=M_{13}=\begin{vmatrix} 2 & 4 \\ -1 & 5 \end{vmatrix}=14$$

이므로 다음이 성립한다.

$$a_{31}A_{11}+a_{32}A_{12}+a_{33}A_{13}=(-1)(15)+(5)(3)+(0)(14)=0$$

일반적으로 n차 정사각행렬 $A=[a_{ij}]$에 대해서도 다음이 성립한다.

$$\sum_{k=1}^{n} a_{ik}A_{jk}=\begin{cases} |A| & (i=j) \\ 0 & (i\neq j) \end{cases}$$

따라서 n차 정사각행렬 $A=[a_{ij}]$의 행렬식은 여인수 전개를 이용하여 구할 수 있다. 다음 정리는 여인수 전개로 행렬식을 구하는 방법이다.

정리 2-14 여인수 전개 [10]

A가 n차 정사각행렬일 때 $i, j\ (1\leq i\leq n,\ 1\leq j\leq n)$에 대하여 다음이 성립한다.

(1) i행에 관한 여인수 전개 : $|A|=a_{i1}A_{i1}+a_{i2}A_{i2}+\cdots+a_{in}A_{in}$

(2) j열에 관한 여인수 전개 : $|A|=a_{1j}A_{1j}+a_{2j}A_{2j}+\cdots+a_{nj}A_{nj}$

10 이와 같은 방법을 **라플라스 전개**Laplace's development라고도 한다.

예제 2-21

행렬 A를 [예제 2-20]에서 주어진 행렬이라 할 때, A의 3행에 관한 여인수 전개를 이용하여 $|A|$를 구하라.

풀이

$|A| = a_{31}A_{31} + a_{32}A_{32} + a_{33}A_{33}$이므로

$$\begin{vmatrix} 3 & 1 & -2 \\ 2 & 4 & -3 \\ -1 & 5 & 0 \end{vmatrix} = (-1)\begin{vmatrix} 1 & -2 \\ 4 & -3 \end{vmatrix} - 5\begin{vmatrix} 3 & -2 \\ 2 & -3 \end{vmatrix} + (0)\begin{vmatrix} 3 & 1 \\ 2 & 4 \end{vmatrix}$$

$$= (-1)5 - 5(-5) + (0)10 = 20$$

예제 2-22

다음 행렬 A의 행렬식을 구하라.

$$A = \begin{bmatrix} 1 & 0 & 0 & 1 \\ 2 & 1 & 7 & 3 \\ 1 & 0 & -5 & 1 \\ 2 & 0 & 0 & -3 \end{bmatrix}$$

풀이

2열에 관한 여인수 전개를 해보자.

$$|A| = (1)\begin{vmatrix} 1 & 0 & 1 \\ 1 & -5 & 1 \\ 2 & 0 & -3 \end{vmatrix}$$

다시 2열에 관한 여인수 전개를 하면 다음과 같다.

$$|A| = (1)(-5)\begin{vmatrix} 1 & 1 \\ 2 & -3 \end{vmatrix} = (1)(-5)(-5) = 25$$

[예제 2-22]에서 알 수 있듯이 전개할 행(또는 열)의 성분이 0이면 그 성분에 대한 여인수는 계산할 필요가 없다. 따라서 될 수 있는 한 0을 많이 포함하고 있는 행(또는 열)에 관한 여인수 전개를 이용하면 계산을 많이 하지 않고도 행렬식을 구할 수 있다. 또한 여인수 전개만 이용하는 것보다 앞에서 살펴본 행렬식의 기본 성질을 함께 이용하면 행렬식을 보다 쉽게 구할 수 있다.

예제 2-23

다음 행렬 A의 행렬식을 구하라.

$$A=\begin{bmatrix}3 & 5 & -2 & 6\\ 1 & 2 & -1 & 1\\ 2 & 4 & 1 & 5\\ 3 & 7 & 5 & 3\end{bmatrix}$$

풀이

2행의 (-2)배를 3행에 더하고, 2행의 (-3)배를 1행과 4행에 각각 더하면 다음과 같다.

$$|A|=\begin{vmatrix}0 & -1 & 1 & 3\\ 1 & 2 & -1 & 1\\ 0 & 0 & 3 & 3\\ 0 & 1 & 8 & 0\end{vmatrix}$$

이것을 1열에 관하여 여인수 전개하면 다음과 같다.

$$\begin{aligned}|A|&=0+(1)(-1)^{2+1}\begin{vmatrix}-1 & 1 & 3\\ 0 & 3 & 3\\ 1 & 8 & 0\end{vmatrix}+0+0\\ &=(-1)\,[0+0+3-9+24-0]\\ &=-18\end{aligned}$$

■ 수반행렬을 이용한 역행렬

이제 수반행렬의 성질을 이용하여 가역행렬의 역행렬을 구하는 방법을 알아보자.

정리 2-15 역행렬

n차 가역행렬 A의 역행렬은 다음과 같다.

$$A^{-1}=\frac{1}{|A|}\operatorname{adj}(A)$$

증명

$$A\ \operatorname{adj}(A)=\begin{bmatrix}a_{11} & a_{12} & \cdots & a_{1n}\\ a_{21} & a_{22} & \cdots & a_{2n}\\ \vdots & \vdots & \vdots & \vdots\\ a_{i1} & a_{i2} & \cdots & a_{in}\\ \vdots & \vdots & \vdots & \vdots\\ a_{n1} & a_{n2} & \cdots & a_{nn}\end{bmatrix}\begin{bmatrix}A_{11} & A_{21} & \cdots & A_{j1} & \cdots & A_{n1}\\ A_{12} & A_{22} & \cdots & A_{j2} & \cdots & A_{n2}\\ \vdots & \vdots & \vdots & \vdots & \vdots & \vdots\\ A_{1n} & A_{2n} & \cdots & A_{jn} & \cdots & A_{nn}\end{bmatrix}$$

이고, $A\ \mathrm{adj}(A)$의 (i, j)성분은 다음과 같다.

$$a_{i1}A_{j1} + a_{i2}A_{j2} + \cdots + a_{in}A_{jn} \tag{2.2}$$

그런데 $i = j$ 이면 식 (2.2)는 A의 i행에 관한 여인수 전개이고, $i \neq j$이면 A의 i행 성분과 j행 성분의 여인수를 곱하여 더한 것이 되므로 0이 된다. 따라서

$$A\,\mathrm{adj}\,(A) = \begin{bmatrix} |A| & 0 & \cdots & 0 \\ 0 & |A| & & \vdots \\ \vdots & \vdots & \ddots & 0 \\ 0 & \cdots & 0 & |A| \end{bmatrix} = |A|I_n \tag{2.3}$$

이고, 행렬 A가 가역이므로 $|A| \neq 0$이다. 식 (2.3)을 $|A|$로 나누면 다음을 얻는다.

$$\frac{1}{|A|}[A\ \mathrm{adj}(A)] = I_n \quad \rightarrow \quad A\left[\frac{1}{|A|}\mathrm{adj}(A)\right] = I_n$$

그러므로 다음이 성립한다.

$$A^{-1} = \frac{1}{|A|}\mathrm{adj}(A)$$ ■

예제 2-24

[예제 2-18]에서 주어진 다음 행렬 A의 역행렬을 구하라.

$$A = \begin{bmatrix} 2 & -3 & 1 \\ 4 & 2 & 2 \\ 1 & 0 & -2 \end{bmatrix}$$

풀이

[예제 2-18]과 [예제 2-19]로부터 행렬 A의 행렬식과 수반행렬은 각각 다음과 같다.

$$|A| = \begin{vmatrix} 2 & -3 & 1 \\ 4 & 2 & 2 \\ 1 & 0 & -2 \end{vmatrix} = -40, \qquad \mathrm{adj}(A) = \begin{bmatrix} -4 & -6 & -8 \\ 10 & -5 & 0 \\ -2 & -3 & 16 \end{bmatrix}$$

따라서 역행렬은 다음과 같다.

$$\begin{aligned} A^{-1} &= \frac{1}{|A|}\mathrm{adj}(A) \\ &= -\frac{1}{40}\begin{bmatrix} -4 & -6 & -8 \\ 10 & -5 & 0 \\ -2 & -3 & 16 \end{bmatrix} \end{aligned}$$

$$= \begin{bmatrix} \frac{1}{10} & \frac{3}{20} & \frac{1}{5} \\ -\frac{1}{4} & \frac{1}{8} & 0 \\ \frac{1}{20} & \frac{3}{40} & -\frac{2}{5} \end{bmatrix}$$

우리는 1.5절에서 기본행렬과 역행렬의 성질을 살펴봤고, 1.6절에서 역행렬을 이용한 연립일차방정식의 해와 동차 연립일차방정식의 해를 살펴보았다. 이러한 성질을 행렬식과 연결하면 다음 [정리 2-16]을 얻을 수 있다.

정리 2-16 가역행렬에 관한 동치 명제

A가 n차 정사각행렬일 때, 다음은 동치이다.

(1) A는 가역이다.

(2) 모든 $n \times 1$ 행렬 $\mathbf{b}$에 대하여 연립일차방정식 $A\mathbf{x} = \mathbf{b}$는 유일한 해를 갖는다.

(3) 동차 연립일차방정식 $A\mathbf{x} = \mathbf{0}$은 자명한 해만을 갖는다.

(4) A와 I_n은 행동치이다.

(5) $\det(A) \neq 0$

증명

(1) ⇒ (2)

행렬 A가 가역이면 A의 역행렬 A^{-1}가 유일하게 존재하므로

$$A^{-1}(A\mathbf{x}) = A^{-1}\mathbf{b} \quad \Rightarrow \quad \mathbf{x} = A^{-1}\mathbf{b}$$

이다. 즉 연립일차방정식 $A\mathbf{x} = \mathbf{b}$는 유일한 해 $\mathbf{x} = A^{-1}\mathbf{b}$를 갖는다.

(2) ⇒ (3)

$\mathbf{b} = \mathbf{0}$이면 $A^{-1}(A\mathbf{x}) = A^{-1}\mathbf{0} \Rightarrow \mathbf{x} = A^{-1}\mathbf{0} \Rightarrow \mathbf{x} = \mathbf{0}$이다. 따라서 연립일차방정식 $A\mathbf{x} = \mathbf{b}$가 유일한 해를 갖는다면 동차 연립일차방정식 $A\mathbf{x} = \mathbf{0}$은 자명한 해만을 갖는다.

(3) ⇒ (4)

$A\mathbf{x} = \mathbf{0}$이 자명한 해만을 갖는다고 하자. 연립일차방정식의 첨가행렬에 적용된 가우스-조르단 소거법에 의해 $[A \mid \mathbf{0}]$은 $[I_n \mid \mathbf{0}]$으로 변형되므로 A와 I_n은 행동치이다.

(4) $\Rightarrow$ (5)

A와 I_n이 행동치이므로 다음을 만족하는 기본행렬 $E_1, E_2, \cdots, E_k$가 존재하면

$$E_k \cdots E_2 E_1 A = I_n$$

이다. 따라서 다음과 같다.

$$\det(E_k \cdots E_2 E_1 A) = \det(E_k) \cdots \det(E_1)\det(A) = \det(I_n) \neq 0$$

이므로 $\det(A) \neq 0$ 이다.

(5) $\Rightarrow$ (1)

$\det(A) \neq 0$ 이므로 $\dfrac{1}{\det(A)}$이 존재한다. 따라서 $\dfrac{1}{\det(A)}\operatorname{adj}(A)$가 존재하는데, $A^{-1} = \dfrac{1}{\det(A)}\operatorname{adj}(A)$이므로 행렬 A의 역행렬이 존재한다. ■

예제 2-25

다음 연립일차방정식이 b_1, b_2, b_3 값에 관계없이 유일한 해를 가짐을 보여라.

$$\begin{aligned} 2x + 3y + 4z &= b_1 \\ x - 2y - z &= b_2 \\ 3x + y + z &= b_3 \end{aligned}$$

풀이

주어진 연립일차방정식의 계수행렬을 A라고 하자.

$$A = \begin{bmatrix} 2 & 3 & 4 \\ 1 & -2 & -1 \\ 3 & 1 & 1 \end{bmatrix}$$

$|A| = 14 \neq 0$이므로 [정리 2-16]에 의하여 주어진 연립일차방정식은 b_1, b_2, b_3 값에 관계없이 유일한 해를 갖는다.

크래머 공식

연립일차방정식의 해를 구하는 공식의 실제 계산은 복잡하지만, 6장에서 다룰 고윳값을 구할 때와 동차 연립일차방정식에서 유일한 해의 성질을 조사할 때 매우 유용하다. 이제 n개의 미지수를 갖는 n개의 일차방정식으로 이루어진 연립일차방정식의 해가 유일할 때 해를 구하는 공식인 **크래머 공식**Cramer's rule을 소개한다. 이 공식은 연립일차방정식의 해를 구하는 공식을 제공한다는 점에서 이론적으로 중요하다.

정리 2-17　크래머 공식

연립일차방정식

$$\begin{array}{ccccccccc} a_{11}x_1 & + & a_{12}x_2 & + & \cdots & + & a_{1n}x_n & = & b_1 \\ a_{21}x_1 & + & a_{22}x_2 & + & \cdots & + & a_{2n}x_n & = & b_2 \\ \vdots & & \vdots & & \vdots & & \vdots & & \vdots \\ a_{n1}x_1 & + & a_{n2}x_2 & + & \cdots & + & a_{nn}x_n & = & b_n \end{array}$$

의 계수행렬을 A라 하고

$$\mathbf{x} = \begin{bmatrix} x_1 \\ x_2 \\ \vdots \\ x_n \end{bmatrix}, \quad \mathbf{b} = \begin{bmatrix} b_1 \\ b_2 \\ \vdots \\ b_n \end{bmatrix}$$

라 하면, 이 연립일차방정식은 $A\mathbf{x} = \mathbf{b}$로 나타낼 수 있다. 이때 $|A| \neq 0$이면 이 연립일차방정식은 유일한 해

$$x_1 = \frac{|M_1|}{|A|}, \; x_2 = \frac{|M_2|}{|A|}, \; \cdots, \; x_n = \frac{|M_n|}{|A|}$$

을 갖는다. 여기서 $M_j \; (j = 1, 2, \cdots, n)$는 A의 j열을 $\mathbf{b}$로 바꾼 행렬이다.

증명

$|A| \neq 0$이므로 A는 가역이다. 따라서 연립일차방정식 $A\mathbf{x} = \mathbf{b}$는 유일한 해 $\mathbf{x} = A^{-1}\mathbf{b}$를 갖는다. 그런데

$$A^{-1} = \frac{1}{|A|}\operatorname{adj}(A)$$

이므로, 다음이 성립한다.

$$\mathbf{x} = \left(\frac{1}{|A|}\operatorname{adj}(A)\right)\mathbf{b} = \frac{1}{|A|}\begin{bmatrix} A_{11} & A_{21} & \cdots & A_{n1} \\ A_{12} & A_{22} & \cdots & A_{n2} \\ \vdots & \vdots & \ddots & \vdots \\ A_{1n} & A_{2n} & \cdots & A_{nn} \end{bmatrix}\begin{bmatrix} b_1 \\ b_2 \\ \vdots \\ b_n \end{bmatrix}$$

따라서 $\mathbf{x}$의 j행 성분은 다음과 같다.

$$x_j = \frac{b_1A_{1j} + b_2A_{2j} + \cdots + b_nA_{nj}}{|A|}$$

그런데 $a_{1j}A_{1j} + a_{2j}A_{2j} + \cdots + a_{nj}A_{nj} = |A|$이므로 A의 j열을 $\mathbf{b}$로 바꾼 행렬을 M_j

라 하면 다음을 얻는다.

$$x_j = \frac{|M_j|}{|A|} \qquad (j = 1,\ 2, \cdots,\ n)$$ ■

예제 2-26

크래머 공식을 이용하여 다음 연립일차방정식을 풀어라.

$$\begin{aligned} 3x_1 + 2x_2 + 4x_3 &= 1 \\ 2x_1 - x_2 + x_3 &= 0 \\ x_1 + 2x_2 + 3x_3 &= 1 \end{aligned}$$

풀이

계수행렬을 A라 하면 A와 $M_1 \sim M_3$에 대한 행렬식은 다음과 같다.

$$|A| = \begin{vmatrix} 3 & 2 & 4 \\ 2 & -1 & 1 \\ 1 & 2 & 3 \end{vmatrix} = -5, \quad |M_1| = \begin{vmatrix} 1 & 2 & 4 \\ 0 & -1 & 1 \\ 1 & 2 & 3 \end{vmatrix} = 1$$

$$|M_2| = \begin{vmatrix} 3 & 1 & 4 \\ 2 & 0 & 1 \\ 1 & 1 & 3 \end{vmatrix} = 0, \quad |M_3| = \begin{vmatrix} 3 & 2 & 1 \\ 2 & -1 & 0 \\ 1 & 2 & 1 \end{vmatrix} = -2$$

따라서 크래머 공식에 의해 x_1, x_2, x_3은 각각 다음과 같다.

$$x_1 = \frac{|M_1|}{|A|} = \frac{1}{-5} = -\frac{1}{5}$$

$$x_2 = \frac{|M_2|}{|A|} = \frac{0}{-5} = 0$$

$$x_3 = \frac{|M_3|}{|A|} = \frac{-2}{-5} = \frac{2}{5}$$

n개의 미지수를 갖는 n개의 일차방정식으로 이루어진 연립일차방정식을 크래머 공식으로 풀 때는 n차 정사각행렬의 행렬식을 $(n+1)$개나 계산해야 하므로 n이 3보다 큰 경우에는 실용적이라 할 수 없다. 이와 같은 경우에는 가우스 소거법을 사용하는 것이 편리함은 말할 것도 없다. 그러나 크래머 공식의 장점은 행렬식만을 이용하여 연립일차방정식의 해를 직접 구할 수 있고, 특정한 미지수의 값을 바로 찾을 수 있다는 것이다.

예제 2-27

다음 연립일차방정식에서 z 값만 구하라.

$$\begin{aligned} 2x+3y+4z&=1 \\ x-2y-\ z&=2 \\ 3x+\ y+\ z&=4 \end{aligned}$$

풀이

계수행렬을 A라 하면 A와 M_3에 대한 행렬식은 다음과 같다.

$$|A|=\begin{vmatrix} 2 & 3 & 4 \\ 1 & -2 & -1 \\ 3 & 1 & 1 \end{vmatrix}=14, \quad |M_3|=\begin{vmatrix} 2 & 3 & 1 \\ 1 & -2 & 2 \\ 3 & 1 & 4 \end{vmatrix}=-7$$

따라서 z는 다음과 같다.

$$z=\frac{|M_3|}{|A|}=\frac{-7}{14}=-\frac{1}{2}$$

Chapter 2.2

연습문제

1~3. 다음 행렬 A에 대하여 물음에 답하라.

$$A = \begin{bmatrix} 3 & -1 & 2 \\ 0 & 4 & 5 \\ 1 & 3 & 2 \end{bmatrix}$$

1. $\operatorname{adj}(A)$를 구하라.

2. $\det(A)$를 구하라.

3. $A(\operatorname{adj}(A)) = \det(A)(I_3)$임을 보여라.

4~7. 다음 행렬의 역행렬을 구하라.

4. $\begin{bmatrix} 1 & 0 & 1 \\ -1 & 3 & 0 \\ 1 & 0 & 2 \end{bmatrix}$

5. $\begin{bmatrix} 2 & -4 & 6 \\ 0 & 1 & -1 \\ 0 & 0 & 2 \end{bmatrix}$

6. $\begin{bmatrix} 2 & 1 & 1 \\ 6 & 2 & 1 \\ -2 & 2 & 1 \end{bmatrix}$

7. $\begin{bmatrix} 0 & 0 & -2 & 3 \\ 1 & 0 & 1 & 2 \\ -1 & 1 & 2 & 1 \\ 0 & 2 & -3 & 0 \end{bmatrix}$

8~9. 다음 행렬이 가역행렬이 되도록 하는 k 값을 정하라.

8. $A = \begin{bmatrix} 3 & k-3 \\ k-2 & 2 \end{bmatrix}$

9. $A = \begin{bmatrix} 0 & 2 & 1 \\ 1 & 2 & 0 \\ k & 1 & k \end{bmatrix}$

10~16. 크래머 공식을 이용하여 다음 연립일차방정식을 풀어라.

10.
$$\begin{aligned} 15x - 4y &= 5 \\ 8x + y &= -4 \end{aligned}$$

11.
$$\begin{aligned} 2x + 4y + 6z &= 2 \\ x + 2z &= 0 \\ 2x + 3y - z &= -5 \end{aligned}$$

12.
$$\begin{aligned} x + y - z &= 0 \\ 2x + y + 2z &= 0 \\ 3x - y + z &= 0 \end{aligned}$$

13.
$$\begin{aligned} 8x_1 - 4x_2 + 3x_3 &= 0 \\ x_1 + 5x_2 - x_3 &= -5 \\ -2x_1 + 6x_2 + x_3 &= -4 \end{aligned}$$

14.
$$\begin{aligned} x + y + 2z + w &= 0 \\ 2x - y + z - w &= 0 \\ 3x + y + 2z + 3w &= 0 \\ 2x - y - z + w &= 0 \end{aligned}$$

15.
$$\begin{aligned} x + y + z - 2w &= -4 \\ 2y + z + 3w &= 4 \\ 2x + y - z + 2w &= 5 \\ x - y + w &= 4 \end{aligned}$$

16.
$$\begin{aligned} x_3 - 4x_4 + x_5 &= 1 \\ x_1 - x_2 + 3x_4 &= 2 \\ x_2 - 3x_4 + 5x_5 &= -3 \\ x_2 + 3x_5 &= 1 \\ x_1 - x_2 + 3x_3 &= -4 \end{aligned}$$

17~19. 다음 연립일차방정식을 만족하는 z 값을 구하라.

17.
$$\begin{aligned} 4x + 5y &= 2 \\ 11x + y + 2z &= 3 \\ x + 5y + 2z &= 1 \end{aligned}$$

18.
$$\begin{aligned} 2x - y + z - 4w &= -32 \\ 7x + 2y + 9z - w &= 14 \\ 3x - y + z + w &= 11 \\ x + y - 4z - 2w &= -4 \end{aligned}$$

19.
$$\begin{aligned} 4x + y + z + w &= 6 \\ 3x - y - 7z + w &= 1 \\ 7x - 5y + 3z + 8w &= -3 \\ x + y + z + 2w &= 3 \end{aligned}$$

20. 크래머 공식을 이용하여, 다음 연립일차방정식에서 $y = 1$일 때 a 값을 구하라.

$$\begin{aligned} x - 2y + 2z &= 9 \\ 2x + y &= a \\ 3x - y - z &= -10 \end{aligned}$$

21. 다음 행렬 A가 임의의 θ에 대하여 가역임을 보이고, [정리 2-12]를 이용하여 역행렬을 구하라.

$$A = \begin{bmatrix} \cos\theta & \sin\theta & 0 \\ -\sin\theta & \cos\theta & 0 \\ 0 & 0 & 1 \end{bmatrix}$$

22. n차 정사각행렬 A의 성분이 모두 정수이고 $\det(A) = \pm 1$일 때 행렬 A^{-1}의 모든 성분이 정수임을 보여라.

23. 행렬 A가 가역이면 $\mathrm{adj}(A)$는 가역이고 다음 식을 성립한다는 것을 증명하라.

$$[\mathrm{adj}(A)]^{-1} = \frac{1}{\det(A)}A = \mathrm{adj}(A^{-1})$$

24. $n > 1$, n차 정사각행렬 A에 대하여 다음을 증명하라.

$$\det(\mathrm{adj}(A)) = (\det(A))^{n-1}$$

25. 가역인 n차 정사각행렬 A에 대하여 다음을 증명하라.

$$\mathrm{adj}(\mathrm{adj}(A)) = (\det(A))^{n-2}A$$

Section 2.3 행렬식의 응용

이 절에서는 행렬식을 이용하여 몇 개의 점이 주어졌을 때 그 점을 지나는 곡선을 찾는 방법에 대하여 알아본다. 곡선을 찾을 때는 방데르몽드 행렬의 행렬식을 이용하는 방법이 있다. 특히 행렬식의 성질을 이용하면 두 점을 지나는 직선의 방정식, 세 점을 지나는 원의 방정식, 다섯 개의 점을 지나는 이차곡선의 방정식, 공간도형의 방정식 등을 구할 수 있다. 마지막으로 행렬식을 이용하여 수열을 표현하는 예를 살펴본다.

보간 다항식

먼저 평면 상에서 어느 특정한 점들을 지나는 다항식을 구하는 방법을 알아보자. 좌표평면 위의 서로 다른 두 점 (x_1, y_1), (x_2, y_2)를 지나는 직선의 방정식은 다음과 같다. 이때 a, b를 알면 원하는 직선의 방정식을 구할 수 있다.

$$y = ax + b \tag{2.4}$$

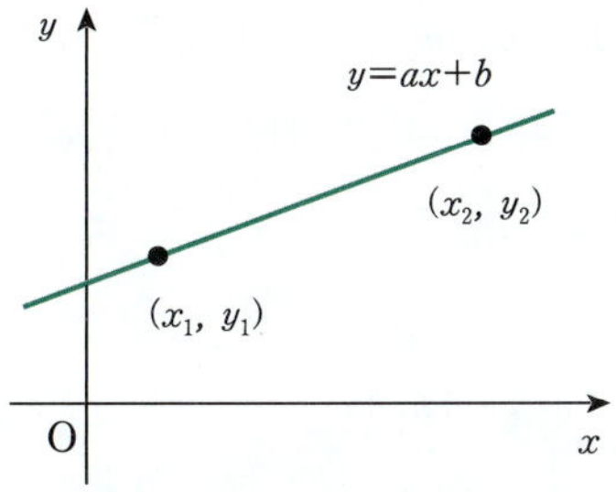

[그림 2-2] 서로 다른 두 점을 지나는 직선

두 점을 지나는 직선의 방정식을 구할 때 해석기하학의 다양한 방법을 사용할 수 있지만, 여기서는 연립일차방정식을 이용하여 구하는 방법을 알아보자.

식 (2.4)의 그래프는 직선 $y = ax + b$이고, 이 직선이 점 (x_1, y_1)과 점 (x_2, y_2)를 지나므로 $y_1 = ax_1 + b$, $y_2 = ax_2 + b$이다. 여기서 a, b는 다음 연립일차방정식을 풀면 구할 수 있다.

$$ax_1 + b = y_1$$

$$ax_2 + b = y_2$$

즉 이 연립일차방정식을 풀면 다음과 같다. 단, $x_1 \neq x_2$이다.

$$a = \frac{y_2 - y_1}{x_2 - x_1}, \quad b = \frac{y_1x_2 - y_2x_1}{x_2 - x_1} \tag{2.5}$$

예제 2-28

서로 다른 두 점 $(2,1)$, $(5,4)$를 지나는 직선의 방정식을 구하라.

풀이

두 점을 식 (2.5)에 대입하면

$$a = \frac{4-1}{5-2} = 1, \quad b = \frac{(1)(5)-(4)(2)}{5-2} = -1$$

이므로, 구하는 직선의 방정식은 다음과 같다.

$$y = x - 1$$

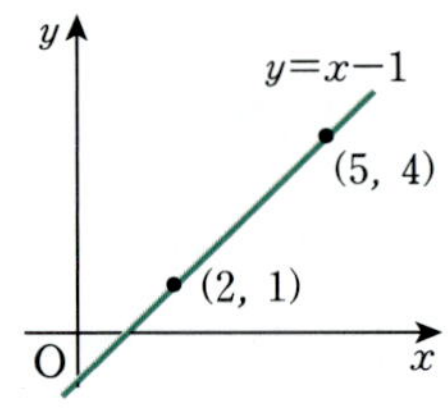

서로 다른 두 점 (x_1, y_1), (x_2, y_2)를 지나는 그래프는 [그림 2-2]와 같이 일차식 $y = ax + b$로 나타낼 수 있다. 또 서로 다른 세 점 (x_1, y_1), (x_2, y_2), (x_3, y_3)를 지나는 그래프는 [그림 2-3]과 같이 직선이 될 수도 있고 [그림 2-4]와 같이 이차곡선 $y = ax^2 + bx + c$가 될 수도 있다.

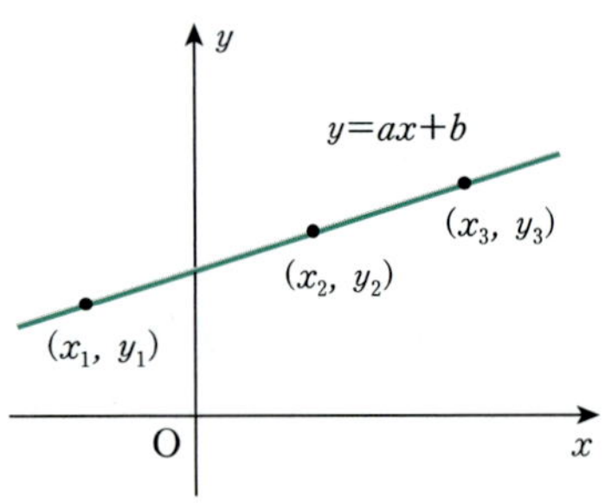

[그림 2-3] 세 점을 지나는 그래프(직선)

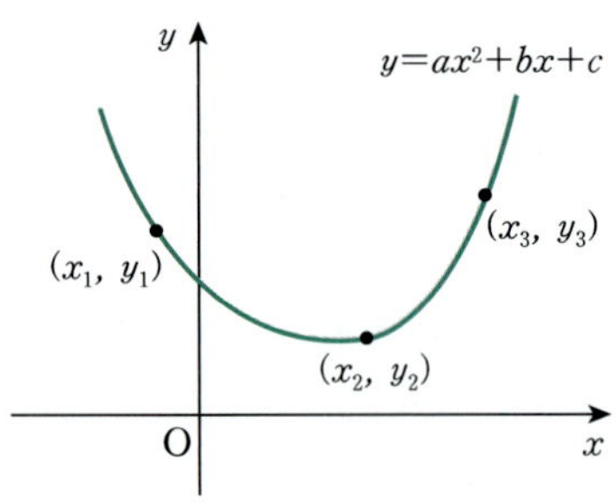

[그림 2-4] 세 점을 지나는 그래프(곡선)

일반적으로 평면 위의 n개의 점으로 구성된 자료가 있으면 n개의 점을 지나고 차수가 $(n-1)$인 다음과 같은 다항식을 구할 수 있다.

$$p(x) = a_0 + a_1x + a_2x^2 + \cdots + a_{n-1}x^{n-1} \tag{2.6}$$

이 다항식을 **보간 다항식**interpolation polynomial이라고 한다.[11]

n개의 점 $(x_1, p(x_1))$, $(x_2, p(x_2)), \cdots$, $(x_n, p(x_n))$을 지나는 보간 다항식을 구하기 위해 x_1, x_2, $\cdots$, x_n을 식 (2.6)에 대입하면 다음을 얻는다.

$$\begin{aligned} p(x_1) &= a_0 + a_1x_1 + a_2{x_1}^2 + \cdots + a_{n-1}{x_1}^{n-1} \\ p(x_2) &= a_0 + a_1x_2 + a_2{x_2}^2 + \cdots + a_{n-1}{x_2}^{n-1} \\ &\vdots \\ p(x_n) &= a_0 + a_1x_n + a_2{x_n}^2 + \cdots + a_{n-1}{x_n}^{n-1} \end{aligned}$$

즉 보간 다항식을 얻으려면 계수 a_0, a_1, a_2, $\cdots$, a_{n-1}을 구하면 되므로 다음과 같은 a_0, a_1, a_2, $\cdots$, a_{n-1}에 관한 연립일차방정식을 얻을 수 있다.

$$\begin{bmatrix} 1 & x_1 & {x_1}^2 & {x_1}^3 & \cdots & {x_1}^{n-1} \\ 1 & x_2 & {x_2}^2 & {x_2}^3 & \cdots & {x_2}^{n-1} \\ 1 & x_3 & {x_3}^2 & {x_3}^3 & \cdots & {x_3}^{n-1} \\ & & & & \vdots & \\ 1 & x_n & {x_n}^2 & {x_n}^3 & \cdots & {x_n}^{n-1} \end{bmatrix} \begin{bmatrix} a_0 \\ a_1 \\ a_2 \\ \vdots \\ a_{n-1} \end{bmatrix} = \begin{bmatrix} p(x_1) \\ p(x_2) \\ p(x_3) \\ \vdots \\ p(x_n) \end{bmatrix} \tag{2.7}$$

이때 연립일차방정식의 계수행렬을 다음과 같이 V_n으로 나타내고, 이를 **방데르몽드 행렬**Vandermonde matrix이라고 한다.

$$V_n = \begin{bmatrix} 1 & x_1 & {x_1}^2 & {x_1}^3 & \cdots & {x_1}^{n-1} \\ 1 & x_2 & {x_2}^2 & {x_2}^3 & \cdots & {x_2}^{n-1} \\ 1 & x_3 & {x_3}^2 & {x_3}^3 & \cdots & {x_3}^{n-1} \\ & & & & \vdots & \\ 1 & x_n & {x_n}^2 & {x_n}^3 & \cdots & {x_n}^{n-1} \end{bmatrix}$$

11 실제 자료에는 보통 실험적 오차를 내포하고 있으므로 함수가 모든 점을 지나야 할 이유는 없다. 그래서 그 점들을 지나지 않는 더 낮은 차수의 다항식이 변수 사이의 관계를 더 잘 설명해주는 경우가 많다.

[정리 2-16]에 의하여 식 (2.7)이 해를 갖기 위해서는 방데르몽드 행렬의 행렬식이 0이 아니어야 한다. 즉 보간 다항식이 존재할 필요충분조건은 다음과 같다.

$$\det(V_n) \neq 0$$

예를 들어, $n=3$인 경우에 방데르몽드 행렬의 행렬식은 다음과 같다.

$$
\begin{aligned}
|V_3| = \begin{vmatrix} 1 & x_1 & x_1^{\,2} \\ 1 & x_2 & x_2^{\,2} \\ 1 & x_3 & x_3^{\,2} \end{vmatrix} &= \begin{vmatrix} 1 & x_1 & x_1^{\,2} \\ 0 & x_2 - x_1 & x_2^{\,2} - x_1^{\,2} \\ 0 & x_3 - x_1 & x_3^{\,2} - x_1^{\,2} \end{vmatrix} \\
&= (x_2 - x_1)(x_3 - x_1) \begin{vmatrix} 1 & x_1 & x_1^{\,2} \\ 0 & 1 & x_2 + x_1 \\ 0 & 1 & x_3 + x_1 \end{vmatrix} \\
&= (x_2 - x_1)(x_3 - x_1) \begin{vmatrix} 1 & x_2 + x_1 \\ 1 & x_3 + x_1 \end{vmatrix} \\
&= (x_2 - x_1)(x_3 - x_1)(x_3 - x_2)
\end{aligned}
$$

x_1, x_2, x_3가 서로 다르다면, 마지막 식으로부터 다음을 얻는다.

$$|V_3| = (x_2 - x_1)(x_3 - x_1)(x_3 - x_2) \neq 0 \tag{2.8}$$

식 (2.8)로부터 3×3 방데르몽드 행렬의 행렬식 계산은 $(x_j - x_i)$ 형태$(1 \leq i < j \leq 3)$의 모든 가능한 인수들의 곱으로 표현할 수 있다. 일반적으로 $n \times n$ 방데르몽드 행렬의 행렬식 $|V_n|$은 $(x_j - x_i)$ 형태$(1 \leq i < j \leq n)$의 모든 가능한 인수들의 곱으로 표현된다는 것을 증명할 수 있다. 위 사실은 식 (2.9)와 같이 표시할 수 있다.[12]

$$|V_n| = \begin{vmatrix} 1 & x_1 & x_1^{\,2} & \cdots & x_1^{\,n-1} \\ 1 & x_2 & x_2^{\,2} & \cdots & x_2^{\,n-1} \\ & & \vdots & & \\ 1 & x_n & x_n^{\,2} & \cdots & x_n^{\,n-1} \end{vmatrix} = \prod_{1 \leq i < j \leq n} (x_j - x_i)^{13} \tag{2.9}$$

따라서 x_1, x_2, $\cdots$, x_n이 모두 다르면 $|V_n| \neq 0$임을 알 수 있다.

12 이 식 좌변의 $n \times n$ 행렬식은 프랑스 수학자 알렉상드르 테오필 방데르몽드(1735~1796)의 이름을 따서 **방데르몽드 행렬식** Vandermonde determinant이라고 한다.

13 기호 Π(그리스 대문자 pi)는 모든 $(x_j - x_i)$ 형태$(1 \leq i < j \leq n)$의 인수들의 곱을 표현하기 위해 사용된다.

예제 2-29

다음 행렬 A의 행렬식을 구하라.

$$A=\begin{bmatrix}1 & 2 & 4\\ 1 & 4 & 16\\ 1 & 7 & 49\end{bmatrix}$$

풀이

주어진 행렬을 다시 쓰면 다음과 같다.

$$A=\begin{bmatrix}1 & 2 & 4\\ 1 & 4 & 16\\ 1 & 7 & 49\end{bmatrix}=\begin{bmatrix}1 & 2 & 2^2\\ 1 & 4 & 4^2\\ 1 & 7 & 7^2\end{bmatrix}$$

따라서 $|A|$는 방데르몽드 행렬식이므로 다음과 같다.

$$\begin{aligned}\det(A)&=\begin{vmatrix}1 & 2 & 4\\ 1 & 4 & 16\\ 1 & 7 & 49\end{vmatrix}\\ &=(7-4)(7-2)(4-2)\\ &=30\end{aligned}$$

이제 방데르몽드 행렬식을 이용하여 보간 다항식을 구해보자.

예제 2-30

서로 다른 네 점 $(1, 3), (2, -2), (3, -5), (4, 0)$을 지나는 3차 다항식을 구하라.

풀이

네 점을 지나는 보간 다항식은 다음과 같다.

$$P(x)=a_0+a_1x+a_2x^2+a_3x^3$$

여기서 $x_1=1,\ x_2=2,\ x_3=3,\ x_4=4$이므로 보간 다항식은 다음을 만족한다.

$$\begin{bmatrix}1 & 1 & 1 & 1\\ 1 & 2 & 2^2 & 2^3\\ 1 & 3 & 3^2 & 3^3\\ 1 & 4 & 4^2 & 4^3\end{bmatrix}\begin{bmatrix}a_0\\ a_1\\ a_2\\ a_3\end{bmatrix}=\begin{bmatrix}3\\ -2\\ -5\\ 0\end{bmatrix}$$

그런데 $x_1=1,\ x_2=2,\ x_3=3,\ x_4=4$는 서로 다르므로 $\det(V_4)\neq 0$이다. 즉 위의 연립 일차방정식은 유일한 해를 갖는다.

이제 a_0, a_1, a_2, a_3를 구하기 위하여 방데르몽드 행렬의 첨가행렬의 RREF를 구하면 다음과 같다.

$$\mathrm{RREF}\left[\begin{array}{cccc:c} 1 & 1 & 1 & 1 & 3 \\ 1 & 2 & 4 & 8 & -2 \\ 1 & 3 & 9 & 27 & -5 \\ 1 & 4 & 16 & 64 & 0 \end{array}\right] = \left[\begin{array}{cccc:c} 1 & 0 & 0 & 0 & 4 \\ 0 & 1 & 0 & 0 & 3 \\ 0 & 0 & 1 & 0 & -5 \\ 0 & 0 & 0 & 1 & 1 \end{array}\right]$$

즉 $a_0 = 4$, $a_1 = 3$, $a_2 = -5$, $a_3 = 1$이므로 구하는 보간 다항식은 다음과 같다.

$$P(x) = 4 + 3x - 5x^2 + x^3$$

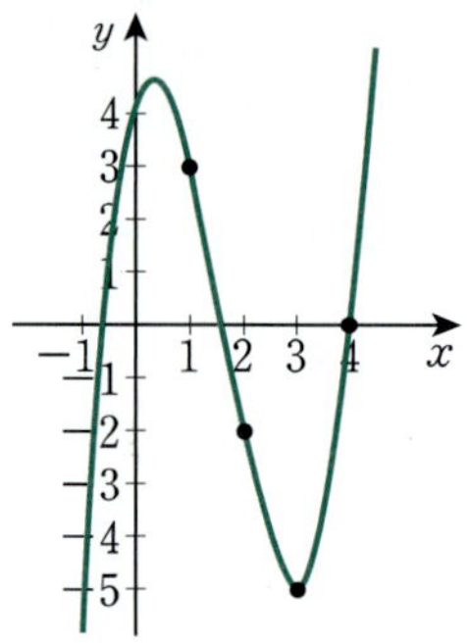

행렬식을 이용한 방정식

■ 직선의 방정식

[정리 2-16]에서 미지수와 방정식의 개수가 같은 동차 연립일차방정식이 자명하지 않는 해를 갖기 위한 필요충분조건은 연립일차방정식의 계수행렬의 행렬식이 0일 때임을 알았다. 이 사실로부터 행렬식을 이용하여 주어진 점을 지나는 곡선과 곡면의 식을 구해보자.

먼저 서로 다른 두 점을 지나는 직선의 방정식을 구해보자. 서로 다른 두 점 (x_1, y_1), (x_2, y_2)를 지나는 직선은 유일하고 다음과 같이 나타낼 수 있다.

$$ax + by + c = 0 \tag{2.10}$$

서로 다른 두 점 (x_1, y_1), (x_2, y_2)는 주어진 직선 위에 있으므로 다음 방정식을 만족한다.

$$ax_1 + by_1 + c = 0 \tag{2.11}$$

$$ax_2 + by_2 + c = 0 \tag{2.12}$$

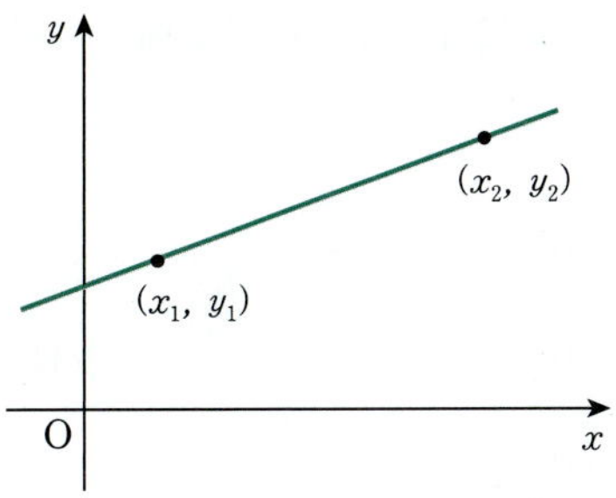

[그림 2-5] **직선의 방정식**

세 방정식 (2.10)~(2.12)는 변수 a, b, c에 관한 연립일차방정식이 된다. 직선이 되려면 a, b, c 모두는 0이 아니어야 하므로 이 연립일차방정식은 자명하지 않은 해를 가져야 한다. 즉 계수행렬의 행렬식이 0이어야 한다. 따라서 서로 다른 두 점 (x_1, y_1), (x_2, y_2)를 지나는 직선의 방정식은 다음과 같다.[14]

$$\begin{vmatrix} x & y & 1 \\ x_1 & y_1 & 1 \\ x_2 & y_2 & 1 \end{vmatrix} = 0 \tag{2.13}$$

예제 2-31

두 점 $(-2, 1)$, $(5, -2)$를 지나는 직선의 방정식을 구하라.

풀이

식 (2.13)에 대입하면 다음과 같다.

$$\begin{vmatrix} x & y & 1 \\ -2 & 1 & 1 \\ 5 & -2 & 1 \end{vmatrix} = 0 \quad \Leftrightarrow \quad 3x + 7y - 1 = 0$$

14 여기서 자명하지 않은 해가 있다는 것은 직선의 방정식을 구할 수 있다는 의미다.

■ 이차곡선의 방정식

행렬식을 이용하여 이차곡선의 방정식을 구해보자. 서로 다른 세 점 (x_1, y_1), (x_2, y_2), (x_3, y_3)가 한 원 위에 있다고 하자. 이 세 점을 지나는 유일한 원은 다음과 같이 나타낼 수 있다.

$$a(x^2+y^2)+bx+cy+d=0 \tag{2.14}$$

따라서 서로 다른 세 점 (x_1, y_1), (x_2, y_2), (x_3, y_3)를 식 (2.14)에 차례로 대입하면 다음과 같은 방정식을 얻는다.

$$a(x_1^2+y_1^2)+bx_1+cy_1+d=0 \tag{2.15}$$

$$a(x_2^2+y_2^2)+bx_2+cy_2+d=0 \tag{2.16}$$

$$a(x_3^2+y_3^2)+bx_3+cy_3+d=0 \tag{2.17}$$

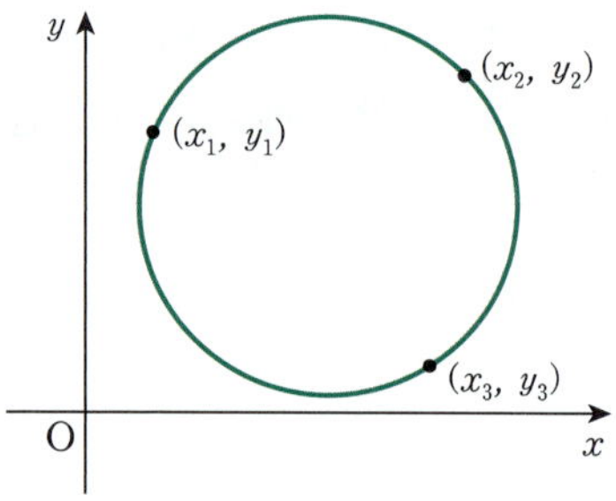

[그림 2-6] 세 점을 지나는 원

네 방정식 (2.14)~(2.17)은 변수 a, b, c, d에 관한 연립일차방정식이고, a, b, c, d가 모두 0이 되면 원은 존재하지 않는다. 즉 이 연립일차방정식은 자명하지 않은 해를 가지므로 역행렬이 존재하지 않고, 계수행렬의 행렬식이 0이다. 따라서 서로 다른 세 점을 지나는 원의 방정식은 다음과 같다.

$$\begin{vmatrix} x^2+y^2 & x & y & 1 \\ {x_1}^2+{y_1}^2 & x_1 & y_1 & 1 \\ {x_2}^2+{y_2}^2 & x_2 & y_2 & 1 \\ {x_3}^2+{y_3}^2 & x_3 & y_3 & 1 \end{vmatrix} = 0 \tag{2.18}$$

예제 2-32

세 점 $(1, 7)$, $(6, 2)$, $(4, 6)$을 지나는 원의 방정식을 구하라.

풀이

식 (2.18)에 대입하면 다음과 같다.

$$\begin{vmatrix} x^2+y^2 & x & y & 1 \\ 50 & 1 & 7 & 1 \\ 40 & 6 & 2 & 1 \\ 52 & 4 & 6 & 1 \end{vmatrix} = 0$$

$$\Leftrightarrow \quad 10(x^2+y^2)-20x-40y-200=0$$

$$\Leftrightarrow \quad (x-1)^2+(y-2)^2=5^2$$

즉 중심이 $(1, 2)$이고 반지름이 5인 원이다.

서로 다른 다섯 개의 점을 지나는 유일한 이차곡선(포물선, 타원, 쌍곡선 등)은 다음과 같이 나타낼 수 있다.

$$c_1x^2+c_2xy+c_3y^2+c_4x+c_5y+c_6=0 \tag{2.19}$$

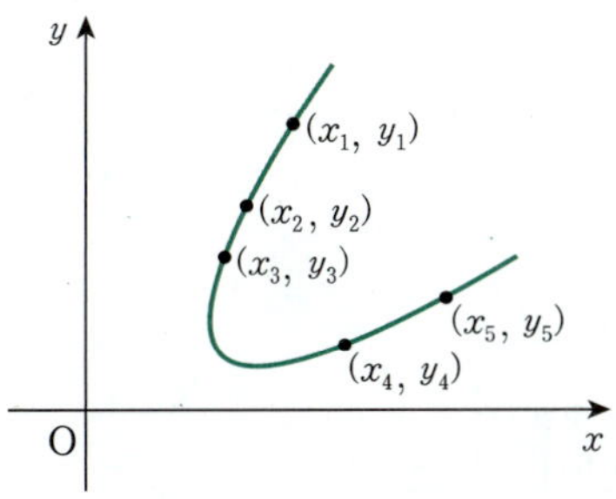

[그림 2-7] 다섯 개의 점을 지나는 이차곡선

이 방정식은 여섯 개 미지수를 포함하므로 다섯 개의 방정식이 더 필요하다. 다섯 개의 점을 식 (2.19)에 대입하면 앞에서와 마찬가지 방법으로 계수행렬의 행렬식이 0임을 알 수 있다. 따라서 다음과 같은 이차곡선의 방정식을 얻을 수 있다.

$$\begin{vmatrix} x^2 & xy & y^2 & x & y & 1 \\ {x_1}^2 & x_1y_1 & {y_1}^2 & x_1 & y_1 & 1 \\ {x_2}^2 & x_2y_2 & {y_2}^2 & x_2 & y_2 & 1 \\ {x_3}^2 & x_3y_3 & {y_3}^2 & x_3 & y_3 & 1 \\ {x_4}^2 & x_4y_4 & {y_4}^2 & x_4 & y_4 & 1 \\ {x_5}^2 & x_5y_5 & {y_5}^2 & x_5 & y_5 & 1 \end{vmatrix} = 0 \tag{2.20}$$

예제 2-33

천문학자가 태양을 원점으로 하는 직교좌표에서 태양계의 어떤 소행성의 궤도를 구하려고 한다. 케플러의 제1법칙에 의하여 행성의 궤도는 타원임을 알고 있는 천문학자는 소행성의 궤도 위에 있는 다음과 같은 서로 다른 다섯 개의 점을 찾았다. 이때 소행성의 궤도를 구하라.

$$(5.764,\ 0.648),\ (6.286,\ 1.202),\ (6.759,\ 1.823)$$
$$(7.168,\ 2.526),\ (7.480,\ 3.360)$$

풀이

다섯 개의 점을 식 (2.20)에 대입하면 다음과 같다.

$$\begin{vmatrix} x^2 & xy & y^2 & x & y & 1 \\ 33.224 & 3.735 & 0.420 & 5.764 & 0.648 & 1 \\ 39.514 & 7.556 & 1.445 & 6.286 & 1.202 & 1 \\ 45.684 & 12.332 & 3.323 & 6.759 & 1.823 & 1 \\ 51.380 & 18.106 & 6.381 & 7.168 & 2.526 & 1 \\ 55.950 & 25.133 & 11.290 & 7.480 & 3.360 & 1 \end{vmatrix} = 0$$

1행에 관한 여인수 전개를 하면 다음과 같은 소행성의 궤도를 얻을 수 있다.

$$x^2 - 1.04xy + 1.30y^2 - 3.90x - 2.93y - 5.49 = 0$$

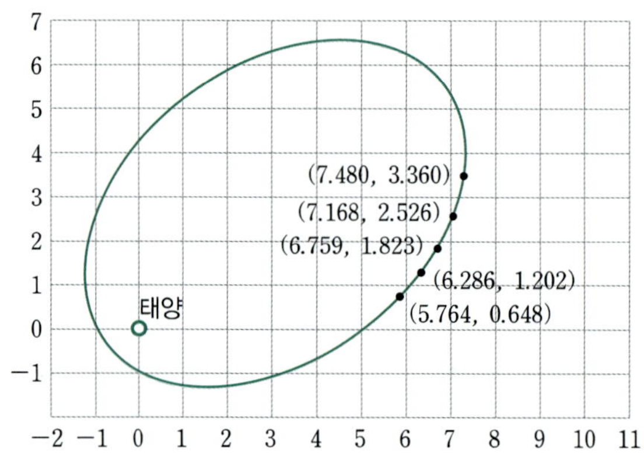

■ 공간도형의 방정식

이제 행렬식을 이용하여 공간도형의 방정식을 구해보자. 먼저 공간상에서 한 직선 위에 있지 않은 서로 다른 세 점 (x_1, y_1, z_1), (x_2, y_2, z_2), (x_3, y_3, z_3)를 지나는 평면의 방정식 $ax+by+cz+d=0$을 앞에서 설명한 방법으로 나타내면 다음과 같다.

$$\begin{vmatrix} x & y & z & 1 \\ x_1 & y_1 & z_1 & 1 \\ x_2 & y_2 & z_2 & 1 \\ x_3 & y_3 & z_3 & 1 \end{vmatrix}=0 \tag{2.21}$$

예제 2-34

한 직선 위에 있지 않은 서로 다른 세 점 $(1, 1, -1)$, $(2, 0, 1)$, $(3, 7, -2)$를 지나는 평면의 방정식을 구하라.

풀이

세 점을 식 (2.21)에 대입하면 다음과 같다.

$$\begin{vmatrix} x & y & z & 1 \\ 1 & 1 & -1 & 1 \\ 2 & 0 & 1 & 1 \\ 3 & 7 & -2 & 1 \end{vmatrix}=0$$

1행에 관한 여인수 전개를 이용하여 좌변의 행렬식을 구하면 다음과 같다.

$$-11x+5y+8z+14=0$$

마지막으로 행렬식을 이용하여 네 점을 지나는 구의 방정식을 구해보자. 공간좌표에서 구의 방정식은 다음과 같다.

$$c_1(x^2+y^2+z^2)+c_2x+c_3y+c_4z+c_5=0$$

앞에서와 마찬가지 방법으로 한 평면에 있지 않은 서로 다른 네 점 (x_1, y_1, z_1), (x_2, y_2, z_2), (x_3, y_3, z_3), (x_4, y_4, z_4)를 지나는 구의 방정식은 다음과 같음을 알 수 있다.

$$\begin{vmatrix} x^2+y^2+z^2 & x & y & z & 1 \\ x_1^2+y_1^2+z_1^2 & x_1 & y_1 & z_1 & 1 \\ x_2^2+y_2^2+z_2^2 & x_2 & y_2 & z_2 & 1 \\ x_3^2+y_3^2+z_3^2 & x_3 & y_3 & z_3 & 1 \\ x_4^2+y_4^2+z_4^2 & x_4 & y_4 & z_4 & 1 \end{vmatrix}=0 \tag{2.22}$$

예제 2-35

서로 다른 네 점 (0, 3, 2), (1, −1, 1), (2, 1, 0), (−1, 1, −3)을 지나는 구의 방정식을 구하라.

풀이

식 (2.22)에 대입하면 다음과 같다.

$$\begin{vmatrix} x^2+y^2+z^2 & x & y & z & 1 \\ 13 & 0 & 3 & 2 & 1 \\ 3 & 1 & -1 & 1 & 1 \\ 5 & 2 & 1 & 0 & 1 \\ 11 & -1 & 1 & -3 & 1 \end{vmatrix} = 0$$

1행에 관한 여인수 전개를 이용하여 좌변의 행렬식을 구하면 다음과 같다.

$$x^2+y^2+z^2+2x-2y-7=0$$
$$\Rightarrow (x+1)^2+(y-1)^2+z^2=3^2$$

행렬식을 이용한 수열의 일반항

점화관계가 있는 수열은 행렬을 이용하여 표현할 수 있다. 여기서는 점화관계가 있는 수열 중에서 삼중 대각행렬을 이용하는 경우를 살펴본다. 그러기 위해 먼저 삼중 대각행렬의 행렬식에 대하여 알아보자.

n차 정사각행렬 중에서 다음과 같이 주대각선 성분과 주대각선 성분의 바로 위와 아래 성분을 제외한, 모든 성분이 0인 행렬을 **삼중 대각행렬**tridiagonal matrix이라고 한다.

$$\begin{bmatrix} a_1 & b_1 & 0 & \cdots & 0 \\ c_1 & a_2 & & \ddots & \vdots \\ 0 & \ddots & \ddots & & 0 \\ \vdots & & & & b_{n-1} \\ 0 & \cdots & 0 & c_{n-1} & a_n \end{bmatrix}$$

n차 삼중 대각행렬의 행렬식을 $\triangle_n$이라고 하면, 다음과 같이 나타낼 수 있다.

$$\triangle_0 = 1, \ \triangle_n = \begin{vmatrix} a_1 & b_1 & 0 & \cdots & 0 \\ c_1 & a_2 & \ddots & & \vdots \\ 0 & \ddots & \ddots & & 0 \\ \vdots & & & & b_{n-1} \\ 0 & \cdots & 0 & c_{n-1} & a_n \end{vmatrix}$$

$\triangle_n$을 구하기 위하여 n번째 행에 관한 여인수 전개를 하면 다음과 같다.

$$\triangle_n = \begin{vmatrix} a_1 & b_1 & 0 & \cdots & 0 \\ c_1 & a_2 & \ddots & & \vdots \\ 0 & \ddots & \ddots & & 0 \\ \vdots & & & & b_{n-1} \\ 0 & \cdots & 0 & c_{n-1} & a_n \end{vmatrix}$$

$$= c_{n-1}(-1)^{n+n-1} \begin{vmatrix} a_1 & b_1 & 0 & \cdots & 0 \\ c_1 & a_2 & \ddots & & \vdots \\ 0 & \ddots & \ddots & b_{n-3} & \\ \vdots & & \ddots & a_{n-2} & 0 \\ 0 & \cdots & 0 & c_{n-2} & b_{n-1} \end{vmatrix}$$

$$+ a_n(-1)^{n+n} \begin{vmatrix} a_1 & b_1 & 0 & \cdots & 0 \\ c_1 & a_2 & \ddots & & \vdots \\ 0 & \ddots & \ddots & & 0 \\ \vdots & & & & b_{n-2} \\ 0 & \cdots & 0 & c_{n-2} & a_{n-1} \end{vmatrix}$$

$$= a_n \triangle_{n-1} - b_{n-1} c_{n-1} \triangle_{n-2} \quad (n \geq 2)$$

따라서 위의 삼중 대각행렬의 행렬식은 다음과 같은 점화식으로 나타낼 수 있다.

$$\triangle_n = a_n \triangle_{n-1} - b_{n-1} c_{n-1} \triangle_{n-2} \quad (n \geq 2)$$

위의 점화식으로부터 여러 가지 수열을 얻을 수 있다. 다음은 널리 알려진 피보나치 수열을 삼중 대각행렬의 행렬식으로 구하는 예이다.

예제 2-36

다음 삼중 대각행렬의 행렬식이 $(n+1)$번째 피보나치 수임을 보여라.

$$Q_1 = 1,\ Q_n = \begin{bmatrix} 1 & 1 & 0 & \cdots & 0 \\ -1 & 1 & \ddots & & \vdots \\ 0 & \ddots & \ddots & & 0 \\ \vdots & & & & 1 \\ 0 & \cdots & 0 & -1 & 1 \end{bmatrix}$$

풀이

n번째 피보나치 수를 F_n이라 하고 수학적 귀납법을 사용하여 주어진 삼중 대각행렬의 행렬식이 피보나치 수임을 보이자.

$n=1$이면 $Q_1 = 1$이고 $\det(Q_1) = 1$이다. 또 $n=2$이면 $Q_2 = \begin{bmatrix} 1 & 1 \\ -1 & 1 \end{bmatrix}$이므로 $\det(Q_2) = 2$이다.

이제 $\det(Q_n)=F_{n+1}$ 이라 가정하자. n번째 행에 관한 여인수 전개를 이용하여 삼중 대각행렬 Q_{n+1}의 행렬식을 구하면 다음과 같다.

$$\det(Q_{n+1})=(-1)(-1)^{n+n-1}\begin{vmatrix} 1 & 1 & 0 & \cdots & 0 \\ -1 & 1 & \ddots & & \vdots \\ 0 & \ddots & \ddots & 1 & \\ \vdots & & \ddots & 1 & 0 \\ 0 & \cdots & 0 & -1 & 1 \end{vmatrix}$$

$$+1(-1)^{n+n}\begin{vmatrix} 1 & 1 & 0 & \cdots & 0 \\ -1 & 1 & \ddots & & \vdots \\ 0 & \ddots & \ddots & & 0 \\ \vdots & & & & 1 \\ 0 & \cdots & 0 & -1 & 1 \end{vmatrix}$$

$$=\det(Q_n)+\det(Q_{n-1})$$

수학적 귀납법의 가정에 의하여

$$\det(Q_n)=F_{n+1},\ \det(Q_{n-1})=F_n$$

이므로, 다음과 같다.

$$\begin{aligned}\det(Q_{n+1})&=F_{n+1}+F_n\\&=F_{n+2}\end{aligned}$$

즉 수열 $\det(Q_{n+1})$은 $(n+2)$번째 피보나치 수이다.[15] 따라서 수학적 귀납법에 의하여 다음이 성립한다.

$$\det(Q_n)=F_{n+1}$$

15 $F_1=1,\ F_2=1,\ F_{n+2}=F_{n+1}+F_n$을 만족하는 수열을 피보나치 수열이라고 한다. 피보나치 수열을 나열하면 1, 1, 2, 3, 5, 8, 13, $\cdots$이다.

Chapter

2.3 연습문제

1. 서로 다른 네 점 $(-1,-1)$, $(0, 1)$, $(1, 3)$, $(4,-1)$을 지나는 3차 다항식을 구하라.

2~3. 다음 두 점을 지나는 직선의 방정식을 구하라.

2. $(1,-1)$, $(2, 2)$

3. $(0, 1)$, $(1,-1)$

4~5. 다음 세 점을 지나는 원의 방정식을 구하라.

4. $(2, 6)$, $(2, 0)$, $(5, 3)$

5. $(2,-2)$, $(3, 5)$, $(-4, 6)$

6. $(0, 0)$, $(0,-1)$, $(2, 0)$, $(2,-5)$, $(4,-1)$을 지나는 이차곡선의 방정식을 구하라.

7. $(1,1,-3)$, $(1,-1, 1)$, $(0,-1, 2)$를 지나는 평면의 방정식을 구하라.

8. $(1, 2, 3)$, $(-1, 2, 1)$, $(1, 0, 1)$, $(1, 2,-1)$을 지나는 구의 방정식을 구하라.

9. 식 (2.20)이 서로 다른 다섯 개의 점을 지나는 이차곡선임을 보여라.

10. 네 점 (x_1, y_1, z_1), (x_2, y_2, z_2), (x_3, y_3, z_3), (x_4, y_4, z_4)가 한 평면 위에 있을 때, 다음 식이 성립함을 보여라.

$$\begin{vmatrix} x_1 & y_1 & z_1 & 1 \\ x_2 & y_2 & z_2 & 1 \\ x_3 & y_3 & z_3 & 1 \\ x_4 & y_4 & z_4 & 1 \end{vmatrix} = 0$$

11. 수열 $\{a_n\}$에 대하여 주어진 행렬 A_{n+1}의 행렬식을 a_{n+1}이라 하자. 수열의 일반항 a_n을 점화식으로 나타내라.

$$A_1 = [1],\ A_{n+1} = \begin{bmatrix} 3 & 4 & 0 & \cdots & 0 \\ -1 & 3 & \ddots & & \vdots \\ 0 & \ddots & \ddots & & 0 \\ \vdots & & & & 4 \\ 0 & \cdots & 0 & -1 & 3 \end{bmatrix}$$

12. 주어진 n차 정사각행렬의 행렬식을 D_n이라 하자. D_n의 점화식을 구하라. (이때 i는 복소수 $i = \sqrt{-1}$ 이다.)

$$D_{n+1} = \begin{vmatrix} 1 & i & 0 & \cdots & 0 \\ i & 1 & \ddots & & \vdots \\ 0 & \ddots & \ddots & & 0 \\ \vdots & & & & i \\ 0 & \cdots & 0 & i & 1 \end{vmatrix}$$

Chapter

03

$\mathbb{R}^n$의 벡터

Vectors on $\mathbb{R}^n$

Contents

벡터의 정의 _3.1

벡터의 내적 _3.2

벡터의 외적 _3.3

n차원 벡터 _3.4

벡터의 응용 _3.5

Summary

이 장에서는 우리가 보통 알고 있는 좌표평면과 좌표공간에서 정의되는 벡터, 그리고 이를 더욱 확장한 n차원 공간에 대하여 알아본다. 특히 벡터의 내적과 외적은 많은 분야에서 이용되고 있는 중요한 내용이다. 이 장에서 다루는 모든 내용은 지금까지 살펴본 실수에서 정의되기 때문에 이해하기 쉬울 뿐만 아니라, 일반적인 벡터로 자연스럽게 확장되기 때문에 이해하는 데 큰 어려움은 없을 것이다. 또한 5장에서 다룰 선형변환을 공부하는 데에도 필요하다.

Section
3.1 벡터의 정의

이 절에서는 좌표평면 $\mathbb{R}^2$과 좌표공간 $\mathbb{R}^3$에서의 벡터에 대해 알아보자.[1] 그런 다음, 일반적인 실수의 n차원 공간인 $\mathbb{R}^n$으로 자연스럽게 확장할 것이다. 따라서 평면과 공간에서의 벡터를 잘 이해해 놓으면 나중에 등장하는 n차원 공간에서의 벡터를 훨씬 쉽게 해석할 수 있다.

벡터란?

이제 평면과 공간에서의 벡터를 정의해보자. 우리가 일상적으로 사용하는 물리적인 양 중에는 길이, 넓이, 질량, 온도와 같이 그 양의 크기만 나타내는 **스칼라** scalar와 힘이나 속도와 같이 크기뿐만 아니라 방향까지 지정해야 표현할 수 있는 **벡터** vector가 있다.

벡터는 2차원 평면 또는 3차원 공간에서 화살표로 나타낼 수 있다. 이때 벡터의 방향은 화살표에서 화살로 나타내고, 벡터의 크기는 화살표의 길이로 나타낸다. [그림 3-1]과 같이 벡터를 화살표로 나타내려면 벡터가 시작하는 지점 A에서 벡터가 끝나는 지점 B까지 선분으로 잇고, 벡터의 방향인 A에서 B쪽으로 화살을 표시한다. 이 경우 화살표의 출발점을 벡터의 **시작점** initial point이라 하고, 화살표가 끝나는 점을 벡터의 **끝점** terminal point이라고 한다.[2]

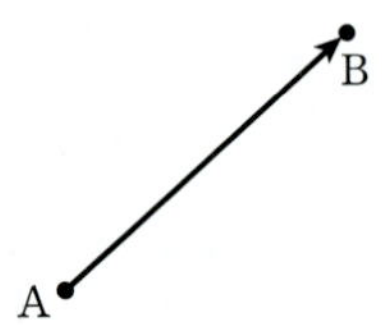

[그림 3-1] **벡터**

벡터는 보통 $\mathbf{a}$, $\mathbf{k}$, $\mathbf{v}$, $\mathbf{w}$, $\mathbf{x}$, $\cdots$와 같이 굵은 소문자로 나타내고, 스칼라는 벡터와 구분되도록 a, b, c, d, $\cdots$와 같은 소문자로 나타낸다. 앞으로 특별한 언급이 없는 한 모든 스칼라는 실수로 생각한다.

1 실수 전체의 집합은 $\mathbb{R}$로 나타내고, 두 실수의 모든 순서쌍 (x, y)의 집합을 $\mathbb{R}^2$으로 나타낸다.
2 시작점을 시점, 끝점을 종점이라고도 한다.

특별히 시작점 A와 끝점 B가 주어진 경우, 벡터는

$$\mathbf{v} = \overrightarrow{\mathrm{AB}}$$

와 같이 시작점과 끝점을 차례로 쓰고 문자 위에 화살표를 그려서 나타낸다.[3]

벡터는 크기와 방향에 의해서만 정의되므로 크기와 방향이 각각 같은 벡터는 시작점에 관계없이 모두 같은 벡터로 생각한다. 즉 벡터를 평행이동하여 얻은 벡터는 모두 같은 것으로 여기며, 두 벡터 $\mathbf{u}$와 $\mathbf{v}$가 같을 때 다음과 같이 나타낸다.

$$\mathbf{u} = \mathbf{v} \tag{3.1}$$

예를 들어, [그림 3-2]와 같이 평면 $\mathbb{R}^2$ 위에 주어진 네 개의 벡터는 방향과 크기가 같기 때문에 모두 같은 벡터이다.

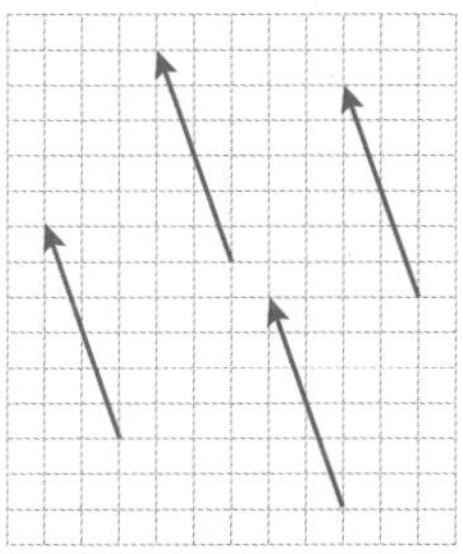

[그림 3-2] **크기와 방향이 같은 벡터**

그런데 [그림 3-2]와 같이 방향과 크기가 같도록 주어진 네 개의 벡터가 실제로 같은 벡터인지 아닌지는 그림만 봐서는 판단하기 어렵다. 벡터를 좀 더 정확하게 표현하기 위해 직교좌표계 위에 벡터를 나타내볼 것이다.

예를 들어, [그림 3-3]과 같이 좌표평면[4] $\mathbb{R}^2$에서 시작점이 원점이고 끝점의 좌표가 (v_1, v_2)인 벡터 $\mathbf{v}$가 있다고 하자.

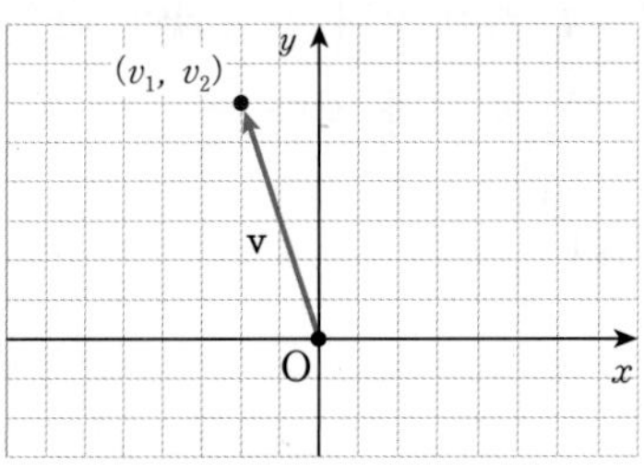

[그림 3-3] **좌표평면 위의 벡터**

3 벡터 $\mathbf{u} = \overrightarrow{\mathrm{BA}}$는 벡터 $\mathbf{v} = \overrightarrow{\mathrm{AB}}$ 와 크기는 같지만 방향은 반대이다. 따라서 두 벡터는 같은 벡터가 아니다.
4 **좌표평면** coordinate plane을 xy평면이라고도 한다.

이때 이 벡터의 끝점의 좌표 $(v_1,\ v_2)$에서 v_1과 v_2를 $\mathbf{v}$의 **성분**components이라 하고, 벡터 $\mathbf{v}$를 다음과 같이 나타낸다.[5]

$$\mathbf{v} = (v_1,\ v_2) \tag{3.2}$$

평면에서와 마찬가지로 공간에서도 벡터를 생각할 수 있다. 좌표평면 $\mathbb{R}^2$에서 한 점을 나타낼 때는 순서쌍 $(x,\ y)$로 나타내듯이 좌표공간 $\mathbb{R}^3$에서 한 점을 나타낼 때도 세 수의 순서쌍 $(x,\ y,\ z)$로 나타낸다. [그림 3-4]와 같이 좌표공간 $\mathbb{R}^3$에서 시작점이 원점이고 끝점의 좌표가 $(v_1,\ v_2,\ v_3)$인 벡터 $\mathbf{v}$가 있다고 하자.[6]

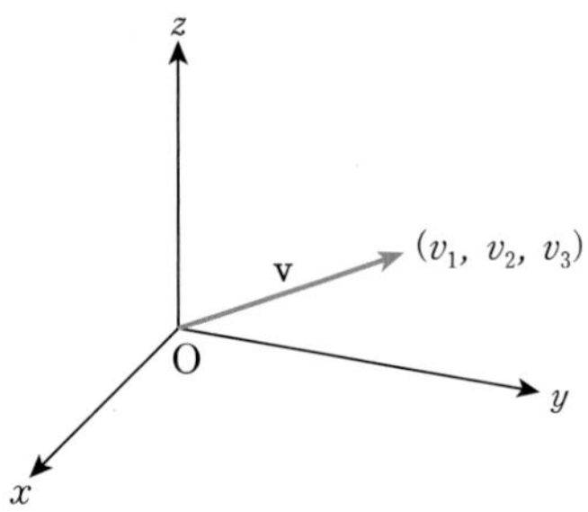

[그림 3-4] **좌표공간 위의 벡터**

그러면 좌표평면에서와 마찬가지로 $(v_1,\ v_2,\ v_3)$에서 $v_1,\ v_2,\ v_3$를 벡터 $\mathbf{v}$의 성분이라고 하고, 다음과 같이 나타낸다.

$$\mathbf{v} = (v_1,\ v_2,\ v_3) \tag{3.3}$$

종종 평면이나 공간에서 시작점이 원점이 아닌 벡터를 다룰 때가 있다. 예를 들어, 좌표평면 $\mathbb{R}^2$에서 벡터 $\mathbf{v} = (v_1,\ v_2)$의 시작점이 원점에서 $\mathrm{A}(x_1,\ y_1)$로 바뀐 경우를 생각해 보자. 시작점이 원점 $(0, 0)$에서 $\mathrm{A}(x_1,\ y_1)$로 바뀌었다는 것은 이 벡터의 첫 번째 성분 v_1이 오른쪽 또는 왼쪽으로 x_1의 절댓값만큼 움직였다는 것이고, 두 번째 성분 v_2가 위 또는 아래로 y_1의 절댓값만큼 움직였다는 것을 뜻한다.[7] 즉 벡터 $\mathbf{v}$의 시작점이 원점 $(0, 0)$에서 $\mathrm{A}(x_1,\ y_1)$로 움직였으므로, 끝점을 B라 하면 B는 다음과 같다.

$$\mathrm{B}(v_1 + x_1,\ v_2 + y_1) = \mathrm{B}(x_2,\ y_2)$$

5 점은 $\mathrm{A}(x,\ y)$, 벡터는 $\mathbf{v} = (x,\ y)$와 같이 나타낸다.

6 좌표공간에서 $z=0$인 평면을 xy평면, $y=0$인 평면을 xz평면, $x=0$인 평면을 yz평면이라고 한다.

7 좌표평면과 좌표공간에서 $(x,\ y)$와 $(x,\ y,\ z)$는 각각 한 점을 나타내기도 하고 벡터를 나타내기도 한다. 따라서 벡터인지 좌표인지는 주어진 상황에 맞게 해석해야 한다.

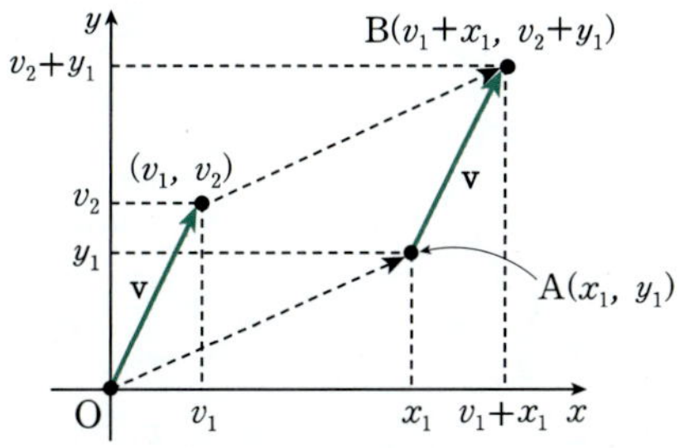

[그림 3-5] **평행이동한 벡터**

마찬가지로 공간좌표 $\mathbb{R}^3$에서 벡터 $\mathbf{v} = (v_1, v_2, v_3)$의 시작점이 원점에서 $A(x_1, y_1, z_1)$으로 바뀐 경우, 이 벡터의 끝점은 다음과 같다.

$$B(v_1 + x_1,\ v_2 + y_1,\ v_3 + z_1) = B(x_2,\ y_2,\ z_2)$$

이상을 정리하면 좌표평면 위에 두 점 $A(x_1, y_1)$, $B(x_2, y_2)$가 주어졌을 때, 점 A를 시작점으로 하고 점 B를 끝점으로 하는 벡터 $\mathbf{v}$는 다음과 같다. $x_1 + v_1 = x_2$, $y_1 + v_2 = y_2$이므로 $v_1 = x_2 - x_1$, $v_2 = y_2 - y_1$이다.

$$\mathbf{v} = \overrightarrow{AB} = (x_2 - x_1,\ y_2 - y_1)$$

마찬가지로 좌표공간에서 두 점 $A(x_1, y_1, z_1)$, $B(x_2, y_2, z_2)$가 주어졌을 때 점 A를 시작점으로 하고, 점 B를 끝점으로 하는 벡터는 다음과 같다.

$$\overrightarrow{AB} = (x_2 - x_1,\ y_2 - y_1,\ z_2 - z_1)$$

예제 3-1

좌표공간 $\mathbb{R}^3$ 위의 점 $A(5, 1, -2)$를 시작점으로 하고, 점 $B(3, -5, 4)$을 끝점으로 하는 벡터 $\mathbf{v}$를 구하고, 좌표공간에 나타내라.

풀이

주어진 두 점 $A(5, 1, -2)$, $B(3, -5, 4)$에 대해, 점 A를 시작점으로 하고 점 B를 끝점으로 하는 벡터 $\mathbf{v}$는 다음과 같다.

$$\begin{aligned}\mathbf{v} &= (3-5,\ -5-1,\ 4-(-2)) \\ &= (-2,\ -6,\ 6)\end{aligned}$$

이 벡터는 다음 그림과 같이 나타낼 수 있다.

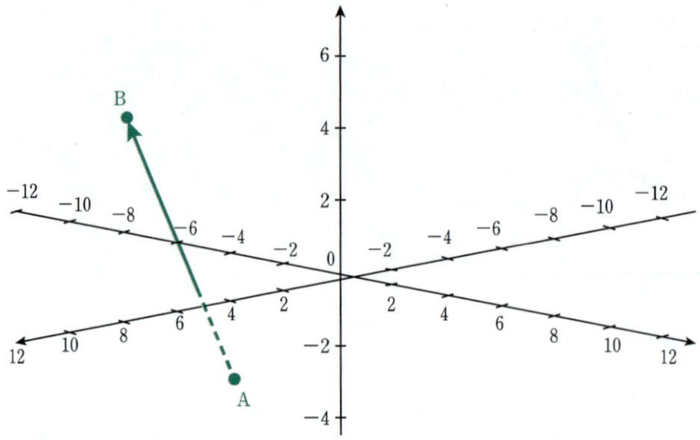

벡터의 연산

이제 벡터의 연산에 대해 알아보자. 그 전에 먼저 벡터의 연산에서 매우 중요한 두 벡터에 대해 살펴보자.

크기가 0인 벡터를 **영벡터** zero vector라 하고, **0**으로 표시한다.[8] 또 **v**가 **0** 아닌 벡터일 때, [그림 3-6]과 같이 **v**와 크기가 같고 방향이 반대인 벡터를 **v**의 **음벡터** negative vector라 하고, −**v**로 나타낸다.

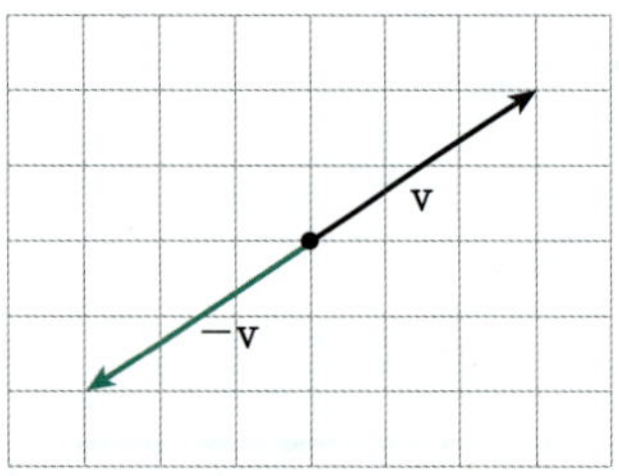

[그림 3-6] 음벡터

■ 벡터의 합

벡터의 연산에서 임의의 두 벡터 **v**, **w**의 **합** sum은 **v** + **w**로 나타낸다. 이때 **w**의 시작점은 **v**의 끝점과 일치시킨다. 그러면 두 벡터를 더한 벡터 **v** + **w**의 시작점은 **v**의 시작점이고, 끝점은 **w**의 끝점이 된다.

8 영벡터는 크기가 0이므로 방향을 정하기가 쉽지 않다. 따라서 영벡터의 방향은 주어진 문제에 따라 어느 방향이든 가능한 것으로 한다.

[그림 3-7]을 살펴보자. 이는 좌표평면에서 두 벡터 $\mathbf{v}=(v_1,\ v_2)$, $\mathbf{w}=(w_1,\ w_2)$의 합을 세 가지 방법으로 나타낸 것이다.

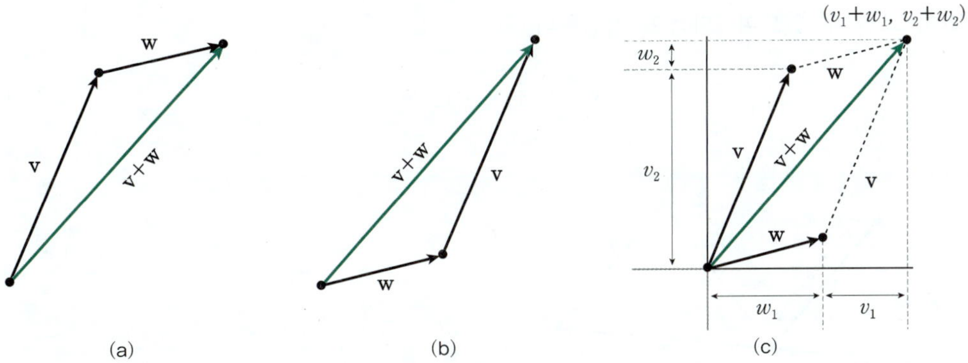

[그림 3-7] 벡터의 합 $\mathbf{v}+\mathbf{w}$

[그림 3-7(a)]는 앞에서 설명한 벡터의 합을 구하는 방법으로 합을 나타낸 것이다. 먼저 벡터 $\mathbf{v}$를 그린 후 $\mathbf{v}$의 끝점을 시작점으로 하여 벡터 $\mathbf{w}$를 그린다. 그리고 $\mathbf{v}$의 시작점에서 $\mathbf{w}$의 끝점으로 화살표를 그린 결과가 두 벡터의 합 벡터이다.

[그림 3-7(b)]는 $\mathbf{w}+\mathbf{v}$이다. 그런데 그 결과 벡터가 [그림 3-7(a)]에서 구한 벡터와 정확하게 일치한다. 따라서 다음이 성립함을 알 수 있다.

$$\mathbf{v}+\mathbf{w}=\mathbf{w}+\mathbf{v} \tag{3.4}$$

[그림 3-7(c)]는 두 벡터의 합을 좌표평면 위에서 그린 것이다. 이것으로부터 두 벡터의 합은 두 벡터의 성분의 각각의 합과 같음을 알 수 있다. 즉 다음이 성립한다.

$$\mathbf{v}+\mathbf{w}=(v_1+w_1,\ v_2+w_2) \tag{3.5}$$

마찬가지로 좌표공간에서 두 벡터 $\mathbf{v}=(v_1,\ v_2,\ v_3)$, $\mathbf{w}=(w_1,\ w_2,\ w_3)$의 합은 다음과 같다.

$$\mathbf{v}+\mathbf{w}=(v_1+w_1,\ v_2+w_2,\ v_3+w_3) \tag{3.6}$$

■ 벡터의 차

두 벡터 $\mathbf{v}$, $\mathbf{w}$에 대해 $\mathbf{v}$에서 $\mathbf{w}$를 뺀 **차** difference는 $\mathbf{v}-\mathbf{w}$로 나타낸다. 두 벡터의 차 벡터 $\mathbf{v}-\mathbf{w}$를 옮겨 시작점은 $\mathbf{w}$의 끝점에, 끝점은 $\mathbf{v}$의 끝점에 맞추면 [그림 3-8]과 같이 간단히 그릴 수 있으며, 다음이 성립한다.

$$\mathbf{v}-\mathbf{w}=\mathbf{v}+(-\mathbf{w}) \tag{3.7}$$

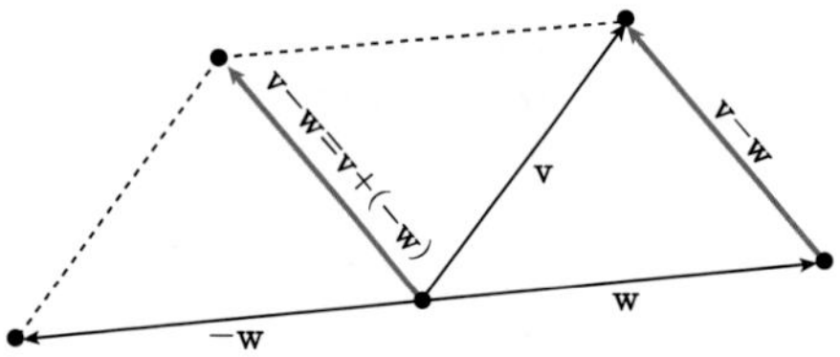

[그림 3-8] **벡터의 차** $\mathbf{v}-\mathbf{w}$

두 벡터의 합과 마찬가지로 두 벡터의 차를 평면과 공간에서 벡터의 성분으로 나타내면 각각 다음과 같다.

$$\mathbf{v}-\mathbf{w}=(v_1-w_1,\ v_2-w_2) \tag{3.8}$$

$$\mathbf{v}-\mathbf{w}=(v_1-w_1,\ v_2-w_2,\ v_3-w_3) \tag{3.9}$$

■ 벡터의 스칼라 배

스칼라 c에 대해 $c\mathbf{v}$를 c에 의한 $\mathbf{v}$의 **스칼라 배** scalar multiplication라고 한다. 이때 $c\mathbf{v}$는 c에 따라 다음과 같이 된다.

❶ $c>0$이면 $\mathbf{v}$와 방향이 같으며 크기는 c배하여 얻는 벡터이다.
❷ $c<0$이면 $\mathbf{v}$와 방향이 반대이면서 크기는 $|c|$배하여 얻은 벡터이다.
❸ $c=0$이면 크기가 0인 벡터이다.

예를 들어, [그림 3-9]는 벡터 $\mathbf{v}$의 스칼라 배를 나타낸 것이다.

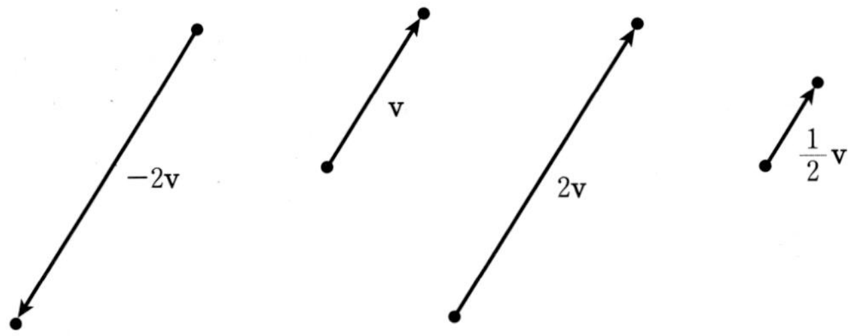

[그림 3-9] **벡터의 스칼라 배**

[그림 3-9]로부터 벡터 $\mathbf{v}$에 0이 아닌 스칼라 배한 벡터는 모두 $\mathbf{v}$에 평행함을 알 수 있다. 바꿔 말하면 두 벡터 $\mathbf{v}$, $\mathbf{w}$가 평행한 벡터라면 $\mathbf{v}=c\mathbf{w}$를 만족하는 0이 아닌 스칼라 c가 존재한다는 것을 알 수 있다.

좌표평면과 좌표공간에서의 스칼라 배는 다음과 같이 각 성분에 실수 배한 결과이다.

$$c\mathbf{v}=(cv_1,\ cv_2)\ \text{또는}\ c\mathbf{v}=(cv_1,\ cv_2,\ cv_3)$$

이 사실로부터 좌표평면 $\mathbb{R}^2$ 위의 벡터 $\mathbf{v}=(v_1,\ v_2)$의 음벡터 $-\mathbf{v}$는 다음과 같이 나타낼 수 있다.

$$-\mathbf{v}=(-v_1,\ -v_2) \tag{3.10}$$

좌표공간 $\mathbb{R}^3$ 위의 벡터 $\mathbf{v}=(v_1,\ v_2,\ v_3)$의 음벡터 $-\mathbf{v}$도 마찬가지로 다음과 같이 나타낼 수 있다.

$$-\mathbf{v}=(-v_1,\ -v_2,\ -v_3) \tag{3.11}$$

지금까지 살펴본 벡터의 연산에 대해 다음 정리가 성립한다. 이 정리를 증명하는 것은 어렵지 않으므로 연습문제로 남긴다.

정리 3-1 벡터 연산의 성질

스칼라 c, d와 좌표평면 $\mathbb{R}^2$이나 좌표공간 $\mathbb{R}^3$ 위의 세 벡터 $\mathbf{u}$, $\mathbf{v}$, $\mathbf{w}$에 대해 다음이 성립한다.

(1) $\mathbf{u}+\mathbf{v}=\mathbf{v}+\mathbf{u}$

(2) $\mathbf{u}+(\mathbf{v}+\mathbf{w})=(\mathbf{u}+\mathbf{v})+\mathbf{w}$

(3) $\mathbf{u}+\mathbf{0}=\mathbf{u}=\mathbf{0}+\mathbf{u}$

(4) $\mathbf{u}-\mathbf{u}=\mathbf{u}+(-\mathbf{u})=\mathbf{0}$

(5) $c(\mathbf{u}+\mathbf{v})=c\mathbf{u}+c\mathbf{v}$

(6) $(c+d)\mathbf{u}=c\mathbf{u}+d\mathbf{u}$

(7) $(cd)\mathbf{u}=c(d\mathbf{u})=k(d\mathbf{u})$

(8) $1\mathbf{u}=\mathbf{u}$

예제 3-2

주어진 여섯 개의 벡터에 대해 각각의 벡터를 구하라. 또한 (a)~(c)의 결과는 좌표평면 또는 좌표공간에 나타내라.

$$\mathbf{a}=(-2,\ 7),\quad \mathbf{b}=(6,\ -5),\quad \mathbf{c}=(3,\ 1)$$
$$\mathbf{u}=(4,\ 1,\ 2),\quad \mathbf{v}=(5,\ -1,\ 0),\quad \mathbf{w}=(8,\ 3,\ -4)$$

(a) $-\mathbf{w}$ (b) $\mathbf{a}+2\mathbf{b}$ (c) $\mathbf{a}-\mathbf{c}$

(d) $\mathbf{a}-3\mathbf{b}+5\mathbf{c}$ (e) $3\mathbf{u}+2\mathbf{v}-2\mathbf{w}$

풀이

(a) $\mathbf{w}=(8,\ 3,\ -4)$이므로 $-\mathbf{w}=(-8,-3,\ 4)$이고, 다음 그림과 같이 나타낼 수 있다.

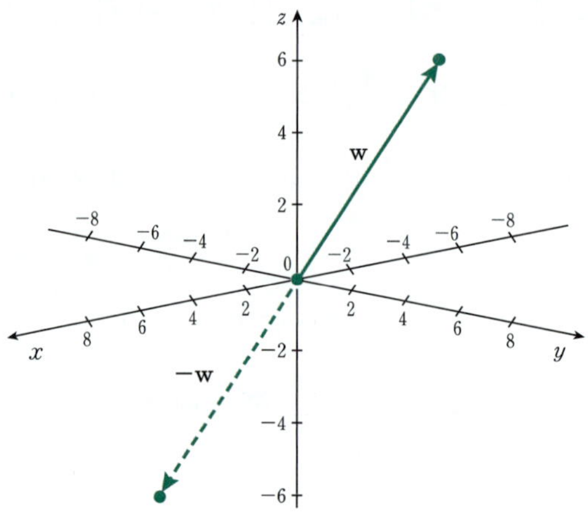

(b) $\mathbf{a}+2\mathbf{b}=(-2+12,\ 7+(-10))=(10,-3)$이고, 다음 그림과 같이 나타낼 수 있다.

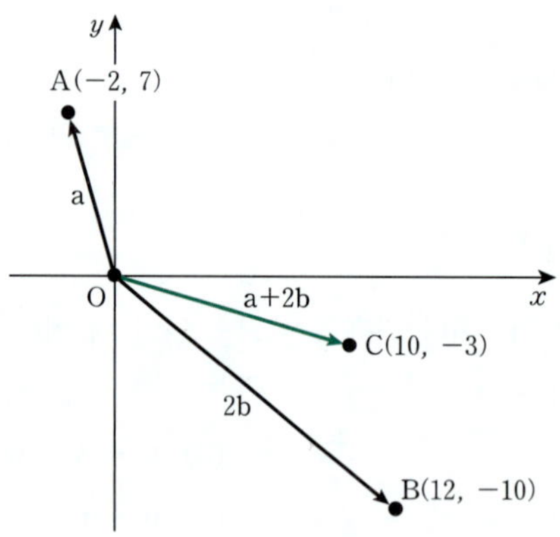

(c) $\mathbf{a}-\mathbf{c}=(-2-3,\ 7-1)=(-5,6)$이고, 다음 그림과 같이 나타낼 수 있다.

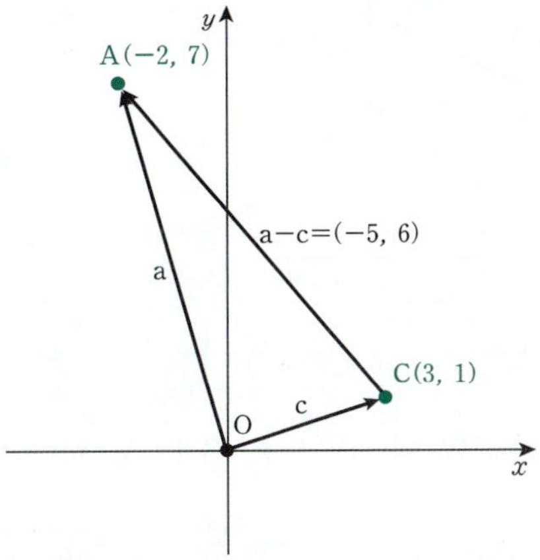

(d) $\mathbf{a}-3\mathbf{b}+5\mathbf{c}=(-2,7)-(18,-15)+(15,\ 5)=(-15,\ 22)$

(e) $3\mathbf{u}+2\mathbf{v}-2\mathbf{w}=(12,\ 3,\ 6)+(10,\ -2,\ 0)-(16,\ 6,\ -8)$
$=(6,-5,\ 14)$

벡터의 크기

마지막으로 평면이나 공간에서 주어진 벡터의 크기를 구해보자. 평면이나 공간에서 벡터를 화살표로 나타낼 때 화살표의 길이가 그 벡터의 크기이다.

벡터 $\mathbf{v}$의 크기를 **노름**norm이라 하고, $\|\mathbf{v}\|$로 나타낸다. 따라서, $\mathbf{v}=(v_1,\ v_2)$이면

$$\|\mathbf{v}\|=\sqrt{v_1^2+v_2^2} \tag{3.12}$$

이고, $\mathbf{v}=(v_1,\ v_2,\ v_3)$이면 다음과 같다.

$$\|\mathbf{v}\|=\sqrt{v_1^2+v_2^2+v_3^2} \tag{3.13}$$

좌표평면 $\mathbb{R}^2$ 위의 벡터 $\mathbf{v}=(v_1,\ v_2)$의 노름 (3.12)는 피타고라스 정리[9]를 이용하여 쉽게 얻을 수 있다.

---

9 피타고라스 정리는 직각삼각형의 각 변의 길이 사이에 $a^2+b^2=c^2$이 성립한다.

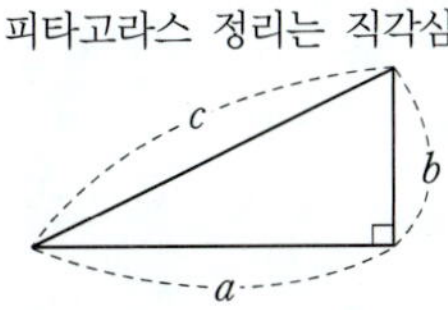

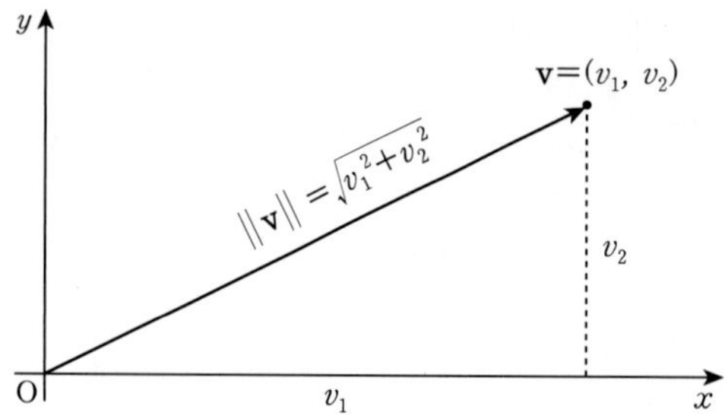

[그림 3-10] **평면벡터의 크기**

마찬가지로 좌표공간 $\mathbb{R}^3$ 위의 벡터의 노름 (3.13)도 피타고라스 정리를 이용하면 쉽게 구할 수 있다.

■ 벡터의 노름

정리 3-2 스칼라 배의 노름

좌표공간 $\mathbb{R}^3$ 위의 벡터 $\mathbf{v}=(v_1, v_2, v_3)$에 적당한 스칼라 c를 곱한 벡터 $c\mathbf{v}=(cv_1, cv_2, cv_3)$의 노름은 $\|c\mathbf{v}\|=|c|\,\|\mathbf{v}\|$이다.

특히 $\|\mathbf{u}\|=1$과 같이 노름이 1인 벡터를 **단위벡터**unit vector라고 한다.

증명

$\mathbf{v}=(v_1, v_2, v_3)$에 적당한 스칼라 c를 곱한 벡터 $c\mathbf{v}=(cv_1, cv_2, cv_3)$의 노름은 다음과 같음을 알 수 있다.

$$\begin{aligned}\|c\mathbf{v}\| &= \sqrt{(cv_1)^2+(cv_2)^2+(cv_3)^2} \\ &= \sqrt{c^2(v_1^2+v_2^2+v_3^2)} \\ &= |c|\sqrt{v_1^2+v_2^2+v_3^2} \\ &= |c|\|\mathbf{v}\|\end{aligned}$$

따라서

$$\|c\mathbf{v}\|=|c|\,\|\mathbf{v}\| \tag{3.14}$$

이므로 정리가 성립한다. ■

예제 3-3

다음 벡터의 노름을 구하고 단위벡터인 것을 찾아라.

(a) $\mathbf{v}=(1, -\sqrt{3})$과 $-\frac{1}{2}\mathbf{v}$

(b) $\mathbf{w}=(3, -4, 5)$

(c) $\mathbf{j}=(0, 1, 0)$

풀이

(a) $\|\mathbf{v}\|=\sqrt{1^2+(-\sqrt{3})^2}=\sqrt{1+3}=2$이고,

$\left\|-\frac{1}{2}\mathbf{v}\right\|=\sqrt{\left(-\frac{1}{2}\right)^2+\left(\frac{1}{2}\sqrt{3}\right)^2}=\sqrt{\frac{1}{4}+\frac{3}{4}}=1$이다.[10] 따라서 $-\frac{1}{2}\mathbf{v}$는 단위벡터이다.

(b) $\|\mathbf{w}\|=\sqrt{3^2+(-4)^2+5^2}=\sqrt{9+16+25}=\sqrt{50}=5\sqrt{2}\neq 1$이므로 $\mathbf{w}$는 단위벡터가 아니다.

(c) $\|\mathbf{j}\|=\sqrt{0^2+1^2+0^2}=1$이므로 $\mathbf{j}$는 단위벡터이다.

좌표평면이나 좌표공간에서 벡터의 노름은 벡터의 길이와 같고 길이는 0보다 크거나 같다.

정리 3-3 좌표공간에서 노름

좌표평면 $\mathbb{R}^2$ 또는 좌표공간 $\mathbb{R}^3$ 위의 벡터 $\mathbf{v}$에 대해 $\|\mathbf{v}\|\geq 0$이다. 특히 $\|\mathbf{v}\|=0$일 필요충분조건은 $\mathbf{v}=\mathbf{0}$이다.

증명

벡터의 노름은 벡터의 각 성분의 제곱의 합으로 구한다. 그리고 실수의 제곱은 0보다 크거나 같기 때문에 벡터 $\mathbf{v}$는 다음과 같다.

$$\|\mathbf{v}\|\geq 0$$

이제 정리에서 주어진 필요충분조건을 좌표평면의 경우에 대해서만 증명하자.[11] 공간의 경우도 평면의 경우와 마찬가지로 증명할 수 있다.

먼저 벡터 $\mathbf{v}=(v_1, v_2)$의 노름이 $\|\mathbf{v}\|=0$이라 가정하자. 그러면 다음과 같다.

$$\|\mathbf{v}\|=\sqrt{v_1^2+v_2^2}=0 \quad\Rightarrow\quad v_1^2+v_2^2=0$$

---

10 $\left\|-\frac{1}{2}\mathbf{v}\right\|=\left|-\frac{1}{2}\right|\|\mathbf{v}\|$이고, $\|\mathbf{v}\|=2$이므로 $\left\|-\frac{1}{2}\mathbf{v}\right\|=\left|-\frac{1}{2}\right|\|\mathbf{v}\|=\frac{1}{2}\cdot 2=1$이다.

11 필요충분조건 $p\Leftrightarrow q$를 증명할 때에는 $p\Rightarrow q$와 $q\Rightarrow p$를 모두 보여야 한다.

그런데 실수를 제곱하면 항상 0보다 크거나 같기 때문에 두 수 v_1, v_2는 0일 수밖에 없다. 즉 다음과 같다.

$$v_1 = 0,\ v_2 = 0 \quad \Rightarrow \quad \mathbf{v} = (v_1,\ v_2) = (0,\ 0) = \mathbf{0}$$

따라서 $\|\mathbf{v}\| = 0$이면 $\mathbf{v} = \mathbf{0}$이다.[12]

역으로 $\mathbf{v} = \mathbf{0}$이라 하자. 그러면 $\mathbf{v} = (0,\ 0)$이므로 다음과 같다.

$$\|\mathbf{v}\| = \sqrt{0^2 + 0^2} = 0$$

따라서 $\|\mathbf{v}\| = 0$일 필요충분조건은 $\mathbf{v} = \mathbf{0}$이다. ■

정리 3-4 단위벡터

좌표평면 $\mathbb{R}^2$ 또는 좌표공간 $\mathbb{R}^3$ 위의 영벡터가 아닌 벡터 $\mathbf{v}$에 대해 $\mathbf{u} = \dfrac{1}{\|\mathbf{v}\|}\mathbf{v}$라 하면 $\mathbf{u}$는 $\mathbf{v}$방향의 단위벡터이다.

증명

영이 아닌 벡터 $\mathbf{v}$에 대해 $\|\mathbf{v}\|$는 노름이므로 [정리 3-3]에 의해 $\|\mathbf{v}\| > 0$이다. 이제 $\mathbf{u} = \dfrac{1}{\|\mathbf{v}\|}\mathbf{v}$의 노름 $\|\mathbf{u}\| = \left\| \dfrac{1}{\|\mathbf{v}\|}\mathbf{v} \right\|$를 구해보자.[13]

$$\|\mathbf{u}\| = \left\| \frac{1}{\|\mathbf{v}\|}\mathbf{v} \right\| = \left\| \frac{1}{\|\mathbf{v}\|} \right\| \|\mathbf{v}\| = \frac{1}{\|\mathbf{v}\|} \|\mathbf{v}\| = 1$$

따라서 $\mathbf{u}$는 단위벡터이다. ■

[정리 3-4]로부터 영이 아닌 벡터로부터 항상 단위벡터를 얻을 수 있음을 알 수 있다. 즉 $\mathbf{v} \neq \mathbf{0}$에 대해 벡터 $\mathbf{u} = \dfrac{1}{\|\mathbf{v}\|}\mathbf{v}$는 $\mathbf{v}$와 방향이 같고 크기가 1인 단위벡터이다.[14]

---

12 노름이 0인 벡터는 영벡터뿐이다.

13 $\|\mathbf{v}\| > 0$이면 $\dfrac{1}{\|\mathbf{v}\|}$은 0보다 큰 실수이다. 즉 스칼라이다. 따라서 $\dfrac{1}{\|\mathbf{v}\|}\mathbf{v}$는 벡터 $\mathbf{v}$에 스칼라 $\dfrac{1}{\|\mathbf{v}\|}$을 곱한 벡터이다.

14 벡터 $\mathbf{v}$를 크기가 1인 벡터 $\dfrac{1}{\|\mathbf{v}\|}\mathbf{v}$로 바꾸는 것을 **정규화**normalization라고 한다.

예제 3-4

벡터 $\mathbf{v}=(5,-3,1)$에 대해 다음을 구하라.

(a) $\mathbf{v}$와 방향이 같은 단위벡터

(b) $\mathbf{v}$와 방향이 반대인 단위벡터

풀이

(a) $\mathbf{v}$와 방향이 같은 단위벡터는 $\mathbf{u}=\dfrac{1}{\|\mathbf{v}\|}\mathbf{v}$이므로 먼저 $\mathbf{v}$의 노름을 구하고, 그 노름의 역수를 $\mathbf{v}$에 곱하면 된다. 따라서 $\mathbf{v}$와 방향이 같은 단위벡터는 다음과 같다.

$$\|\mathbf{v}\|=\sqrt{5^2+(-3)^2+1^2}=\sqrt{35}$$

$$\mathbf{u}=\frac{1}{\sqrt{35}}(5,-3,1)=\left(\frac{5}{\sqrt{35}},-\frac{3}{\sqrt{35}},\frac{1}{\sqrt{35}}\right)$$

(b) $\mathbf{v}$와 방향이 반대인 단위벡터는 (a)에서 구한 $\mathbf{v}$와 방향이 같은 단위벡터에 -1을 곱하면 된다.

$$-\mathbf{u}=\left(-\frac{5}{\sqrt{35}},\frac{3}{\sqrt{35}},-\frac{1}{\sqrt{35}}\right)$$

벡터 $\mathbf{v}$와 단위벡터 $\mathbf{u}$와 $-\mathbf{u}$를 좌표평면에 나타내면 다음과 같다.

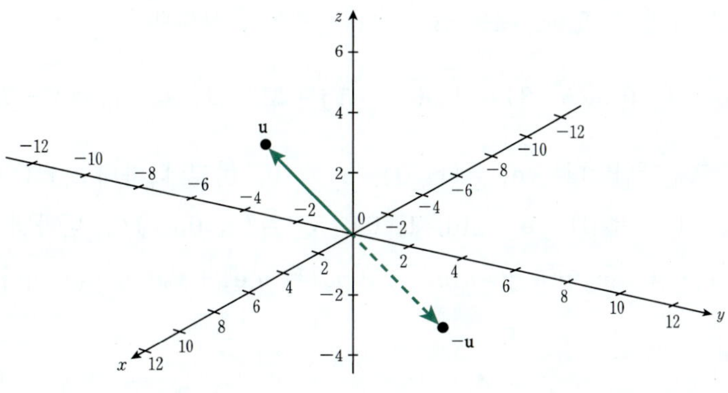

■ 표준단위벡터

이제 $\mathbb{R}^3$의 단위벡터 중에서 각 축과 방향이 같은 단위벡터에 대해 알아보자. 벡터의 시작점을 모두 원점으로 하면 세 벡터

$$\mathbf{i}=(1,\ 0,\ 0),\ \mathbf{j}=(0,\ 1,\ 0),\ \mathbf{k}=(0,\ 0,\ 1)$$

는 각 축 위에 있고, 노름이 1인 단위벡터이다. 이 세 벡터를 $\mathbb{R}^3$의 **표준단위벡터**standard unit vector라고 한다.

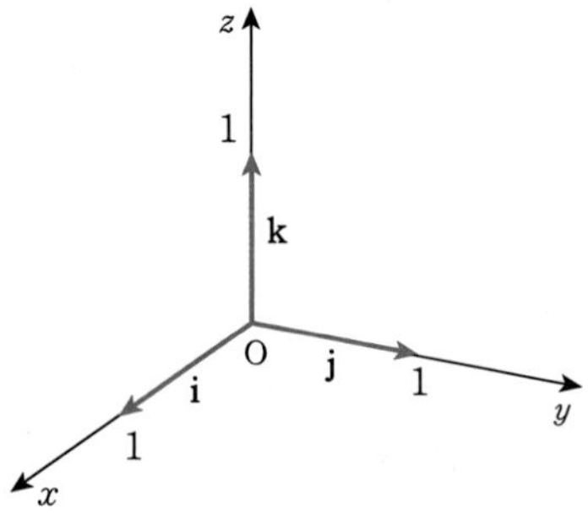

[그림 3-11] **좌표공간의 표준단위벡터**

이때 $\mathbb{R}^3$의 벡터 $\mathbf{x}=(x_1,\ x_2,\ x_3)$에 대해

$$\begin{aligned}\mathbf{x} &= (x_1,\ x_2,\ x_3)\\ &= x_1(1,\ 0,\ 0)+x_2(0,\ 1,\ 0)+x_3(0,\ 0,\ 1)\\ &= x_1\mathbf{i}+x_2\mathbf{j}+x_3\mathbf{k}\end{aligned}$$

와 같이 나타낼 수 있으므로, $\mathbb{R}^3$ 위의 임의의 벡터 $\mathbf{x}=(x_1,\ x_2,\ x_3)$는 단위벡터 $\mathbf{i}$, $\mathbf{j}$, $\mathbf{k}$의 합으로 나타낼 수 있다. 예를 들어, 다음 벡터를 살펴보자.

$$(-9,\ \sqrt{5},\ 3)=-9\mathbf{i}+\sqrt{5}\,\mathbf{j}+3\mathbf{k},\ (1,\ 0,-7)=\mathbf{i}-7\mathbf{k}$$

$\mathbb{R}^2$에서의 표준단위벡터는 $\mathbf{e}_1=(1,\ 0)$, $\mathbf{e}_2=(0,\ 1)$로 나타내고, $\mathbb{R}^3$에서의 표준단위벡터는 $\mathbf{e}_1=(1,\ 0,\ 0)$, $\mathbf{e}_2=(0,\ 1,\ 0)$, $\mathbf{e}_3=(0,\ 0,\ 1)$로 나타낸다. 그러면 $\mathbf{x}=(x_1, x_2)=x_1\mathbf{e}_1+x_2\mathbf{e}_2$이고 $\mathbf{y}=(y_1,\ y_2,\ y_3)=y_1\mathbf{e}_1+\mathrm{y}_2\mathbf{e}_2+\mathrm{y}_3\mathbf{e}_3$이다.

Chapter 3.1

연습문제

1~8. 다음 벡터를 좌표평면 $\mathbb{R}^2$ 또는 좌표공간 $\mathbb{R}^3$에 각각 그려라.

1. $\mathbf{a} = (-3, -4)$

2. $\mathbf{b} = (5, 12)$

3. $\mathbf{c} = (-5, 7)$

4. $\mathbf{d} = (2, -8)$

5. $\mathbf{e} = (3, -2, 3)$

6. $\mathbf{f} = (5, 2, -3)$

7. $\mathbf{g} = (2, 0, -3)$

8. $\mathbf{h} = (-5, 3, -2)$

9~10. 다음에 주어진 두 점 P, Q에 대해 벡터 $\overrightarrow{PQ}$를 구하라.

9. $P(5, -2)$, $Q(-3, 4)$

10. $P(-1, 2, -3)$, $Q(-4, 3, -1)$

11~12. 다음 물음에 답하라.

11. 시작점이 $P(1, 1)$인 벡터 $\mathbf{v} = (1, 2)$의 끝점은 어디인가?

12. 끝점이 $Q(-1, -1, 2)$인 벡터 $\mathbf{w} = (1, 1, 3)$의 시작점은 어디인가?

13~15. 벡터 $\mathbf{u} = (2, 2, -1)$, $\mathbf{v} = (4, -2, 1)$, $\mathbf{w} = (0, -2, 4)$일 때, 다음 물음에 답하라.

13. $2\mathbf{u} - 3\mathbf{v}$

14. $(2\mathbf{u} - \mathbf{w}) - (3\mathbf{v} - 3\mathbf{u})$

15. $2\mathbf{u} + 3\mathbf{v} = \mathbf{x} - \mathbf{w}$를 만족하는 벡터 $\mathbf{x}$를 구하라.

16~19. 다음 벡터의 노름을 구하고, 주어진 벡터와 같은 방향의 단위벡터를 구하라.

16. $\mathbf{a} = (-2, 1)$

17. $\mathbf{b} = (\sqrt{2}, 2)$

18. $\mathbf{c} = \left(\frac{1}{2}, 1, -1\right)$

19. $\mathbf{d} = (1, 1, -1)$

20. [연습문제 16~19]에 주어진 벡터를 표준단위벡터의 합으로 나타내라.

21. 점 $P(x,\ y,\ z)$를 시작점으로 하고 점 $Q(a,\ b,\ c)$를 끝점으로 하는 벡터의 노름을 구하라.

22. 다음 그림에 주어진 벡터의 합을 구하라.

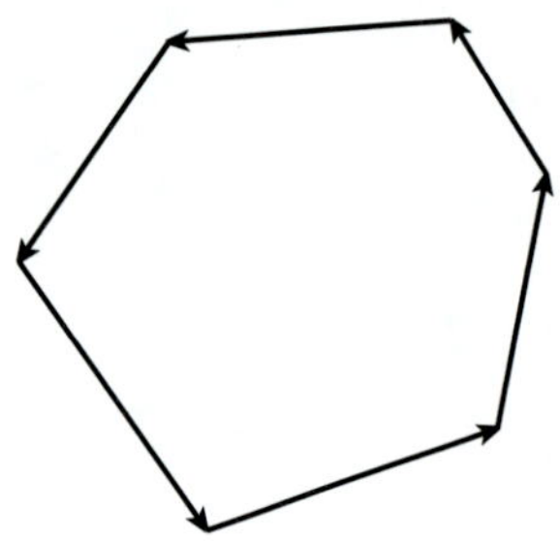

23. [정리 3-1]의 성질 (1)~(8)을 증명하라.

24~27. 다음에서 $\mathbf{i}$, $\mathbf{j}$, $\mathbf{k}$로 표시된 벡터는 3×1 행렬로, 3×1행렬로 표시된 벡터는 $\mathbf{i}$, $\mathbf{j}$, $\mathbf{k}$를 이용하여 나타내라.

24. $\mathbf{x} = -3\mathbf{i} + 5\mathbf{j} + 2\mathbf{k}$

25. $\mathbf{y} = 2\mathbf{i} - 3\mathbf{k}$

26. $\mathbf{z} = \begin{bmatrix} 1 \\ 2 \\ -3 \end{bmatrix}$

27. $\mathbf{w} = \begin{bmatrix} 0 \\ -\sqrt{2} \\ 5 \end{bmatrix}$

28. $x(2,\ y) = y(1,\ -2)$를 만족하는 x, y를 구하라.

29. 다음을 만족하는 x, y, z를 구하라.

$$(3,\ -1,\ 2) = x(1,\ 1,\ 1) + y(1,\ -1,\ 0) + z(1,\ 0,\ 0)$$

Section 3.2 벡터의 내적

이 절에서는 내적이라고 하는 두 벡터의 새로운 연산에 대한 특별한 성질을 알아본다.

벡터의 내적

두 벡터 $\mathbf{u}$와 $\mathbf{v}$를 $\mathbb{R}^2$ 또는 $\mathbb{R}^3$ 위에 있으며 시작점이 같은 벡터라고 하자. 그러면 [그림 3-12]와 같이 두 벡터의 사잇각 θ를 생각할 수 있다.[15]

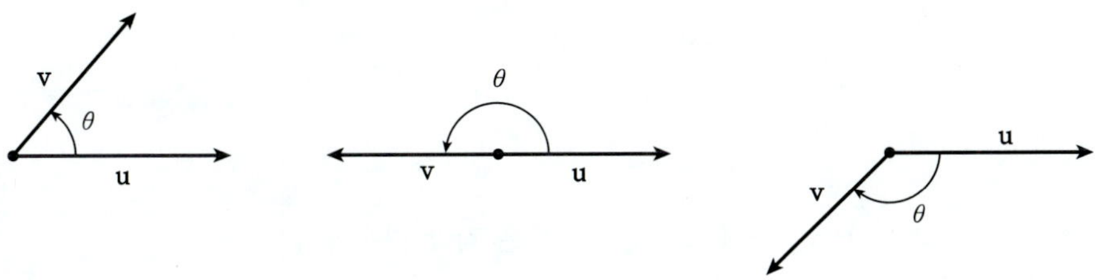

[그림 3-12] **두 벡터 사이의 각**

[그림 3-12]에서 알 수 있듯이 두 벡터 사이에는 항상 두 개의 각이 있다. 이 각을 이용하여 두 벡터의 새로운 연산인 내적을 정의할 수 있다.

좌표평면 $\mathbb{R}^2$ 또는 좌표공간 $\mathbb{R}^3$ 위에 영이 아닌 두 벡터 $\mathbf{u}$, $\mathbf{v}$ 사이의 각을 θ라고 할 때, 두 벡터의 **내적**inner product을 $\mathbf{u} \cdot \mathbf{v}$로 나타내고 다음과 같이 정의한다.[16]

$$\mathbf{u} \cdot \mathbf{v} = \| \mathbf{u} \| \| \mathbf{v} \| \cos \theta \tag{3.15}$$

경우에 따라서 우리는 내적을 **스칼라 곱**scalar product, **유클리드 곱**Euclidean product 또는 **점 곱**dot product이라고도 한다.

---

15 두 벡터의 사잇각 범위는 $0 \leq \theta \leq \pi$일 때를 말한다.

16 평면이나 공간에 있는 두 벡터는 적당히 평행이동하여 항상 시작점을 일치시킬 수 있다.

예제 3-5

다음에 주어진 벡터의 내적을 구하라.

(a) 사잇각이 45°인 두 벡터 $\mathbf{u}=(0, 0, 3)$, $\mathbf{v}=(2, 0, 2)$

(b) 사잇각이 90°인 두 벡터 $\mathbf{u}=(0, 2, -1)$, $\mathbf{v}=(-1, 1, 2)$

풀이

(a) 두 벡터 $\mathbf{u}=(0, 0, 3)$, $\mathbf{v}=(2, 0, 2)$의 노름은 각각 다음과 같다.

$$\|\mathbf{u}\|=\sqrt{0+0+9}=3$$
$$\|\mathbf{v}\|=\sqrt{4+0+4}=2\sqrt{2}$$

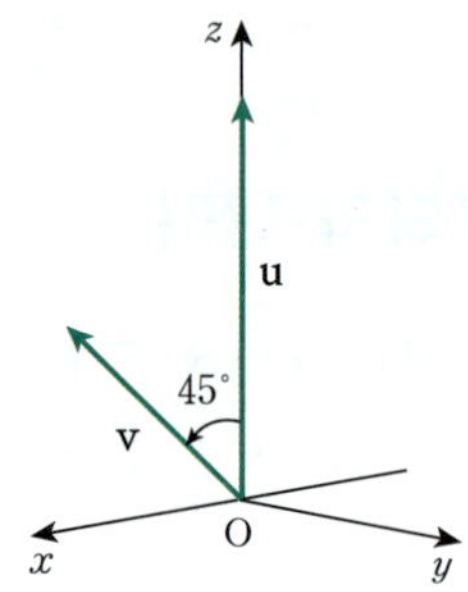

따라서 두 벡터의 내적은 다음과 같다.

$$\begin{aligned}\mathbf{u}\cdot\mathbf{v} &= \|\mathbf{u}\|\|\mathbf{v}\|\cos\theta \\ &= 3\cdot 2\sqrt{2}\cdot\cos 45^\circ \\ &= 6\sqrt{2}\cdot\frac{\sqrt{2}}{2} \\ &= 6\end{aligned}$$

(b) 두 벡터 $\mathbf{u}=(0, 2, -1)$, $\mathbf{v}=(-1, 1, 2)$의 노름은 각각 다음과 같다.

$$\|\mathbf{u}\|=\sqrt{0+4+1}=\sqrt{5}$$
$$\|\mathbf{v}\|=\sqrt{1+1+4}=\sqrt{6}$$

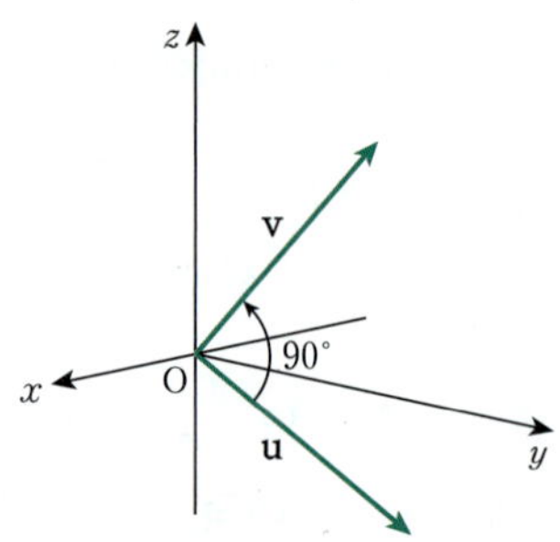

따라서 두 벡터의 내적은 다음과 같다.

$$\begin{aligned}\mathbf{u}\cdot\mathbf{v} &= \|\mathbf{u}\|\|\mathbf{v}\|\cos\theta \\ &= \sqrt{5}\cdot\sqrt{6}\cdot\cos 90^\circ \\ &= \sqrt{30}\cdot 0 \\ &= 0\end{aligned}$$

정의에 의하면, 주어진 두 벡터의 내적은 두 벡터의 노름과 사잇각을 알면 쉽게 구할 수 있다. 그런데 벡터가 성분으로 주어질 경우에는 두 벡터의 사잇각을 어떻게 구할 수 있을까? 사실 두 벡터의 사잇각을 구하기는 어렵다. 이런 문제를 해결하기 위해 사용하는 방법이 바로 코사인 제2법칙[17]이다. 이 방법을 사용하면 θ 값을 몰라도 내적을 쉽게 구할 수 있다.

정리 3-5　벡터의 내적

좌표평면 $\mathbb{R}^2$ 위의 벡터 $\mathbf{u}=(u_1,\ u_2)$, $\mathbf{v}=(v_1,\ v_2)$에 대해 두 벡터의 내적 $\mathbf{u}\cdot\mathbf{v}$는 다음과 같다.

$$\mathbf{u}\cdot\mathbf{v}=u_1v_1+u_2v_2 \tag{3.16}$$

또 좌표공간 $\mathbb{R}^3$ 위에 두 벡터 $\mathbf{u}=(u_1,\ u_2,\ u_3)$, $\mathbf{v}=(v_1,\ v_2,\ v_3)$에 대해 두 벡터의 내적 $\mathbf{u}\cdot\mathbf{v}$는 다음과 같다.

$$\mathbf{u}\cdot\mathbf{v}=u_1v_1+u_2v_2+u_3v_3 \tag{3.17}$$

증명

좌표평면에 대한 이 정리의 증명은 좌표공간에 대한 증명과 똑같다. 따라서 [그림 3-13]과 같이 좌표공간의 벡터 $\mathbf{u}=(u_1,\ u_2,\ u_3)$, $\mathbf{v}=(v_1,\ v_2,\ v_3)$에 대해서만 증명한다.

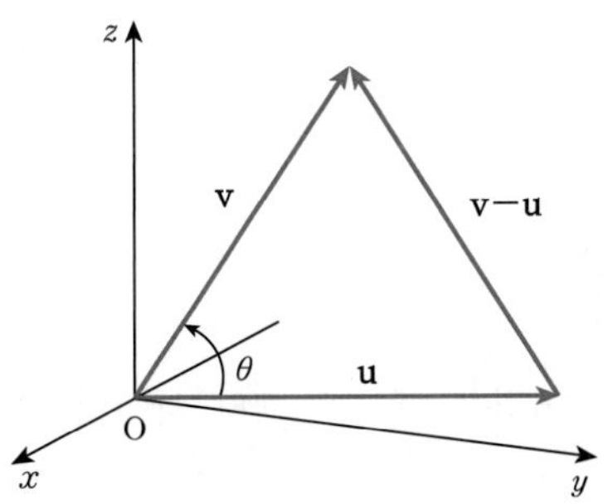

[그림 3-13] **좌표공간의 벡터**

[그림 3-13]과 같이 두 벡터 $\mathbf{u}$, $\mathbf{v}$는 변의 길이가 각각 $\|\mathbf{u}\|$, $\|\mathbf{v}\|$, $\|\mathbf{v}-\mathbf{u}\|$인 삼각형을 이룬다. 따라서 삼각형에서 코사인 제2법칙에 의해 다음을 얻을 수 있다.

$$\|\mathbf{v}-\mathbf{u}\|^2=\|\mathbf{v}\|^2+\|\mathbf{u}\|^2-2\|\mathbf{v}\|\,\|\mathbf{u}\|\cos\theta$$

이 식에서 $\|\mathbf{u}\|\|\mathbf{v}\|\cos\theta=\mathbf{u}\cdot\mathbf{v}$임을 이용하면, 다음과 같이 표현할 수 있다.

$$\|\mathbf{v}-\mathbf{u}\|^2=\|\mathbf{v}\|^2+\|\mathbf{u}\|^2-2(\mathbf{u}\cdot\mathbf{v})$$

17 코사인 제2법칙 : $c^2=a^2+b^2-2ab\cos\theta$

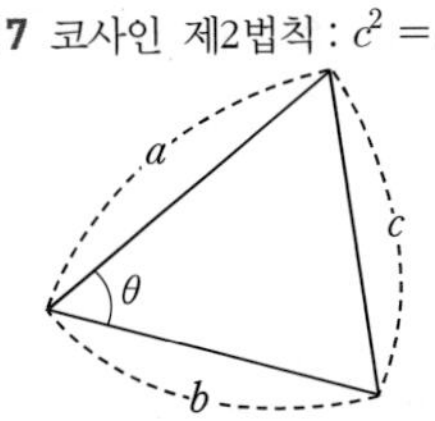

이 식을 내적 $\mathbf{u} \cdot \mathbf{v}$에 대해 정리하면 다음과 같다.

$$\mathbf{u} \cdot \mathbf{v} = \frac{1}{2}(\|\mathbf{v}\|^2 + \|\mathbf{u}\|^2 - \|\mathbf{v} - \mathbf{u}\|^2) \tag{3.18}$$

여기서 $\mathbf{v} - \mathbf{u} = (v_1 - u_1,\ v_2 - u_2,\ v_3 - u_3)$이므로 $\|\mathbf{v} - \mathbf{u}\|^2$을 구하면 다음과 같다.

$$\begin{aligned}\|\mathbf{v} - \mathbf{u}\|^2 &= (v_1 - u_1)^2 + (v_2 - u_2)^2 + (v_3 - u_3)^2 \\ &= v_1^2 - 2v_1u_1 + u_1^2 + v_2^2 - 2v_2u_2 + u_2^2 + v_3^2 - 2v_3u_3 + u_3^2 \\ &= v_1^2 + v_2^2 + v_3^2 + u_1^2 + u_2^2 + u_3^2 - 2(v_1u_1 + v_2u_2 + v_3u_3)\end{aligned}$$

이 식에서 처음 세 개 항은 $\|\mathbf{v}\|^2$이고, 그 뒤의 세 개의 항은 $\|\mathbf{u}\|^2$이다. 이 결과를 식 (3.18)에 대입하면 다음을 얻는다.

$$\begin{aligned}\mathbf{u} \cdot \mathbf{v} &= \frac{1}{2}(\|\mathbf{v}\|^2 + \|\mathbf{u}\|^2 - (\|\mathbf{v}\|^2 + \|\mathbf{u}\|^2 - 2(v_1u_1 + v_2u_2 + v_3u_3))) \\ &= v_1u_1 + v_2u_2 + v_3u_3\end{aligned}$$

■

내적을 이용하여 두 벡터의 사잇각 구하기

내적의 정의와 [정리 3-5]로부터 영이 아닌 두 벡터가 주어졌을 때, 두 벡터 사이의 코사인 값을 다음과 같이 구할 수 있다.[18]

$$\cos\theta = \frac{\mathbf{u} \cdot \mathbf{v}}{\|\mathbf{u}\|\|\mathbf{v}\|} \quad (0 \le \theta \le \pi) \tag{3.19}$$

예제 3-6

다음에 주어진 두 벡터 사이의 코사인 값을 구하라.

(a) $\mathbf{a} = (-3, 4),\ \mathbf{b} = (4,\ 3)$

(b) $\mathbf{u} = (-1,\ 2,\ 2),\ \mathbf{v} = (-1,\ 1,\ 0)$

풀이

(a) $\|\mathbf{a}\| = \sqrt{25} = 5,\ \|\mathbf{b}\| = \sqrt{25} = 5$이고 $\mathbf{a} \cdot \mathbf{b} = (-3) \cdot 4 + 4 \cdot 3 = 0$이므로, 코사인 값은 다음과 같다.

18 두 벡터 사이의 코사인 값을 알면, 코사인의 역함수를 이용하여 두 벡터의 사잇각을 알 수 있다.

$$\cos\theta = \frac{0}{5 \cdot 5} = 0$$

(b) $\|\mathbf{u}\| = 3$, $\|\mathbf{v}\| = \sqrt{2}$ 이고 $\mathbf{u} \cdot \mathbf{v} = (-1) \cdot (-1) + 2 \cdot 1 + 2 \cdot 0 = 3$ 이므로, 코사인 값은 다음과 같다.

$$\cos\theta = \frac{3}{3\sqrt{2}} = \frac{1}{\sqrt{2}}$$

[예제 3-6]의 (a)와 (b)에서 $0 \leq \theta \leq \pi$ 이므로 $\cos\theta = 0$ 이면 $\theta = 90°$ 이고, $\cos\theta = \frac{1}{\sqrt{2}}$ 이면 $\theta = 45°$ 이다.

내적의 정의와 식 (3.19)로부터 알 수 있듯이 영이 아닌 두 벡터 $\mathbf{u}$, $\mathbf{v}$ 의 사잇각 θ를 구할 수 있다. 두 벡터가 수직이면 사잇각은 $\theta = \frac{\pi}{2}$ 이다. 이때 두 벡터 $\mathbf{u}$와 $\mathbf{v}$는 **직교한다**orthogonal고 한다. 또 $\theta = 0$ 이거나 $\theta = \pi$ 이면 $\mathbf{u}$와 $\mathbf{v}$는 **평행하다**parallel고 한다.[19] 따라서 두 벡터가 직교하는지 여부는 내적을 이용하면 쉽게 알 수 있다.

정리 3-6 두 벡터의 직교

영이 아닌 두 벡터 $\mathbf{u}$, $\mathbf{v}$가 직교할 필요충분조건은 $\mathbf{u} \cdot \mathbf{v} = 0$ 이다.

증명

먼저 두 벡터가 직교한다고 하면, 두 벡터의 사잇각이 90°이므로

$$\mathbf{u} \cdot \mathbf{v} = \|\mathbf{u}\|\|\mathbf{v}\|\cos\theta = \|\mathbf{u}\|\|\mathbf{v}\|\cos 90° = 0$$

이다. 따라서 $\mathbf{u} \cdot \mathbf{v} = 0$ 이다.

역으로 $\mathbf{u} \cdot \mathbf{v} = 0$ 이라 하자. 그러면 두 벡터 $\mathbf{u}$, $\mathbf{v}$가 영이 아니므로 $\|\mathbf{u}\| \neq 0$, $\|\mathbf{v}\| \neq 0$ 이다.

$$0 = \mathbf{u} \cdot \mathbf{v} = \|\mathbf{u}\|\|\mathbf{v}\|\cos\theta \Rightarrow \cos\theta = 0 \Rightarrow \theta = 90°$$

이다. 따라서 두 벡터는 직교한다. ■

19 두 벡터가 평행인 경우, 두 벡터는 방향이 같거나($\theta = 0$) 방향이 반대($\theta = \pi$)이다.

두 벡터 $\mathbf{u}$, $\mathbf{v}$ 중 한 벡터가 영벡터($\mathbf{v}=\mathbf{0}$)일 때, 두 벡터의 내적을 구하면 $\mathbf{u}\cdot\mathbf{v}=\mathbf{u}\cdot\mathbf{0}=0$이므로 두 벡터 $\mathbf{u}$, $\mathbf{v}$는 직교한다고 할 수 있다.[20] 따라서 영벡터는 모든 벡터와 직교한다고 할 수 있다. 특히 [정리 3-5]로부터 좌표공간 $\mathbb{R}^3$에서 $\mathbf{u}=\mathbf{v}$이면

$$\mathbf{u}\cdot\mathbf{u}=u_1^2+u_2^2+u_3^2=\|\mathbf{u}\|^2$$

이므로, 다음이 성립한다.

$$\|\mathbf{u}\|=\sqrt{\mathbf{u}\cdot\mathbf{u}} \tag{3.20}$$

다음은 내적에 관한 몇 가지 성질이다.

정리 3-7 내적의 성질

좌표평면 $\mathbb{R}^2$ 위의 벡터 $\mathbf{u}=(u_1,\ u_2)$, $\mathbf{v}=(v_1,\ v_2)$ 또는 좌표공간 $\mathbb{R}^3$ 위의 두 벡터 $\mathbf{u}=(u_1,\ u_2,\ u_3)$, $\mathbf{v}=(v_1,\ v_2,\ v_3)$와 스칼라 k에 대해 다음이 성립한다.

(1) $\mathbf{u}\cdot\mathbf{u}\geq 0$, $\mathbf{u}\cdot\mathbf{u}=0 \Leftrightarrow \mathbf{u}=\mathbf{0}$
(2) $\mathbf{u}\cdot\mathbf{v}=\mathbf{v}\cdot\mathbf{u}$[21]
(3) $(\mathbf{u}+\mathbf{v})\cdot\mathbf{w}=\mathbf{u}\cdot\mathbf{w}+\mathbf{v}\cdot\mathbf{w}$
(4) $(k\mathbf{u})\cdot\mathbf{v}=\mathbf{u}\cdot(k\mathbf{v})=k(\mathbf{u}\cdot\mathbf{v})$

증명

[정리 3-7]은 좌표공간 $\mathbb{R}^3$ 위의 두 벡터 $\mathbf{u}=(u_1,\ u_2,\ u_3)$, $\mathbf{v}=(v_1,\ v_2,\ v_3)$에 대한 증명만으로도 충분하다. 여기서는 성질 (1), (2), (4)만 증명하고, 성질 (3)의 증명은 연습문제로 남긴다.

(1) $\mathbf{u}\cdot\mathbf{u}=u_1^2+u_2^2+u_3^2=\|\mathbf{u}\|^2\geq 0$이므로 다음과 같다.

$$\mathbf{u}\cdot\mathbf{u}\geq 0,\ \mathbf{u}\cdot\mathbf{u}=0 \quad\Leftrightarrow\quad \mathbf{u}=\mathbf{0}$$

(2) $\mathbf{u}=(u_1,\ u_2,\ u_3)$, $\mathbf{v}=(v_1,\ v_2,\ v_3)$이므로 다음과 같다.

$$\begin{aligned}\mathbf{u}\cdot\mathbf{v}&=u_1v_1+u_2v_2+u_3v_3\\&=v_1u_1+v_2u_2+v_3u_3\end{aligned}$$

20 영벡터는 모든 벡터와 직교하는 동시에 모든 벡터와 평행이기도 하다.

21 두 실수 a, b의 곱에 대해 교환법칙 $ab=ba$가 성립하듯이 벡터의 내적도 교환법칙이 성립한다.

$$= \mathbf{v} \cdot \mathbf{u}$$

(4) 실수의 성질로부터 다음이 성립한다.

$$(k\mathbf{u}) \cdot \mathbf{v} = (ku_1)v_1 + (ku_2)v_2 + (ku_3)v_3$$

$$\mathbf{u} \cdot (k\mathbf{v}) = u_1(kv_1) + u_2(kv_2) + u_3(kv_3)$$

$$k(\mathbf{u} \cdot \mathbf{v}) = k((u_1v_1) + (u_2v_2) + (u_3v_3))$$

따라서 다음과 같다.

$$(k\mathbf{u}) \cdot \mathbf{v} = \mathbf{u} \cdot (k\mathbf{v}) = k(\mathbf{u} \cdot \mathbf{v})$$ ■

예제 3-7

세 벡터 $\mathbf{u} = (-3, 4)$, $\mathbf{v} = (5, 12)$, $\mathbf{w} = (4, 3)$에 대해 다음을 구하라.

(a) $\mathbf{u} \cdot \mathbf{u}$와 $\|\mathbf{u}\|^2$ (b) $\mathbf{u} \cdot \mathbf{w}$ (c) $(-2\mathbf{u}) \cdot \mathbf{v}$와 $\mathbf{u} \cdot (-2\mathbf{v})$

풀이

(a) $\mathbf{u} \cdot \mathbf{u} = (-3)(-3) + (4)(4) = 9 + 16 = 25$

$\|\mathbf{u}\|^2 = (-3)^2 + 4^2 = 25$

따라서 $\mathbf{u} \cdot \mathbf{u} = \|\mathbf{u}\|^2$임을 알 수 있다.

(b) $\mathbf{u} \cdot \mathbf{w} = (-3)(4) + (4)(3) = 0$

따라서 두 벡터는 직교함을 알 수 있다.

(c) $-2\mathbf{u} = (6, -8)$, $-2\mathbf{v} = (-10, -24)$이므로 각각은 다음과 같다.

$(-2\mathbf{u}) \cdot \mathbf{v} = (6)(5) + (-8)(12) = -66$

$\mathbf{u} \cdot (-2\mathbf{v}) = (-3)(-10) + (4)(-24) = -66$

따라서 $(-2\mathbf{u}) \cdot \mathbf{v} = \mathbf{u} \cdot (-2\mathbf{v})$임을 알 수 있다.

벡터의 방향코사인

이제 벡터가 좌표공간의 각 축과 이루는 각에 대해 알아보자. [그림 3-14]에서 벡터 $\mathbf{v}=(v_1,\ v_2,\ v_3)$와 x축, y축, z축의 사잇각을 차례로 α, β, γ라 하자. 이때 각 α, β, γ를 벡터 $\mathbf{v}$의 **방향각** direction angles이라고 한다.

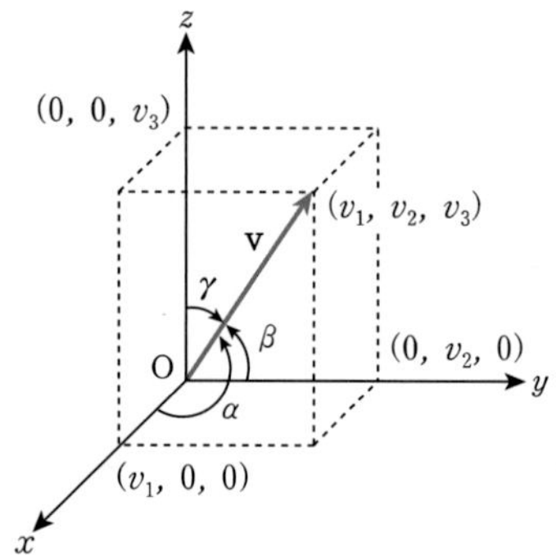

[그림 3-14] **벡터의 방향각**

[그림 3-14]에서 다음과 같은 결과를 얻을 수 있다.

$$\cos\alpha = \frac{v_1}{\|\mathbf{v}\|}\ ,\ \cos\beta = \frac{v_2}{\|\mathbf{v}\|}\ ,\ \cos\gamma = \frac{v_3}{\|\mathbf{v}\|} \tag{3.21}$$

이를 벡터 $\mathbf{v}=(v_1,\ v_2,\ v_3)$의 **방향코사인** direction cosines이라고 한다.

$\mathbf{v}=(v_1,\ v_2,\ v_3)$, $\|\mathbf{v}\| \neq 1$일 때, v_1, v_2, v_3를 $\mathbf{v}$의 **방향수** direction numbers라고 한다. 특히 평면에서는 직선의 기울기를 하나의 식 $\dfrac{(y\text{의 증가량})}{(x\text{의 증가량})}$으로 구할 수 있지만, 공간에서는 직선의 기울기를 하나의 식으로 표현할 수 없으므로 방향코사인을 이용한다.

한편, $\|\mathbf{v}\|^2 = v_1^2 + v_2^2 + v_3^2$이므로 다음이 성립한다.

$$\cos^2\alpha + \cos^2\beta + \cos^2\gamma = 1 \tag{3.22}$$

그런데 벡터 $\mathbf{v}$의 방향각 α, β, γ가 0과 π 사이의 각이고 $\cos^2\alpha + \cos^2\beta + \cos^2\gamma = 1$이므로, 벡터 $(\cos\alpha, \cos\beta, \cos\gamma)$는 단위벡터이다.

예제 3-8

벡터 $\mathbf{v}=(1,-2,\ 3)$의 방향코사인 $\cos\alpha$, $\cos\beta$, $\cos\gamma$를 구하라.

풀이

$$\|\mathbf{v}\| = \sqrt{1^2+(-2)^2+3^2} = \sqrt{14}$$

이므로 방향코사인은 각각 다음과 같다.

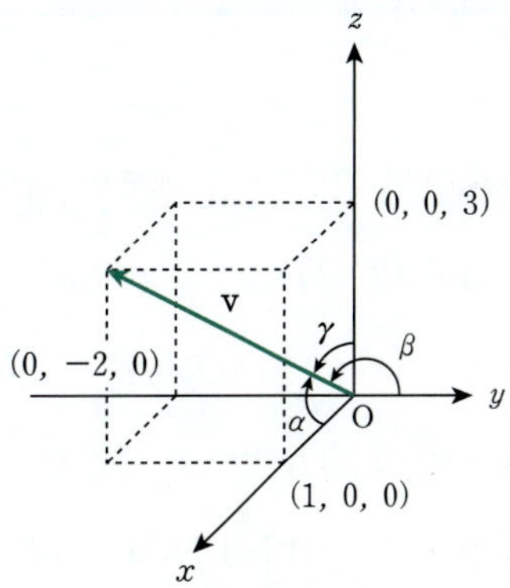

$$\cos\alpha = \frac{1}{\sqrt{14}}$$

$$\cos\beta = \frac{-2}{\sqrt{14}}$$

$$\cos\gamma = \frac{3}{\sqrt{14}}$$

Chapter

3.2 연습문제

1~4. 다음에 주어진 벡터의 내적을 구하라.

1. $\mathbf{u}=(3,\ 2),\ \mathbf{v}=(-1,\ 3)$

2. $\mathbf{x}=(-4,\ 2,\ 0),\ \mathbf{y}=(5,\ 5,\ -10)$

3. $\mathbf{a}=(5,\ 3),\ \mathbf{b}=(-3,\ 5)$

4. $\mathbf{p}=(5,-12,\ 13),\ \mathbf{q}=(2,\ 3,\ 2)$

5~8. 다음에 주어진 두 벡터 $\mathbf{x}$, $\mathbf{y}$ 의 사잇각을 θ라 할 때, $\cos\theta$를 구하라.

5. $\mathbf{x}=(-1,\ 2),\ \mathbf{y}=(-3,\ 4)$

6. $\mathbf{x}=\left(\frac{1}{2},-1\right),\ \mathbf{y}=(0,\ 2)$

7. $\mathbf{x}=(-3,2,\ 1),\ \mathbf{y}=(5,\ 0,12)$

8. $\mathbf{x}=(-4,-2,\ 3),\ \mathbf{y}=(6,-2,-1)$

9~12. 두 벡터 $\mathbf{u}=(2,\ 0,\ 1),\ \mathbf{v}=(1,\ 1,-2)$에 대해 다음을 구하라.

9. $\mathbf{u}\cdot\mathbf{u}$와 $\|\mathbf{u}\|^2$

10. $\mathbf{u}\cdot\mathbf{v}$와 $\mathbf{v}\cdot\mathbf{u}$

11. $(3\mathbf{u})\cdot\mathbf{v}$와 $\mathbf{u}\cdot 3(\mathbf{v})$

12. $3(\mathbf{u}\cdot\mathbf{v})$

13~14. 다음에 주어진 벡터들에 대해 물음에 답하라.

$$\mathbf{x}_1 = (1,\ 2,\ 3),\quad \mathbf{x}_2 = (0,\ 1,\ 2),\quad \mathbf{x}_3 = (-2, -4, -6),\quad \mathbf{x}_4 = (0,\ 0,\ 0)$$

$$\mathbf{x}_5 = (-2,\ 1,\ 0),\quad \mathbf{x}_6 = (2,\ 4,\ 6),\quad \mathbf{x}_7 = (-6,\ 6, -2),\quad \mathbf{x}_8 = (-4, -2,\ 1)$$

13. 서로 직교하는 것을 모두 찾아라.

14. 서로 평행한 것을 모두 찾아라.

15~18. 다음 벡터의 방향코사인을 구하라.

15. $\mathbf{v} = (2,\ 0, -4)$

16. $\mathbf{v} = (-1, -1, -1)$

17. $\mathbf{v} = 2\mathbf{i} - 4\mathbf{j}$

18. $\mathbf{v} = 2\mathbf{i} - 4\mathbf{j} + 3\mathbf{k}$

19. 다음의 세 점을 꼭짓점으로 갖는 삼각형은 직각삼각형인가?

$$\mathrm{P}(3,\ 1,\ 2),\ \mathrm{Q}(7,\ 0,\ 1),\ \mathrm{R}(2,\ 3, -4)$$

20. 좌표공간 $\mathbb{R}^3$ 위에 세 벡터 $\mathbf{u} = (u_1,\ u_2,\ u_3)$, $\mathbf{v} = (v_1,\ v_2,\ v_3)$, $\mathbf{w} = (w_1,\ w_2,\ w_3)$에 대해 다음이 성립함을 보여라.

$$(\mathbf{u} + \mathbf{v}) \cdot \mathbf{w} = \mathbf{u} \cdot \mathbf{w} + \mathbf{v} \cdot \mathbf{w}$$

21. 벡터 $\mathbf{z}$가 $\mathbf{x}$, $\mathbf{y}$와 각각 직교하면 $\mathbf{z}$는 벡터 $a\mathbf{x} + b\mathbf{y}(a, b \in \mathbb{R})$와 직교함을 증명하라.

22. 좌표공간 $\mathbb{R}^3$ 위에 벡터 $\mathbf{x}$에 대하여 다음이 성립함을 증명하라.

$$\mathbf{x} = (\mathbf{x} \cdot \mathbf{i})\mathbf{i} + (\mathbf{x} \cdot \mathbf{j})\mathbf{j} + (\mathbf{x} \cdot \mathbf{k})\mathbf{k}$$

23. 두 단위벡터 $\mathbf{u}$, $\mathbf{v}$의 내적의 크기가 1보다 작거나 같음을 증명하라.

24. 모든 벡터와 수직인 벡터는 영벡터임을 보여라.

25. 두 벡터가 $\mathbf{x}$, $\mathbf{y}$가 수직일 필요충분조건은 $\|\mathbf{x}+\mathbf{y}\| = \|\mathbf{x}-\mathbf{y}\|$임을 보여라.

26. 좌표평면 위의 세 점 $\mathrm{A}(1,3)$, $\mathrm{B}(-7,6)$, $\mathrm{C}(5,-1)$이 있다. $\triangle \mathrm{ABC}$에서 $\cos A$, $\sin A$ 및 삼각형 넓이를 구하라.

27. 좌표공간 $\mathbb{R}^3$에서 단위벡터 $\mathbf{u}$가 x축과 이루는 각을 $\frac{\pi}{3}$, y축과 이루는 각을 $\frac{\pi}{3}$라고 하자. 이때, $\mathbf{u}$가 xy평면과 이루는 각 θ를 구하라.

Section 3.3 벡터의 외적

기하학, 물리학, 공학 등에서 벡터를 응용할 때 종종 $\mathbb{R}^3$의 주어진 두 벡터에 동시에 수직인 벡터를 구해야 할 때가 있다. 이때 구하려는 벡터가 두 벡터의 외적인데, 이 절에서는 외적에 대해 알아보자.

벡터의 외적

이제 소개하려는 벡터의 곱은 오직 좌표공간인 $\mathbb{R}^3$에서만 정의되며, 두 가지 형태로 표현할 수 있다.

$\mathbb{R}^3$의 벡터 $\mathbf{x}=(x_1,\ x_2,\ x_3)$, $\mathbf{y}=(y_1,\ y_2,\ y_3)$에 대해 $\mathbf{x}$와 $\mathbf{y}$의 **외적**cross product을 $\mathbf{x}\times\mathbf{y}$로 나타내며, 다음과 같이 정의한다.

❶ 벡터 표현

$$\mathbf{x}\times\mathbf{y}=(x_2y_3-x_3y_2,\ x_3y_1-x_1y_3,\ x_1y_2-x_2y_1) \tag{3.23}$$

❷ 2차 행렬식 표현

$$\mathbf{x}\times\mathbf{y}=\left(\begin{vmatrix} x_2 & x_3 \\ y_2 & y_3 \end{vmatrix},\ -\begin{vmatrix} x_1 & x_3 \\ y_1 & y_3 \end{vmatrix},\ \begin{vmatrix} x_1 & x_2 \\ y_1 & y_2 \end{vmatrix}\right) \tag{3.24}$$

두 벡터의 내적은 실수였지만, 외적은 내적과 달리 벡터이다. 그리고 두 벡터의 외적은 다음과 같은 3차 행렬식을 이용하면 간단히 구할 수 있다.

$$\mathbf{x}\times\mathbf{y}=\begin{vmatrix} \mathbf{i} & \mathbf{j} & \mathbf{k} \\ x_1 & x_2 & x_3 \\ y_1 & y_2 & y_3 \end{vmatrix}$$

즉, 두 벡터 $\mathbf{x}$와 $\mathbf{y}$의 외적을 구할 때 $\mathbf{i}=(1,\ 0,\ 0)$, $\mathbf{j}=(0,\ 1,\ 0)$, $\mathbf{k}=(0,\ 0,\ 1)$을 실수처럼 생각하면 다음과 같이 계산할 수 있다.

$$\mathbf{x}\times\mathbf{y}=\begin{vmatrix}\mathbf{i} & \mathbf{j} & \mathbf{k}\\ x_1 & x_2 & x_3\\ y_1 & y_2 & y_3\end{vmatrix}$$
$$=\begin{vmatrix}x_2 & x_3\\ y_2 & y_3\end{vmatrix}\mathbf{i}-\begin{vmatrix}x_1 & x_3\\ y_1 & y_3\end{vmatrix}\mathbf{j}+\begin{vmatrix}x_1 & x_2\\ y_1 & y_2\end{vmatrix}\mathbf{k}$$
$$=\left(\begin{vmatrix}x_2 & x_3\\ y_2 & y_3\end{vmatrix},\ -\begin{vmatrix}x_1 & x_3\\ y_1 & y_3\end{vmatrix},\ \begin{vmatrix}x_1 & x_2\\ y_1 & y_2\end{vmatrix}\right)$$

예제 3-9

$\mathbf{x}=(1,\ 2,\ -2)$, $\mathbf{y}=(3,\ 0,1)$에 대해 $\mathbf{x}\times\mathbf{y}$, $\mathbf{x}\cdot\mathbf{y}$를 각각 구하라.

풀이

먼저 두 벡터의 외적 $\mathbf{x}\times\mathbf{y}$를 구해보자.

$$\begin{aligned}\mathbf{x}\times\mathbf{y}&=\begin{vmatrix}\mathbf{i} & \mathbf{j} & \mathbf{k}\\ 1 & 2 & -2\\ 3 & 0 & 1\end{vmatrix}\\ &=(2-0)\mathbf{i}-(1+6)\mathbf{j}+(0-6)\mathbf{k}\\ &=2\mathbf{i}-7\mathbf{j}-6\mathbf{k}\end{aligned}$$

이번에는 두 벡터의 내적 $\mathbf{x}\cdot\mathbf{y}$를 구해보자.

$$\mathbf{x}\cdot\mathbf{y}=1\cdot 3+2\cdot 0+(-2)\cdot 1=1$$

[예제 3-9]의 결과를 살펴보면, 내적은 실수이지만 외적은 새로운 벡터가 된다.

벡터의 외적에 관한 기본적인 성질은 [정리 3-8]과 같다. 행렬식의 성질을 이용하면 쉽게 증명할 수 있으므로 증명은 연습문제로 남긴다.

정리 3-8 외적의 성질

$\mathbb{R}^3$의 벡터 $\mathbf{x}$, $\mathbf{y}$, $\mathbf{z}$와 임의의 스칼라 k에 대해 다음이 성립한다.

(1) $\mathbf{x}\times\mathbf{y}=-\mathbf{y}\times\mathbf{x}$

(2) $\mathbf{x}\times(\mathbf{y}+\mathbf{z})=(\mathbf{x}\times\mathbf{y})+(\mathbf{x}\times\mathbf{z})$

(3) $(\mathbf{x}+\mathbf{y})\times\mathbf{z}=(\mathbf{x}\times\mathbf{z})+(\mathbf{y}\times\mathbf{z})$

(4) $k(\mathbf{x}\times\mathbf{y})=(k\mathbf{x})\times\mathbf{y}=\mathbf{x}\times(k\mathbf{y})$

(5) $\mathbf{x}\times\mathbf{0}=\mathbf{0}\times\mathbf{x}=\mathbf{0}$

(6) $\mathbf{x}\times\mathbf{x}=\mathbf{0}$

[정리 3-8]로부터 $\mathbb{R}^3$의 표준단위벡터에 대해 다음이 성립함을 알 수 있다.

$$\mathbf{i}\times\mathbf{i}=\mathbf{j}\times\mathbf{j}=\mathbf{k}\times\mathbf{k}=\mathbf{0}$$
$$\mathbf{i}\times\mathbf{j}=\mathbf{k},\ \mathbf{j}\times\mathbf{k}=\mathbf{i},\ \mathbf{k}\times\mathbf{i}=\mathbf{j}$$
$$\mathbf{j}\times\mathbf{i}=-\mathbf{k},\ \mathbf{k}\times\mathbf{j}=-\mathbf{i},\ \mathbf{i}\times\mathbf{k}=-\mathbf{j}$$

예제 3-10

$\mathbb{R}^3$의 세 벡터 $\mathbf{x}=3\mathbf{i}+\mathbf{k}$, $\mathbf{y}=\mathbf{i}+2\mathbf{j}-2\mathbf{k}$, $\mathbf{z}=2\mathbf{i}-\mathbf{k}$에 대해 [정리 3-8]의 성질 (2)가 성립함을 확인하라.

풀이

먼저 좌변을 계산하면 $\mathbf{y}+\mathbf{z}=3\mathbf{i}+2\mathbf{j}-3\mathbf{k}$이므로

$$\mathbf{x}\times(\mathbf{y}+\mathbf{z})=\begin{vmatrix}\mathbf{i} & \mathbf{j} & \mathbf{k}\\ 3 & 0 & 1\\ 3 & 2 & -3\end{vmatrix}=-2\mathbf{i}+12\mathbf{j}+6\mathbf{k}$$

이다. 또 우변을 계산하면

$$\mathbf{x}\times\mathbf{y}=\begin{vmatrix}\mathbf{i} & \mathbf{j} & \mathbf{k}\\ 3 & 0 & 1\\ 1 & 2 & -2\end{vmatrix}=-2\mathbf{i}+7\mathbf{j}+6\mathbf{k}$$

$$\mathbf{x}\times\mathbf{z}=\begin{vmatrix}\mathbf{i} & \mathbf{j} & k\\ 3 & 0 & 1\\ 2 & 0 & -1\end{vmatrix}=5\mathbf{j}$$

이므로 $(\mathbf{x}\times\mathbf{y})+(\mathbf{x}\times\mathbf{z})=-2\mathbf{i}+12\mathbf{j}+6\mathbf{k}$이다. 따라서 $\mathbf{x}\times(\mathbf{y}+\mathbf{z})=(\mathbf{x}\times\mathbf{y})+(\mathbf{x}\times\mathbf{z})$가 성립한다.

다음의 [정리 3-9]는 내적과 외적 사이에 성립하는 몇 가지 중요한 관계들이다.

정리 3-9 내적과 외적

$\mathbb{R}^3$의 벡터 $\mathbf{x}$, $\mathbf{y}$, $\mathbf{z}$에 대해 다음 등식이 성립한다.

(1) $\mathbf{x}\cdot(\mathbf{x}\times\mathbf{y})=0$

(2) $\mathbf{y}\cdot(\mathbf{x}\times\mathbf{y})=0$

(3) $\|\mathbf{x}\times\mathbf{y}\|^2=\|\mathbf{x}\|^2\|\mathbf{y}\|^2-(\mathbf{x}\cdot\mathbf{y})^2$

(4) $\mathbf{x}\times(\mathbf{y}\times\mathbf{z})=(\mathbf{x}\cdot\mathbf{z})\mathbf{y}-(\mathbf{x}\cdot\mathbf{y})\mathbf{z}$

(5) $(\mathbf{x}\times\mathbf{y})\times\mathbf{z}=(\mathbf{x}\cdot\mathbf{z})\mathbf{y}-(\mathbf{y}\cdot\mathbf{z})\mathbf{x}$

증명

여기서는 성질 (1)~(3)을 증명한다. 성질 (4)와 성질 (5)의 증명은 예제와 연습문제로 남긴다.

(1) $\mathbf{x}=(x_1,\ x_2,\ x_3)$, $\mathbf{y}=(y_1,\ y_2,\ y_3)$라 하면 다음이 성립한다.

$$\mathbf{x}\cdot(\mathbf{x}\times\mathbf{y})=x_1(x_2y_3-x_3y_2)+x_2(x_3y_1-x_1y_3)+x_3(x_1y_2-x_2y_1)=0$$

(2) 성질 (1)과 마찬가지 방법으로 $\mathbf{y}\cdot(\mathbf{x}\times\mathbf{y})=0$임을 알 수 있다.

(3) 먼저 좌변을 전개하면 다음과 같다.

$$\|\mathbf{x}\times\mathbf{y}\|^2=(x_2y_3-x_3y_2)^2+(x_3y_1-x_1y_3)^2+(x_1y_2-x_2y_1)^2$$

또한, 우변을 전개하면 다음과 같다.

$$\begin{aligned}&\|\mathbf{x}\|^2\|\mathbf{y}\|^2-(\mathbf{x}\cdot\mathbf{y})^2\\&=(x_1^2+x_2^2+x_3^2)(y_1^2+y_2^2+y_3^2)-(x_1y_1+x_2y_2+x_3y_3)^2\end{aligned}$$

전개한 두 식을 비교하면 일치하는 것을 알 수 있다. 따라서 다음이 성립하며, 이 식을 **라그랑주 항등식**Lagrange's identity이라고 한다.

$$\|\mathbf{x}\times\mathbf{y}\|^2=\|\mathbf{x}\|^2\|\mathbf{y}\|^2-(\mathbf{x}\cdot\mathbf{y})^2$$ ■

예제 3-11

[예제 3-10]에서 주어진 벡터를 이용하여 [정리 3-9]의 성질 (4)가 성립함을 확인하라.

풀이

먼저 $\mathbf{y}\times\mathbf{z}=-2\mathbf{i}-3\mathbf{j}-4\mathbf{k}$이므로 좌변을 계산하면 다음과 같다.

$$\mathbf{x}\times(\mathbf{y}\times\mathbf{z})=\begin{vmatrix}\mathbf{i}&\mathbf{j}&\mathbf{k}\\3&0&1\\-2&-3&-4\end{vmatrix}=3\mathbf{i}+10\mathbf{j}-9\mathbf{k}$$

또한 우변을 계산하면 다음과 같다.

$$(\mathbf{x}\cdot\mathbf{z})\mathbf{y}-(\mathbf{x}\cdot\mathbf{y})\mathbf{z}=5\mathbf{y}-\mathbf{z}=3\mathbf{i}+10\mathbf{j}-9\mathbf{k}$$

즉, $\mathbf{x}\times(\mathbf{y}\times\mathbf{z})=(\mathbf{x}\cdot\mathbf{z})\mathbf{y}-(\mathbf{x}\cdot\mathbf{y})\mathbf{z}$이다. 따라서 성질 (4)가 성립함을 알 수 있다.

벡터의 외적의 기하학적 의미

이제 두 벡터의 외적에 대한 기하학적 의미를 알아보자. [정리 3-9]의 성질 (1)과 성질 (2)로부터 $\mathbf{x}\times\mathbf{y}$는 두 벡터 $\mathbf{x}$와 $\mathbf{y}$에 동시에 직교함을 알 수 있다. 따라서 $\mathbf{x}$와 $\mathbf{y}$가 평행이 아니면 $\mathbf{x}\times\mathbf{y}$는 이 두 벡터가 결정하는 평면에 수직인 벡터이다. 이때 벡터 $\mathbf{x}\times\mathbf{y}$의 방향은 **오른손 규칙**right hand rule에 의해 구할 수 있다. $\mathbf{x}$와 $\mathbf{y}$가 이루는 각을 θ라고 하자. 이 경우 $\mathbf{x}$에서 $\mathbf{y}$를 향해 오른손을 쥐었을 때 엄지손가락이 가리키는 방향이 $\mathbf{x}\times\mathbf{y}$의 방향이라고 생각하면 된다.

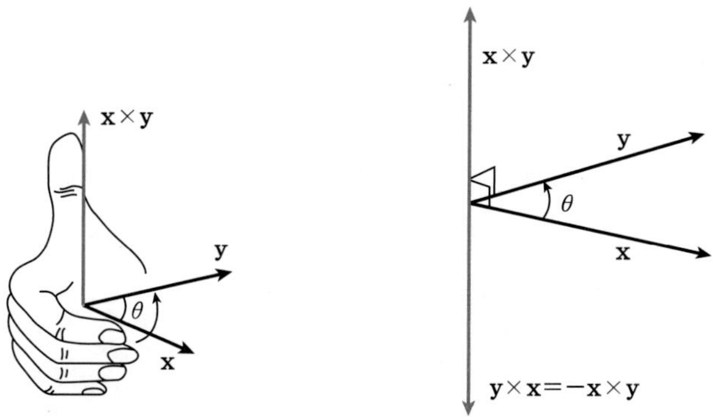

[그림 3-15] **오른손 규칙**

또한 [정리 3-9]의 성질 (3)으로부터 다음이 성립한다.

$$\begin{aligned}\|\mathbf{x}\times\mathbf{y}\|^2 &= \|\mathbf{x}\|^2\|\mathbf{y}\|^2-(\mathbf{x}\cdot\mathbf{y})^2\\ &= \|\mathbf{x}\|^2\|\mathbf{y}\|^2-\|\mathbf{x}\|^2\|\mathbf{y}\|^2\cos^2\theta\\ &= \|\mathbf{x}\|^2\|\mathbf{y}\|^2(1-\cos^2\theta)\\ &= \|\mathbf{x}\|^2\|\mathbf{y}\|^2\sin^2\theta\end{aligned}$$

따라서 벡터 $\mathbf{x}\times\mathbf{y}$의 크기는 다음과 같다.

$$\|\mathbf{x}\times\mathbf{y}\| = \|\mathbf{x}\|\,\|\mathbf{y}\|\sin\theta$$

기하학적으로 살펴보자면, 벡터 $\mathbf{x}\times\mathbf{y}$의 크기는 $\mathbf{x}$와 $\mathbf{y}$가 만드는 평행사변형의 넓이와 같다.

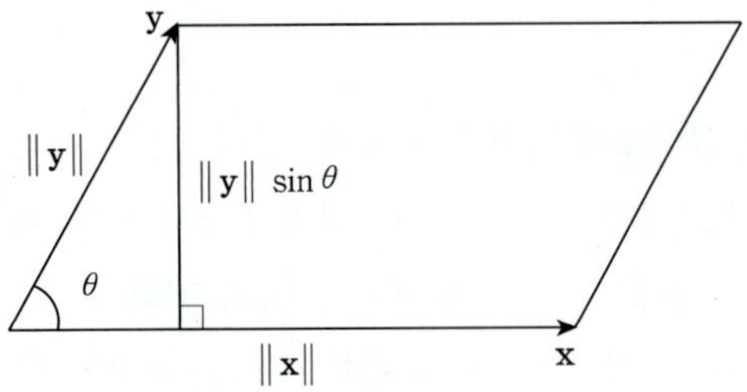

[그림 3-16] 외적의 크기

예제 3-12

세 점 P(2, 2, 0), Q(−1, 0, 2), R(0, 4, 3)을 꼭짓점으로 갖는 삼각형의 넓이를 구하라.

풀이

세 점을 꼭짓점으로 갖는 삼각형의 넓이 A는 벡터 $\overrightarrow{PQ}$, $\overrightarrow{PR}$이 만드는 평행사변형의 넓이의 절반이다. 평행사변형의 두 변을 구해보자.

$$\overrightarrow{PQ} = (-3, -2, 2),\ \overrightarrow{PR} = (-2, 2, 3)$$

두 벡터의 외적은 다음과 같다.

$$\overrightarrow{PQ} \times \overrightarrow{PR} = (-10, 5, -10)$$

따라서 삼각형의 넓이 A는 다음과 같다.

$$A = \frac{1}{2}\|\overrightarrow{PQ} \times \overrightarrow{PR}\| = \frac{15}{2}$$

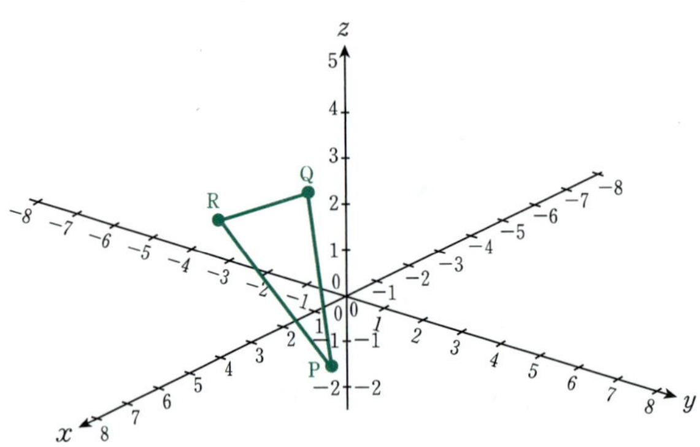

스칼라 삼중적

두 벡터의 외적의 크기가 두 벡터에 의해 만들어지는 평행사변형의 넓이라는 것을 살펴봤다. 이와 같이 외적의 성질을 이용하면 3차 행렬식의 기하학적 성질도 알 수 있다. 먼저 다음과 같이 세 벡터의 특별한 곱을 정의하자.

$\mathbb{R}^3$의 세 벡터 $\mathbf{x}=(x_1, x_2, x_3)$, $\mathbf{y}=(y_1, y_2, y_3)$, $\mathbf{z}=(z_1, z_2, z_3)$에 대해 $\mathbf{x}\cdot(\mathbf{y}\times\mathbf{z})$를 $\mathbf{x}$, $\mathbf{y}$, $\mathbf{z}$의 **스칼라 삼중적**scalar triple product이라고 한다.

세 벡터 $\mathbf{x}=(x_1, x_2, x_3)$, $\mathbf{y}=(y_1, y_2, y_3)$, $\mathbf{z}=(z_1, z_2, z_3)$의 스칼라 삼중적은 벡터의 외적에 대한 정의에 의해 다음과 같이 쉽게 구할 수 있다.

$$\begin{aligned}\mathbf{x}\cdot(\mathbf{y}\times\mathbf{z}) &= (x_1, x_2, x_3)\cdot\left(\begin{vmatrix} y_2 & y_3 \\ z_2 & z_3\end{vmatrix}, -\begin{vmatrix} y_1 & y_3 \\ z_1 & z_3\end{vmatrix}, \begin{vmatrix} y_1 & y_2 \\ z_1 & z_2\end{vmatrix}\right) \\ &= x_1\begin{vmatrix} y_2 & y_3 \\ z_2 & z_3\end{vmatrix} - x_2\begin{vmatrix} y_1 & y_3 \\ z_1 & z_3\end{vmatrix} + x_3\begin{vmatrix} y_1 & y_2 \\ z_1 & z_2\end{vmatrix} \\ &= \begin{vmatrix} x_1 & x_2 & x_3 \\ y_1 & y_2 & y_3 \\ z_1 & z_2 & z_3\end{vmatrix} \qquad (3.25)\end{aligned}$$

$\mathbb{R}^3$의 두 벡터 $\mathbf{a}=(a_1, a_2, 0)$, $\mathbf{b}=(b_1, b_2, 0)$에 대해 두 벡터의 외적은 다음과 같다.[22]

$$\mathbf{a}\times\mathbf{b} = \begin{vmatrix} \mathbf{i} & \mathbf{j} & \mathbf{k} \\ a_1 & a_2 & 0 \\ b_1 & b_2 & 0\end{vmatrix} = \begin{vmatrix} a_1 & a_2 \\ b_1 & b_2\end{vmatrix}\mathbf{k}$$

외적의 크기는 다음과 같다.

$$\|\mathbf{a}\times\mathbf{b}\| = \left|\det\begin{bmatrix} a_1 & a_2 \\ b_1 & b_2\end{bmatrix}\right|$$

즉, 벡터의 외적의 성질로부터 행렬 $A=\begin{bmatrix} a_1 & a_2 \\ b_1 & b_2\end{bmatrix}$의 행렬식 $|A|$의 절댓값은 $\mathbb{R}^2$에서 두 벡터 $\mathbf{a}=(a_1, a_2)$, $\mathbf{b}=(b_1, b_2)$가 이루는 평행사변형의 넓이와 같음을 알 수 있다.

22 $\mathbf{a}=(a_1, a_2, 0)$, $\mathbf{b}=(b_1, b_2, 0)$의 z축 좌표가 없으므로 두 벡터는 xy평면 위에 있는 벡터다.

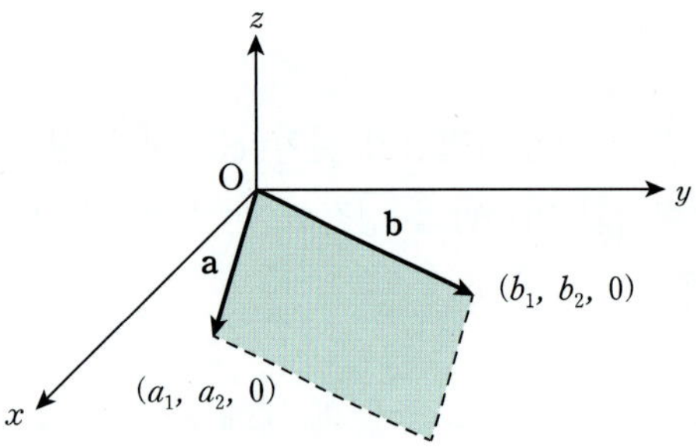

[그림 3-17] **평면에서의 외적**

다음은 3차 행렬식의 기하학적 해석에 대한 정리이다.

정리 3-10 평행육면체의 부피

$\mathbb{R}^3$의 벡터 $\mathbf{x}=(x_1, x_2, x_3)$, $\mathbf{y}=(y_1, y_2, y_3)$, $\mathbf{z}=(z_1, z_2, z_3)$에 의해 만들어지는 평행육면체의 부피는 이 세 벡터의 스칼라 삼중적의 절댓값 $|\mathbf{x}\cdot(\mathbf{y}\times\mathbf{z})|$와 같다.

증명

[그림 3-18]과 같이 $\mathbf{x}$, $\mathbf{y}$, $\mathbf{z}$가 만드는 평행육면체의 밑면을 $\mathbf{x}$와 $\mathbf{y}$가 만드는 평행사변형이라 하자. 그러면 밑면의 넓이는 $\|\mathbf{x}\times\mathbf{y}\|$이고, $\mathbf{z}$와 $\mathbf{x}\times\mathbf{y}$의 사잇각을 θ라 하면 $\mathbf{x}\times\mathbf{y}$는 밑면에 수직이므로 평행육면체의 높이는 $h=\|\mathbf{z}\||\cos\theta|$이다.

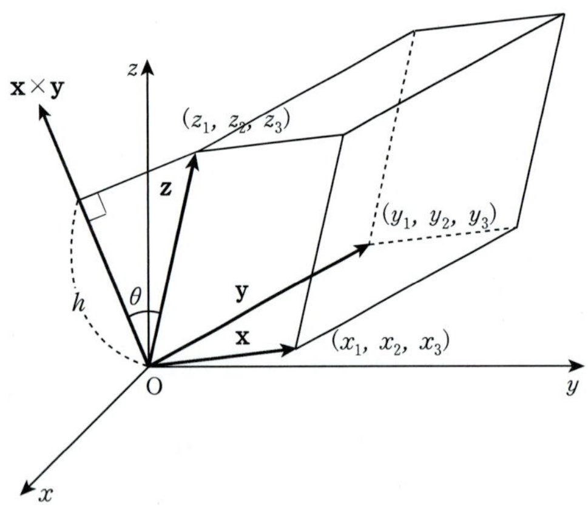

[그림 3-18] **세 벡터의 삼중적**

따라서 부피 V는 다음과 같다.

$$\begin{aligned} V &= \|\mathbf{x}\times\mathbf{y}\|\,\|\mathbf{z}\|\,|\cos\theta| \\ &= |(\mathbf{x}\times\mathbf{y})\cdot\mathbf{z}| \\ &= \left|\det\begin{bmatrix} x_1 & x_2 & x_3 \\ y_1 & y_2 & y_3 \\ z_1 & z_2 & z_3 \end{bmatrix}\right| \end{aligned}$$

여기서 행렬식은 두 행을 교환하면 부호가 변하므로 이 식의 결과는 $\mathbf{x}\cdot(\mathbf{y}\times\mathbf{z})$와 같다. 즉 평행육면체의 부피는 세 벡터의 스칼라 삼중적의 절댓값과 같다. ■

예제 3-13

세 점 P(1, 2, 2), Q(3, 3, −1), R(5, 3, 3)과 점 S(−1, 2, 4)에 대해 선분 PQ, PR, PS를 이웃하는 세 모서리로 하는 평행육면체의 부피 V를 구하라.

풀이

$\mathbf{x}=\overrightarrow{PQ}$, $\mathbf{y}=\overrightarrow{PR}$, $\mathbf{z}=\overrightarrow{PS}$라 하면 세 벡터는 각각 다음과 같다.

$$\mathbf{x}=(2, 1, -3),\ \mathbf{y}=(4, 1, 1),\ \mathbf{z}=(-2, 0, 2)$$

세 벡터의 삼중적을 계산해보자.

$$\mathbf{x}\cdot(\mathbf{y}\times\mathbf{z})=\begin{vmatrix} 2 & 1 & -3 \\ 4 & 1 & 1 \\ -2 & 0 & 2 \end{vmatrix}=-12$$

따라서 구하고자 하는 평행육면체의 부피는 다음과 같다.

$$V=|-12|=12$$

Chapter **3.3**

연습문제

1~4. $\mathbf{x} = (3,\ 0, -2)$, $\mathbf{y} = (0, -1,\ 3)$, $\mathbf{z} = (1,\ 2,\ 2)$에 대하여 다음을 구하라.

1. $\mathbf{x} \times \mathbf{y}$

2. $\mathbf{y} \times \mathbf{x}$

3. $\mathbf{x} \times (\mathbf{y} \times \mathbf{z})$

4. $(\mathbf{x} \times \mathbf{y}) \times \mathbf{z}$

5~8. 다음에 주어진 두 벡터 $\mathbf{x}$, $\mathbf{y}$에 동시에 직교하는 벡터를 구하라.

5. $\mathbf{x} = (1, -5,\ 3)$, $\mathbf{y} = (-1, -2,\ 1)$

6. $\mathbf{x} = (4,\ 3, -1)$, $\mathbf{y} = (2,\ 0, -2)$

7. $\mathbf{x} = (3,\ 1,\ 5)$, $\mathbf{y} = (-6,\ 4,\ 2)$

8. $\mathbf{x} = (-2,\ 1,\ 5)$, $\mathbf{y} = (2,\ 0, -2)$

9. $\mathbf{a} = (1, -5,\ 3)$, $\mathbf{b} = (-1, -2,\ 1)$일 때, $\mathbf{a} \times \mathbf{x} = \mathbf{b}$를 만족하는 벡터 $\mathbf{x}$를 구하라.

10. $\mathbf{x} = (1, 2,\ -2)$, $\mathbf{y} = (3, 0,\ 1)$일 때 $\mathbf{x} \cdot (\mathbf{x} \times \mathbf{y}) = 0$, $\mathbf{y} \cdot (\mathbf{x} \times \mathbf{y}) = 0$임을 보여라.

11~14. 다음에 주어진 두 벡터 $\mathbf{x}$와 $\mathbf{y}$가 만드는 평행사변형의 넓이를 구하라.

11. $\mathbf{x} = (1, -1,\ 2)$, $\mathbf{y} = (0,\ 3,\ 1)$

12. $\mathbf{x} = (1,\ 3,\ 2)$, $\mathbf{y} = (3,\ 1,\ 5)$

13. $\mathbf{x} = (6, -2,\ 8)$, $\mathbf{y} = (3, -1,\ 4)$

14. $\mathbf{x} = (2,\ 3,\ 0)$, $\mathbf{y} = (-1,\ 2, -2)$

15~16. 다음에 주어진 세 점 P, Q, R을 꼭짓점으로 갖는 삼각형의 넓이를 구하라.

15. $P(3, 2, 1)$, $Q(2, 4, 6)$, $R(-1, 2, 7)$

16. $P(1, 2, 3)$, $Q(3, 2, -1)$, $R(4, 3, 0)$

17. [연습문제 15~16]의 각 문제에 주어진 세 점과 점 $S(0, 1, 6)$에 대해 선분 PQ, PR, PS를 이웃하는 세 변으로 하는 평행육면체의 부피를 구하라.

18~23. $\mathbb{R}^3$의 벡터 $\mathbf{x}$, $\mathbf{y}$, $\mathbf{z}$와 스칼라 k에 대해 다음이 성립함을 보여라.

18. $\mathbf{x}\times\mathbf{y}=-\mathbf{y}\times\mathbf{x}$

19. $\mathbf{x}\times(\mathbf{y}+\mathbf{z})=(\mathbf{x}\times\mathbf{y})+(\mathbf{x}\times\mathbf{z})$

20. $(\mathbf{x}+\mathbf{y})\times\mathbf{z}=(\mathbf{x}\times\mathbf{z})+(\mathbf{y}\times\mathbf{z})$

21. $k(\mathbf{x}\times\mathbf{y})=(k\mathbf{x})\times\mathbf{y}=\mathbf{x}\times(k\mathbf{y})$

22. $\mathbf{x}\times\mathbf{0}=\mathbf{0}\times\mathbf{x}=\mathbf{0}$

23. $\mathbf{x}\times\mathbf{x}=\mathbf{0}$

24. $\mathbb{R}^3$의 벡터 $\mathbf{x}$, $\mathbf{y}$에 대해 $\mathbf{x}$와 $\mathbf{y}$가 평행일 필요충분조건이 $\mathbf{x}\times\mathbf{y}=\mathbf{0}$임을 보여라.

25. 세 벡터 $\mathbf{x}$, $\mathbf{y}$, $\mathbf{z}$에 대하여 다음 등식을 **야코비 항등식**Jacobi indentity이라고 한다. 야코비 항등식을 증명하라.

$$(\mathbf{x}\times\mathbf{y})\times\mathbf{z}+(\mathbf{y}\times\mathbf{z})\times\mathbf{x}+(\mathbf{z}\times\mathbf{x})\times\mathbf{y}=\mathbf{0}$$

Section
3.4 n차원 벡터

좌표평면 $\mathbb{R}^2$ 위의 점 P는 두 실수의 순서쌍 $(x_1,\ x_2)$로 표시할 수 있다. 좌표공간 $\mathbb{R}^3$ 위의 점 P는 $\mathbb{R}^2$에 z축을 하나 더 추가함으로써 세 실수의 순서쌍 $(x_1,\ x_2,\ x_3)$로 표기할 수 있다.

n차원 벡터

n개의 실수의 순서쌍 $(x_1, \cdots, x_n)$을 **n차원 벡터** n-dimensional vector 라 하고 다음과 같이 나타낸다.

$$\mathbf{x} = (x_1,\ x_2,\ \cdots,\ x_n) \text{ 또는 } n \times 1 \text{ 행렬 } \mathbf{x} = \begin{bmatrix} x_1 \\ x_2 \\ \vdots \\ x_n \end{bmatrix} \tag{3.26}$$

이때 실수 $x_1,\ x_2, \cdots, x_n$을 $\mathbf{x}$의 성분이라 한다. 실수 성분을 갖는 n차원 벡터 전체의 집합을 다음과 같이 $\mathbb{R}^n$으로 나타낸다.

$$\mathbb{R}^n = \{\ (x_1,\ x_2,\ \cdots,\ x_n) \mid x_i \in \mathbb{R},\ \ i = 1,\ 2, \cdots,\ n\ \} \tag{3.27}$$

일반적으로 공간 $\mathbb{R}^n$에서는 점 또는 벡터를 n개의 실수의 순서쌍 $(x_1, \cdots, x_n)$으로 나타낸다. 사실 이 점이나 벡터는 눈으로 보거나 그릴 수 없다. 그러나 $\mathbb{R}^2$나 $\mathbb{R}^3$에서와 같이 점 또는 벡터로 취급하면 벡터에 관한 여러 가지 성질을 자연스럽게 n차원 공간으로 확장할 수 있다.

■ n차원 벡터의 기본 성질

$\mathbf{x} = (x_1,\ x_2, \cdots,\ x_n)$, $\mathbf{y} = (y_1,\ y_2, \cdots,\ y_n)$를 $\mathbb{R}^n$의 두 벡터라 하자. 이때 다음이 성립한다.

❶ $x_1 = y_1,\ x_2 = y_2, \cdots,\ x_n = y_n$이면 $\mathbf{x} = \mathbf{y}$이다.

❷ 두 벡터의 합 : $\mathbf{x} + \mathbf{y} = (x_1 + y_1,\ x_2 + y_2, \cdots,\ x_n + y_n)$

❸ $\mathbf{x}$의 음벡터 : $-\mathbf{x}=(-x_1, -x_2, \cdots, -x_n)$

❹ 두 벡터의 차 : $\mathbf{x}-\mathbf{y}=(x_1-y_1, x_2-y_2, \cdots, x_n-y_n)$

❺ 스칼라 c에 대한 벡터의 스칼라 배 : $c\mathbf{x}=(cx_1, cx_2, \cdots, cx_n)$

❻ $\mathbb{R}^n$에서의 영벡터 : $\mathbf{0}=(0, 0, \cdots, 0)$

벡터의 연산에 대한 정의와 실수의 성질로부터 다음의 기본 성질이 성립함을 쉽게 알 수 있다.

정리 3-11 n차원 벡터의 성질

$\mathbb{R}^n$의 벡터 $\mathbf{x}$, $\mathbf{y}$, $\mathbf{z}$와 실수 h, k에 대해 다음이 성립한다.

(1) $\mathbf{x}+\mathbf{y}=\mathbf{y}+\mathbf{x}$

(2) $(\mathbf{x}+\mathbf{y})+\mathbf{z}=\mathbf{x}+(\mathbf{y}+\mathbf{z})$

(3) $\mathbf{x}+\mathbf{0}=\mathbf{x}=\mathbf{0}+\mathbf{x}$

(4) $\mathbf{x}+(-\mathbf{x})=\mathbf{0}=(-\mathbf{x})+\mathbf{x}$

(5) $k(\mathbf{x}+\mathbf{y})=k\mathbf{x}+k\mathbf{y}$

(6) $(h+k)\mathbf{x}=h\mathbf{x}+k\mathbf{x}$

(7) $(hk)\mathbf{x}=h(k\mathbf{x})$

(8) $1\mathbf{x}=\mathbf{x}$, $(-1)\mathbf{x}=-\mathbf{x}$

증명

정리를 증명하는 과정은 그다지 어렵지 않기 때문에 여기서는 성질 (6)만 증명하고 몇 개의 성질은 예제와 연습문제를 통해 확인하기로 한다.

(6) $\mathbf{x}=\begin{bmatrix} x_1 \\ x_2 \\ \vdots \\ x_n \end{bmatrix}$이라 할 때 $(h+k)\mathbf{x}$를 정리하면 다음과 같다.

$$\begin{aligned}(h+k)\mathbf{x} &= (h+k)\begin{bmatrix} x_1 \\ x_2 \\ \vdots \\ x_n \end{bmatrix} = \begin{bmatrix} (h+k)x_1 \\ (h+k)x_2 \\ \vdots \\ (h+k)x_n \end{bmatrix} = \begin{bmatrix} hx_1+kx_1 \\ hx_2+kx_2 \\ \vdots \\ hx_n+kx_n \end{bmatrix} \\ &= \begin{bmatrix} hx_1 \\ hx_2 \\ \vdots \\ hx_n \end{bmatrix} + \begin{bmatrix} kx_1 \\ kx_2 \\ \vdots \\ kx_n \end{bmatrix} = h\begin{bmatrix} x_1 \\ x_2 \\ \vdots \\ x_n \end{bmatrix} + k\begin{bmatrix} x_1 \\ x_2 \\ \vdots \\ x_n \end{bmatrix} \\ &= h\mathbf{x}+k\mathbf{x}\end{aligned}$$

따라서 $(h+k)\mathbf{x}=h\mathbf{x}+k\mathbf{x}$를 만족한다. ■

예제 3-14

$\mathbb{R}^4$의 두 벡터 $\mathbf{x}=(3,\ 2,-1,\ 0)$, $\mathbf{y}=(-1,\ 1,\ 4,\ 2)$와 스칼라 $h=-2$, $k=3$에 대해 [정리 3-11]의 성질 (5)와 성질 (7)이 성립함을 확인하라.

풀이

먼저 [정리 3-11]의 성질 (5)를 확인해보자. $k=3$이므로 좌변을 계산하면 다음과 같다.

$$\begin{aligned} k(\mathbf{x}+\mathbf{y}) &= 3(3+(-1),\ 2+1,\ (-1)+4,\ 0+2) \\ &= 3(2,\ 3,\ 3,\ 2) \\ &= (6,\ 9,\ 9,\ 6) \end{aligned}$$

한편, 우변을 계산하면 다음과 같다.

$$\begin{aligned} k\mathbf{x}+k\mathbf{y} &= 3(3,\ 2,\ -1,\ 0)+3(-1,\ 1,\ 4,\ 2) \\ &= (9,\ 6,\ -3,\ 0)+(-3,\ 3,\ 12,\ 6) \\ &= (6,\ 9,\ 9,\ 6) \end{aligned}$$

따라서 $k(\mathbf{x}+\mathbf{y})=k\mathbf{x}+k\mathbf{y}$가 성립한다.

이번에는 [정리 3-11]의 성질 (7)을 확인해보자. $h=-2$, $k=3$이므로 좌변을 계산하면 다음과 같다.

$$\begin{aligned} (hk)\mathbf{x} &= ((-2)\cdot 3)(3,\ 2,\ -1,\ 0) \\ &= (-6)(3,\ 2,\ -1,\ 0) \\ &= (-18,\ -12,\ 6,\ 0) \end{aligned}$$

한편, 우변을 계산하면 다음과 같다.

$$\begin{aligned} h(k\mathbf{x}) &= (-2)(3(3,\ 2,\ -1,\ 0)) \\ &= (-2)(9,\ 6,\ -3,\ 0) \\ &= (-18,\ -12,\ 6,\ 0) \end{aligned}$$

따라서 $(hk)\mathbf{x}=h(k\mathbf{x})$가 성립한다.

3.1절에서 살펴본 벡터 $\mathbf{x}\in\mathbb{R}^2$, $\mathbf{y}\in\mathbb{R}^3$의 노름 $\|\mathbf{x}\|=\sqrt{x^2+y^2}$과 $\|\mathbf{y}\|=\sqrt{x^2+y^2+z^2}$은 [그림 3-19]에서와 같이 피타고라스 정리에 의해 쉽게 얻을 수 있다.

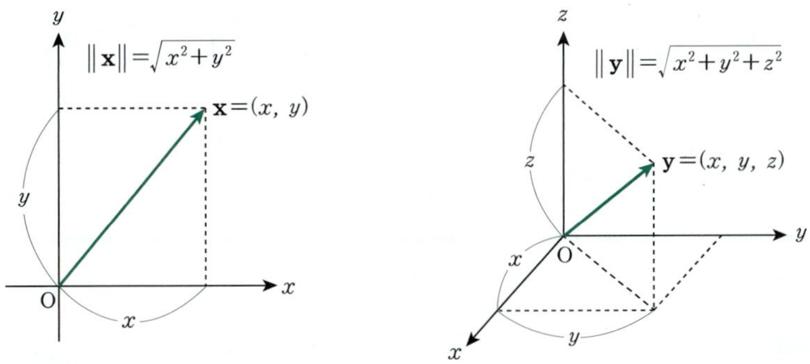

[그림 3-19] **2차원과 3차원에서 벡터의 노름**

이것을 다음과 같이 자연스럽게 n차원으로 확장하여 정의할 수 있다.

임의의 벡터 $\mathbf{x}=(x_1,\ x_2, \cdots ,\ x_n) \in \mathbb{R}^n$의 노름은 다음과 같이 정의한다.

$$\|\mathbf{x}\| = \sqrt{x_1^2 + x_2^2 + \cdots + x_n^2} \tag{3.28}$$

노름의 정의에 의하면, 임의의 벡터 $\mathbf{x} \in \mathbb{R}^n$와 스칼라 k에 대해 다음이 성립한다.

$$\|\mathbf{x}\| \geq 0,\ \|\mathbf{x}\| = 0 \ \Leftrightarrow \ \mathbf{x} = \mathbf{0} \ \text{그리고} \ \|k\mathbf{x}\| = |k|\,\|\mathbf{x}\|$$

또한 $\mathbf{x} \neq \mathbf{0}$에 대해 $\mathbf{x}$와 방향이 같고 크기가 1인 벡터 $\mathbf{u}$를 $\mathbf{x}$ 방향의 **단위벡터**unit vector라고 한다. 그런데

$$\left\| \frac{\mathbf{x}}{\|\mathbf{x}\|} \right\| = \frac{1}{\|\mathbf{x}\|}\|\mathbf{x}\| = 1$$

이므로, $\mathbf{u} = \dfrac{\mathbf{x}}{\|\mathbf{x}\|}$이다.

예제 3-15

다음 $\mathbb{R}^5$의 두 벡터 $\mathbf{x}=(1, 3, -4, 1, -3)$, $\mathbf{y}=(2, -1, 2, -2, 0)$의 노름을 구하고, $\mathbf{x}$ 방향과 $\mathbf{y}$ 방향의 단위벡터를 각각 구하라.

풀이

$\|\mathbf{x}\| = \sqrt{1^2+3^2+(-4)^2+1^2+(-3)^2} = 6$이므로 $\mathbf{x}$ 방향의 단위벡터를 $\mathbf{u}$라 하면 다음과 같은 결과를 얻는다.

$$\mathbf{u} = \frac{\mathbf{x}}{\|\mathbf{x}\|} = \frac{1}{6}\mathbf{x} = \left(\frac{1}{6}, \frac{1}{2}, -\frac{2}{3}, \frac{1}{6}, -\frac{1}{2}\right)$$

또한 $\|\mathbf{y}\| = \sqrt{2^2+(-1)^2+2^2+(-2)^2+0^2} = \sqrt{13}$ 이므로 $\mathbf{y}$ 방향의 단위벡터를 $\mathbf{v}$ 라 하면 다음과 같은 결과를 얻는다.

$$\mathbf{v} = \frac{\mathbf{y}}{\|\mathbf{y}\|} = \left(\frac{2}{\sqrt{13}},\ -\frac{1}{\sqrt{13}},\ \frac{2}{\sqrt{13}},\ -\frac{2}{\sqrt{13}},\ 0\right)$$

n차원 벡터의 내적

$\mathbb{R}^2$와 $\mathbb{R}^3$에서의 내적은 각각 대응되는 성분끼리 곱한 값을 합한 것이었다. 이것으로부터 $\mathbb{R}^n$에서 벡터의 내적을 정의해보자.

$\mathbf{x} = (x_1,\ x_2, \cdots,\ x_n)$, $\mathbf{y} = (y_1,\ y_2, \cdots,\ y_n) \in \mathbb{R}^n$에 대해 다음 식을 두 벡터 $\mathbf{x}$와 $\mathbf{y}$의 **내적**이라고 한다.

$$\mathbf{x} \cdot \mathbf{y} = x_1y_1 + x_2y_2 + \cdots + x_ny_n \tag{3.29}$$

예제 3-16

두 벡터 $\mathbf{x} = (-1,\ 2,\ 3,\ -1)$, $\mathbf{y} = (2,\ 1,\ 0,\ 2)$에 대해 $\mathbf{x} \cdot \mathbf{y}$를 구하라.

풀이

$$\begin{aligned}\mathbf{x} \cdot \mathbf{y} &= (-1) \cdot 2 + 2 \cdot 1 + 3 \cdot 0 + (-1) \cdot 2 \\ &= -2 + 2 - 2 \\ &= -2\end{aligned}$$

다음 정리는 [정리 3-7]에서 살펴본 내적의 성질을 자연스럽게 확장한 것이다.

정리 3-12 $\mathbb{R}^n$에서 내적의 성질

$\mathbb{R}^n$의 벡터 $\mathbf{x}$, $\mathbf{y}$, $\mathbf{z}$와 실수 k에 대해 다음이 성립한다.

(1) $\mathbf{x} \cdot \mathbf{y} = \mathbf{y} \cdot \mathbf{x}$

(2) $(\mathbf{x}+\mathbf{y}) \cdot \mathbf{z} = \mathbf{x} \cdot \mathbf{z} + \mathbf{y} \cdot \mathbf{z}$

(3) $k(\mathbf{x} \cdot \mathbf{y}) = (k\mathbf{x}) \cdot \mathbf{y} = \mathbf{x} \cdot (k\mathbf{y})$

(4) $\mathbf{x} \cdot \mathbf{x} = \|\mathbf{x}\|^2 \geq 0$

(5) $\mathbf{x} \cdot \mathbf{x} = 0$일 필요충분조건은 $\mathbf{x} = \mathbf{0}$이다.

증명

여기서는 성질 (3)만 증명하고, 나머지는 연습문제로 남긴다.

(3) $\mathbb{R}^n$의 벡터 $\mathbf{x} = (x_1, x_2, \cdots, x_n)$, $\mathbf{y} = (y_1, y_2, \cdots, y_n)$에 대해

$$(k\mathbf{x}) \cdot \mathbf{y} = (kx_1)y_1 + (kx_2)y_2 + \cdots + (kx_n)y_n$$
$$\mathbf{x} \cdot (k\mathbf{y}) = x_1(ky_1) + x_2(ky_2) + \cdots + x_n(ky_n)$$
$$k(\mathbf{x} \cdot \mathbf{y}) = k((x_1y_1) + (x_2y_2) + \cdots + (x_ny_n))$$

이므로, 실수의 성질로부터 (3)이 성립한다. ■

3.2절에서 $\mathbb{R}^2$ 또는 $\mathbb{R}^3$의 영이 아닌 두 벡터 $\mathbf{x}$, $\mathbf{y}$에 대한 내적을 두 벡터의 사잇각 θ를 이용하여 다음과 같이 정의했다.

$$\mathbf{x} \cdot \mathbf{y} = \|\mathbf{x}\|\|\mathbf{y}\|\cos\theta$$

이와 마찬가지로 $\mathbb{R}^n$의 두 벡터 $\mathbf{x}$, $\mathbf{y}$에 대한 내적도 자연스럽게 두 벡터의 사잇각 θ를 이용하여 다음과 같이 정의할 수 있다.

$$\mathbf{x} \cdot \mathbf{y} = \|\mathbf{x}\|\|\mathbf{y}\|\cos\theta \tag{3.30}$$

물론 $n \geq 4$인 경우, $\mathbb{R}^n$에서 두 벡터의 사잇각을 그리거나 실제로 측정하는 것은 불가능하다. 그러나 3.2절에서와 같이 두 벡터의 내적은 두 벡터의 사잇각을 생각하여 위와 같이 자연스럽게 확장하여 정의할 수 있다.

여러 가지 부등식

■ 코시－슈바르츠 부등식

이제 벡터를 다룰 때 많이 사용되는 정리인 **코시–슈바르츠 부등식** Cauchy-Schwarz inequality에 대하여 알아보자.

정리 3-13 코시–슈바르츠 부등식

임의의 $\mathbf{x}, \mathbf{y} \in \mathbb{R}^n$에 대해 다음이 성립한다.

$$|\mathbf{x} \cdot \mathbf{y}| \leq \|\mathbf{x}\|\|\mathbf{y}\| \tag{3.31}$$

단, 등호는 $\mathbf{x}$, $\mathbf{y}$ 중 하나가 다른 것의 실수배일 때만 성립한다.

증명

임의의 벡터 $\mathbf{x} \in \mathbb{R}^n$에 대하여 $\|\mathbf{x}\|^2 \geq 0$이다.

$$\begin{aligned}\|t\mathbf{x}+\mathbf{y}\|^2 &= (t\mathbf{x}+\mathbf{y}) \cdot (t\mathbf{x}+\mathbf{y}) \\ &= t^2(\mathbf{x} \cdot \mathbf{x}) + t(\mathbf{x} \cdot \mathbf{y}) + t(\mathbf{y} \cdot \mathbf{x}) + \mathbf{y} \cdot \mathbf{y} \\ &= t^2\|\mathbf{x}\|^2 + t(\mathbf{x} \cdot \mathbf{y}) + t(\mathbf{y} \cdot \mathbf{x}) + \|\mathbf{y}\|^2 \\ &= t^2\|\mathbf{x}\|^2 + 2t(\mathbf{x} \cdot \mathbf{y}) + \|\mathbf{y}\|^2 \geq 0\end{aligned}$$

$\|\mathbf{x}\|^2 > 0$이면 t에 대한 이차방정식이므로 판별식 $D \leq 0$이다.

$$D = |(\mathbf{x} \cdot \mathbf{y})|^2 - \|\mathbf{x}\|^2\|\mathbf{y}\|^2 \leq 0$$

$$|\mathbf{x} \cdot \mathbf{y}| \leq \|\mathbf{x}\|\|\mathbf{y}\|$$ ■

코시-슈바르츠 부등식은 $\mathbb{R}^2$, $\mathbb{R}^3$에서 두 벡터의 합의 크기에 관하여 성립하는 기하학적 성질이 일반적인 n차원에서도 성립한다는 것을 설명하는 것이다.

■ 삼각부등식

[그림 3-20]은 눈으로 확인할 수 있는 공간에서 두 벡터의 합과 그 크기를 나타낸 것이다. 이 그림으로부터 $\|\mathbf{x}+\mathbf{y}\| \leq \|\mathbf{x}\|+\|\mathbf{y}\|$임을 알 수 있다. 일반적으로 n차원에서도 이와 같은 부등식이 성립함을 알 수 있으며, 이 부등식을 **삼각부등식** triangle inequality 이라고 한다.

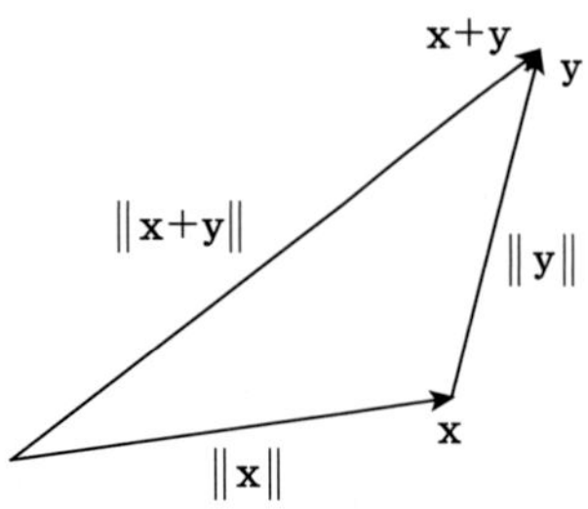

[그림 3-20] 삼각부등식

정리 3-14 삼각부등식

임의의 두 벡터 $\mathbf{x}, \mathbf{y} \in \mathbb{R}^n$에 대해 다음이 성립한다.

$$\|\mathbf{x}+\mathbf{y}\| \leq \|\mathbf{x}\|+\|\mathbf{y}\| \tag{3.32}$$

증명

두 벡터 $\mathbf{x}, \mathbf{y} \in \mathbb{R}^n$에 대해 다음이 성립한다.

$$\begin{aligned}\|\mathbf{x}+\mathbf{y}\|^2 &= (\mathbf{x}+\mathbf{y})\cdot(\mathbf{x}+\mathbf{y}) \\ &= \mathbf{x}\cdot\mathbf{x}+\mathbf{x}\cdot\mathbf{y}+\mathbf{y}\cdot\mathbf{x}+\mathbf{y}\cdot\mathbf{y} \\ &= \|\mathbf{x}\|^2+\mathbf{x}\cdot\mathbf{y}+\mathbf{y}\cdot\mathbf{x}+\|\mathbf{y}\|^2\end{aligned}$$

여기서 코시-슈바르츠 부등식에 의해

$$\mathbf{x}\cdot\mathbf{y}+\mathbf{y}\cdot\mathbf{x} = 2(\mathbf{x}\cdot\mathbf{y}) \leq 2\|\mathbf{x}\|\|\mathbf{y}\|$$

이므로

$$\|\mathbf{x}+\mathbf{y}\|^2 \leq \|\mathbf{x}\|^2+2\|\mathbf{x}\|\|\mathbf{y}\|+\|\mathbf{y}\|^2 = (\|\mathbf{x}\|+\|\mathbf{y}\|)^2$$

이 된다. 따라서 다음과 같은 삼각부등식이 성립함을 알 수 있다.

$$\|\mathbf{x}+\mathbf{y}\| \leq \|\mathbf{x}\|+\|\mathbf{y}\|$$ ■

예제 3-17

두 벡터 $\mathbf{x}=(1, -2, 3, 1)$, $\mathbf{y}=(1, 2, 0, 1)$에 대해 코시-슈바르츠 부등식과 삼각부등식이 성립함을 확인하라.

풀이

$\|\mathbf{x}\| = \sqrt{15}$, $\|\mathbf{y}\| = \sqrt{6}$ 이고, $|\mathbf{x}\cdot\mathbf{y}| = 2$이므로 다음과 같이 계산한다.

$$|\mathbf{x}\cdot\mathbf{y}| = 2 \leq \sqrt{15}\cdot\sqrt{6} = \|\mathbf{x}\|\|\mathbf{y}\|$$

따라서 코시-슈바르츠 부등식이 성립한다. 또한 $\mathbf{x}+\mathbf{y}=(2, 0, 3, 2)$이므로 $\mathbf{x}+\mathbf{y}$의 노름은 다음과 같다.

$$\|\mathbf{x}+\mathbf{y}\| = \sqrt{17} \leq \sqrt{15}+\sqrt{6} = \|\mathbf{x}\|+\|\mathbf{y}\|$$

따라서 삼각부등식이 성립한다.

■ $\mathbb{R}^n$ 에서의 두 벡터의 수직

앞서 3.2절에서 내적을 정의할 때, 영이 아닌 두 벡터 $\mathbf{x}$, $\mathbf{y}$에 대해 $\mathbf{x} \cdot \mathbf{y} = 0$이면 두 벡터는 수직임을 알았다. $\mathbb{R}^n$에서 두 벡터의 수직을 자연스럽게 확장할 수 있다. 영이 아닌 두 벡터 $\mathbf{x}, \mathbf{y} \in \mathbb{R}^n$에 대해 $\mathbf{x} \cdot \mathbf{y} = 0$이면 두 벡터는 수직이라고 한다.

다음 정리는 직각삼각형에 대한 피타고라스 정리이다.

정리 3-15 피타고라스 정리

두 벡터 $\mathbf{x}, \mathbf{y} \in \mathbb{R}^n$가 수직이라면 다음이 성립한다.

$$\|\mathbf{x}+\mathbf{y}\|^2 = \|\mathbf{x}\|^2 + \|\mathbf{y}\|^2 \tag{3.33}$$

증명

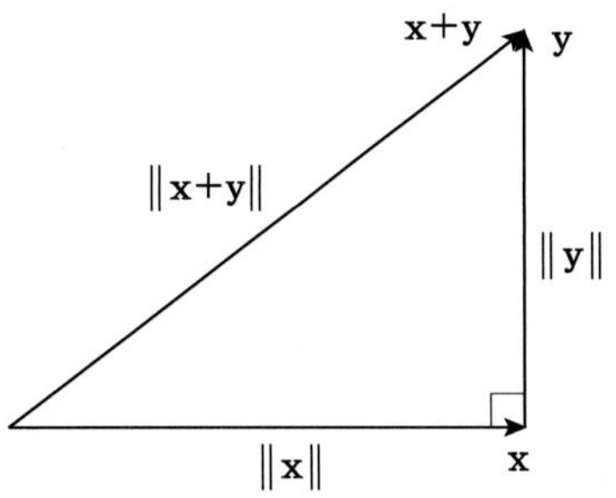

[그림 3-21] **피타고라스 정리**

벡터의 내적과 노름으로부터 다음이 성립함을 알 수 있다.

$$\begin{aligned}\|\mathbf{x}+\mathbf{y}\|^2 &= (\mathbf{x}+\mathbf{y}) \cdot (\mathbf{x}+\mathbf{y}) \\ &= \mathbf{x} \cdot \mathbf{x} + \mathbf{x} \cdot \mathbf{y} + \mathbf{y} \cdot \mathbf{x} + \mathbf{y} \cdot \mathbf{y} \\ &= \|\mathbf{x}\|^2 + \mathbf{x} \cdot \mathbf{y} + \mathbf{y} \cdot \mathbf{x} + \|\mathbf{y}\|^2 \\ &= \|\mathbf{x}\|^2 + 2(\mathbf{x} \cdot \mathbf{y}) + \|\mathbf{y}\|^2\end{aligned}$$

이때 두 벡터가 수직이므로 $\mathbf{x} \cdot \mathbf{y} = 0$이다. 따라서 다음이 성립한다.

$$\|\mathbf{x}+\mathbf{y}\|^2 = \|\mathbf{x}\|^2 + \|\mathbf{y}\|^2$$

■

예제 3-18

두 벡터 $\mathbf{x}=(2, 0, 1, -1)$, $\mathbf{y}=(-3, 2, 3, -3)$이 수직임을 밝히고, 피타고라스 정리가 성립함을 확인하라.

풀이

두 벡터가 수직인지 아닌지는 내적을 구하면 알 수 있다.

$$\mathbf{x}\cdot\mathbf{y}=2\cdot(-3)+0\cdot 2+1\cdot 3+(-1)\cdot(-3)=0$$

따라서 두 벡터는 수직이다.

한편, $\mathbf{x}+\mathbf{y}=(-1, 2, 4, -4)$이므로

$$\begin{aligned}\|\mathbf{x}+\mathbf{y}\|^2&=(-1)^2+2^2+4^2+(-4)^2=37\\ \|\mathbf{x}\|^2&=2^2+0^2+1^2+(-1)^2=6\\ \|\mathbf{y}\|^2&=(-3)^2+2^2+3^2+(-3)^2=31\end{aligned}$$

이다. 따라서 $\|\mathbf{x}+\mathbf{y}\|^2=\|\mathbf{x}\|^2+\|\mathbf{y}\|^2$이 성립한다.

$\mathbb{R}^n$에서의 표준단위벡터

앞서 3.1절에서 $\mathbb{R}^3$의 표준단위벡터 $\mathbf{i}$, $\mathbf{j}$, $\mathbf{k}$에 대해 알아보았다. 이 또한 자연스럽게 $\mathbb{R}^n$으로 확장할 수 있다. $\mathbb{R}^n$에서의 **표준단위벡터**는 다음과 같이 정의한다.

$$\mathbf{e}_1=(1, 0, \cdots, 0),\ \mathbf{e}_2=(0, 1, 0, \cdots, 0),\ \cdots,\ \mathbf{e}_n=(0, 0, \cdots, 0, 1)$$

$\mathbf{e}_i$는 i번째 성분만 1이고 나머지는 모두 0인 벡터이다. 따라서 $\mathbf{x}=(x_1, x_2, \cdots, x_n)$은 다음과 같이 나타낼 수 있다.

$$\begin{aligned}\mathbf{x}&=(x_1, x_2, \cdots, x_n)\\ &=(x_1, 0, 0, \cdots, 0)+(0, x_2, 0, \cdots, 0)+\cdots+(0, 0, \cdots, 0, x_n)\\ &=x_1(1, 0, \cdots, 0)+x_2(0, 1, 0, \cdots, 0)+\cdots+x_n(0, 0, \cdots, 0, 1)\\ &=x_1\mathbf{e}_1+x_2\mathbf{e}_2+\cdots+x_n\mathbf{e}_n\end{aligned}$$

한편, $\mathbf{x}$, $\mathbf{y}\in\mathbb{R}^n$를 다음과 같이 $n\times 1$ 행렬로 생각할 수 있다.[23]

23 벡터를 행렬로 생각하여 세로로 나타내는 경우를 열벡터라 하고, 행으로 나타내는 경우를 행벡터라고 한다.

$$\mathbf{x}=\begin{bmatrix} x_1 \\ x_2 \\ \vdots \\ x_n \end{bmatrix},\quad \mathbf{y}=\begin{bmatrix} y_1 \\ y_2 \\ \vdots \\ y_n \end{bmatrix}$$

따라서 $\mathbf{y}^T$와 $\mathbf{x}$의 곱 $\mathbf{y}^T\mathbf{x}$는 다음과 같이 계산할 수 있다.[24]

$$\begin{aligned} \mathbf{y}^T\mathbf{x} &= [\, y_1 \quad y_2 \quad \cdots \quad y_n\,]\begin{bmatrix} x_1 \\ x_2 \\ \vdots \\ x_n \end{bmatrix} \\ &= y_1x_1 + y_2x_2 + \cdots + y_nx_n \\ &= \mathbf{y}\cdot\mathbf{x} \\ &= \mathbf{x}\cdot\mathbf{y} \end{aligned}$$

즉 $\mathbf{x}\cdot\mathbf{y}=\mathbf{y}^T\mathbf{x}$이다. 특히 $\mathbf{x}\cdot\mathbf{x}=\mathbf{x}^T\mathbf{x}=\|\mathbf{x}\|^2$이다.

이 사실로부터 n차 정사각행렬 A와 열벡터 $\mathbf{x}$, $\mathbf{y}$에 대해 $A\mathbf{x}$는 열벡터이므로, $A\mathbf{x}$와 $\mathbf{y}$의 내적은 다음과 같음을 알 수 있다.[25]

$$\begin{aligned} (A\mathbf{x})\cdot\mathbf{y} &= \mathbf{y}^T(A\mathbf{x}) \\ &= (\mathbf{y}^TA)\mathbf{x} \\ &= (A^T\mathbf{y})^T\mathbf{x} \\ &= \mathbf{x}\cdot(A^T\mathbf{y}) \end{aligned}$$

따라서 다음이 성립한다.

$$(A\mathbf{x})\cdot\mathbf{y}=\mathbf{x}\cdot(A^T\mathbf{y}),\quad \mathbf{x}\cdot(A\mathbf{y})=(A^T\mathbf{x})\cdot\mathbf{y}$$

---

24 실제로 $\mathbf{x}^T\mathbf{y} = \mathbf{y}^T\mathbf{x}$는 같다. 그러나 수식 전개의 편리성 때문에 $\mathbf{y}^T\mathbf{x}$를 주로 사용한다.

25 벡터의 합, 스칼라 곱, 내적이 정의된 공간을 **유클리드 공간**Euclidean space이라고 한다.

예제 3-19

$A=\begin{bmatrix} 1 & -2 & 3 \\ 2 & 4 & 1 \\ -1 & 0 & 1 \end{bmatrix}$, $\mathbf{x}=\begin{bmatrix} -1 \\ 2 \\ 4 \end{bmatrix}$, $\mathbf{y}=\begin{bmatrix} -2 \\ 0 \\ 5 \end{bmatrix}$일 때, $(A\mathbf{x})\cdot\mathbf{y}=\mathbf{x}\cdot(A^T\mathbf{y})$임을 보여라.

풀이

$A\mathbf{x}=\begin{bmatrix} 1 & -2 & 3 \\ 2 & 4 & 1 \\ -1 & 0 & 1 \end{bmatrix}\begin{bmatrix} -1 \\ 2 \\ 4 \end{bmatrix}=\begin{bmatrix} 7 \\ 10 \\ 5 \end{bmatrix}$, $A^T\mathbf{y}=\begin{bmatrix} 1 & 2 & -1 \\ -2 & 4 & 0 \\ 3 & 1 & 1 \end{bmatrix}\begin{bmatrix} -2 \\ 0 \\ 5 \end{bmatrix}=\begin{bmatrix} -7 \\ 4 \\ -1 \end{bmatrix}$이므로

$$(A\mathbf{x})\cdot\mathbf{y}=7\cdot(-2)+10\cdot 0+5\cdot 5=11$$

$$\mathbf{x}\cdot(A^T\mathbf{y})=(-1)\cdot(-7)+2\cdot 4+4\cdot(-1)=11$$

이다. 따라서 $(A\mathbf{x})\cdot\mathbf{y}=\mathbf{x}\cdot(A^T\mathbf{y})$이 성립한다.

Chapter 3.4

연습문제

1~6. 다음 주어진 벡터들의 노름을 구하고, 주어진 벡터와 같은 방향을 갖는 단위벡터를 구하라.

1. $\mathbf{x} = (2,\ 0,\ 1, -1)$

2. $\mathbf{x} = (-4,\ 3,\ 4, -3)$

3. $\mathbf{x} = \left(3, -1, -2, \frac{1}{3}, -2\right)$

4. $\mathbf{x} = (1,\ 2, -3,\ 4, -5)$

5. $\mathbf{x} = (-2,\ 0,\ 1,\ 1, -1,\ 2)$

6. $\mathbf{x} = (-1,\ 3,\ 2,\ -2, 3,\ -1)$

7~10. 다음에 주어진 두 벡터들의 내적을 구하라.

7. $\mathbf{x} = (2, 0, -1, 2)$, $\mathbf{y} = (3, -1, 2, 0)$

8. $\mathbf{x} = (3, 1, 1, -1)$, $\mathbf{y} = (0, 1, 1, -2)$

9. $\mathbf{x} = \left(3, 0, \frac{1}{2}, -1, 0\right)$, $\mathbf{y} = (0, 1, 2, 1, 3)$

10. $\mathbf{x} = \left(\frac{1}{\sqrt{2}}, \frac{1}{\sqrt{2}}, \frac{1}{\sqrt{2}}, -1,\ 0,\ 1\right)$, $\mathbf{y} = \left(-\frac{1}{\sqrt{2}}, \frac{1}{\sqrt{2}}, \frac{1}{\sqrt{2}}, -1,\ 1,\ 1\right)$

11. 두 벡터 $\mathbf{x} = (2,\ 1, -2, -2)$, $\mathbf{y} = (1, -1,\ 1, -1)$에 대해 다음이 성립함을 확인하라.

(a) 코시-슈바르츠 부등식　　(b) 삼각부등식

12. [정리 3-11]의 성질 (1)~(4)와 성질 (8)을 증명하라.

13. [정리 3-12]의 성질 (1), (2), (4), (5)를 증명하라.

14. 임의의 $\mathbf{x}$, $\mathbf{y} \in \mathbb{R}^n$ $(\mathbf{x} \neq 0)$에 대해 코시-슈바르츠 부등식에서 등호가 성립하는 것과 $\mathbf{x}$, $\mathbf{y}$가 서로 평행임이 필요충분조건임을 증명하라.

15. $\mathbf{x} \cdot \mathbf{y} = \frac{1}{4}\| \mathbf{x} + \mathbf{y} \|^2 - \frac{1}{4}\| \mathbf{x} - \mathbf{y} \|^2$ 임을 증명하라.

16. n차 정사각행렬 A와 열벡터 $\mathbf{x}$, $\mathbf{y}$에 대해 $\mathbf{x} \cdot (A\mathbf{y}) = (A^T\mathbf{x}) \cdot \mathbf{y}$임을 증명하라.

17. $\mathbf{x} = (a, 2, -1, a)$, $\mathbf{y} = (-a, -1, 3, 6)$일 때, $\mathbf{x} \cdot \mathbf{y} = 0$을 만족하는 실수 a를 모두 구하라.

Section 3.5 벡터의 응용

이 절에서는 벡터의 내적과 외적을 이용하여 $\mathbb{R}^3$에서의 직선의 방정식과 평면의 방정식을 구하고 이와 관련된 거리 문제를 알아본다.

$\mathbb{R}^3$에서의 직선의 방정식

평면 $\mathbb{R}^2$에서의 직선은 그 기울기와 한 점이 주어지면 유일하게 결정되며, 이때 직선의 방정식은 일반적으로 다음과 같이 표현된다. 여기서 a, b, c는 실수이며 a, b는 동시에 0은 아니다.

$$ax + by + c = 0$$

이제 $\mathbb{R}^3$에서의 직선의 방정식을 구해보자. 한 점 $P_0(x_0, y_0, z_0)$를 지나고 영이 아닌 벡터 $\mathbf{a} = (a, b, c)$에 평행한 직선은 벡터 $\mathbf{a}$와 $\overrightarrow{P_0P}$가 평행할 때, 즉

$$\overrightarrow{P_0P} = t\mathbf{a} \quad (t \in \mathbb{R}) \tag{3.34}$$

를 만족하는 점 $P(x, y, z)$ 전체의 집합과 같다. 이때 벡터 $\mathbf{a}$를 직선의 **방향벡터** direction vector라 한다.

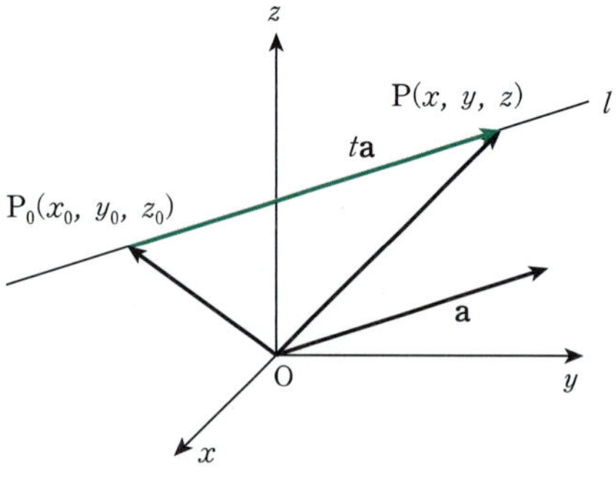

[그림 3-22] $\mathbb{R}^3$에서의 직선

식 (3.34)로부터 x, y, z를 다음과 같이 나타내자.

$$x-x_0=ta,\ y-y_0=tb,\ z-z_0=tc$$

그러면, $\overrightarrow{P_0P}$는 다음과 같이 나타낼 수 있다.

$$(x-x_0)\mathbf{i}+(y-y_0)\mathbf{j}+(z-z_0)\mathbf{k}=ta\mathbf{i}+tb\mathbf{j}+tc\mathbf{k}$$

이므로, $\mathbb{R}^3$에서의 직선의 방정식은 다음과 같이 세 가지로 나타낼 수 있다.

❶ 매개방정식 parametric equations

$$\begin{aligned} x&=x_0+ta \\ y&=y_0+tb \quad (-\infty<t<+\infty) \\ z&=z_0+tc \end{aligned} \tag{3.35}$$

❷ 벡터방정식 vector equations

$$\mathbf{p}=\mathbf{p}_0+t\mathbf{a} \quad (\mathbf{p}=\overrightarrow{OP},\ \mathbf{p}_0=\overrightarrow{OP_0}) \tag{3.36}$$

❸ 대칭방정식 symmetric equations [26]

$$\frac{x-x_0}{a}=\frac{y-y_0}{b}=\frac{z-z_0}{c} \quad (a,\ b,\ c\neq 0) \tag{3.37}$$

예를 들어, 점 $P(3,\ 2,-1)$을 지나고 벡터 $\mathbf{a}=(-3,\ 2,\ 4)$에 평행한 직선의 방정식은 다음과 같이 세 가지로 나타낼 수 있다.

❶ 매개방정식 : $\begin{aligned} x&=\ \ 3-3t \\ y&=\ \ 2+2t \quad (-\infty<t<+\infty) \\ z&=-1+4t \end{aligned}$

❷ 벡터방정식 : $x\mathbf{i}+y\mathbf{j}+z\mathbf{k}=3\mathbf{i}+2\mathbf{j}-\mathbf{k}+t(-3\mathbf{i}+2\mathbf{j}+4\mathbf{k})$

❸ 대칭방정식[27] : $\dfrac{x-3}{-3}=\dfrac{y-2}{2}=\dfrac{z+1}{4}$

26 대칭방정식에서 $ac\neq 0,\ b=0$이면 평면 $\dfrac{x-x_0}{a}=\dfrac{z-z_0}{c}$ 와 평면 $y-y_1=0$의 교선을 의미한다.

27 대칭방정식에서 대칭은 $x,\ y,\ z$의 모양만 바뀔 뿐 동일한 형태의 식으로 이루어진 방정식이라는 의미이다.

예제 3-20

두 점 P$(1, 2, 0)$, Q$(5, -1, 2)$를 지나는 직선의 매개방정식과 벡터방정식을 구하라.

풀이

직선의 방정식을 구하기 위해서는 구하고자 하는 직선에 평행한 방향벡터와 그 직선을 지나는 한 점만 있으면 된다. 따라서 구하고자 하는 직선은 벡터 $\mathbf{a} = \overrightarrow{PQ} = (4, -3, 2)$와 평행하고 점 P를 지나므로 직선의 매개방정식은 다음과 같다.

$$\begin{aligned} x &= 1 + 4t \\ y &= 2 - 3t \quad (-\infty < t < +\infty) \\ z &= 2t \end{aligned}$$

벡터방정식은 $\mathbf{p} = x\mathbf{i} + y\mathbf{j} + z\mathbf{k}$, $\mathbf{p}_0 = (1, 2, 0)$, $\mathbf{a} = (4, -3, 2)$에 대해 $\mathbf{p} = \mathbf{p}_0 + t\mathbf{a}$이다.

예제 3-21

두 점 P$(3, -2, 4)$, Q$(5, 6, -2)$를 지나는 직선의 대칭방정식을 구하라.

풀이

직선의 방정식을 구하기 위해서는 구하고자 하는 직선에 평행한 방향벡터와 그 직선을 지나는 한 점만 있으면 된다. 따라서 구하고자 하는 직선은 벡터 $\mathbf{a} = \overrightarrow{PQ} = (2, 8, -6)$과 평행하고 점 P를 지나므로 직선의 매개방정식은 다음과 같다.

$$\begin{aligned} x &= 3 + 2t \\ y &= -2 + 8t \quad (-\infty < t < +\infty) \\ z &= 4 - 6t \end{aligned}$$

이 식을 매개변수 t에 대해 정리하면 두 점을 지나는 직선의 대칭방정식은 다음과 같다.

$$\frac{x-3}{2} = \frac{y+2}{8} = \frac{z-4}{-6}$$

$\mathbb{R}^3$에서의 평면의 방정식

이제, $\mathbb{R}^3$에서의 평면의 방정식을 구해보자. 한 점 $P_0(x_0, y_0, z_0)$를 지나고 영이 아닌 벡터 $\mathbf{n} = a\mathbf{i} + b\mathbf{j} + c\mathbf{k}$에 수직인 평면 π는 다음을 만족하는 점 $P(x, y, z)$의 전체의 집합과 같다.

$$\mathbf{n} \cdot \overrightarrow{P_0P} = 0 \tag{3.38}$$

여기서 $\mathbf{n}$을 평면 π의 **법선벡터**normal vector라고 한다.[28]

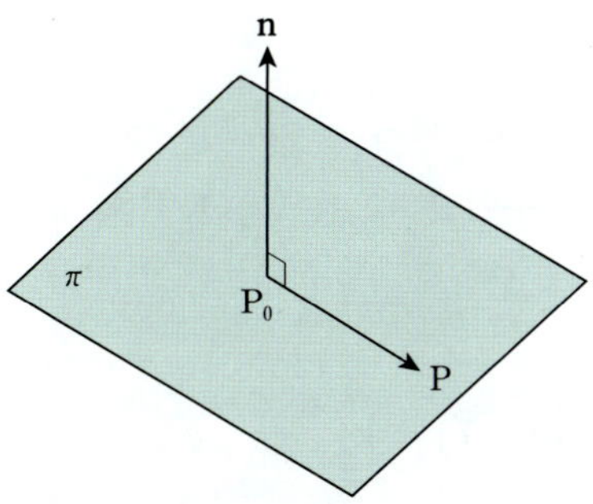

[그림 3-23] **법선벡터**

식 (3.38)로부터 평면의 방정식을 구하면 다음과 같다.

$$a(x - x_0) + b(y - y_0) + c(z - z_0) = 0 \tag{3.39}$$

이때 $d = -ax_0 - by_0 - cz_0$ 라 하면 식 (3.38)은 다음과 같이 나타낼 수 있다.

$$ax + by + cz + d = 0 \tag{3.40}$$

식 (3.40)을 일반적인 평면의 방정식이라 하며, 주어진 평면의 법선벡터는 $\mathbf{n} = (a, b, c)$이다.

예제 3-22

점 $P(-3, 3, 2)$를 지나고 벡터 $\mathbf{n} = 3\mathbf{i} + 4\mathbf{j} - 5\mathbf{k}$에 수직인 평면의 방정식을 구하라.

풀이

식 (3.38)로부터 다음이 성립한다.

28 평면 위의 한 벡터에 수직인 벡터는 평면에도 수직이다. 또 평면에 수직인 벡터는 평면 위에 있는 모든 벡터와 수직이다.

$$3(x-(-3))+4(y-3)-5(z-2)=0$$

따라서 평면의 방정식은 다음과 같다.

$$3x+4y-5z+7=0$$

예제 3-23

세 점 $P(2,-1,1)$, $Q(4,-2,4)$, $R(5,-3,2)$을 지나는 평면의 방정식을 구하라.

풀이

평면의 방정식을 구하기 위해서는 구하고자 하는 평면의 법선벡터와 그 평면을 지나는 한 점만 있으면 된다. 벡터의 외적으로부터 $\overrightarrow{PQ}\times\overrightarrow{PR}$은 주어진 세 점 P, Q, R을 지나는 평면에 수직이므로 평면의 법선벡터는

$$\mathbf{n}=\overrightarrow{PQ}\times\overrightarrow{PR}=\begin{vmatrix}\mathbf{i}&\mathbf{j}&\mathbf{k}\\2&-1&3\\3&-2&1\end{vmatrix}=5\mathbf{i}+7\mathbf{j}-\mathbf{k}$$

이고, 점 $P(2,-1,1)$가 이 평면에 있으므로 평면의 방정식은

$$5(x-2)+7(y-(-1))-1(z-1)=0$$

이다. 위 식을 정리하면 다음과 같은 평면의 방정식을 얻는다.

$$5x+7y-z-2=0$$

정사영

이제 내적의 매우 중요한 활용에 대해 알아보자. $\mathbb{R}^2$ 또는 $\mathbb{R}^3$에서 시작점이 같은 두 벡터 $\mathbf{x}$와 $\mathbf{y}$에 대해 벡터 $\mathbf{y}$를 이용하여 $\mathbf{x}$를 두 개의 성분으로 나눠보자. 이때 하나는 $\mathbf{y}$와 평행한 $\mathbf{v}_1$으로 나타내고, 다른 하나는 $\mathbf{y}$와 수직인 $\mathbf{v}_2$로 나타내자. 그러면 [그림 3-24]와 같이 벡터 $\mathbf{x}$는 두 벡터 $\mathbf{x}$와 $\mathbf{y}$의 사잇각이 예각인 경우와 둔각인 경우로 나뉜다.[29]

29 예각 : $0°<\theta<90°$, 둔각 : $90°<\theta<180°$, 직각 : $\theta=90°$, 평각 : $\theta=180°$

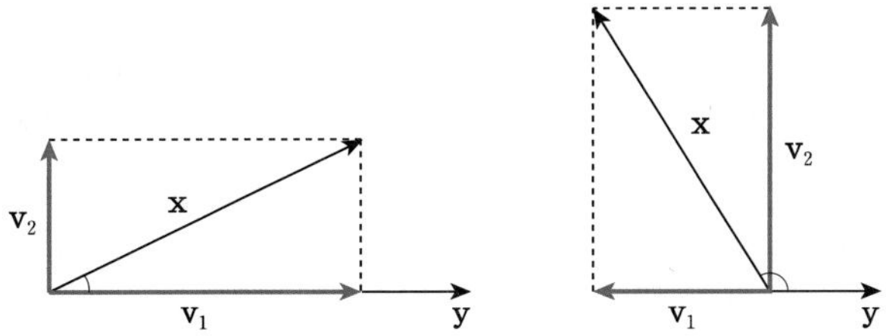

[그림 3-24] **두 벡터의 사잇각**

[그림 3-24]로부터 벡터 $\mathbf{x}$를 다음과 같이 두 벡터의 합으로 나타낼 수 있다.

$$\mathbf{x} = \mathbf{v}_1 + \mathbf{v}_2$$

이때 벡터 $\mathbf{y}$에 수직인 벡터 $\mathbf{v}_2$는 다음과 같이 나타낼 수 있다.

$$\mathbf{v}_2 = \mathbf{x} - \mathbf{v}_1$$

또 그림에서 보듯이 벡터 $\mathbf{v}_1$은 벡터 $\mathbf{y}$ 위에 나타난 벡터 $\mathbf{x}$의 그림자라고 할 수 있다. 그런 의미에서 $\mathbf{v}_1$을 $\mathbf{y}$ 위로의 $\mathbf{x}$의 **정사영**projection이라 하고 다음과 같이 나타낸다.

$$\mathbf{v}_1 = \mathrm{proj}_{\mathbf{y}}\,\mathbf{x} \tag{3.41}$$

이때 벡터 $\mathbf{v}_2$를 $\mathbf{y}$에 수직인 $\mathbf{x}$의 **벡터성분**vector component이라고 한다. 따라서 $\mathbf{y}$에 수직인 $\mathbf{x}$의 벡터성분 $\mathbf{v}_2$는 다음과 같이 나타낼 수 있다.

$$\mathbf{v}_2 = \mathbf{x} - \mathbf{v}_1 = \mathbf{x} - \mathrm{proj}_{\mathbf{y}}\,\mathbf{x} \tag{3.42}$$

정리 3-16 정사영의 성질

$\mathbb{R}^3$의 벡터 $\mathbf{x}$, $\mathbf{y} \neq \mathbf{0}$에 대해 $\mathbf{u} = \dfrac{\mathbf{y}}{\|\mathbf{y}\|}$일 때, 다음이 성립한다.

(1) $\mathrm{proj}_{\mathbf{y}}\,\mathbf{x} = (\mathbf{x} \cdot \mathbf{u})\mathbf{u}$ (3.43)

(2) $\|\mathrm{proj}_{\mathbf{y}}\,\mathbf{x}\| = |\mathbf{x} \cdot \mathbf{u}|$ (3.44)

증명

(1) $\mathbf{v}_1$, $\mathbf{v}_2$를 각각 $\mathbf{y}$ 위로의 $\mathbf{x}$의 정사영과 $\mathbf{y}$에 수직인 $\mathbf{x}$의 벡터성분이라 하자.

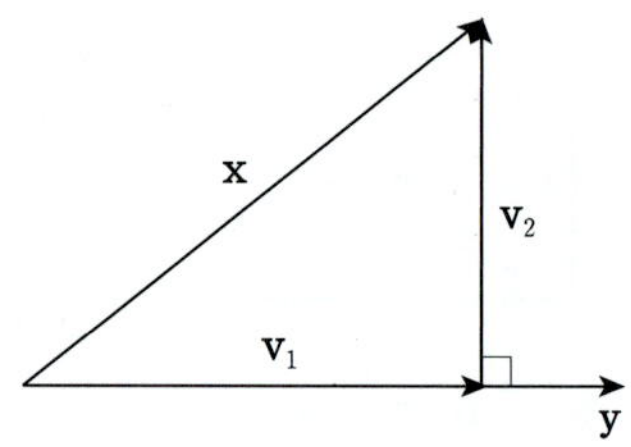

[그림 3-25] 정사영과 벡터성분

$\mathbf{v}_1$은 $\mathbf{y}$와 평행하므로 $\mathbf{v}_1 = k\mathbf{y}\,(k \in \mathbb{R})$라 하면

$$\mathbf{x} = \mathbf{v}_1 + \mathbf{v}_2 = k\mathbf{y} + \mathbf{v}_2$$

이고, $\mathbf{v}_2$는 $\mathbf{y}$와 수직이므로 $\mathbf{v}_2 \cdot \mathbf{y} = 0$이다. 따라서

$$\mathbf{x} \cdot \mathbf{y} = (k\mathbf{y} + \mathbf{v}_2) \cdot \mathbf{y} = k\|\mathbf{y}\|^2 + \mathbf{v}_2 \cdot \mathbf{y} = k\|\mathbf{y}\|^2$$

$$\Rightarrow \quad k = \frac{\mathbf{x} \cdot \mathbf{y}}{\|\mathbf{y}\|^2}$$

따라서 $\mathbf{u} = \dfrac{\mathbf{y}}{\|\mathbf{y}\|}$라 하면 다음이 성립한다.

$$\mathrm{proj}_{\mathbf{y}}\,\mathbf{x} = \mathbf{v}_1 = \frac{\mathbf{x} \cdot \mathbf{y}}{\|\mathbf{y}\|^2}\mathbf{y} = \left(\mathbf{x} \cdot \frac{\mathbf{y}}{\|\mathbf{y}\|}\right)\frac{\mathbf{y}}{\|\mathbf{y}\|} = (\mathbf{x} \cdot \mathbf{u})\mathbf{u}$$

(2) $\mathbf{u}$가 단위벡터이므로 다음이 성립한다.

$$\|\mathrm{proj}_{\mathbf{y}}\,\mathbf{x}\| = \|(\mathbf{x} \cdot \mathbf{u})\mathbf{u}\| = |\mathbf{x} \cdot \mathbf{u}|\,\|\mathbf{u}\| = |\mathbf{x} \cdot \mathbf{u}|$$ ■

예제 3-24

$\mathbf{x} = (2, -1, 3)$, $\mathbf{y} = (4, -1, 2)$에 대해 $\mathbf{y}$ 위로의 $\mathbf{x}$의 정사영 $\mathrm{proj}_{\mathbf{y}}\mathbf{x}$와 $\mathbf{y}$에 수직인 $\mathbf{x}$의 벡터성분 $\mathbf{v}_2$를 구하라.

풀이

벡터 $\mathbf{y}$ 방향의 단위벡터를 구하면 $\mathbf{u} = \dfrac{\mathbf{y}}{\|\mathbf{y}\|} = \dfrac{1}{\sqrt{21}}(4, -1, 2)$이다.
그리고 $\mathbf{x} \cdot \mathbf{u} = \dfrac{15}{\sqrt{21}}$이므로 $\mathbf{y}$ 위로의 $\mathbf{x}$의 정사영을 구하면 다음과 같다.

$$\mathrm{proj}_{\mathbf{y}}\,\mathbf{x} = (\mathbf{x} \cdot \mathbf{u})\mathbf{u} = \frac{15}{21}(4, -1, 2) = \left(\frac{20}{7}, -\frac{5}{7}, \frac{10}{7}\right)$$

한편, $\mathbf{y}$에 수직인 $\mathbf{x}$의 벡터성분 $\mathbf{v}_2$를 구하면 다음과 같다.

$$\begin{aligned}\mathbf{v}_2 &= \mathbf{x} - \mathrm{proj}_{\mathbf{y}}\,\mathbf{x} \\ &= (2, -1,\ 3) - \left(\frac{20}{7}, -\frac{5}{7},\ \frac{10}{7}\right) \\ &= \left(-\frac{6}{7}, -\frac{2}{7},\ \frac{11}{7}\right)\end{aligned}$$

거리 문제

이제 $\mathbb{R}^3$에서 벡터의 내적과 외적 그리고 정사영을 이용하여 한 점과 직선 사이의 거리, 한 점과 평면사이의 거리를 구하는 방법에 대해 알아보자.

정리 3-17 점과 직선 사이의 거리

$\mathbb{R}^3$의 한 점 P에서 직선 l에 이르는 거리 D는 다음과 같다.

$$D = \frac{1}{\|\overrightarrow{\mathrm{QR}}\|}\,\|\overrightarrow{\mathrm{QR}} \times \overrightarrow{\mathrm{QP}}\| \tag{3.45}$$

여기서 Q, R은 직선 l 위에 있는 임의의 서로 다른 두 점이다.

증명

[그림 3-26]과 같이 Q, R을 직선 l 위에 있는 임의의 서로 다른 두 점이라 하고, θ를 두 벡터 $\overrightarrow{\mathrm{QR}}$과 $\overrightarrow{\mathrm{QP}}$가 이루는 각이라 하자.

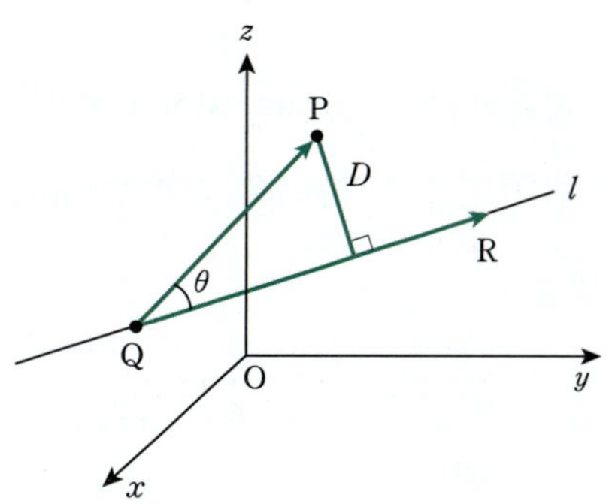

[그림 3-26] 점과 직선 사이의 거리

그러면

$$D = \|\overrightarrow{\mathrm{QP}}\|\sin\theta$$

이므로

$$\|\overrightarrow{\mathrm{QR}} \times \overrightarrow{\mathrm{QP}}\| = \|\overrightarrow{\mathrm{QR}}\|\|\overrightarrow{\mathrm{QP}}\|\sin\theta = \|\overrightarrow{\mathrm{QR}}\| \cdot D$$ [30]

이다. 따라서 $\|\overrightarrow{\mathrm{QR}}\| \neq 0$이므로 거리 D는 다음과 같다.

---

30 $\|\mathbf{a}\times\mathbf{b}\| = \|\mathbf{a}\|\|\mathbf{b}\|\sin\theta$

$$D = \frac{1}{\| \overrightarrow{QR} \|} \| \overrightarrow{QR} \times \overrightarrow{QP} \|$$ ■

예제 3-25

점 P(1, −2, 3)에서 다음 직선 l에 이르는 거리 D를 구하라.

$$x = 3 + 2t, \ y = 2 - 2t, \ z = 1 + 2t$$

풀이

직선 l의 식에 $t=0$, $t=1$을 대입하여 임의의 두 점 Q(3, 2, 1), R(5, 0, 3)을 선택하면 다음과 같이 구해진다.

$$\overrightarrow{QR} = (2, -2, 2), \ \overrightarrow{QP} = (2, 4, -2)$$

$$\| \overrightarrow{QR} \| = \sqrt{2^2 + (-2)^2 + 2^2} = 2\sqrt{3}$$

$$\| \overrightarrow{QR} \times \overrightarrow{QP} \| = \| (-4, 8, 12) \| = 4\sqrt{14}$$

따라서 다음을 얻을 수 있다.

$$D = \frac{1}{\| \overrightarrow{QR} \|} \| \overrightarrow{QR} \times \overrightarrow{QP} \| = 2\sqrt{\frac{14}{3}}$$

정리 3-18 점과 평면 사이의 거리

점 $P_0(x_0, y_0, z_0)$와 평면 $\pi : ax + by + cz + d = 0$ 사이의 거리 D는 다음과 같다.

$$D = \frac{|ax_0 + by_0 + cz_0 + d|}{\sqrt{a^2 + b^2 + c^2}} \tag{3.46}$$

증명

$Q(x_1, y_1, z_1)$를 평면 π 위의 임의의 점이라 하고 $\mathbf{n} = (a, b, c)$라 하면 $\mathbf{n}$은 평면 π의 법선벡터이다. [그림 3-27]과 같이 벡터 $\mathbf{n}$을 시작점이 Q가 되도록 놓으면 구하려는 거리 D는 $\| \text{proj}_{\mathbf{n}} \overrightarrow{QP_0} \|$와 같다.

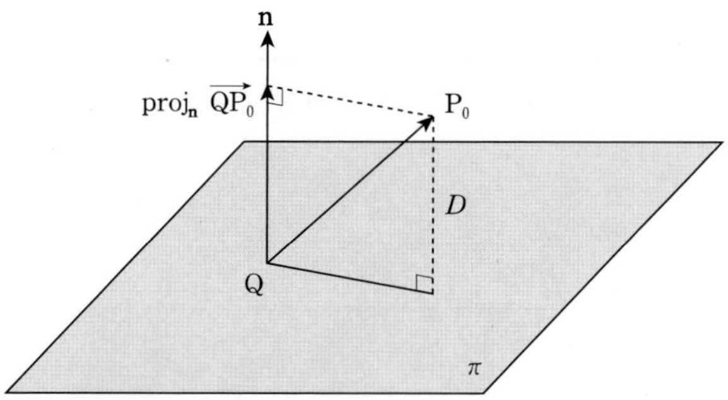

[그림 3-27] **점과 평면 사이의 거리**

따라서 정사영의 성질에 의해 D는 다음과 같다.

$$D = \| \text{proj}_{\mathbf{n}} \overrightarrow{QP_0} \| = | \overrightarrow{QP_0} \cdot \mathbf{u} | \qquad \left(\mathbf{u} = \frac{\mathbf{n}}{\| \mathbf{n} \|} \right)$$

여기서,

$$\overrightarrow{QP_0} = (x_0 - x_1,\ y_0 - y_1, z_0 - z_1)$$
$$\mathbf{u} = \frac{\mathbf{n}}{\| \mathbf{n} \|} = \frac{(a,\ b,\ c)}{\sqrt{a^2 + b^2 + c^2}}$$

이고, 점 Q가 평면 π 위에 있으므로 $ax_1 + by_1 + cz_1 = -d$로부터

$$\begin{aligned} \overrightarrow{QP_0} \cdot \mathbf{n} &= a(x_0 - x_1) + b(y_0 - y_1) + c(z_0 - z_1) \\ &= ax_0 + by_0 + cz_0 - (ax_1 + by_1 + cz_1) \\ &= ax_0 + by_0 + cz_0 + d \end{aligned}$$

이다. 따라서 거리 D는 다음과 같다.

$$\begin{aligned} D &= | \overrightarrow{QP_0} \cdot \mathbf{u} | \\ &= \frac{| \overrightarrow{QP_0} \cdot \mathbf{n} |}{\| \mathbf{n} \|} \\ &= \frac{| ax_0 + by_0 + cz_0 + d |}{\sqrt{a^2 + b^2 + c^2}} \end{aligned}$$

■

예제 3-26

점 $P(5, -2, 1)$에서 평면 $3x-2y+z-3=0$에 이르는 거리 D를 구하라.

풀이

$$D=\frac{|3\cdot 5+(-2)\cdot(-2)+1\cdot 1-3|}{\sqrt{3^2+(-2)^2+1^2}}$$
$$=\frac{17}{\sqrt{14}}$$

Chapter 3.5

연습문제

1~4. 다음에 주어진 점 P를 지나고 주어진 벡터 $\mathbf{a}$에 평행한 직선의 방정식을 구하라.

1. $P(-2, 1, 3)$, $\mathbf{a} = 2\mathbf{i} + 5\mathbf{j} - 2\mathbf{k}$

2. $P(3, 1, 0)$, $\mathbf{a} = (4, -1, 2)$

3. $P(1, 0, -2)$, $\mathbf{a} = 3\mathbf{i} + \mathbf{j}$

4. $P(0, 0, 0)$, $\mathbf{a} = (2, -1, 5)$

5~6. 다음에 주어진 두 점 P, Q를 지나는 직선의 방정식을 구하라.

5. $P(2, -1, 3)$, $Q(3, 2, -4)$

6. $P(1, 7, -2)$, $Q(4, 0, 3)$

7~8. 다음 주어진 직선에 평행한 벡터를 찾아라.

7. $\begin{aligned} x &= 3 + 5t \\ y &= 2 - 3t \quad (-\infty < t < \infty) \\ z &= 4 + 2t \end{aligned}$

8. $\dfrac{x+3}{-2} = \dfrac{y}{3} = \dfrac{z+1}{5}$

9~10. 다음에 주어진 점 P를 지나고 벡터 $\mathbf{n}$에 수직인 평면의 방정식을 구하라.

9. $P(2, 3, -1)$, $\mathbf{n} = 2\mathbf{i} - 3\mathbf{j} + \mathbf{k}$

10. $P(3, 0, -1)$, $\mathbf{n} = -\mathbf{j}$

11~12. 다음에 주어진 세 점 P, Q, R을 지나는 평면의 방정식을 구하라.

11. $P(1, 2, -1)$, $Q(3, -2, 1)$, $R(-2, 4, 0)$

12. $P(0, 5, 0)$, $Q(-1, 3, 5)$, $R(7, 2, 4)$

13~14. 다음 주어진 평면에 수직인 벡터를 구하라.

13. $x-3y+5z-6=0$

14. $3x+5y-6z=1$

15~16. 다음에 주어진 직선에서 점 $\mathrm{P}(2,\ 1,-1)$에 이르는 거리를 구하고, 이 점에서 가장 가까운 직선 위의 점을 찾아라.

15. $\begin{aligned} x &= 1-4t \\ y &= 3-\ \ t \quad (-\infty<t<\infty) \\ z &= \quad\ -5t \end{aligned}$

16. $x-6=\dfrac{y+2}{-4}=\dfrac{z-3}{2}$

17~18. 다음에 주어진 평면에서 점 $\mathrm{P}(1,\ 0,-2)$에 이르는 거리를 구하라.

17. $2x+y-3z+1=0$

18. $-x-6y+3z=-5$

19. 세 점 $\mathrm{P}(1,\ 2,-3)$, $\mathrm{Q}(1,\ 6,\ 2)$, $\mathrm{R}(7,\ 14,\ 11)$은 동일한 직선 위에 있는지 판단하라.

20. 점 $\mathrm{P}(1,-2,\ 3)$를 지나고 평면 $2x-3y+5z-7=0$과 평행한 평면의 방정식을 구하라.

21. 점 $\mathrm{P}(2,-5,\ 4)$를 지나고 평면 $x+2y-4z+5=0$에 수직인 평면의 방정식을 구하라.

22. 두 평면 $x+2y-2z=3$, $2x+4y-4z=7$의 사이의 거리를 구하라.

23. 원점을 지나고, 두 평면 $x+y+z=1$, $2x+y-z+2=0$에 수직인 평면의 방정식을 구하라.

24. 세 점 $(a,\ 0,\ 0)$, $(0,\ b,\ 0)$, $(0,\ 0,\ c)$을 지나는 평면의 방정식을 구하라.

Chapter

04

벡터공간

Vector Spaces

Contents

벡터공간과 부분공간 _4.1

일차독립과 일차종속 _4.2

부분공간의 기저와 차원 _4.3

행렬의 계수 _4.4

좌표벡터와 추이행렬 _4.5

그램-슈미트의 정규직교화 과정 _4.6

벡터공간의 응용 _4.7

Summary

이 장에서는 3장에서 다룬 벡터의 합과 스칼라 배가 갖는 연산 법칙을 일반화하여 벡터공간을 정의한다. 벡터공간의 정의로부터 $\mathbb{R}^n$도 벡터공간임을 이해하고, $\mathbb{R}^n$을 중심으로 벡터공간에 관한 이론과 구조를 알아본다. 특히 벡터공간의 구조에서 가장 중요한 기저의 성질을 이용하여 부분공간의 차원을 정의한다. 이를 이용하여 동차 연립일차방정식의 해의 존재성과 해공간의 기저에 관하여 알아본다. 기저의 응용인 좌표벡터와 일반 기저를 정규직교기저로 만드는 과정을 알아본다.

Section

4.1 벡터공간과 부분공간

3장에서 $\mathbb{R}^n$을 정의하고 $\mathbb{R}^n$의 벡터가 만족하는 몇 가지 성질을 살펴봤다. 이제 벡터의 개념을 더욱 일반화하여 벡터공간을 살펴보자. 벡터공간을 일종의 집합이라고 하면, 그 안의 원소는 벡터가 된다. 집합에도 부분집합이라는 개념이 있는 것처럼, 벡터공간에도 부분공간이 존재한다. 이 절에서는 실수 상에서의 벡터공간과 부분공간을 정의하고 부분공간의 성질에 관해 알아보자.

벡터공간

임의의 집합 $V(\neq \varnothing)$에서 두 연산, **덧셈** '+'와 **스칼라 배** '·'이 임의의 $\mathbf{x}, \mathbf{y}, \mathbf{z} \in V$와 $h, k \in \mathbb{R}$에 대하여 다음 두 개의 기본 법칙을 만족한다.

- 덧셈(A) : $\mathbf{x}, \mathbf{y} \in V \Rightarrow \mathbf{x}+\mathbf{y} \in V$
- 스칼라 배(SM) : $\mathbf{x} \in V,\ k \in \mathbb{R} \Rightarrow k\mathbf{x} \in V$

그리고 다음 여덟 개의 연산 법칙이 성립한다고 하자. 이때 집합 V를 주어진 연산에 관한 $\mathbb{R}$ 위의 **벡터공간**vector space이라 하고, 벡터공간 V의 원소를 **벡터**vector라고 한다.

- A1 : $\mathbf{x}+\mathbf{y}=\mathbf{y}+\mathbf{x}$
- A2 : $(\mathbf{x}+\mathbf{y})+\mathbf{z}=\mathbf{x}+(\mathbf{y}+\mathbf{z})$
- A3 : 모든 $\mathbf{x} \in V$에 대하여 $\mathbf{x}+\mathbf{0}=\mathbf{x}=\mathbf{0}+\mathbf{x}$를 만족하는 원소 $\mathbf{0}$가 V에 단 하나 존재한다.
- A4 : V의 각 원소 $\mathbf{x}$에 대하여 $\mathbf{x}+(-\mathbf{x})=\mathbf{0}=(-\mathbf{x})+\mathbf{x}$를 만족하는 $-\mathbf{x}$가 V에 단 하나 존재한다.
- SM1 : $k(\mathbf{x}+\mathbf{y})=k\mathbf{x}+k\mathbf{y}$
- SM2 : $(h+k)\mathbf{x}=h\mathbf{x}+k\mathbf{x}$
- SM3 : $(hk)\mathbf{x}=h(k\mathbf{x})=k(h\mathbf{x})$
- SM4 : $1\mathbf{x}=\mathbf{x}$

이 책에서는 스칼라를 실수로 제한했으므로 특별한 언급이 없는 한 벡터공간 V는 $\mathbb{R}$ 위의 벡터공간을 의미한다. 어떤 경우에는 스칼라를 실수에서 복소수로 확장하는 것이 필요한데, 이 경우 $\mathbb{C}$ 위의 벡터공간을 **복소벡터공간**complex vector space이라고 부른다.

이제 $\mathbb{R}$ 위의 벡터공간의 예를 들어보자.

❶ $V=\mathbb{R}^n=\left\{\left.\begin{bmatrix} x_1 \\ x_2 \\ \vdots \\ x_n \end{bmatrix}\right| x_i \in \mathbb{R},\quad i=1, 2, \cdots, n\right\}$ **인 벡터공간**

$\mathbb{R}^n$의 벡터 $\mathbf{x}=\begin{bmatrix} x_1 \\ x_2 \\ \vdots \\ x_n \end{bmatrix}$, $\mathbf{y}=\begin{bmatrix} y_1 \\ y_2 \\ \vdots \\ y_n \end{bmatrix}$와 스칼라 k에 대하여, 두 벡터의 합 $\mathbf{x}+\mathbf{y}$와 스칼라 배 $k\mathbf{x}$를 각각 다음과 같이 정의하자.

$$\mathbf{x}+\mathbf{y}=\begin{bmatrix} x_1+y_1 \\ x_2+y_2 \\ \vdots \\ x_n+y_n \end{bmatrix}, \quad k\mathbf{x}=\begin{bmatrix} kx_1 \\ kx_2 \\ \vdots \\ kx_n \end{bmatrix}$$

그러면 $\mathbb{R}^n$은 이 연산에 관한 벡터공간이다. 이 연산을 $\mathbb{R}^n$의 **표준연산**이라고 한다. 특히 $\mathbb{R}^n$에서 다음이 성립함을 쉽게 알 수 있다.

$$0\mathbf{x}=\mathbf{0}, \quad k\mathbf{0}=\mathbf{0}, \quad (-1)\mathbf{x}=-\mathbf{x}$$
$$k\mathbf{x}=\mathbf{0} \quad \Leftrightarrow \quad k=0 \text{ 또는 } \mathbf{x}=\mathbf{0}$$

❷ **영벡터공간**

집합 $V=\{\mathbf{0}\}$에서 스칼라 k에 대하여 덧셈과 스칼라 배를 각각 다음과 같이 정의하자.

$$\mathbf{0}+\mathbf{0}=\mathbf{0}, \quad k\mathbf{0}=\mathbf{0}$$

그러면 V는 이 연산에 관한 벡터공간이다. 이 벡터공간을 **영벡터공간**zero vector space 이라고 한다.

❸ **차수가 n인 다항함수의 벡터공간**

집합 P_n을 계수가 실수인 n차 이하의 다항식 전체의 집합이라 하자. 즉, 집합 P_n과 다항식 $p(t)$는 각각 다음과 같이 정의할 수 있다.

$$P_n=\left\{p(t)=a_0+a_1t+a_2t^2+\cdots+a_nt^n \mid a_0, a_1, \cdots, a_n \in \mathbb{R}\right\}$$

$$p(t) = a_0 + a_1 t + a_2 t^2 + \cdots + a_n t^n \in P_n$$
$$q(t) = b_0 + b_1 t + b_2 t^2 + \cdots + b_n t^n \in P_n$$

와 스칼라 $k \in \mathbb{R}$ 에 대하여 덧셈과 스칼라 배를 각각 다음과 같이 정의하자.

$$p(t) + q(t) = (a_0 + b_0) + (a_1 + b_1)t + \cdots + (a_n + b_n)t^n$$
$$kp(t) = (ka_0) + (ka_1)t + \cdots + (ka_n)t^n$$

그러면 P_n은 이 연산에 관한 벡터공간이고, 다항식 $p(t)$는 P_n의 원소이므로 벡터이다. 이때 벡터공간 P_n을 **다항함수 벡터공간**polynomial vector space이라고 한다.

예제 4-1

집합 l_0, l_1을 각각 직선 $y = 3x$, $y = 3x + 1$ 위의 점의 집합이라 하자. l_0, l_1에서의 덧셈과 스칼라 배를 각각 $\mathbb{R}^2$에서의 표준연산으로 정의할 때, l_0는 벡터공간이지만 l_1은 벡터공간이 아님을 보여라.

$$l_0 = \left\{ \begin{bmatrix} x \\ y \end{bmatrix} \in \mathbb{R}^2 \mid 3x - y = 0 \right\}$$
$$l_1 = \left\{ \begin{bmatrix} x \\ y \end{bmatrix} \in \mathbb{R}^2 \mid 3x - y + 1 = 0 \right\}$$

풀이

먼저, 집합 l_0의 경우를 살펴보자.

❶ 덧셈 : $\mathbf{x} = (x_1, x_2)$, $\mathbf{y} = (y_1, y_2) \in l_0$이면 $3x_1 - x_2 = 0$, $3y_1 - y_2 = 0$이고 $\mathbf{x} + \mathbf{y} = (x_1 + y_1, x_2 + y_2)$이다. 따라서

$$3(x_1 + y_1) - (x_2 + y_2)$$
$$= (3x_1 - x_2) + (3y_1 - y_2) = 0$$

이므로 $\mathbf{x} + \mathbf{y} \in l_0$이다.

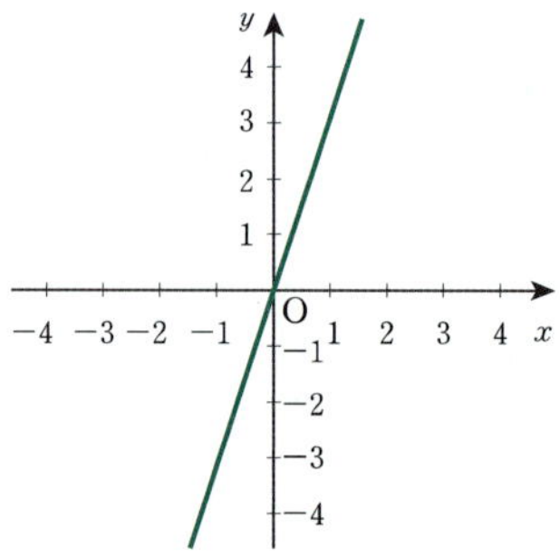

l_0 : $y=3x$

❷ 스칼라 배 : $\mathbf{x} = (x_1, x_2) \in l_0$, $k \in \mathbb{R}$ 이면 $3x_1 - x_2 = 0$이고 $k\mathbf{x} = (kx_1, kx_2)$이다. 따라서

$$3(kx_1) - kx_2 = k(3x_1 - x_2) = 0$$

이므로, $k\mathbf{x} \in l_0$이다.

그리고 집합 l_0에서 나머지 여덟 개의 연산 법칙(A1~A4, SM1~SM4)이 성립하는 것은 쉽게 보일 수 있다. 따라서 l_0는 이 연산에 관한 벡터공간이다. 이 경우에 벡터는 직선 $y=3x$ 위에 있는 점이다.

이제, 집합 l_1의 경우를 살펴보자.

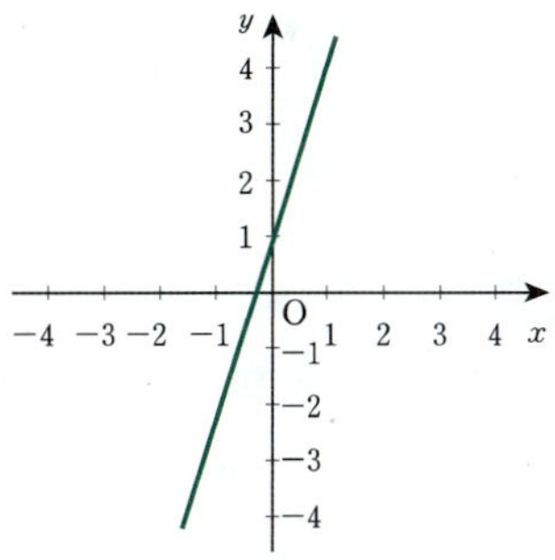

l_1 : $y=3x+1$

❶ 덧셈 : $\mathbf{x}=(x_1,\ x_2)$, $\mathbf{y}=(y_1,\ y_2)\in l_1$이면 $3x_1-x_2+1=0$, $3y_1-y_2+1=0$이고 $\mathbf{x}+\mathbf{y}=(x_1+y_1,\ x_2+y_2)$이다. 그런데

$$\begin{aligned}&3(x_1+y_1)-(x_2+y_2)+1\\&=(3x_1-x_2+1)+(3y_1-y_2+1)-1\\&=-1\neq 0\end{aligned}$$

이므로, $\mathbf{x}+\mathbf{y}\notin l_1$이다. 따라서 l_1은 이 연산에 관한 벡터공간이 아니다.

[예제 4-1]에서 l_0는 벡터공간 $\mathbb{R}^2$의 부분집합이고 벡터공간이었다. 이와 같이 한 벡터공간은 또 다른 벡터공간을 포함하고 있을 수 있다. 즉 한 집합에 대하여 그 부분집합을 생각할 수 있듯이 벡터공간에서도 부분공간이라고 부르는 특별한 부분집합을 생각할 수 있다.

부분공간

벡터공간 $\mathbb{R}^n$에 대하여 $W(\neq\varnothing)$를 $\mathbb{R}^n$의 부분집합이라 하자. 이때 벡터공간 $\mathbb{R}^n$에서 정의된 덧셈과 스칼라 배에 관하여 W가 벡터공간을 이룰 때, W를 $\mathbb{R}^n$의 **부분공간** subspace이라고 한다.

일반적으로 벡터공간 $\mathbb{R}^n$의 부분집합 $W(\neq\varnothing)$가 부분공간임을 밝히기 위해서는 벡터공간이 되기 위한 두 개의 기본 법칙과 여덟 개의 연산 법칙이 모두 성립한다는 것을 보여야 한다. 그러나 다음 정리는 W가 $\mathbb{R}^n$에서 정의된 연산에 관하여 두 개의 기본 법칙만 만족하면 W는 $\mathbb{R}^n$의 부분공간이 됨을 보여준다.

정리 4-1 부분공간일 필요충분조건

$W(\neq \varnothing)$가 벡터공간 $\mathbb{R}^n$의 부분집합일 때, 다음의 두 가지 조건을 만족하면 W는 $\mathbb{R}^n$의 부분공간이다.[1]

(1) $\mathbf{x}, \mathbf{y} \in W \Rightarrow \mathbf{x}+\mathbf{y} \in W$

(2) $\mathbf{x} \in W,\ k \in \mathbb{R} \Rightarrow k\mathbf{x} \in W$

증명

조건 (1), (2)를 만족하므로 벡터공간이 되기 위한 여덟 가지 연산법칙이 W에서 성립함을 보이면 된다. W는 벡터공간 $\mathbb{R}^n$의 부분집합이므로 연산 법칙 A1, A2, SM1~SM4가 W에서도 성립한다. 또한 조건 (2)로부터 임의의 $\mathbf{x} \in W$에 대하여 $k=0$, $k=-1$이라 놓으면 각각 다음과 같다.

$$\mathbf{0} = 0\mathbf{x} \in W, \quad -\mathbf{x} = (-1)\mathbf{x} \in W$$

따라서, 연산 법칙 A3, A4 역시 W에서 성립하므로 W는 $\mathbb{R}^n$의 부분공간이다. ■

예를 들어, $\{\mathbf{0}\}$과 $\mathbb{R}^n$은 $\mathbb{R}^n$의 부분공간이다. 실제로 $\mathbb{R}^2$의 부분공간은 $\{\mathbf{0}\}$, $\mathbb{R}^2$ 그리고 원점을 지나는 직선 이외에는 존재하지 않는다. 마찬가지 이유로 $\mathbb{R}^3$의 부분공간은 $\{\mathbf{0}\}$, $\mathbb{R}^3$, 원점을 지나는 직선, 원점을 지나는 평면 이외에는 존재하지 않는다.

한편, $W = \{(x, y) \mid x > 0,\ y > 0\} \subset \mathbb{R}^2$이라 하면, 집합 W는 덧셈에 대하여 닫혀 있지만 스칼라 배에 대해서는 닫혀 있지 않다. [그림 4-1]을 보면, 벡터 $\mathbf{v} = (1, 1)$은 W에 있지만 벡터 $(-1)\mathbf{v} = (-1, -1)$은 W에 있지 않다. 따라서 W는 $\mathbb{R}^2$의 부분공간이 아니다.

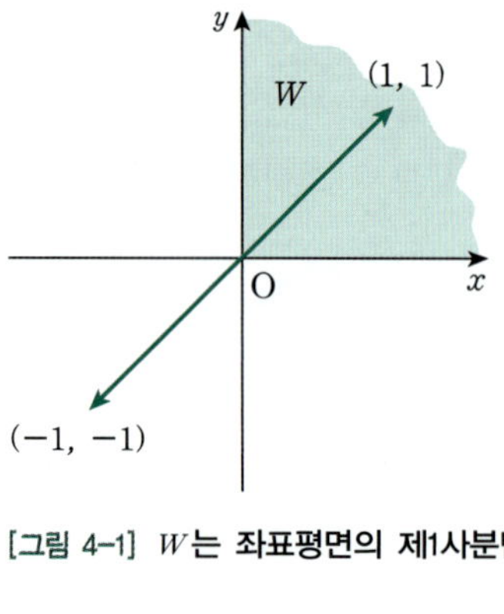

[그림 4-1] W는 좌표평면의 제1사분면

1 [정리 4-1]은 일반적인 벡터공간에 대하여도 성립한다.

임의의 $m \times n$ 행렬에 대하여도 부분공간을 생각할 수 있다. 즉 임의의 $m \times n$ 행렬 A에 대하여 $C(A)$를 $A\mathbf{x}$인 부분공간으로 정의해보자.

$$C(A) = \{A\mathbf{x} \mid \mathbf{x} \in \mathbb{R}^n\}$$ [2]

그러면, $C(A) \subset \mathbb{R}^m$이다. 또한 임의의 두 벡터 $\mathbf{x}_1, \mathbf{x}_2 \in \mathbb{R}^n$에 대하여 $\mathbf{x}_1 + \mathbf{x}_2$, $k\mathbf{x} \in \mathbb{R}^n$이므로 $A\mathbf{x}_1$과 $A\mathbf{x}_2$에 대해 다음이 성립한다.

$$A\mathbf{x}_1 + A\mathbf{x}_2 = A(\mathbf{x}_1 + \mathbf{x}_2) \in C(A)$$
$$k(A\mathbf{x}) = A(k\mathbf{x}) \in C(A)$$

이다. 따라서 $C(A)$는 $\mathbb{R}^m$의 부분공간이다. 이 부분공간을 행렬 A의 **열공간**column space 이라고 한다.

마찬가지로 $R(A)$를 살펴보자.

$$R(A) = \{A^T\mathbf{y} \mid \mathbf{y} \in \mathbb{R}^m\}$$

$R(A)$는 $\mathbb{R}^n$의 부분공간이다. 이 부분공간을 행렬 A의 **행공간**row space이라고 한다.

예제 4-2

벡터 $\mathbf{b}$가 행렬 A의 열공간의 원소임을 보여라.

$$\mathbf{b} = \begin{bmatrix} 1 \\ -2 \\ 5 \end{bmatrix}, \quad A = \begin{bmatrix} 1 & 1 & 2 \\ 1 & 2 & -1 \\ 1 & 3 & 1 \end{bmatrix}$$

풀이

주어진 벡터 $\mathbf{b}$가 행렬 A의 열공간의 원소라면 다음을 만족한다.

$$x_1 \begin{bmatrix} 1 \\ 1 \\ 1 \end{bmatrix} + x_2 \begin{bmatrix} 1 \\ 2 \\ 3 \end{bmatrix} + x_3 \begin{bmatrix} 2 \\ -1 \\ 1 \end{bmatrix} = \begin{bmatrix} 1 \\ -2 \\ 5 \end{bmatrix} \quad (x_1, x_2, x_3 \in \mathbb{R})$$

즉, $\mathbf{x} = \begin{bmatrix} x_1 \\ x_2 \\ x_3 \end{bmatrix}$일 때 $A\mathbf{x} = \mathbf{b}$이다. 이 연립방정식을 풀면 다음을 얻는다.

$$x_1 = -6, \; x_2 = 3, \; x_3 = 2$$

2 A가 $m \times n$이고 $\mathbf{x}$가 $n \times 1$이므로 $A\mathbf{x}$는 $m \times 1$인 벡터이다.

따라서,

$$-6\begin{bmatrix}1\\1\\1\end{bmatrix}+3\begin{bmatrix}1\\2\\3\end{bmatrix}+2\begin{bmatrix}2\\-1\\1\end{bmatrix}=\begin{bmatrix}1\\-2\\5\end{bmatrix}$$

이므로 $\mathbf{b}=(1,-2,5)^T$는 행렬 A의 열공간의 원소이다.

예제 4-3

$m\times n$ 행렬 A에 대하여 다음 집합 W는 $\mathbb{R}^n$의 부분공간임을 보여라.

$$W=\{\mathbf{x}\in\mathbb{R}^n \mid A\mathbf{x}=\mathbf{0}\}$$

풀이

$A\mathbf{0}=\mathbf{0}$ 이므로 $\mathbf{0}\in W$이다. 따라서 $W\neq\varnothing$ 이다. 이제 $\mathbf{x}, \mathbf{y}\in W$와 $k\in\mathbb{R}$ 에 대하여 $A\mathbf{x}=\mathbf{0}, A\mathbf{y}=\mathbf{0}$이므로

$$A(\mathbf{x}+\mathbf{y})=A\mathbf{x}+A\mathbf{y}=\mathbf{0}+\mathbf{0}=\mathbf{0}$$
$$A(k\mathbf{x})=k(A\mathbf{x})=k\mathbf{0}=\mathbf{0}$$

이다. 따라서 다음이 성립한다.

$$\mathbf{x}+\mathbf{y}\in W,\ \ k\mathbf{x}\in W$$

즉, W는 $\mathbb{R}^n$의 부분공간이다. 이 부분공간 W를 $A\mathbf{x}=\mathbf{0}$의 **해공간**solution space 또는 A의 **영공간**null space이라고 한다.

예제 4-4

$\mathbb{R}^n$의 부분집합 $S=\{\mathbf{x}_1, \mathbf{x}_2, \cdots, \mathbf{x}_t\}$에 대하여 다음 집합 W가 $\mathbb{R}^n$의 부분공간임을 보여라.

$$W=\{c_1\mathbf{x}_1+c_2\mathbf{x}_2+\cdots+c_t\mathbf{x}_t \mid c_1, c_2, \cdots, c_t\in\mathbb{R}\}$$

풀이

$\mathbf{x}, \mathbf{y}\in W$라 하면 적당한 $c_i, d_i\in\mathbb{R}\ (i=1, 2, \cdots, t)$에 대하여

$$\mathbf{x}=c_1\mathbf{x}_1+c_2\mathbf{x}_2+\cdots+c_t\mathbf{x}_t,\quad \mathbf{y}=d_1\mathbf{x}_1+d_2\mathbf{x}_2+\cdots+d_t\mathbf{x}_t$$

이므로 $k\in\mathbb{R}$ 에 대하여 다음이 성립한다.

$$\mathbf{x}+\mathbf{y}=(c_1+d_1)\mathbf{x}_1+(c_2+d_2)\mathbf{x}_2+\cdots+(c_t+d_t)\mathbf{x}_t$$
$$k\mathbf{x}=(kc_1)\mathbf{x}_1+(kc_2)\mathbf{x}_2+\cdots+(kc_t)\mathbf{x}_t$$

그런데 각 $i=1, 2, \cdots, t$ 에 대하여 $c_i+d_i \in \mathbb{R}$, $kc_i \in \mathbb{R}$ 이므로

$$\mathbf{x}+\mathbf{y}\in W, \quad k\mathbf{x}\in W$$

이다. 따라서 W는 $\mathbb{R}^n$의 부분공간이다.

일차결합과 생성집합

[예제 4-4]에서 보았듯이 $\{\mathbf{x}_1, \mathbf{x}_2, \cdots, \mathbf{x}_k\}\subseteq \mathbb{R}^n$에 대하여 $\mathbf{x}\in\mathbb{R}^n$이

$$\mathbf{x}=c_1\mathbf{x}_1+c_2\mathbf{x}_2+\cdots+c_k\mathbf{x}_k \quad (c_1, c_2, \cdots, c_k\in\mathbb{R})$$

의 꼴로 표시되면, $\mathbf{x}$를 $\mathbf{x}_1, \mathbf{x}_2, \cdots, \mathbf{x}_k$의 **일차결합**linear combination이라고 한다.

예를 들어, $\mathbb{R}^2$의 벡터 $\mathbf{x}_1=(2, 1)$, $\mathbf{x}_2=(1, -1)$에 대하여

$$\begin{aligned}\mathbf{x}&=(1, 2)=1(2, 1)+(-1)(1, -1)\\&=\mathbf{x}_1+(-1)\mathbf{x}_2\end{aligned}$$

이므로 $\mathbf{x}$는 $\mathbf{x}_1, \mathbf{x}_2$의 일차결합이다.

벡터공간 $\mathbb{R}^n$의 부분집합 $S=\{\mathbf{x}_1, \mathbf{x}_2, \cdots, \mathbf{x}_k\}\subseteq\mathbb{R}^n$에 대하여 S에 있는 k개의 벡터의 일차결합 전체의 집합, 즉 다음은 $\mathbb{R}^n$의 부분공간이다.

$$W=\{c_1\mathbf{x}_1+c_2\mathbf{x}_2+\cdots+c_k\mathbf{x}_k \mid c_1, c_2, \cdots, c_k\in\mathbb{R}\}$$

이 W를 S에 의하여 **생성된**spanned $\mathbb{R}^n$의 **부분공간**이라고 한다. 이때 집합 S는 W를 **생성한다**span 하고, S를 W의 **생성집합**spanning set이라고 한다. 기호로는 다음과 같이 나타낸다.

$$W=\mathrm{span}(S) \quad 또는 \quad W=\langle S\rangle$$

특히 $\mathbb{R}^n$에 있는 모든 벡터가 S에 있는 k개의 벡터들의 일차결합이면 집합 S는 벡터공간 $\mathbb{R}^n$을 생성한다고 한다. 즉 다음과 같다.

$$\mathbb{R}^n=\langle S\rangle=\{c_1\mathbf{x}_1+c_2\mathbf{x}_2+\cdots+c_k\mathbf{x}_k \mid c_1, c_2, \cdots, c_k\in\mathbb{R}\}$$

예를 들어, $\mathbb{R}^3$의 벡터 $\mathbf{x}=(x_1, x_2, x_3) \neq \mathbf{0}$에 대하여 $\text{span}(\{\mathbf{x}\})$는 원점과 점 (x_1, x_2, x_3)를 지나는 직선이다.

$\mathbb{R}^3$의 세 벡터 $\mathbf{e}_1=(1, 0, 0)$, $\mathbf{e}_2=(0, 1, 0)$, $\mathbf{e}_3=(0, 0, 1)$에 대하여 $B=\{\mathbf{e}_1, \mathbf{e}_2, \mathbf{e}_3\}$라 하면 $\mathbb{R}^3$의 임의의 벡터 $\mathbf{x}=(x_1, x_2, x_3)$는 다음과 같이 나타낼 수 있다.

$$(x_1, x_2, x_3)=x_1\mathbf{e}_1+x_2\mathbf{e}_2+x_3\mathbf{e}_3$$

(x_1, x_2, x_3)가 $\mathbf{e}_1, \mathbf{e}_2, \mathbf{e}_3$의 일차결합으로 표시되므로 $B=\{\mathbf{e}_1, \mathbf{e}_2, \mathbf{e}_3\}$는 $\mathbb{R}^3$을 생성한다. 즉 $\mathbb{R}^3=\langle B\rangle$이다.

일반적으로 다음을 $\mathbb{R}^n$의 **표준단위벡터**standard unit vector라고 한다.

$$\mathbf{e}_1=\begin{bmatrix}1\\0\\0\\\vdots\\0\end{bmatrix},\ \mathbf{e}_2=\begin{bmatrix}0\\1\\0\\\vdots\\0\end{bmatrix},\ \cdots,\ \mathbf{e}_n=\begin{bmatrix}0\\0\\\vdots\\0\\1\end{bmatrix}$$

이때 집합 $B=\{\mathbf{e}_1, \mathbf{e}_2, \cdots, \mathbf{e}_n\}$은 $\mathbb{R}^n$을 생성한다. 즉 $\mathbb{R}^n$의 임의의 벡터 $\mathbf{x}=(x_1, x_2, \cdots, x_n)^T$는 다음과 같이 $\mathbf{e}_1, \mathbf{e}_2, \cdots, \mathbf{e}_n$의 일차결합으로 나타낸다.

$$(x_1, x_2, \cdots, x_n)^T=x_1\mathbf{e}_1+x_2\mathbf{e}_2+\cdots+x_n\mathbf{e}_n$$

따라서, $\mathbb{R}^n=\langle B\rangle$이다.

예제 4-5

다음에 주어진 $\mathbb{R}^3$의 부분집합 S는 $\mathbb{R}^3$을 생성하는지 설명하라.

$$S=\left\{\mathbf{x}_1=\begin{bmatrix}2\\1\\0\end{bmatrix},\ \mathbf{x}_2=\begin{bmatrix}1\\-1\\2\end{bmatrix},\ \mathbf{x}_3=\begin{bmatrix}0\\3\\-4\end{bmatrix}\right\}$$

풀이

$\mathbb{R}^3$의 임의의 벡터 $\mathbf{x}=(x, y, z)$에 대하여 S가 $\mathbb{R}^3$을 생성한다면 다음을 만족하는 c_1, c_2, c_3가 존재한다.

$$\mathbf{x} = c_1\mathbf{x}_1 + c_2\mathbf{x}_2 + c_3\mathbf{x}_3 \quad (c_i \in \mathbb{R})$$

$$\Rightarrow \begin{bmatrix} x \\ y \\ z \end{bmatrix} = c_1\begin{bmatrix} 2 \\ 1 \\ 0 \end{bmatrix} + c_2\begin{bmatrix} 1 \\ -1 \\ 2 \end{bmatrix} + c_3\begin{bmatrix} 0 \\ 3 \\ -4 \end{bmatrix}$$

$$\Rightarrow \begin{cases} 2c_1 + c_2 \qquad\quad = x \\ c_1 - c_2 + 3c_3 = y \\ \qquad 2c_2 - 4c_3 = z \end{cases}$$

이 문제는 위의 연립일차방정식에서 모든 x, y, z 에 대하여 해 (c_1, c_2, c_3)가 존재하는지에 관한 문제로 바뀐다.

한편, 연립일차방정식의 계수행렬식을 구해보자.

$$\begin{vmatrix} 2 & 1 & 0 \\ 1 & -1 & 3 \\ 0 & 2 & -4 \end{vmatrix} = 0$$

계수행렬식은 0이므로, 어떤 실수 x, y, z 에 대하여 해가 존재하지 않을 수도 있다. 예를 들어 $\begin{bmatrix} x \\ y \\ z \end{bmatrix} = \begin{bmatrix} 2 \\ -4 \\ -3 \end{bmatrix}$ 라 하면 해 (c_1, c_2, c_3)는 존재하지 않는다. 따라서 S는 $\mathbb{R}^3$을 생성하지 않는다.

Chapter 4.1

연습문제

1~5. 다음에 주어진 집합에 대하여 벡터의 합과 스칼라 배를 각각 다음과 같이 정의할 때, 각각의 집합이 주어진 연산에 관하여 벡터공간인지 아닌지를 밝혀라.

1. $\mathbb{R}^2$: $\begin{bmatrix} x_1 \\ x_2 \end{bmatrix} + \begin{bmatrix} y_1 \\ y_2 \end{bmatrix} = \begin{bmatrix} x_1+y_1 \\ x_2+y_2 \end{bmatrix}$, $k\begin{bmatrix} x_1 \\ x_2 \end{bmatrix} = \begin{bmatrix} 2kx_1 \\ 2kx_2 \end{bmatrix}$

2. $\mathbb{R}^2$의 표준연산을 만족하는 $(x, 0)$ 꼴의 모든 순서쌍의 집합

3. $\mathbb{R}^2$의 표준연산을 만족하며 $y \geq 0$ 인 순서쌍 (x, y)의 집합

4. $\mathbb{R}^3$: $\begin{bmatrix} x_1 \\ x_2 \\ x_3 \end{bmatrix} + \begin{bmatrix} y_1 \\ y_2 \\ y_3 \end{bmatrix} = \begin{bmatrix} x_1+y_1 \\ x_2+y_2 \\ x_3+y_3 \end{bmatrix}$, $k\begin{bmatrix} x \\ y \\ z \end{bmatrix} = \begin{bmatrix} kx \\ y \\ z \end{bmatrix}$

5. $\mathbb{R}^3$: $\begin{bmatrix} x_1 \\ x_2 \\ x_3 \end{bmatrix} + \begin{bmatrix} y_1 \\ y_2 \\ y_3 \end{bmatrix} = \begin{bmatrix} x_1+y_1+2 \\ x_2+y_2+3 \\ x_3+y_3-3 \end{bmatrix}$, $k\begin{bmatrix} x \\ y \\ z \end{bmatrix} = \begin{bmatrix} kx \\ ky \\ kz \end{bmatrix}$

6~9. [정리 4-1]을 사용하여 주어진 집합이 $\mathbb{R}^3$의 부분공간인지 아닌지를 판별하라.

6. $\{(x, 0, 0) \mid x \in \mathbb{R}\}$

7. $\{(x, 2, 2) \mid x \in \mathbb{R}\}$

8. $\{(x, y, z) \mid y = x + z,\ x, y, z \in \mathbb{R}\}$

9. $\{(x, y, z) \mid y = x + z + 1,\ x, y, z \in \mathbb{R}\}$

10~12. [정리 4-1]을 사용하여 주어진 집합이 P_3의 부분공간인지 아닌지를 판별하라.

10. $\{a_0 + a_1t + a_2t^2 + a_3t^3 \mid a_0 = 0,\ a_1, a_2, a_3 \in \mathbb{R}\}$

11. $\{a_0 + a_1t + a_2t^2 + a_3t^3 \mid a_0 + a_1 + a_2 + a_3 = 0,\ a_0, a_1, a_2, a_3 \in \mathbb{R}\}$

12. $\{a_0 + a_1t + a_2t^2 + a_3t^3 \mid a_0, a_1, a_2, a_3 \in \mathbb{Z}\}$

13~18. $n > 2$일 때 주어진 집합이 벡터공간 $\mathbb{R}^n$의 부분공간인지 아닌지를 판별하라.

13. $\{\mathbf{x} = (x_1, x_2, \cdots, x_n) \mid x_1 = 0\}$

14. $\{\mathbf{x} = (x_1, x_2, \cdots, x_n) \mid x_i \geq 0, 1 \leq i \leq n\}$

15. $\{\mathbf{x} = (x_1, x_2, \cdots, x_n) \mid x_1 x_2 = 0\}$

16. $\left\{\mathbf{x} = (x_1, x_2, \cdots, x_n) \mid \sum_{i=1}^{n} x_i = 0\right\}$

17. $\left\{\mathbf{x} = (x_1, x_2, \cdots, x_n) \mid \sum_{i=1}^{n} x_i = 4\right\}$

18. $\left\{\mathbf{x} = \begin{bmatrix} x_1 \\ x_2 \\ \vdots \\ x_n \end{bmatrix} \middle| \ A\mathbf{x} = \mathbf{b},\ A_{m \times n} \neq \mathbf{0},\ \mathbf{b} \neq \mathbf{0}\right\}$

19. 스칼라 a, b에 대하여 $\mathbf{x} \neq \mathbf{0}$이고 $a\mathbf{x} = b\mathbf{x}$이면 $a = b$임을 보여라.

20. 벡터공간 $\mathbb{R}^n$에서 $\mathbf{x} \in \mathbb{R}^n$와 스칼라 $k \in \mathbb{R}$에 대하여 다음이 성립함을 보여라.

$$k\mathbf{x} = \mathbf{x} \quad \Leftrightarrow \quad k = 1 \ \text{ 또는 } \mathbf{x} = \mathbf{0}$$

21. $\mathbb{R}^3$의 두 벡터를 $\mathbf{x} = (1, -3, 2)$, $\mathbf{y} = (2, -1, 1)$라 하자. 다음 물음에 답하라.

(a) $(1, 7, -4)$를 벡터 $\mathbf{x}, \mathbf{y}$의 일차결합으로 표현하라.

(b) $(2, -5, 4)$를 벡터 $\mathbf{x}, \mathbf{y}$의 일차결합으로 표현하라.

(c) $(1, k, 5)$이 벡터 $\mathbf{x}, \mathbf{y}$의 일차결합으로 표현되기 위한 k 값을 구하라.

22. $\mathbb{R}^2$의 부분공간은 $\{0\}$과 $\mathbb{R}^2$, 그리고 원점을 지나는 직선 이외에는 존재하지 않음을 보여라.

23. W_1, W_2가 벡터공간 $\mathbb{R}^n$의 두 부분공간일 때, $W_1 \cap W_2$도 $\mathbb{R}^n$의 부분공간이 됨을 보여라. 또 $W_1 \cup W_2$는 $\mathbb{R}^n$의 부분공간인가?

24. $m \times n$ 행렬 A와 $S \subseteq \mathbb{R}^n$에 대하여 $A(S) = \{A\mathbf{x} \mid \mathbf{x} \in S\}$라 하자. 이때 S가 $\mathbb{R}^n$의 부분공간이면 $A(S)$는 $\mathbb{R}^m$의 부분공간임을 보여라.

25~26. $n > 2$일 때 주어진 집합이 벡터공간 $\mathbb{R}^3$의 부분공간 S는 $\mathbb{R}^3$을 생성하는지 아닌지를 판별하라.

25. $S = \left\{ \mathbf{x}_1 = \begin{bmatrix} 1 \\ 2 \\ 3 \end{bmatrix},\ \mathbf{x}_2 = \begin{bmatrix} 0 \\ 1 \\ 2 \end{bmatrix},\ \mathbf{x}_3 = \begin{bmatrix} 0 \\ 0 \\ 1 \end{bmatrix} \right\}$

26. $S = \left\{ \mathbf{x}_1 = \begin{bmatrix} 1 \\ 1 \\ 1 \end{bmatrix},\ \mathbf{x}_2 = \begin{bmatrix} 1 \\ 2 \\ 0 \end{bmatrix},\ \mathbf{x}_3 = \begin{bmatrix} 0 \\ 1 \\ -1 \end{bmatrix} \right\}$

Section 4.2 일차독립과 일차종속

이 절에서는 벡터공간과 부분공간의 구조를 이해하는 데 필요한 기본적인 개념을 소개한다. 우리는 벡터공간 $\mathbb{R}^n$의 임의의 벡터가 집합 $S=\{\mathbf{v}_1, \mathbf{v}_2, \cdots, \mathbf{v}_k\}$의 일차결합으로 표현될 수 있다면 집합 S는 주어진 벡터공간 V를 생성함을 알았다. 일반적으로 $\mathbb{R}^n$의 어떤 벡터를 S의 일차결합으로 표현하는 방법은 한 가지 이상일 수 있다.

이 절에서는 $\mathbb{R}^n$의 각 벡터가 생성벡터의 일차결합으로 표현될 때, 반드시 한 가지 방법으로 표현되는 조건에 관하여 다룬다.

일차독립과 일차종속

벡터공간 $\mathbb{R}^n$의 임의의 벡터들의 집합 $S=\{\mathbf{v}_1, \mathbf{v}_2, \cdots, \mathbf{v}_k\}$에 대하여 이 벡터들 사이의 관계를 생각해보자. 경우에 따라서 S의 한 벡터를 다른 벡터들의 일차결합으로 표시할 수도 있고 그렇지 않을 수도 있다. 다음 벡터를 예로 살펴보자.

$$S=\left\{\mathbf{v}_1=\begin{bmatrix}1\\-1\\2\end{bmatrix},\ \mathbf{v}_2=\begin{bmatrix}3\\0\\-1\end{bmatrix},\ \mathbf{v}_3=\begin{bmatrix}9\\-3\\4\end{bmatrix}\right\}$$

그러면 세 번째 벡터는 나머지 두 벡터의 일차결합으로 표시된다. 즉 $\mathbf{v}_3=3\mathbf{v}_1+2\mathbf{v}_2$이므로

$$3\mathbf{v}_1+2\mathbf{v}_2-\mathbf{v}_3=\mathbf{0}$$

과 같이 쓸 수 있다. 그러나 $\mathbb{R}^3$의 표준단위벡터의 집합 $B=\left\{\mathbf{e}_1=\begin{bmatrix}1\\0\\0\end{bmatrix},\ \mathbf{e}_2=\begin{bmatrix}0\\1\\0\end{bmatrix},\ \mathbf{e}_3=\begin{bmatrix}0\\0\\1\end{bmatrix}\right\}$의 경우에는 어느 한 벡터도 다른 두 벡터의 일차결합으로 표시되지 않는다.

즉 스칼라 $\alpha_1, \alpha_2, \alpha_3$에 대하여

$$\alpha_1\mathbf{e}_1 + \alpha_2\mathbf{e}_2 + \alpha_3\mathbf{e}_3 = \mathbf{0}$$

을 만족하는 경우는 $\alpha_1 = \alpha_2 = \alpha_3 = 0$ 이외에는 없다.

$S = \{\mathbf{x}_1, \mathbf{x}_2, \cdots, \mathbf{x}_k\} \subseteq \mathbb{R}^n$에 대하여

$$\begin{aligned} &\alpha_1\mathbf{x}_1 + \alpha_2\mathbf{x}_2 + \cdots + \alpha_k\mathbf{x}_k = \mathbf{0} \quad (\alpha_1, \alpha_2, \cdots, \alpha_k \in \mathbb{R}) \\ &\Rightarrow \quad \alpha_1 = \alpha_2 = \cdots = \alpha_k = 0 \end{aligned}$$

일 때, $\mathbf{x}_1$, $\mathbf{x}_2$, $\cdots$, $\mathbf{x}_k$(또는 집합 S)를 **일차독립**linearly independent이라 하고, 일차독립이 아니면 **일차종속**linearly dependent이라고 한다. 즉 집합 S가 일차종속이면

$$\alpha_1\mathbf{x}_1 + \alpha_2\mathbf{x}_2 + \cdots + \alpha_k\mathbf{x}_k = \mathbf{0}$$

을 만족하는 모두는 0이 아닌 스칼라 $\alpha_1, \alpha_2, \cdots, \alpha_k$가 존재한다.

$\mathbb{R}^2$의 표준단위벡터 $\mathbf{e}_1 = (1, 0)$, $\mathbf{e}_2 = (0, 1)$과 $\alpha_1, \alpha_2 \in \mathbb{R}$에 대하여 다음을 만족한다.

$$\begin{aligned} &\alpha_1\mathbf{e}_1 + \alpha_2\mathbf{e}_2 = \mathbf{0} \\ &\Rightarrow \quad \alpha_1(1, 0) + \alpha_2(0, 1) = (0, 0) \\ &\Rightarrow \quad (\alpha_1, \alpha_2) = (0, 0) \end{aligned}$$

따라서 $\alpha_1 = \alpha_2 = 0$ 이므로 $S = \{\mathbf{e}_1, \mathbf{e}_2\}$는 일차독립이다.

일반적으로 $\mathbb{R}^n$의 표준단위벡터의 집합 $B = \{\mathbf{e}_1, \mathbf{e}_2, \cdots, \mathbf{e}_n\}$은 일차독립이다. 또한 영벡터를 포함하는 집합 $T = \{\mathbf{v}_1, \mathbf{v}_2, \cdots, \mathbf{v}_r, \mathbf{0}\}$은 $k \neq 0$에 대하여

$$0\mathbf{v}_1 + 0\mathbf{v}_2 + \cdots + 0\mathbf{v}_r + k\mathbf{0} = \mathbf{0}$$

과 같이 쓸 수 있다. 따라서 모두는 0이 아닌 스칼라 k를 가지므로 집합 T는 일차종속이다.

예제 4-6

$\mathbb{R}^3$의 벡터 $\mathbf{x}_1, \mathbf{x}_2, \mathbf{x}_3$에 대하여 $S=\{\mathbf{x}_1,\ \mathbf{x}_2,\ \mathbf{x}_3\}$는 일차종속임을 보여라.

$$\mathbf{x}_1=(1,-1,0),\ \mathbf{x}_2=(1,3,-1),\ \mathbf{x}_3=(5,3,-2)$$

풀이

임의의 $\alpha_1, \alpha_2, \alpha_3 \in \mathbb{R}$ 에 대하여 다음과 같이 전개할 수 있다.

$$\begin{aligned}&\alpha_1\mathbf{x}_1+\alpha_2\mathbf{x}_2+\alpha_3\mathbf{x}_3=\mathbf{0}\\ &\Rightarrow\ \alpha_1(1,-1,\ 0)+\alpha_2(1,\ 3,-1)+\alpha_3(5,\ 3,-2)=(0,\ 0,\ 0)\\ &\Rightarrow\ \begin{bmatrix}1&1&5\\-1&3&3\\0&-1&-2\end{bmatrix}\begin{bmatrix}\alpha_1\\\alpha_2\\\alpha_3\end{bmatrix}=\begin{bmatrix}0\\0\\0\end{bmatrix}\end{aligned}$$

이 연립일차방정식의 계수행렬의 행렬식이 0이므로 이 동차 연립일차방정식은 무수히 많은 해를 갖는다. 즉 모두는 0이 아닌 스칼라 $\alpha_1, \alpha_2, \alpha_3$가 존재하므로 $S=\{\mathbf{x}_1, \mathbf{x}_2, \mathbf{x}_3\}$는 일차종속이다. 실제로 다음과 같다.

$$\mathbf{x}_3=3\mathbf{x}_1+2\mathbf{x}_2 \quad\Leftrightarrow\quad 3\mathbf{x}_1+2\mathbf{x}_2-\mathbf{x}_3=0$$

이제 $\mathbb{R}^n$ 위의 n개의 벡터가 일차독립인지 아닌지를 쉽게 판별할 수 있는 중요한 정리를 소개한다.

정리 4-2 일차독립일 필요충분조건

벡터공간 $\mathbb{R}^n$에서 n개의 벡터 $\mathbf{x}_1=\begin{bmatrix}x_{11}\\x_{21}\\\vdots\\x_{n1}\end{bmatrix}, \cdots, \mathbf{x}_n=\begin{bmatrix}x_{1n}\\x_{2n}\\\vdots\\x_{nn}\end{bmatrix}$이 일차독립일 필요충분조건은 다음이 성립하는 것이다.

$$\Delta=\begin{vmatrix}x_{11}&x_{12}&\cdots&x_{1n}\\x_{21}&x_{22}&\cdots&x_{2n}\\&&\vdots&\\x_{n1}&x_{n2}&\cdots&x_{nn}\end{vmatrix}\neq 0$$

증명

임의의 $c_1, \cdots, c_n \in \mathbb{R}$ 에 대하여 $c_1\mathbf{x}_1 + \cdots + c_n\mathbf{x}_n = \mathbf{0}$ 이라 하면

$$c_1\begin{bmatrix} x_{11} \\ x_{21} \\ \vdots \\ x_{n1} \end{bmatrix} + \cdots + c_n\begin{bmatrix} x_{1n} \\ x_{2n} \\ \vdots \\ x_{nn} \end{bmatrix} = \begin{bmatrix} c_1x_{11} + \cdots + c_nx_{1n} \\ c_1x_{21} + \cdots + c_nx_{2n} \\ \vdots \\ c_1x_{n1} + \cdots + c_nx_{nn} \end{bmatrix} = \begin{bmatrix} 0 \\ 0 \\ \vdots \\ 0 \end{bmatrix}$$

이므로 다음 동차 연립일차방정식을 얻는다.

$$\begin{matrix} c_1x_{11} + \cdots + c_nx_{1n} = 0 \\ c_1x_{21} + \cdots + c_nx_{2n} = 0 \\ \vdots \\ c_1x_{n1} + \cdots + c_nx_{nn} = 0 \end{matrix} \Leftrightarrow \begin{bmatrix} x_{11} & x_{12} & \cdots & x_{1n} \\ x_{21} & x_{22} & \cdots & x_{2n} \\ \vdots & \vdots & \ddots & \vdots \\ x_{n1} & x_{n2} & \cdots & x_{nn} \end{bmatrix}\begin{bmatrix} c_1 \\ c_2 \\ \vdots \\ c_n \end{bmatrix} = \begin{bmatrix} 0 \\ 0 \\ \vdots \\ 0 \end{bmatrix}$$

이 연립일차방정식이 자명한 해

$$c_1 = 0, \cdots, c_n = 0$$

만을 갖기 위한 필요충분조건은 계수행렬의 행렬식이 영이 아닐 때이다. 즉 $\Delta \neq 0$ 이다. 그러므로 $\mathbf{x}_1, \cdots, \mathbf{x}_n$ 이 일차독립일 필요충분조건은 $\Delta \neq 0$ 이다. ■

예제 4-7

다음 $\mathbb{R}^3$의 벡터 $\mathbf{x}_1, \mathbf{x}_2, \mathbf{x}_3$가 일차독립임을 보여라.

$$\mathbf{x}_1 = \begin{bmatrix} 1 \\ 2 \\ -3 \end{bmatrix}, \ \mathbf{x}_2 = \begin{bmatrix} 1 \\ -3 \\ 2 \end{bmatrix}, \ \mathbf{x}_3 = \begin{bmatrix} 2 \\ -1 \\ 5 \end{bmatrix}$$

풀이

$\mathbb{R}^3$에서 세 개의 벡터 $\mathbf{x}_1, \mathbf{x}_2, \mathbf{x}_3$가 일차독립일 필요충분조건은

$$\Delta = \begin{vmatrix} 1 & 1 & 2 \\ 2 & -3 & -1 \\ -3 & 2 & 5 \end{vmatrix}$$
$$= -30 \neq 0$$

이므로 $\mathbf{x}_1, \mathbf{x}_2, \mathbf{x}_3$는 일차독립이다.

다음 정리는 $\mathbb{R}^n$의 일차독립인 집합은 기껏해야 n개의 벡터로 이루어져 있음을 알려준다.

정리 4-3 일차종속 판별법

벡터공간 $\mathbb{R}^n$에서 $m(>n)$개의 벡터는 항상 일차종속이다.

증명

$S=\{\mathbf{v}_1,\mathbf{v}_2,\ldots,\mathbf{v}_m\}$을 $\mathbb{R}^n$의 벡터집합이라 하자.

$$\begin{aligned}\mathbf{v}_1 &= (v_{11}, v_{12}, \cdots, v_{1n})\\ \mathbf{v}_2 &= (v_{21}, v_{22}, \cdots, v_{2n})\\ &\vdots\\ \mathbf{v}_m &= (v_{m1}, v_{m2}, \cdots, v_{mn})\end{aligned}$$

이라 하고,

$$c_1\mathbf{v}_1+c_2\mathbf{v}_2+\cdots+c_m\mathbf{v}_m=\mathbf{0} \Leftrightarrow \begin{array}{ccccccc} c_1v_{11} &+& c_2v_{21} &+\cdots+& c_mv_{m1} &=& 0\\ c_1v_{12} &+& c_2v_{22} &+\cdots+& c_mv_{m2} &=& 0\\ \vdots && \vdots && \vdots && \vdots\\ c_1v_{1n} &+& c_2v_{2n} &+\cdots+& c_mv_{mn} &=& 0\end{array}$$

이므로 m개 미지수 $c_1, c_2, \cdots, c_m$를 갖는 n개의 방정식으로 이루어진 동차 연립일차방정식이다. $m>n$이므로 즉, 미지수 개수가 방정식 개수가 많으므로 이 동차 연립방정식은 자명하지 않은 해를 갖는다. 따라서 $S=\{\mathbf{v}_1,\ \mathbf{v}_2,\ \cdots,\ \mathbf{v}_m\}$은 일차종속이다. ■

예제 4-8

다음과 같은 $\mathbb{R}^3$의 네 개의 벡터 $\mathbf{x}_1, \mathbf{x}_2, \mathbf{x}_3, \mathbf{x}_4$에 대하여 $S=\{\mathbf{x}_1, \mathbf{x}_2, \mathbf{x}_3, \mathbf{x}_4\}$가 일차종속임을 확인하라.

$$\mathbf{x}_1=(-1, 2, 0),\ \mathbf{x}_2=(1, 0, 1),\ \mathbf{x}_3=(1, 1, 1),\ \mathbf{x}_4=(-1, 1, -1)$$

풀이

[정리 4-3]에 의하여 $\mathbb{R}^3$의 네 개의 벡터는 일차종속이다.
따라서 $S=\{\mathbf{x}_1, \mathbf{x}_2, \mathbf{x}_3, \mathbf{x}_4\}$는 일차종속이다. 실제로 일차결합으로 표현하면 다음과 같다.

$$\mathbf{x}_3=(1, 1, 1)=0\cdot\mathbf{x}_1+2\cdot\mathbf{x}_2+1\cdot\mathbf{x}_4$$

이제 주어진 벡터가 언제 일차종속이 되는지 알아보자.

정리 4-4 일차종속일 필요충분조건

집합 $S=\{\mathbf{x}_1, \mathbf{x}_2, \cdots, \mathbf{x}_k\}\subseteq\mathbb{R}^n$에 대하여 S가 일차종속일 필요충분조건은 S에 속하는 한 벡터가 나머지 벡터의 일차결합으로 표시되는 것이다.

증명

($\Rightarrow$) S가 일차종속이면

$$c_1\mathbf{x}_1+c_2\mathbf{x}_2+\cdots+c_k\mathbf{x}_k=\mathbf{0}$$

을 만족하는 모두는 0이 아닌 스칼라 $c_1, c_2, \cdots, c_k$가 있다. 만일 $c_1\neq 0$이면

$$\mathbf{x}_1=\left(-\frac{c_2}{c_1}\right)\mathbf{x}_2+\cdots+\left(-\frac{c_k}{c_1}\right)\mathbf{x}_k$$

이므로 $\mathbf{x}_1$은 S에 속하는 나머지 벡터들의 일차결합으로 표시된다.

($\Leftarrow$) 일반성을 잃지 않고 $\mathbf{x}_1$을 일차결합으로 표현하면 다음과 같다고 하자.

$$\mathbf{x}_1=c_2\mathbf{x}_2+\cdots+c_k\mathbf{x}_k$$

그러면

$$(-1)\mathbf{x}_1 + c_2\mathbf{x}_2 + \cdots + c_k\mathbf{x}_k = \mathbf{0}$$

이다. 따라서 $-1 \neq 0$ 이므로 S는 일차종속이다. ■

예제 4-9

다음과 같은 $\mathbb{R}^4$의 세 개의 벡터에 대하여 $S = \{\mathbf{x}_1, \mathbf{x}_2, \mathbf{x}_3\}$가 일차종속임을 확인하라.

$$\mathbf{x}_1 = (1, 1, 1, 0),\ \mathbf{x}_2 = (1, 1, 0, 1),\ \mathbf{x}_3 = (1, 1, 2, -1)$$

풀이

세 벡터에 대하여

$$\mathbf{x}_3 = (1, 1, 2, -1) = 2 \cdot \mathbf{x}_1 + (-1) \cdot \mathbf{x}_2$$

이므로 [정리 4-4]에 의하여 $S = \{\mathbf{x}_1, \mathbf{x}_2, \mathbf{x}_3\}$ 는 일차종속이다.

Chapter 4.2 연습문제

1~2. $\mathbb{R}^3$의 벡터 $\mathbf{x} = (2, 1, -3)$을 주어진 벡터들의 일차결합으로 나타내라.

1. $\mathbf{x}_1 = (1, 0, 0)$, $\mathbf{x}_2 = (1, 1, 0)$, $\mathbf{x}_3 = (0, 1, -1)$

2. $\mathbf{x}_1 = (-3, 1, 2)$, $\mathbf{x}_2 = (1, 0, -1)$

3~8. 다음 벡터공간에서 주어진 벡터들이 일차독립인지 일차종속인지를 판단하라.

3. $\mathbb{R}^2 : \mathbf{x}_1 = (3, -2)$, $\mathbf{x}_2 = (1, -4)$

4. $\mathbb{R}^2 : \mathbf{x}_1 = (2, -3)$, $\mathbf{x}_2 = (6, -9)$

5. $\mathbb{R}^3 : \mathbf{x}_1 = (1, -2, 0)$, $\mathbf{x}_2 = (1, 3, -2)$, $\mathbf{x}_3 = (0, -1, 1)$

6. $\mathbb{R}^3 : \mathbf{x}_1 = (1, -2, 1)$, $\mathbf{x}_2 = (2, 1, -1)$, $\mathbf{x}_3 = (7, -4, 1)$

7. $\mathbb{R}^3 : \mathbf{x}_1 = (1, -3, 7)$, $\mathbf{x}_2 = (2, 0, -6)$, $\mathbf{x}_3 = (3, -1, -1)$, $\mathbf{x}_4 = (2, 4, -5)$

8. $\mathbb{R}^4 : \mathbf{x}_1 = (6, 2, 3, 4)$, $\mathbf{x}_2 = (0, 5, -3, 1)$, $\mathbf{x}_3 = (0, 0, 7, -2)$

9. $\mathbb{R}^3$의 벡터 $\mathbf{x}_1, \mathbf{x}_2, \mathbf{x}_3$가 일차종속이기 위한 실수 k 값을 구하라.

$$\mathbf{x}_1 = \left(k, \frac{1}{2}, \frac{1}{2}\right), \ \mathbf{x}_2 = \left(\frac{1}{2}, k, \frac{1}{2}\right), \ \mathbf{x}_3 = \left(\frac{1}{2}, \frac{1}{2}, k\right)$$

10. 벡터공간 $\mathbb{R}^n$의 임의의 벡터 $\mathbf{x}_1, \mathbf{x}_2, \mathbf{x}_3$에 대하여 다음 세 벡터는 일차독립인지 일차종속인지를 판단하라.

$$\mathbf{x}_1 - \mathbf{x}_2, \ \mathbf{x}_2 + \mathbf{x}_3, \ \mathbf{x}_1 + \mathbf{x}_3$$

11~12. 벡터공간 $\mathbb{R}^n$의 임의의 벡터 $\mathbf{x}_1, \mathbf{x}_2, \mathbf{x}_3$가 일차독립일 때 다음 세 벡터는 항상 일차독립인지 아닌지를 판단하라.

11. $\mathbf{x}_1,\ \mathbf{x}_1+\mathbf{x}_2,\ \mathbf{x}_1+\mathbf{x}_2+\mathbf{x}_3$

12. $\mathbf{x}_1-\mathbf{x}_2,\ \mathbf{x}_1+\mathbf{x}_2,\ \mathbf{x}_1-2\mathbf{x}_2+\mathbf{x}_3$

13~14. V를 실수 상에서 차수가 3인 다항식의 벡터공간이라 하자. V의 임의의 벡터 $f(t)$, $g(t)$, $h(t)$가 일차독립인지 아닌지를 판단하라.

13. $f(t)=t^3-3t^2+5t+1,\ g(t)=t^3-t^2+8t+2,\ h(t)=2t^3-4t^2+9t+5$

14. $f(t)=t^3+4t^2-2t+3,\ g(t)=t^3+6t^2-t+4,\ h(t)=3t^3+8t^2-8t+7$

15. 삼각행렬 $T=[t_{ij}]$가 각각의 $i(i=1,\ 2,\cdots,\ n)$에 대하여 $t_{ii}\neq 0$이면 T의 행벡터들의 집합과 열벡터들의 집합은 각각 일차독립임을 보여라.

16. $\mathbf{x}_1,\ \mathbf{x}_2,\ \cdots,\ \mathbf{x}_n$이 $\mathbb{R}^n$에서 일차독립이면 가역행렬 A에 대하여 $\{A\mathbf{x}_1,\ A\mathbf{x}_2,\ \cdots,\ A\mathbf{x}_n\}$도 일차독립임을 보여라.

17~18. 집합 $\mathbb{R}^n$이 벡터공간일 때 $S=\{\mathbf{x}_1,\ \mathbf{x}_2,\ \cdots,\ \mathbf{x}_k\}\subseteq\mathbb{R}^n$에 대하여 다음이 성립함을 보여라.

17. S가 영벡터를 포함하면 S는 일차종속이다.

18. S의 부분집합 S'이 일차종속이면 S도 일차종속이고, S가 일차독립이면 S'도 일차독립이다.

Section 4.3 부분공간의 기저와 차원

4.2절에서 부분공간 W를 생성하는 집합 S에 대하여 알아봤다. 즉 W의 임의의 벡터가 S의 원소들의 일차결합으로 표시될 때, S는 부분공간 W를 생성한다고 하였다. 그러나 생성집합은 불필요한 벡터를 포함하고 있을 수 있다.

예를 들어, $\mathbb{R}^2$의 부분집합 $l = \left\{ \begin{bmatrix} x \\ y \end{bmatrix} \in \mathbb{R}^2 \,\middle|\, \frac{1}{2}x - y = 0 \right\}$은 벡터공간이고, 0이 아닌 벡터 $\left\{ \begin{bmatrix} 2 \\ 1 \end{bmatrix}, \begin{bmatrix} 4 \\ 2 \end{bmatrix}, \begin{bmatrix} 8 \\ 4 \end{bmatrix} \right\}$에 의하여 생성된다. 그러나 사실 이 벡터공간 l을 생성하는 벡터는 단 하나면 충분하다. 즉 다음과 같다.

$$\begin{aligned} l &= \operatorname{span}\left(\left\{ \begin{bmatrix} 2 \\ 1 \end{bmatrix}, \begin{bmatrix} 4 \\ 2 \end{bmatrix}, \begin{bmatrix} 8 \\ 4 \end{bmatrix} \right\} \right) \\ &= \operatorname{span}\left(\left\{ \begin{bmatrix} 2 \\ 1 \end{bmatrix} \right\} \right) \end{aligned}$$

마찬가지로 $\mathbb{R}^3$의 부분집합인 원점을 지나는 평면 π는 부분공간이다. 이 부분공간 π를 생성하는 벡터는 많이 있지만, 평면 π를 생성하는 데는 일차독립인 벡터 두 개만 있으면 된다.

부분공간의 기저

여기서는 자연스럽게 다음과 같은 질문을 할 수 있다. '부분공간 W를 생성하는 벡터의 집합에서, W를 생성하는 데 불필요한 벡터가 있는가?' 이 질문에 대한 답을 찾기 위해서는 벡터공간과 그의 부분공간의 구조를 이해하는 데 필요한 기본 개념인 기저와 차원을 알아야 한다.

W를 벡터공간 $\mathbb{R}^n$의 부분공간이라 하자. W의 부분집합 S가 일차독립이고, $W = \langle S \rangle$이면 집합 $S\ (\subseteq \mathbb{R}^n)$를 부분공간 W의 **기저**basis라고 한다.

$\mathbb{R}^n$의 표준단위벡터의 집합 $B = \{\mathbf{e}_1, \mathbf{e}_2, \cdots, \mathbf{e}_n\}$은 일차독립이고 $\mathbb{R}^n = \langle B \rangle$이므로 B는 $\mathbb{R}^n$의 기저이다. 이 기저를 $\mathbb{R}^n$의 **표준기저**standard basis라고 한다. 또 영벡터공간 $W = \{0\}$은 일차독립인 생성집합을 갖지 않으므로, 공집합이 이 벡터공간의 기저이다.

예제 4-10

$\mathbb{R}^3$의 벡터 $\mathbf{x}_1, \mathbf{x}_2, \mathbf{x}_3$에 대하여 $S=\{\mathbf{x}_1, \mathbf{x}_2, \mathbf{x}_3\}$가 $\mathbb{R}^3$의 기저임을 보여라.

$$\mathbf{x}_1 = \begin{bmatrix} 2 \\ 4 \\ -3 \end{bmatrix},\ \mathbf{x}_2 = \begin{bmatrix} 0 \\ 1 \\ 1 \end{bmatrix},\ \mathbf{x}_3 = \begin{bmatrix} 0 \\ 1 \\ -1 \end{bmatrix}$$

풀이

먼저, 주어진 세 개의 벡터가 일차독립임을 확인해보자.

$$\Delta = \begin{vmatrix} 2 & 0 & 0 \\ 4 & 1 & 1 \\ -3 & 1 & -1 \end{vmatrix} = -4 \neq 0$$

이므로 S는 일차독립이다.

이제 S가 $\mathbb{R}^3$을 생성함을 보이자. $\mathbb{R}^3$의 임의의 벡터 $\mathbf{x} = \begin{bmatrix} x \\ y \\ z \end{bmatrix}$에 대하여 $\mathbf{x} = c_1\mathbf{x}_1 + c_2\mathbf{x}_2 + c_3\mathbf{x}_3\,(c_i \in \mathbb{R})$이라 하면 x, y, z는 다음과 같다.

$$\begin{aligned} \begin{bmatrix} x \\ y \\ z \end{bmatrix} &= c_1\begin{bmatrix} 2 \\ 4 \\ -3 \end{bmatrix} + c_2\begin{bmatrix} 0 \\ 1 \\ 1 \end{bmatrix} + c_3\begin{bmatrix} 0 \\ 1 \\ -1 \end{bmatrix} \\ &= \begin{bmatrix} 2c_1 \\ 4c_1 + c_2 + c_3 \\ -3c_1 + c_2 - c_3 \end{bmatrix} \end{aligned}$$

따라서, c_1, c_2, c_3에 관한 연립방정식을 얻을 수 있다.

$$\begin{aligned} 2c_1 \qquad\qquad &= x \\ 4c_1 + c_2 + c_3 &= y \\ -3c_1 + c_2 - c_3 &= z \end{aligned} \tag{4.1}$$

S가 $\mathbb{R}^3$을 생성함을 보이려면 식 (4.1)이 x, y, z에 관계없이 항상 해를 가짐을 보이면 된다. 그런데 식 (4.1)의 계수행렬은 가역행렬이므로 항상 해를 갖는다. 따라서 S는 $\mathbb{R}^3$을 생성한다. 그러므로 S는 $\mathbb{R}^3$의 기저이다.

앞에서 $\{\mathbf{e}_1, \mathbf{e}_2, \mathbf{e}_3\}$는 $\mathbb{R}^3$의 표준기저이고, [예제 4-10]으로부터

$$\left\{ \begin{bmatrix} 2 \\ 4 \\ -3 \end{bmatrix}, \begin{bmatrix} 0 \\ 1 \\ 1 \end{bmatrix}, \begin{bmatrix} 0 \\ 1 \\ -1 \end{bmatrix} \right\}$$

도 $\mathbb{R}^3$의 기저임을 알았다. 더욱이 임의의 스칼라 c_1, c_2, $c_3(\neq 0)$에 대하여 $\{c_1\mathbf{e}_1, c_2\mathbf{e}_2, c_3\mathbf{e}_3\}$

도 $\mathbb{R}^3$의 기저임을 알 수 있다. 즉 벡터공간 $\mathbb{R}^n$의 기저는 무수히 많다는 것을 알 수 있다.

이제 벡터공간 $\mathbb{R}^n$의 무수히 많은 기저들 사이에 어떤 관계가 있는지 알아보자.

정리 4-5 기저와 일차종속

집합 $S = \{\mathbf{x}_1, \mathbf{x}_2, \cdots, \mathbf{x}_k\}$가 부분공간 W의 기저일 때, $\mathbb{R}^n$의 $r\,(>k)$개의 벡터의 집합 $T = \{\mathbf{y}_1, \mathbf{y}_2, \cdots, \mathbf{y}_r\}$은 부분공간 W에서 항상 일차종속이다. 따라서 T가 일차독립이면 $r \le k$이다.

증명

S가 부분공간 W의 기저이므로 $T = \{\mathbf{y}_1, \mathbf{y}_2, \cdots, \mathbf{y}_r\}$에 속하는 모든 벡터는 $\mathbf{x}_1, \mathbf{x}_2, \cdots, \mathbf{x}_k$의 일차결합으로 표시된다. 즉 $a_{ij} \in \mathbb{R}$ 에 대하여 $\mathbf{y}_j$는 다음과 같다.

$$\begin{aligned} \mathbf{y}_j &= a_{1j}\mathbf{x}_1 + a_{2j}\mathbf{x}_2 + \cdots + a_{kj}\mathbf{x}_k \\ &= \sum_{i=1}^{k} a_{ij}\mathbf{x}_i \quad (j = 1, 2, \cdots, r) \end{aligned} \tag{4.2}$$

이제 임의의 $c_1, c_2, \cdots, c_r \in \mathbb{R}$ 에 대하여 다음이 성립한다고 하자.

$$c_1\mathbf{y}_1 + c_2\mathbf{y}_2 + \cdots + c_r\mathbf{y}_r = \sum_{j=1}^{r} c_j\mathbf{y}_j = \mathbf{0}$$

그러면 식 (4.2)로부터 다음을 얻는다.

$$\sum_{j=1}^{r} c_j\left(\sum_{i=1}^{k} a_{ij}\mathbf{x}_i\right) = \sum_{i=1}^{k}\left(\sum_{j=1}^{r} a_{ij}c_j\right)\mathbf{x}_i = \mathbf{0}$$

따라서 $\mathbf{x}_1, \mathbf{x}_2, \cdots, \mathbf{x}_k$가 일차독립이므로 다음이 성립한다.

$$\sum_{j=1}^{r} a_{ij}c_j = 0 \quad (i = 1, 2, \cdots, k)$$

즉, 다음 동차 연립일차방정식을 얻는다.

$$\begin{aligned} a_{11}c_1 + \cdots + a_{1r}c_r &= 0 \\ a_{21}c_1 + \cdots + a_{2r}c_r &= 0 \\ &\vdots \\ a_{k1}c_1 + \cdots + a_{kr}c_r &= 0 \end{aligned} \tag{4.3}$$

식 (4.3)은 r개의 미지수 $c_1, c_2, \cdots, c_r$을 갖고 k개의 식으로 된 동차 연립일차방정식이다. 그런데 $r > k$이므로 식 (4.3)은 자명하지 않은 해를 갖는다. 따라서 T는 일차종속이다. ■

예를 들어, 집합 $S = \{(1, 1, 1), (1, 1, 0), (1, 0, 0)\}$은 벡터공간 $\mathbb{R}^3$의 기저이다. 그러나 벡터의 집합 $T = \{(1, 2, -1), (3, 2, 1), (2, -1, 2), (3, 2, 1)\}$은 $4 > 3$이므로 일차종속이다.

정리 4-6 부분공간의 기저에 대한 성질

집합 $S = \{\mathbf{x}_1, \mathbf{x}_2, \cdots, \mathbf{x}_k\}$와 $T = \{\mathbf{y}_1, \mathbf{y}_2, \cdots, \mathbf{y}_l\}$이 부분공간 W의 기저이면 $k = l$이다.

증명

S와 T는 W의 기저이므로 모두 일차독립이다. 따라서 기저와 일차종속에 관한 정리에 의하여 $k \le l$이고, 또한 $k \ge l$이므로 $k = l$이다. ■

부분공간의 차원

[정리 4-6]에 의하여 부분공간 W의 각 기저에 속하는 벡터의 개수는 항상 같다는 것을 알 수 있다. 이 사실을 이용하여 벡터공간의 차원을 다음과 같이 정의한다.

$W \neq \{0\}$을 벡터공간 $\mathbb{R}^n$의 부분공간이라고 하자. 부분공간 W의 기저의 벡터의 개수를 W의 **차원**dimension이라고 하며, $\dim W$로 나타낸다. 특히 $S = \{\mathbf{e}_1, \mathbf{e}_2, \cdots, \mathbf{e}_n\}$이 $\mathbb{R}^n$의 표준기저이므로, $\dim \mathbb{R}^n = n$이다.[3]

예제 4-11

다음에 주어진 $\mathbb{R}^3$의 부분공간 W의 차원을 결정하라.

(a) 평면 $W = \{(x, y, z) \mid x - 3z = 0\}$

(b) 직선 $W = \{(x, y, z) \mid x = 3t, y = -2t, z = 2t\}$

3 영벡터공간 $V = \{0\}$은 공집합을 기저로 가지므로 $\dim V = 0$이다.

풀이

(a) $x-3z=x+0\cdot y-3z=0$에서 $y=s$, $z=t$라 하면 $x=3t$이다. 따라서

$$(x,\ y,\ z)=(3t,\ s,\ t)=s(0,\ 1,\ 0)+t(3,\ 0,\ 1)$$

이고

$$W=\{s(0,\ 1,\ 0)+t(3,\ 0,\ 1)\mid s,\ t\in\mathbb{R}\}$$

이므로 $\dim W=2$이다.

(b) $(x,\ y,\ z)=(3t,\ -2t,\ 2t)=t(3,\ -2,\ 2)$이고

$$W=\{t(3,\ -2,\ 2)\mid t\in\mathbb{R}\}$$

이므로 $\dim W=1$이다.

[예제 4-11]에서 알 수 있듯이, $\mathbb{R}^3$의 원점을 지나는 직선의 차원은 1이고, 원점을 지나는 평면의 차원은 2이다.

정리 4-7 $\mathbb{R}^n$의 기저에 대한 성질

벡터공간 $\mathbb{R}^n$의 n개의 벡터들의 집합 $S=\{\mathbf{x}_1,\ \mathbf{x}_2,\cdots,\ \mathbf{x}_n\}$에 대해서 다음이 성립한다.

(1) S가 일차독립이면 S는 $\mathbb{R}^n$의 기저이다.

(2) $\langle S\rangle=\mathbb{R}^n$이면 S는 $\mathbb{R}^n$의 기저이다.

증명

(1) $\mathbb{R}^n$이 n차원의 벡터공간이므로 임의의 벡터 $\mathbf{x}\in\mathbb{R}^n$에 대하여 $\{\mathbf{x}_1,\ \mathbf{x}_2,\cdots,\ \mathbf{x}_n,\ \mathbf{x}\}$는 [정리 4-5]에 의하여 일차종속이다. 따라서

$$c_1\mathbf{x}_1+c_2\mathbf{x}_2+\cdots+c_n\mathbf{x}_n+c_{n+1}\mathbf{x}=\mathbf{0} \tag{4.4}$$

을 만족하는 모두는 0이 아닌 스칼라 $c_1,\ c_2,\cdots,\ c_n,\ c_{n+1}$이 있다.

만일 $c_{n+1}=0$이라면 $\mathbf{x}_n$은 다음과 같다.

$$\mathbf{x}_n=\alpha_1\mathbf{x}_1+\alpha_2\mathbf{x}_2+\cdots+\alpha_{n-1}\mathbf{x}_{n-1}\quad\left(\alpha_i=-\frac{c_i}{c_n},\ i=1,\ 2,\cdots,\ n-1\right)$$

따라서, S가 일차종속이 되어 모순이므로 $c_{n+1}\neq 0$이다. 식 (4.4)를 $\mathbf{x}$에 관하여

풀면

$$\mathbf{x}=\alpha_1\mathbf{x}_1+\alpha_2\mathbf{x}_2+\cdots+\alpha_n\mathbf{x}_n \quad \left(\alpha_i=-\frac{c_i}{c_{n+1}},\ i=1,\ 2,\cdots,\ n\right)$$

이므로 $\langle S\rangle=\mathbb{R}^n$이다. 그러므로 S가 일차독립이면 S는 $\mathbb{R}^n$의 기저이다.

(2) S가 일차종속이면 [정리 4-4]에 의하여 다음을 만족하는 $j\,(1\le j\le n)$가 존재한다.

$$\mathbf{x}_j=d_1\mathbf{x}_1+d_2\mathbf{x}_2+\cdots+d_{j-1}\mathbf{x}_{j-1}+d_{j+1}\mathbf{x}_{j+1}+\cdots+d_n\mathbf{x}_n$$

따라서

$$S_1=\{\mathbf{x}_1,\ \mathbf{x}_2,\ \cdots,\ \mathbf{x}_{j-1},\ \mathbf{x}_{j+1},\ \cdots,\ \mathbf{x}_n\}$$

이면 S_1도 $\mathbb{R}^n$을 생성한다. S_1이 일차독립이면 S_1은 $\mathbb{R}^n$의 기저이다. S_1이 일차종속이면 위와 같은 방법으로 $\mathbb{R}^n=\langle S_2\rangle$인 집합 S_2를 얻는다.

S가 유한집합이므로 이러한 과정을 계속하면 일차독립이면서 $\mathbb{R}^n$을 생성하는 S의 부분집합 T를 찾을 수 있다. 이 T가 바로 $\mathbb{R}^n$의 한 기저인데, 이것은 모순이므로 S는 일차독립이고 $\mathbb{R}^n$의 기저가 된다. ■

예제 4-12

세 벡터의 집합 $\left\{\begin{bmatrix}1\\1\\1\end{bmatrix},\begin{bmatrix}1\\2\\3\end{bmatrix},\begin{bmatrix}2\\-1\\1\end{bmatrix}\right\}$이 $\mathbb{R}^3$의 기저임을 보여라.

풀이

$\dim\mathbb{R}^n=3$이므로 [정리 4-7]에 의하여 세 개의 벡터가 일차독립임을 보이면 된다. 그런데

$$\begin{vmatrix}1&1&2\\1&2&-1\\1&3&1\end{vmatrix}=5\neq 0$$

이므로 세 개의 벡터는 일차독립이다. 따라서 $\left\{\begin{bmatrix}1\\1\\1\end{bmatrix},\begin{bmatrix}1\\2\\3\end{bmatrix},\begin{bmatrix}2\\-1\\1\end{bmatrix}\right\}$은 $\mathbb{R}^3$의 기저이다.

Chapter 4.3 연습문제

1~2. 주어진 벡터들이 $\mathbb{R}^3$의 기저를 이루는지 행렬식을 이용하여 결정하라.

1. $S=\{(3, 2, -4), (4, 1, -2), (5, 2, -3)\}$

2. $S=\{(3, 4, -5), (8, 7, -2), (2, -1, 8)\}$

3~6. 주어진 집합 S가 $\mathbb{R}^3$의 기저인지 판정하라.

3. $S=\{(0, 1, -2), (3, 2, 1)\}$

4. $S=\{(1, 1, 0), (1, 0, 1), (1, -1, 1)\}$

5. $S=\{(1, -2, -1), (2, -1, 3), (0, 2, 1)\}$

6. $S=\{(2, 0, -1), (2, 1, 1), (3, -1, 2), (2, -1, 0)\}$

7. $\mathbb{R}^3$을 생성하는 다음 벡터들이 $\mathbb{R}^3$의 기저는 아님을 보여라. 또 $(1, 2, 3)$을 다른 세 개의 벡터들을 이용하여 표현하라.

$$S=\{(1, 0, 0), (0, 2, 0), (0, 0, 3), (1, 1, 1)\}$$

8~11. 다음에 주어진 $\mathbb{R}^3$의 부분공간 W의 기저와 차원을 구하라.

8. 평면 $W=\{(x, y, z) \mid x+y+z=0\}$

9. 평면 $W=\{(x, y, z) \mid x-2z=0\}$

10. 직선 $W=\{(x, y, z) \mid x=t, y=2t, z=3t\}$

11. 직선 $W=\{(x, y, z) \mid x=t, y=-2t, z=4t\}$

12~14. $\mathbb{R}^4$의 부분공간 U, W가 다음과 같이 주어졌을 때, 물음에 답하라.

$$U = \{(a, b, c, d) \mid b + c + d = 0\} \;,\; W = \{(a, b, c, d) \mid a + b = 0, c = 2d\}$$

12. U의 기저와 차원을 구하라.

13. W의 기저와 차원을 구하라.

14. $U \cap W$의 기저와 차원을 구하라.

15. $(a^2, 0, 1), (0, a, 2), (1, 0, 1)$이 $\mathbb{R}^3$의 기저가 되도록 하는 a 값을 모두 구하라.

16. 두 벡터 $(1, 0, 1, 0)$과 $(0, 1, -1, 0)$을 포함하는 $\mathbb{R}^4$의 기저를 구하라.

17. 세 벡터 $(1, -2, 5, -3), (2, 3, 1, -4), (3, 8, -3, -6)$을 포함하는 $\mathbb{R}^4$의 기저를 구하라.

18. 집합 $S = \{\mathbf{x}_1, \mathbf{x}_2, \cdots, \mathbf{x}_n\}$을 $\mathbb{R}^n$의 기저라 할 때, A가 n차의 가역행렬이면 $\{A\mathbf{x}_1, A\mathbf{x}_2, \cdots, A\mathbf{x}_n\}$도 $\mathbb{R}^n$의 기저임을 증명하라.

19. $\mathbb{R}^n$의 모든 부분공간은 항상 기저를 갖는다. 그 이유를 말하라.

20. 벡터공간 $\mathbb{R}^3$의 한 기저가 $\mathbf{v}_1, \mathbf{v}_2, \mathbf{v}_3$ 일 때, $\mathbf{v}_1, \mathbf{v}_1 + \mathbf{v}_2, \mathbf{v}_1 + \mathbf{v}_2 + \mathbf{v}_3$도 $\mathbb{R}^3$의 기저가 됨을 보여라.

Section 4.4 행렬의 계수

4.1절에서 행렬 A의 행공간과 열공간을 익히고, 4.3절에서는 벡터공간의 기저와 차원에 대하여 살펴봤다. 이제는 행렬 A의 행공간과 열공간의 차원을 생각할 수 있다. 이와 같은 차원은 행렬의 행벡터들 사이와 열벡터들 사이의 선형관계에 관한 정보를 제공해준다.

행계수와 열계수

이제 행렬 A의 행공간과 열공간의 차원에 대하여 알아보자.

$m \times n$ 행렬 A의 행공간 $R(A)$의 차원을 A의 **행계수**row rank, 열공간 $C(A)$의 차원을 A의 **열계수**column rank라 한다.

$$\dim R(A) = r(A),\ \dim C(A) = c(A)$$

1장에서 동차 연립일차방정식 $A\mathbf{x} = \mathbf{0}$과 $B\mathbf{x} = \mathbf{0}$의 계수행렬 A와 B가 행동치이면 두 연립일차방정식의 해가 같다는 것을 배웠다. 이제 기본 행 연산에 의하여 얻어지는 행동치인 두 행렬에 대한 행공간의 성질을 알아보자.

정리 4-8 행동치와 행공간의 관계

두 행렬 A, B가 행동치이면 이들은 같은 행공간을 갖는다.

증명

두 행렬 A, B가 행동치이면 B는 A에 기본 행 연산을 유한 번 시행하면 얻을 수 있다. B의 각 행은 A의 행의 행에 대하여 일차결합임을 의미한다. 따라서 B의 행공간은 A의 행공간의 부분집합이다. 마찬가지로, A는 B에 기본 행 연산을 유한 번 시행한 것이므로, A의 행공간은 B의 행공간의 부분집합이다. 따라서 A, B는 같은 행공간을 갖는다. ■

A의 열공간은 A^T의 행공간이므로 열공간에 대하여도 [정리 4-8]이 성립한다.

[정리 4-8]로부터 행렬 A의 RREF에 나타나는 영이 아닌 행벡터는 A의 행공간을 생성함을 알 수 있다. 그런데 RREF에 나타나는 영이 아닌 행벡터는 일차독립이므로 행공간의 기저를 이룬다. 이 사실을 이용하면 $\mathbb{R}^n$의 벡터들에 의해 생성된 부분공간의 기저와 차원을 쉽게 구할 수 있다.

예제 4-13

집합 S가 다음과 같을 때, $\mathbb{R}^5$의 부분공간 $W=\langle S\rangle$의 기저와 차원을 구하라.

$$\begin{aligned} S = \{&(1, 3, 1, -2, -3),\ (1, 4, 3, -1, -4), \\ &(2, 3, -4, -7, -3),\ (3, 8, 1, -7, -8)\} \end{aligned}$$

풀이

먼저, S에 있는 벡터를 행으로 갖는 행렬 A를 구해보자.

$$A = \begin{bmatrix} 1 & 3 & 1 & -2 & -3 \\ 1 & 4 & 3 & -1 & -4 \\ 2 & 3 & -4 & -7 & -3 \\ 3 & 8 & 1 & -7 & -8 \end{bmatrix}$$

W는 A의 행공간과 같으므로 A의 RREF인 행렬 B의 행공간과 같다.

$$B = \begin{bmatrix} 1 & 3 & 1 & -2 & -3 \\ 0 & 1 & 2 & 1 & -1 \\ 0 & 0 & 0 & 0 & 0 \\ 0 & 0 & 0 & 0 & 0 \end{bmatrix}$$

따라서 B의 영이 아닌 행벡터의 집합

$$\{(1,\ 3,\ 1,\ -2,\ -3),\ (0,\ 1,\ 2,\ 1,\ -1)\}$$

은 $W=\langle S\rangle$의 기저이고, $\dim W = 2$이다.

예제 4-14

다음 행렬 A의 열공간의 기저와 차원을 구하라.

$$A = \begin{bmatrix} 1 & 3 & 1 & -2 & -3 \\ 1 & 4 & 3 & -1 & -4 \\ 2 & 3 & -4 & -7 & -3 \\ 3 & 8 & 1 & -7 & -8 \end{bmatrix}$$

풀이

A의 열공간은 A^T의 행공간과 같으므로, A^T를 먼저 구해보자.

$$A^T = \begin{bmatrix} 1 & 1 & 2 & 3 \\ 3 & 4 & 3 & 8 \\ 1 & 3 & -4 & 1 \\ -2 & -1 & -7 & -7 \\ -3 & -4 & -3 & -8 \end{bmatrix}$$

A^T의 열공간은 A^T의 RREF인 행렬 B의 행공간과 같다.

$$B = \begin{bmatrix} 1 & 1 & 2 & 3 \\ 0 & 1 & 0 & -1 \\ 0 & 0 & 0 & 0 \\ 0 & 0 & 0 & 0 \\ 0 & 0 & 0 & 0 \end{bmatrix}$$

따라서

$$S = \left\{ \begin{bmatrix} 1 \\ 1 \\ 2 \\ 3 \end{bmatrix}, \begin{bmatrix} 0 \\ 1 \\ 0 \\ -1 \end{bmatrix} \right\}$$

는 A의 열공간의 기저이고, 차원은 2이다.

[예제 4-13]과 [예제 4-14]로부터 행렬 A의 행계수와 열계수가 같음을 알 수 있다. 일반적으로 실수 성분을 갖는 임의의 행렬에 대해서도 행계수와 열계수가 같다.

정리 4-9 행계수와 열계수와의 관계

임의의 행렬 $A \in M_{m,n}$에 대하여 A의 행계수와 열계수는 같다.

증명

$m \times n$ 행렬 A의 행공간과 열공간이 같은 차원을 갖는 것을 보이면 된다. 행렬 A가 행계수 k를 갖는다면, 이것은 기약 행 사다리꼴이 정확히 k개의 영이 아닌 벡터 $\mathbf{r}_1, \mathbf{r}_2, \cdots, \mathbf{r}_k$를 갖는다는 것을 의미한다. [정리 4-8]에 의하여 행렬 A와 기약 행 사다리꼴은 같은 행공간을 가지므로, 행벡터 $\mathbf{a}_1, \mathbf{a}_2, \cdots, \mathbf{a}_m$은 기약 행 사다리꼴의 행벡터들의 일차결합으로 표현될 수 있다.

$$\begin{aligned}
\mathbf{a}_1 &= c_{11}\mathbf{r}_1 + c_{12}\mathbf{r}_2 + \cdots + c_{1k}\mathbf{r}_k \\
\mathbf{a}_2 &= c_{21}\mathbf{r}_1 + c_{22}\mathbf{r}_2 + \cdots + c_{2k}\mathbf{r}_k \\
&\vdots \\
\mathbf{a}_m &= c_{m1}\mathbf{r}_1 + c_{m2}\mathbf{r}_2 + \cdots + c_{mk}\mathbf{r}_k
\end{aligned} \tag{4.5}$$

그런 다음, 각 방정식의 양변에 대응되는 성분들을 등식으로 바꿔보자. $\mathbf{a}_i$의 j번째 성분을 a_{ij}라 하고, $\mathbf{r}_i$의 j번째 성분을 r_{ij}라 하자. 그러면 식 (4.5)에서 양변의 j번째 성분들의 사이의 관계는 다음과 같이 나타낼 수 있다.

$$\begin{bmatrix} a_{1j} \\ a_{2j} \\ \vdots \\ a_{mj} \end{bmatrix} = r_{1j}\begin{bmatrix} c_{11} \\ c_{21} \\ \vdots \\ c_{m1} \end{bmatrix} + r_{2j}\begin{bmatrix} c_{12} \\ c_{22} \\ \vdots \\ c_{m2} \end{bmatrix} + \cdots + r_{kj}\begin{bmatrix} c_{1k} \\ c_{2k} \\ \vdots \\ c_{mk} \end{bmatrix}$$

이 연립일차방정식의 좌변이 행렬 A의 j번째 열벡터이므로, 연립일차방정식의 우변의 k개의 열벡터가 행렬 A의 열공간을 생성하는 것을 보였다. 그러므로 행렬 A의 열공간의 차원은 기껏해야 k이다. 즉 다음과 같다.

$$\dim C(A) \leq \dim R(A) \tag{4.6}$$

이로부터

$$\dim C(A^T) \leq \dim R(A^T) \text{ 또는 } \dim R(A) \leq \dim C(A) \tag{4.7}$$

가 성립한다. 식 (4.6)과 식 (4.7)로부터 $\dim R(A) = \dim C(A)$를 얻는다. ■

행렬 A의 행공간이나 열공간의 차원을 간단히 A의 **계수**rank라 하고 $\operatorname{rank}(A)$로 나타낸다.

예제 4-15

다음 행렬의 계수를 구하라.

$$A = \begin{bmatrix} 1 & 2 & 3 & 9 \\ 2 & -1 & 1 & 8 \\ 3 & 0 & -1 & 3 \end{bmatrix}$$

풀이

계수를 구하기 위해 주어진 행렬을 RREF로 변환하자.

$$A=\begin{bmatrix}1 & 2 & 3 & 9\\ 2 & -1 & 1 & 8\\ 3 & 0 & -1 & 3\end{bmatrix}\xrightarrow[E_{13}(-3)]{E_{12}(-2)}\begin{bmatrix}1 & 2 & 3 & 9\\ 0 & -5 & -5 & -10\\ 0 & -6 & -10 & -24\end{bmatrix}$$

$$\xrightarrow{E_2\left(-\frac{1}{5}\right)}\begin{bmatrix}1 & 2 & 3 & 9\\ 0 & 1 & 1 & 2\\ 0 & -6 & -10 & -24\end{bmatrix}$$

$$\xrightarrow{E_{23}(6)}\begin{bmatrix}1 & 2 & 3 & 9\\ 0 & 1 & 1 & 2\\ 0 & 0 & -4 & -12\end{bmatrix}$$

$$\xrightarrow{E_3\left(-\frac{1}{4}\right)}\begin{bmatrix}1 & 2 & 3 & 9\\ 0 & 1 & 1 & 2\\ 0 & 0 & 1 & 3\end{bmatrix}$$

$$\xrightarrow{E_{32}(-1)}\begin{bmatrix}1 & 0 & 0 & 2\\ 0 & 1 & 0 & -1\\ 0 & 0 & 1 & 3\end{bmatrix}$$

$$=\mathrm{RREF}(A)$$

$\mathrm{RREF}(A)$의 행공간의 기저가 $(1, 0, 0, -2)$, $(0, 1, 0, -1)$, $(0, 0, 1, 3)$이므로 A의 계수는 $\mathrm{RREF}(A)$의 계수와 같은 3이다. 즉 다음과 같다.

$$\mathrm{rank}(A)=\mathrm{rank}(\mathrm{RREF}(A))=3$$

행렬의 계수정리

이 절에서는 행렬 A의 퇴화차수와 계수정리를 알아보자. 4.1절에서는 동차 연립방정식의 해공간을 알아보았다. $m\times n$ 행렬 A에 대하여 동차 연립일차방정식 $A\mathbf{x}=\mathbf{0}$의 해공간의 차원을 A의 **퇴화차수**nullity라고 하고, $\mathrm{nullity}(A)$로 표기한다. 이제 이 연립일차방정식 $A\mathbf{x}=\mathbf{0}$의 해공간의 기저와 A의 퇴화차수를 구해보자.

동차 연립방정식 $A\mathbf{x}=\mathbf{0}$의 첨가행렬 $[A\mid\mathbf{0}]$의 RREF를 $[B\mid\mathbf{0}]$이라 하고, 이때 행렬 B는 첫 행부터 $r(1\le r\le n)$개의 영이 아닌 행을 갖는다고 하자. 먼저 $r=n$이라 하면 $A\mathbf{x}=\mathbf{0}$의 해는 $\mathbf{x}=\mathbf{0}$만을 갖는다. 따라서 해공간은 영공간이고 차원은 0이다. 이제 $r<n$이라 하면

$$[\,B \mid \mathbf{0}\,] = \left[\begin{array}{cccccccc:c} 1 & 0 & 0 & \cdots & 0 & b_{1r+1} & \cdots & b_{1n} & 0 \\ 0 & 1 & 0 & \cdots & 0 & b_{2r+1} & \cdots & b_{2n} & 0 \\ \vdots & \vdots & \vdots & \ddots & \vdots & \vdots & \ddots & \vdots & \vdots \\ 0 & 0 & 0 & \cdots & 1 & b_{rr+1} & \cdots & b_{rn} & 0 \\ 0 & 0 & 0 & \cdots & 0 & 0 & \cdots & 0 & 0 \\ \vdots & \vdots & \vdots & \ddots & \vdots & \vdots & \ddots & \vdots & \vdots \\ 0 & 0 & 0 & \cdots & 0 & 0 & \cdots & 0 & 0 \end{array}\right]$$

으로 가정할 수 있으므로, 연립일차방정식은 다음과 동치이다.

$$\begin{aligned} x_1 &= -b_{1r+1}x_{r+1} - b_{1r+2}x_{r+2} - \cdots - b_{1n}x_n \\ x_2 &= -b_{2r+1}x_{r+1} - b_{2r+2}x_{r+2} - \cdots - b_{2n}x_n \\ &\vdots \\ x_r &= -b_{rr+1}x_{r+1} - b_{rr+2}x_{r+2} - \cdots - b_{rn}x_n \end{aligned}$$

따라서 $n-r$개의 임의의 실수 $s_1, \cdots, s_{n-r}$에 대하여

$$x_{r+1} = s_1, \cdots, x_n = s_{n-r}$$

이라 하면, 식 $A\mathbf{x} = \mathbf{0}$의 일반해는 다음과 같다.

$$\mathbf{x} = \begin{bmatrix} x_1 \\ x_2 \\ \vdots \\ x_r \\ x_{r+1} \\ x_{r+2} \\ x_{r+3} \\ \vdots \\ x_n \end{bmatrix} = s_1 \begin{bmatrix} -b_{1r+1} \\ -b_{2r+1} \\ \vdots \\ -b_{rr+1} \\ 1 \\ 0 \\ 0 \\ \vdots \\ 0 \end{bmatrix} + s_2 \begin{bmatrix} -b_{1r+2} \\ -b_{2r+2} \\ \vdots \\ -b_{rr+2} \\ 0 \\ 1 \\ 0 \\ \vdots \\ 0 \end{bmatrix} + \cdots + s_{n-r} \begin{bmatrix} -b_{1n} \\ -b_{2n} \\ \vdots \\ -b_{rn} \\ 0 \\ 0 \\ \vdots \\ 0 \\ 1 \end{bmatrix}$$

여기서 $s_1, \cdots, s_{n-r}$이 임의의 실수이므로 $\mathbf{x}_1, \mathbf{x}_2, \cdots, \mathbf{x}_{n-r}$도 식 $A\mathbf{x} = \mathbf{0}$의 해이다.

$$\mathbf{x}_1 = \begin{bmatrix} -b_{1r+1} \\ -b_{2r+1} \\ \vdots \\ -b_{rr+1} \\ 1 \\ 0 \\ 0 \\ \vdots \\ 0 \end{bmatrix}, \ \mathbf{x}_2 = \begin{bmatrix} -b_{1r+2} \\ -b_{2r+2} \\ \vdots \\ -b_{rr+2} \\ 0 \\ 1 \\ 0 \\ \vdots \\ 0 \end{bmatrix}, \ \cdots, \ \mathbf{x}_{n-r} = \begin{bmatrix} -b_{1n} \\ -b_{2n} \\ \vdots \\ -b_{rn} \\ 0 \\ 0 \\ \vdots \\ 0 \\ 1 \end{bmatrix}$$

따라서 임의의 해는

$$\mathbf{x} = s_1\mathbf{x}_1 + s_2\mathbf{x}_2 + \cdots + s_{n-r}\mathbf{x}_{n-r}$$

로 표현하므로 $S=\{\mathbf{x}_1, \mathbf{x}_2, \cdots, \mathbf{x}_{n-r}\}$은 $A\mathbf{x}=\mathbf{0}$의 해공간을 생성한다. 또 S가 일차독립임을 쉽게 알 수 있다. 따라서 S는 이 해공간의 기저이고 해공간의 차원은 $n-r$이다.

일반적으로 행렬 $A \in M_{m,n}$에 대하여 $A\mathbf{x}=\mathbf{0}$의 해공간의 차원은 A의 RREF B가 r개의 영이 아닌 행을 가질 때 $n-r$임을 알았다. 따라서 $\text{rank}(A)$와 $\text{nullity}(A)$ 사이에는 다음과 같은 관계가 있음을 알 수 있다.

정리 4-10 행렬의 계수정리

임의의 행렬 $A \in M_{m,n}$에 대하여 다음이 성립한다.

$$\text{rank}(A) + \text{nullity}(A) = n$$

예제 4-16

다음 동차 연립일차방정식의 해공간의 기저와 차원을 구하고, 계수정리를 이용하여 계수행렬의 계수를 구하라.

$$\begin{aligned}
-x_1 + 2x_2 \qquad\quad + 4x_4 + 5x_5 - 3x_6 &= 0 \\
3x_1 - 7x_2 + 2x_3 \qquad\quad + x_5 + 4x_6 &= 0 \\
2x_1 - 5x_2 + 2x_3 + 4x_4 + 6x_5 + x_6 &= 0 \\
4x_1 - 9x_2 + 2x_3 - 4x_4 - 4x_5 + 7x_6 &= 0
\end{aligned}$$

풀이

먼저 연립일차방정식의 첨가행렬

$$[A \mid \mathbf{0}] = \left[\begin{array}{cccccc:c} -1 & 2 & 0 & 4 & 5 & -3 & 0 \\ 3 & -7 & 2 & 0 & 1 & 4 & 0 \\ 2 & -5 & 2 & 4 & 6 & 1 & 0 \\ 4 & -9 & 2 & -4 & -4 & 7 & 0 \end{array}\right]$$

의 RREF를 구하면 다음과 같다.

$$[B \mid \mathbf{0}] = \left[\begin{array}{cccccc:c} 1 & 0 & -4 & -28 & -37 & 13 & 0 \\ 0 & 1 & -2 & -12 & -16 & 5 & 0 \\ 0 & 0 & 0 & 0 & 0 & 0 & 0 \\ 0 & 0 & 0 & 0 & 0 & 0 & 0 \end{array}\right]$$

따라서 $\text{rank}(A)=2$이므로 $\text{nullity}(A)=6-2=4$이다.

한편, A의 RREF로부터 x_1, x_2는 다음과 같다.

$$\begin{aligned}
x_1 &= 4x_3 + 28x_4 + 37x_5 - 13x_6 \\
x_2 &= 2x_3 + 12x_4 + 16x_5 - 5x_6
\end{aligned}$$

즉 임의의 실수 r, s, t, u 에 대하여 $x_3 = r,\ x_4 = s,\ x_5 = t,\ x_6 = u$ 라 하면 일반해는 다음과 같이 나타낼 수 있다.

$$\mathbf{x} = \begin{bmatrix} x_1 \\ x_2 \\ x_3 \\ x_4 \\ x_5 \\ x_6 \end{bmatrix} = r\begin{bmatrix} 4 \\ 2 \\ 1 \\ 0 \\ 0 \\ 0 \end{bmatrix} + s\begin{bmatrix} 28 \\ 12 \\ 0 \\ 1 \\ 0 \\ 0 \end{bmatrix} + t\begin{bmatrix} 37 \\ 16 \\ 0 \\ 0 \\ 1 \\ 0 \end{bmatrix} + u\begin{bmatrix} -13 \\ -5 \\ 0 \\ 0 \\ 0 \\ 1 \end{bmatrix}$$

따라서, 해공간의 기저는 각각 다음과 같다.

$$S = \{(4,\ 2,\ 1,\ 0,\ 0,\ 0),\ (28,\ 12,\ 0,\ 1,\ 0,\ 0),\ (37,\ 16,\ 0,\ 0,\ 1,\ 0),\ (-13,\ -5,\ 0,\ 0,\ 0,\ 1)\}$$

다음 정리는 연립일차방정식 $A\mathbf{x} = \mathbf{b}$의 해의 존재성과 행렬 A의 계수 사이의 관계를 보여준다.

정리 4-11 연립일차방정식의 해의 존재성

연립일차방정식 $A\mathbf{x} = \mathbf{b}$가 해를 가질 필요충분조건은 다음과 같다.

$$\text{rank}(A) = \text{rank}[A \mid \mathbf{b}]$$

증명

행렬 $A, \mathbf{x}, \mathbf{b}$ 를 각각

$$A = [a_{ij}] \in M_{m,n},\quad \mathbf{x} = \begin{bmatrix} x_1 \\ x_2 \\ \vdots \\ x_n \end{bmatrix},\quad \mathbf{b} = \begin{bmatrix} b_1 \\ b_2 \\ \vdots \\ b_m \end{bmatrix}$$

라 하면 연립일차방정식 $A\mathbf{x} = \mathbf{b}$ 는

$$x_1\begin{bmatrix} a_{11} \\ a_{21} \\ \vdots \\ a_{m1} \end{bmatrix} + x_2\begin{bmatrix} a_{12} \\ a_{22} \\ \vdots \\ a_{m2} \end{bmatrix} + \cdots + x_n\begin{bmatrix} a_{1n} \\ a_{2n} \\ \vdots \\ a_{mn} \end{bmatrix} = \begin{bmatrix} b_1 \\ b_2 \\ \vdots \\ b_m \end{bmatrix} \tag{4.8}$$

과 동치이므로 다음이 성립한다.

$A\mathbf{x}=\mathbf{b}$의 해가 존재한다.

$\Leftrightarrow$ 식 (4.8)을 만족하는 $x_1, x_2, \cdots, x_n$이 존재한다.

$\Leftrightarrow$ $\mathbf{b}$는 A의 열벡터의 일차결합이다.

$\Leftrightarrow$ $\mathbf{b}$는 A의 열공간의 원소이다.

$\Leftrightarrow$ $\text{rank}(A)=\text{rank}[A \mid \mathbf{b}]$ ■

예제 4-17

다음 연립일차방정식의 해가 존재하는지 확인하라.

$$\begin{aligned} -3x_1+7x_2-x_3+x_4&=-3 \\ -x_1+2x_2+3x_3-2x_4&=4 \\ 2x_1-5x_2+4x_3-3x_4&=7 \\ -3x_1+6x_2+9x_3-6x_4&=-1 \end{aligned}$$

풀이

연립일차방정식의 계수행렬 A의 계수를 RREF를 이용하여 구해보자.

$$A=\begin{bmatrix} -3 & 7 & -1 & 1 \\ -1 & 2 & 3 & -2 \\ 2 & -5 & 4 & -3 \\ -3 & 6 & 9 & -6 \end{bmatrix} \xrightarrow[E_{12}]{E_2(-1)} \begin{bmatrix} 1 & -2 & -3 & 2 \\ -3 & 7 & -1 & 1 \\ 2 & -5 & 4 & -3 \\ -3 & 6 & 9 & -6 \end{bmatrix}$$

$$\xrightarrow{\text{RREF}} \begin{bmatrix} 1 & 0 & -23 & 16 \\ 0 & 1 & -10 & 7 \\ 0 & 0 & 0 & 0 \\ 0 & 0 & 0 & 0 \end{bmatrix}$$

따라서 $\text{rank}(A)=2$이다. 그러나 첨가행렬의 계수를 구하면 다음과 같다.

$$[A \mid \mathbf{b}]=\left[\begin{array}{cccc:c} -3 & 7 & -1 & 1 & -3 \\ -1 & 2 & 3 & -2 & 4 \\ 2 & -5 & 4 & -3 & 7 \\ -3 & 6 & 9 & -6 & -1 \end{array}\right] \xrightarrow{\text{RREF}} \left[\begin{array}{cccc:c} 1 & 0 & -23 & 16 & 0 \\ 0 & 1 & -10 & 7 & 0 \\ 0 & 0 & 0 & 0 & 1 \\ 0 & 0 & 0 & 0 & 0 \end{array}\right]$$

따라서 $\text{rank}[A \mid \mathbf{b}]=3$이다. 즉 $\text{rank}(A) \neq \text{rank}[A \mid \mathbf{b}]$이므로, 이 연립일차방정식은 해가 존재하지 않는다.

지금까지 배운 n차 정사각행렬의 행렬식과 계수와의 관계를 요약하면 [정리 4-12]와 같다. 이 정리의 증명은 연습문제로 남긴다.

정리 4-12 $\mathrm{rank}(A)=n$의 동치관계

행렬 A가 n차 정사각행렬일 때 다음은 동치이다.

(1) $\mathrm{rank}(A)=n$

(2) $\mathrm{nullity}(A)=0$

(3) A의 모든 행(열) 벡터는 $\mathbb{R}^n$에서 일차독립이다.

(4) $A\mathbf{x}=\mathbf{0}$은 자명한 해 $\mathbf{x}=\mathbf{0}$만을 갖는다.

(5) $A\mathbf{x}=\mathbf{b}$는 모든 $n\times 1$ 행렬 $\mathbf{b}$에 대하여 유일한 해를 갖는다.

(6) A는 I_n과 행동치이다.

(7) A는 가역이다.

(8) $\det(A)\neq 0$

Chapter 4.4

연습문제

1~8. 다음 행렬의 행공간의 기저와 차원을 구하라.

1. $A=\begin{bmatrix} 2 & 3 \\ 1 & -4 \end{bmatrix}$

2. $A=\begin{bmatrix} 4 & 0 & -1 \\ 0 & -1 & 4 \\ 3 & 6 & 2 \end{bmatrix}$

3. $A=\begin{bmatrix} 1 & 2 & -3 \\ 2 & 1 & 0 \\ -2 & -1 & 3 \\ -1 & 4 & -2 \end{bmatrix}$

4. $A=\begin{bmatrix} 1 & 3 \\ 0 & -2 \\ 5 & -1 \\ -2 & 3 \end{bmatrix}$

5. $A=\begin{bmatrix} 4 & 0 & -1 & 2 \\ 0 & -1 & 4 & 4 \\ 3 & -2 & 6 & 2 \end{bmatrix}$

6. $A=\begin{bmatrix} 1 & 4 & 0 & -1 \\ 0 & 1 & -1 & 4 \\ 3 & 0 & 6 & 2 \\ 2 & -2 & 2 & 1 \end{bmatrix}$

7. $A=\begin{bmatrix} 2 & 1 & -2 & 3 & 7 \\ 2 & 0 & -2 & 4 & 8 \\ 3 & 4 & -3 & 2 & 8 \\ -2 & -7 & 4 & 1 & -5 \end{bmatrix}$

8. $A=\begin{bmatrix} 1 & -1 & -1 & 1 & 1 \\ 1 & 1 & -1 & 1 & 1 \\ -1 & 1 & -1 & 1 & 1 \\ -1 & -1 & 1 & 1 & -1 \\ 1 & 1 & 1 & 1 & -1 \end{bmatrix}$

9~12. 계산하지 말고 다음 행렬의 행공간과 열공간의 기저를 구하라.

9. $\begin{bmatrix} 1 & 0 & 1 \\ 0 & 0 & 1 \\ 0 & 0 & 0 \end{bmatrix}$

10. $\begin{bmatrix} 1 & 0 & 1 \\ 0 & 1 & 2 \\ 0 & 0 & 1 \end{bmatrix}$

11. $\begin{bmatrix} 1 & 3 & 2 & 0 \\ 0 & 1 & 1 & 0 \\ 0 & 0 & 0 & 1 \\ 0 & 0 & 0 & 0 \end{bmatrix}$

12. $\begin{bmatrix} 1 & 2 & 3 & 4 \\ 0 & 1 & 3 & 0 \\ 0 & 0 & 1 & 2 \\ 0 & 0 & 0 & 1 \\ 0 & 0 & 0 & 0 \end{bmatrix}$

13~14. 다음에 주어진 동차 연립일차방정식의 해공간의 기저와 차원을 구하라.

13. $\begin{bmatrix} 1 & 2 & 1 \\ -1 & 0 & 3 \\ 1 & 5 & 7 \end{bmatrix}\begin{bmatrix} x_1 \\ x_2 \\ x_3 \end{bmatrix}=\begin{bmatrix} 0 \\ 0 \\ 0 \end{bmatrix}$

14. $\begin{bmatrix} 1 & 1 & 2 & 0 \\ 2 & 4 & 2 & 4 \\ 2 & 1 & 5 & -2 \end{bmatrix}\begin{bmatrix} x_1 \\ x_2 \\ x_3 \\ x_4 \end{bmatrix}=\begin{bmatrix} 0 \\ 0 \\ 0 \end{bmatrix}$

15~18. 다음에 주어진 행렬 A의 영공간의 기저와 퇴화계수를 구하라.

15. $A=\begin{bmatrix} 1 & 0 & 2 \\ 1 & 2 & 5 \\ -5 & 3 & 4 \end{bmatrix}$

16. $A=\begin{bmatrix} -1 & -2 & 2 \\ 1 & 1 & 2 \\ 5 & 8 & 1 \\ 4 & 5 & 5 \end{bmatrix}$

17. $A=\begin{bmatrix} 1 & 2 & 3 & -1 \\ 1 & 1 & -1 & 1 \\ 3 & 4 & 1 & 1 \\ 2 & 3 & 2 & 0 \end{bmatrix}$

18. $A=\begin{bmatrix} -2 & -7 & 4 & 1 & -5 \\ 2 & 0 & -2 & 4 & 8 \\ 2 & 1 & -2 & 3 & 7 \\ 3 & 4 & -3 & 2 & 8 \end{bmatrix}$

19. 다음 연립일차방정식이 해를 갖기 위한 k 값을 구하라.

$$\begin{aligned} x_1+2x_2-\ \ 4x_3+3x_4&=-1 \\ 2x_1-3x_2+13x_3-8x_4&=\ \ 5 \\ 3x_1-\ \ x_2+\ \ 9x_3-5x_4&=\ \ k \end{aligned}$$

20. 행렬 A가 다음과 같을 때, $\text{rank}(A^TA)=\text{rank}(A)=\text{rank}(AA^T)$을 만족하는지 보여라.

$$A=\begin{bmatrix} 1 & 3 & 1 & -4 \\ -1 & -3 & 1 & 0 \\ 2 & 6 & 2 & -8 \end{bmatrix}$$

21. 다음 행렬의 계수가 1 또는 2가 되도록 하는 x와 y 값이 존재하는지 확인하라. 존재한다면 x와 y를 구하라.

$$\begin{bmatrix} 1 & 0 & 0 \\ 0 & x-2 & 2 \\ 0 & y-1 & x+2 \\ 0 & 0 & 3 \end{bmatrix}$$

22. n차 **체커판 행렬**checkerboard matrix $A=[a_{ij}]$는 다음과 같이 정의된다. 이때 주어진 크기의 체커판 행렬을 구하고, 계수와 퇴화차수를 구하라.

$$a_{ij}=\begin{cases} 1 & (i+j=\text{짝수}) \\ 0 & (i+j=\text{홀수}) \end{cases}$$

(a) 3차　　(b) 4차　　(c) n차

23. $S = \{\mathbf{x}_1, \mathbf{x}_2, \cdots, \mathbf{x}_k\}$이 $A\mathbf{x} = \mathbf{0}$의 해집합의 부분집합일 때, $\langle S \rangle$에 속하는 모든 벡터는 $A\mathbf{x} = \mathbf{0}$의 해임을 증명하라.

24. 동차 연립일차방정식 $A\mathbf{x} = \mathbf{0}$의 계수행렬 A가 성분이 모두 0인 열을 갖는다면 $A\mathbf{x} = \mathbf{0}$은 자명하지 않은 해를 가짐을 보여라.

25. 행렬 A는 영이 아닌 3×3 행렬이고, $A\mathbf{x} = \mathbf{0}$이 자명하지 않은 해를 갖는다면 $\text{nullity}(A) = 1$ 또는 2임을 보여라.

26. [정리 4-12]를 증명하라.

힌트 (1) ⇒ (2) ⇒ (6) ⇒ (7) ⇒ (8) ⇒ (7) ⇒ (5) ⇒ (4) ⇒ (3) ⇒ (1)임을 보이면 된다.

Section

4.5 좌표벡터와 추이행렬

유한한 차원의 벡터공간에서 기저의 개념은 좌표계의 개념과 밀접한 관계가 있다. 이 절에서는 벡터공간의 한 기저가 주어질 때, 이 기저에 관한 벡터의 좌표벡터를 소개하고, 이 기저에 관한 좌표벡터를 다른 기저로 변환하여 표현하는 것에 대하여 알아본다.

좌표벡터

$S=\{\mathbf{u}_1, \mathbf{u}_2, \cdots, \mathbf{u}_n\}$을 n차원 벡터공간 $\mathbb{R}^n$의 기저라고 하자. S가 기저이므로 임의의 $\mathbf{v}\in\mathbb{R}^n$에 대하여 다음을 만족하는 스칼라 $c_i(i=1, 2, \cdots, n)$가 유일하게 존재한다.

$$\mathbf{v}=c_1\mathbf{u}_1+c_2\mathbf{u}_2+\cdots+c_n\mathbf{u}_n$$

특히

$$\mathbf{v}=c_1\mathbf{u}_1+c_2\mathbf{u}_2+\cdots+c_n\mathbf{u}_n=d_1\mathbf{u}_1+d_2\mathbf{u}_2+\cdots+d_n\mathbf{u}_n$$

이라면

$$\mathbf{0}=(c_1-d_1)\mathbf{u}_1+(c_2-d_2)\mathbf{u}_2+\cdots+(c_n-d_n)\mathbf{u}_n$$

이고, $\mathbf{u}_1, \mathbf{u}_2, \cdots, \mathbf{u}_n$이 일차독립이므로 $c_i-d_i=0$, 즉 $c_i=d_i$이다. 그러므로 $c_i(i=1, 2, \cdots, n)$는 유일하게 존재한다.

이때, 계수 $c_i(i=1, 2, \cdots, n)$를 **기저 S에 관한 $\mathbf{v}$의 좌표**coordinate라 하고, $\mathbb{R}^n$의 벡터 $[\mathbf{v}]_S=(c_1, c_2, \cdots, c_n)^T$를 **기저 S에 관한 $\mathbf{v}$의 좌표벡터**coordinate vector라고 한다.

좌표벡터에서는 기저 $S=\{\mathbf{u}_1, \mathbf{u}_2, \cdots, \mathbf{u}_n\}$의 원소들이 어떤 순서로 나열되어 있는지가 매우 중요하다. 즉, 기저 S의 원소들을 다르게 나열하면 좌표벡터도 바뀐다. 예를 들어, $\mathbb{R}^3$의 벡터 $\mathbf{v}=\begin{bmatrix}2\\-3\\5\end{bmatrix}$의 표준기저 $B=\{\mathbf{e}_1, \mathbf{e}_2, \mathbf{e}_3\}$에 관한 좌표벡터를 구해보자.

$$\mathbf{v}=\begin{bmatrix}2\\-3\\5\end{bmatrix}=2\mathbf{e}_1-3\mathbf{e}_2+5\mathbf{e}_3$$

따라서 $[\mathbf{v}]_B = \begin{bmatrix} 2 \\ -3 \\ 5 \end{bmatrix}$ 이다.

B 의 원소를 다른 순서로 나열해 B' 이라고 하자.

$$B' = \{\mathbf{u}_1 = \mathbf{e}_1, \mathbf{u}_2 = \mathbf{e}_3, \mathbf{u}_3 = \mathbf{e}_2\}$$

그러면 $\mathbf{v}$ 는 다음과 같다.

$$\mathbf{v} = \begin{bmatrix} 2 \\ -3 \\ 5 \end{bmatrix} = 2\mathbf{u}_1 + 5\mathbf{u}_2 - 3\mathbf{u}_3$$

따라서 $[\mathbf{v}]_{B'} = \begin{bmatrix} 2 \\ 5 \\ -3 \end{bmatrix}$ 이다. 즉 $[\mathbf{v}]_B \neq [\mathbf{v}]_{B'}$ 이다. 즉, 기저의 순서가 바뀌면 좌표벡터도 바뀐다는 것을 알 수 있다.

일반적으로, 기저 S 에 대한 좌표벡터를 구하는 것은 연립일차방정식을 푸는 것과 같다. 기저 S 를 행렬로 표현하여 $[S] = [\mathbf{u}_1 \mathbf{u}_2 \cdots \mathbf{u}_n]$ 이라 하면 $\mathbf{v} \in \mathbb{R}^n$ 에 대하여 다음과 같이 정리할 수 있다.

$$\begin{aligned} \mathbf{v} &= c_1\mathbf{u}_1 + c_2\mathbf{u}_2 + \cdots + c_n\mathbf{u}_n \\ &= [\mathbf{u}_1, \ \mathbf{u}_2, \ \cdots, \ \mathbf{u}_n] \begin{bmatrix} c_1 \\ c_2 \\ \vdots \\ c_n \end{bmatrix} \\ &= [S] \begin{bmatrix} c_1 \\ \vdots \\ c_n \end{bmatrix} \\ &= [S][\mathbf{v}]_S \end{aligned}$$

여기서 S 가 기저이고 $[S]$ 가 $n \times n$ 행렬이므로 $[S]$ 의 역행렬이 존재한다. 따라서 다음이 성립한다.

$$[\mathbf{v}]_S = [S]^{-1}\mathbf{v}$$

특히, $\mathbb{R}^n$ 의 표준기저 $B = \{\mathbf{e}_1, \mathbf{e}_2, \cdots, \mathbf{e}_n\}$ 에 관한 $\mathbf{v} = \begin{bmatrix} c_1 \\ c_2 \\ \vdots \\ c_n \end{bmatrix}$ 의 좌표벡터는 다음과 같다.

$$[\mathbf{v}]_B = \begin{bmatrix} c_1 \\ c_2 \\ \vdots \\ c_n \end{bmatrix}$$

이것을 $\mathbf{v}$의 **표준좌표**standard coordinate라고 한다.

예제 4-18

$\mathbb{R}^3$의 기저 $S = \{\mathbf{x}_1 = (1, 1, 0),\ \mathbf{x}_2 = (1, 1, 1),\ \mathbf{x}_3 = (0, 1, -1)\}$에 관하여 $\mathbf{x} = (2, 3, 1)$의 좌표벡터 $[\mathbf{x}]_S$를 구하라.

풀이

$$\begin{aligned} \mathbf{x} &= (2, 3, 1) \\ &= c_1\mathbf{x}_1 + c_2\mathbf{x}_2 + c_3\mathbf{x}_3 \quad (c_i \in \mathbb{R}) \\ &= c_1(1, 1, 0) + c_2(1, 1, 1) + c_3(0, 1, -1) \end{aligned}$$

이므로

$$\begin{aligned} c_1 + c_2 &= 2 \\ c_1 + c_2 + c_3 &= 3 \\ c_2 - c_3 &= 1 \end{aligned}$$

이다. 이 연립일차방정식을 풀면

$$c_1 = 0,\ c_2 = 2,\ c_3 = 1$$

이다. 그러므로 좌표벡터 $[\mathbf{x}]_S$는 다음과 같다.

$$[\mathbf{x}]_S = \begin{bmatrix} 0 \\ 2 \\ 1 \end{bmatrix}$$

[예제 4-18]의 좌표벡터를 행렬로 구하면 $[\mathbf{x}]_S = S^{-1}\mathbf{x}$이므로 다음과 같다.

$$\begin{aligned} [\mathbf{x}]_S &= \begin{bmatrix} 1 & 1 & 0 \\ 1 & 1 & 1 \\ 0 & 1 & -1 \end{bmatrix}^{-1} \begin{bmatrix} 2 \\ 3 \\ 1 \end{bmatrix} \\ &= \begin{bmatrix} 0 \\ 2 \\ 1 \end{bmatrix} \end{aligned}$$

예제 4-19

벡터공간 $\mathbb{R}^2$의 두 기저 S와 T에 대해 $\mathbf{x}=(5,-2)$의 좌표벡터 $[\mathbf{x}]_S$와 $[\mathbf{x}]_T$를 각각 구하라.

$$S=\{(1,0),\ (0,1)\},\ \ T=\{(1,1),\ (1,-1)\}$$

풀이

❶ $\mathbf{x}=(5,-2)=5(1,0)+(-2)(0,1)$이므로 $[\mathbf{x}]_S=\begin{bmatrix}5\\-2\end{bmatrix}$이다.

❷ $\mathbf{x}=(5,-2)=c_1(1,1)+c_2(1,-1)=(c_1+c_2,\ c_1-c_2)\quad(c_i\in\mathbb{R})$이므로 $c_1=\dfrac{3}{2},\ c_2=\dfrac{7}{2}$이다. 따라서 다음과 같다.

$$[\mathbf{x}]_T=\begin{bmatrix}\frac{3}{2}\\ \frac{7}{2}\end{bmatrix}$$

[예제 4-19]의 좌표벡터를 행렬로 구하면 다음과 같다.

$$[\mathbf{x}]_S=\begin{bmatrix}1&0\\0&1\end{bmatrix}^{-1}\begin{bmatrix}5\\-2\end{bmatrix}=\begin{bmatrix}5\\-2\end{bmatrix}$$

$$[\mathbf{x}]_T=\begin{bmatrix}1&1\\1&-1\end{bmatrix}^{-1}\begin{bmatrix}5\\-2\end{bmatrix}=\begin{bmatrix}\frac{3}{2}\\ \frac{7}{2}\end{bmatrix}$$

$S=\{\mathbf{v}_1,\mathbf{v}_2,\cdots,\mathbf{v}_n\}$이 n차원 벡터공간 $\mathbb{R}^n$의 기저라 하면 $\mathbb{R}^n$의 벡터 $\mathbf{x},\mathbf{y}$는 다음과 같이 유일하게 표현할 수 있다.

$$\mathbf{x}=\sum_{i=1}^{n}a_i\mathbf{v}_i,\quad \mathbf{y}=\sum_{i=1}^{n}b_i\mathbf{v}_i\quad(a_i,\ b_i\in\mathbb{R})$$

따라서 기저 S에 관한 좌표벡터는 다음과 같다.

$$[\mathbf{x}]_S=\begin{bmatrix}a_1\\a_2\\\vdots\\a_n\end{bmatrix},\ \ [\mathbf{y}]_S=\begin{bmatrix}b_1\\b_2\\\vdots\\b_n\end{bmatrix}$$

또 두 벡터의 합은 다음과 같이 나타낼 수 있다.

$$\mathbf{x}+\mathbf{y}=\sum_{i=1}^{n}(a_i+b_i)\mathbf{v}_i$$

따라서, $\mathbf{x}+\mathbf{y}$의 좌표벡터는 $\mathbf{x}$의 좌표벡터와 $\mathbf{y}$의 좌표벡터를 더한 것과 같다.

$$[\mathbf{x}+\mathbf{y}]_S=\begin{bmatrix} a_1+b_1 \\ a_2+b_2 \\ \vdots \\ a_n+b_n \end{bmatrix}=\begin{bmatrix} a_1 \\ a_2 \\ \vdots \\ a_n \end{bmatrix}+\begin{bmatrix} b_1 \\ b_2 \\ \vdots \\ b_n \end{bmatrix}=[\mathbf{x}]_S+[\mathbf{y}]_S$$

마찬가지로 스칼라 c에 대하여 $[c\mathbf{x}]_S=c[\mathbf{x}]_S$이다.

일반적으로, 집합 S가 n차원 벡터공간 $\mathbb{R}^n$의 기저일 때 $\mathbf{v}_i\in\mathbb{R}^n$, $c_i\in\mathbb{R}$ $(i=1,2,\cdots,n)$에 대하여 다음이 성립한다.

$$[c_1\mathbf{v}_1+c_2\mathbf{v}_2+\cdots+c_n\mathbf{v}_n]_S=c_1[\mathbf{v}_1]_S+c_2[\mathbf{v}_2]_S+\cdots+c_n[\mathbf{v}_n]_S$$

추이행렬

두 집합 $S=\{\mathbf{x}_1,\mathbf{x}_2,\cdots,\mathbf{x}_n\}$, $T=\{\mathbf{y}_1,\mathbf{y}_2,\cdots,\mathbf{y}_n\}$을 n차원 벡터공간 $\mathbb{R}^n$의 서로 다른 기저라고 하자. 이때 S와 T에 관한 $\mathbf{x}\in\mathbb{R}^n$의 좌표벡터 $[\mathbf{x}]_S$와 $[\mathbf{x}]_T$ 사이의 관계를 생각해보자. 먼저, $\mathbf{x}$를 다음과 같다고 하자.

$$\mathbf{x}=c_1\mathbf{y}_1+c_2\mathbf{y}_2+\cdots+c_n\mathbf{y}_n \quad (c_i\in\mathbb{R})$$

그러면, T에 관한 $\mathbf{x}\in\mathbb{R}^n$의 좌표벡터 $[\mathbf{x}]_T$는 다음과 같다.

$$[\mathbf{x}]_T=\begin{bmatrix} c_1 \\ c_2 \\ \vdots \\ c_n \end{bmatrix}$$

또한, S에 관한 $\mathbf{x}\in\mathbb{R}^n$의 좌표벡터 $[\mathbf{x}]_S$는 다음과 같다.

$$\begin{aligned}[\mathbf{x}]_S&=[c_1\mathbf{y}_1+c_2\mathbf{y}_2+\cdots+c_n\mathbf{y}_n]_S\\&=c_1[\mathbf{y}_1]_S+c_2[\mathbf{y}_2]_S+\cdots+c_n[\mathbf{y}_n]_S\end{aligned}$$

여기서 S에 관한 $\mathbf{y}_j$의 좌표벡터를 다음과 같다고 하자.

$$[\mathbf{y}_j]_S = \begin{bmatrix} p_{1j} \\ p_{2j} \\ \vdots \\ p_{nj} \end{bmatrix}$$

이 좌표벡터를 열벡터로 갖는 행렬을 P라 하면 P는 다음과 같다.

$$\begin{aligned} P &= [[\mathbf{y}_1]_S \ [\mathbf{y}_2]_S \ \cdots \ [\mathbf{y}_n]_S] \\ &= \begin{bmatrix} p_{11} & p_{12} & \cdots & p_{1n} \\ p_{21} & p_{22} & \cdots & p_{2n} \\ \vdots & \vdots & \ddots & \vdots \\ p_{n1} & p_{n2} & \cdots & p_{nn} \end{bmatrix} \end{aligned}$$

그러면, 다음이 성립한다.

$$\begin{aligned} [\mathbf{x}]_S &= c_1 \begin{bmatrix} p_{11} \\ p_{21} \\ \vdots \\ p_{n1} \end{bmatrix} + c_2 \begin{bmatrix} p_{12} \\ p_{22} \\ \vdots \\ p_{n2} \end{bmatrix} + \cdots + c_n \begin{bmatrix} p_{1n} \\ p_{2n} \\ \vdots \\ p_{nn} \end{bmatrix} \\ &= \begin{bmatrix} p_{11} & p_{12} & \cdots & p_{1n} \\ p_{21} & p_{22} & \cdots & p_{2n} \\ \vdots & \vdots & \ddots & \vdots \\ p_{n1} & p_{n2} & \cdots & p_{nn} \end{bmatrix} \begin{bmatrix} c_1 \\ c_2 \\ \vdots \\ c_n \end{bmatrix} \\ &= P[\mathbf{x}]_T \end{aligned}$$

즉, 다음 식이 성립한다.

$$[\mathbf{x}]_S = P[\mathbf{x}]_T \tag{4.9}$$

식 (4.9)에서 행렬 P는 $[\mathbf{x}]_T$를 $[\mathbf{x}]_S$로 변환시키는 역할을 한다. 이때 다음 행렬 P를 기저 T에서 기저 S로의 **추이행렬**transition matrix이라고 한다.

$$P = [[\mathbf{y}_1]_S \ [\mathbf{y}_2]_S \ \cdots \ [\mathbf{y}_n]_S]$$

추이행렬 P를 $P_{T \to S}$, $[I]_T^S$로 표현하기도 한다.

예제 4-20

$\mathbb{R}^3$의 벡터 $\mathbf{x}_1$, $\mathbf{x}_2$, $\mathbf{x}_3$, $\mathbf{y}_1$, $\mathbf{y}_2$, $\mathbf{y}_3$에 대해 $\mathbb{R}^3$의 두 기저를 S, T라 하자. 이때 기저 T에서 기저 S로의 추이행렬 P를 구하라.

$$\mathbf{x}_1 = (1,\ 2,\ 0), \quad \mathbf{x}_2 = (1,\ 1,\ 1), \quad \mathbf{x}_3 = (2,\ 0,\ 1)$$
$$\mathbf{y}_1 = (4,\ -1,\ 3), \quad \mathbf{y}_2 = (5,\ 5,\ 2), \quad \mathbf{y}_3 = (6,\ 3,\ 3)$$
$$S = \{\mathbf{x}_1, \mathbf{x}_2, \mathbf{x}_3\}, \quad T = \{\mathbf{y}_1, \mathbf{y}_2, \mathbf{y}_3\}$$

풀이

기저 T에서 기저 S로의 추이행렬 P는

$$P = [[\mathbf{y}_1]_S\ [\mathbf{y}_2]_S \cdots [\mathbf{y}_n]_S]$$

이므로, 기저 S에 관한 $\mathbf{y}_1$, $\mathbf{y}_2$, $\mathbf{y}_3$의 좌표벡터를 각각 구해보자.

$$\begin{array}{ll} a_1\mathbf{x}_1 + a_2\mathbf{x}_2 + a_3\mathbf{x}_3 = \mathbf{y}_1 & (a_i \in \mathbb{R}) \\ b_1\mathbf{x}_1 + b_2\mathbf{x}_2 + b_3\mathbf{x}_3 = \mathbf{y}_2 & (b_i \in \mathbb{R}) \\ c_1\mathbf{x}_1 + c_2\mathbf{x}_2 + c_3\mathbf{x}_3 = \mathbf{y}_3 & (c_i \in \mathbb{R}) \end{array}$$

그러면 다음과 같은 세 개의 연립일차방정식을 얻을 수 있다.

$$\begin{array}{lll} a_1 + a_2 + 2a_3 = 4 & b_1 + b_2 + 2b_3 = 5 & c_1 + c_2 + 2c_3 = 6 \\ 2a_1 + a_2 = -1 & 2b_1 + b_2 = 5 & 2c_1 + c_2 = 3 \\ a_2 + a_3 = 3 & b_2 + b_3 = 2 & c_2 + c_3 = 3 \end{array}$$

이 세 연립일차방정식은 모두 같은 계수행렬 A를 갖는다.

$$A = \begin{bmatrix} 1 & 1 & 2 \\ 2 & 1 & 0 \\ 0 & 1 & 1 \end{bmatrix}$$

따라서 행렬 $[A \mid \mathbf{y}_1 \mid \mathbf{y}_2 \mid \mathbf{y}_3]$를 RREF로 변환함으로써 a_i, b_i, $c_i (i = 1,\ 2,\ 3)$를 구할 수 있다.

$$[A \mid T] = \left[\begin{array}{ccc:c:c:c} 1 & 1 & 2 & 4 & 5 & 6 \\ 2 & 1 & 0 & -1 & 5 & 3 \\ 0 & 1 & 1 & 3 & 2 & 3 \end{array}\right]$$

의 RREF는

$$[I \mid P] = \left[\begin{array}{ccc:c:c:c} 1 & 0 & 0 & -1 & 2 & 1 \\ 0 & 1 & 0 & 1 & 1 & 1 \\ 0 & 0 & 1 & 2 & 1 & 2 \end{array}\right]$$

이므로 기저 T에서 기저 S로의 추이행렬은 다음과 같다.

$$P=\begin{bmatrix} -1 & 2 & 1 \\ 1 & 1 & 1 \\ 2 & 1 & 2 \end{bmatrix}$$

[예제 4-20]을 기저로 표현된 행렬로 구하면 다음과 같다.

$$P=[S]^{-1}[T]=\begin{bmatrix} 1 & 1 & 2 \\ 2 & 1 & 0 \\ 0 & 1 & 1 \end{bmatrix}^{-1}\begin{bmatrix} 4 & 5 & 6 \\ -1 & 5 & 3 \\ 3 & 2 & 3 \end{bmatrix}=\begin{bmatrix} -1 & 2 & 1 \\ 1 & 1 & 1 \\ 2 & 1 & 2 \end{bmatrix}$$

정리 4-13 역행렬의 추이행렬

두 집합 S, T를 n차원 벡터공간 $\mathbb{R}^n$의 서로 다른 기저라 하고 P를 기저 T에서 기저 S로의 추이행렬이라 하자. 그러면 P는 가역이고 P^{-1}는 기저 S에서 기저 T로의 추이행렬이다.

증명

먼저 P가 가역임을 증명하기 위하여 [정리 4-12]의 (4)에 의하여 동차 연립일차방정식 $P[\mathbf{x}]_T=\mathbf{0}$이 자명한 해만을 가짐을 보이면 된다. $\mathbb{R}^n$의 임의의 벡터 $\mathbf{x}$에 대하여 $P[\mathbf{x}]_T=[\mathbf{x}]_S$이므로 $P[\mathbf{x}]_T=\mathbf{0}$이라 하면 $\mathbf{x}=\mathbf{0}$이다. 그리고 T가 일차독립이므로 $[\mathbf{x}]_T=\mathbf{0}$이다. 따라서 P는 가역이다. 이제 $P[\mathbf{x}]_T=[\mathbf{x}]_S$의 양변에 P^{-1}를 곱하면

$$[\mathbf{x}]_T=P^{-1}[\mathbf{x}]_S$$

이므로 P^{-1}는 기저 S에서 기저 T로의 추이행렬이다. ■

예제 4-21

[예제 4-20]에 있는 $\mathbb{R}^3$의 두 기저 S, T에 대하여 다음을 구하라.

(a) 기저 S에서 기저 T로의 추이행렬 Q

(b) $[\mathbf{x}]_S=\begin{bmatrix} 1 \\ -1 \\ 1 \end{bmatrix}$일 때, 좌표벡터 $[\mathbf{x}]_T$

풀이

(a) 기저 T에서 기저 S로의 추이행렬은

$$P=\begin{bmatrix} -1 & 2 & 1 \\ 1 & 1 & 1 \\ 2 & 1 & 2 \end{bmatrix}$$

이므로, [정리 4-13]에 의하여 Q는 다음과 같다.

$$Q=P^{-1}=-\frac{1}{2}\begin{bmatrix} 1 & -3 & 1 \\ 0 & -4 & 2 \\ -1 & 5 & -3 \end{bmatrix}$$

(b) $[\mathbf{x}]_T=Q[\mathbf{x}]_S$

$$=-\frac{1}{2}\begin{bmatrix} 1 & -3 & 1 \\ 0 & -4 & 2 \\ -1 & 5 & -3 \end{bmatrix}\begin{bmatrix} 1 \\ -1 \\ 1 \end{bmatrix}$$

$$=\begin{bmatrix} -\frac{5}{2} \\ -3 \\ \frac{9}{2} \end{bmatrix}$$

[예제 4-21]의 추이행렬 Q를 구하면 다음과 같다.

$$Q=[T]^{-1}[S]=\begin{bmatrix} 4 & 5 & 6 \\ -1 & 5 & 3 \\ 3 & 2 & 3 \end{bmatrix}^{-1}\begin{bmatrix} 1 & 1 & 2 \\ 2 & 1 & 0 \\ 0 & 1 & 1 \end{bmatrix}=-\frac{1}{2}\begin{bmatrix} 1 & -3 & 1 \\ 0 & -4 & 2 \\ -1 & 5 & -3 \end{bmatrix}$$

Chapter

4.5 연습문제

1~2. 다음에 주어진 벡터공간 V의 기저 B에 관한 $\mathbf{x}$의 좌표벡터 $[\mathbf{x}]_B$를 구하라.

1. $V=\mathbb{R}^2,\ B=\{(1,0),(0,1)\},\ \mathbf{x}=(3,-2)$

2. $V=\mathbb{R}^3,\ B=\{(1,0,0),(0,1,0),(0,0,1)\},\ \mathbf{x}=(-1,3,2)$

3~8. 다음에 주어진 벡터공간 V의 기저 S에 관한 $\mathbf{x}$의 좌표벡터 $[\mathbf{x}]_S$를 구하라.

3. $V=\mathbb{R}^2,\ S=\{(-1,1),(1,-2)\},\ \mathbf{x}=(-2,3)$

4. $V=\mathbb{R}^2,\ S=\{(1,-1),(1,1)\},\ \mathbf{x}=(2,4)$

5. $V=\mathbb{R}^2,\ S=\left\{\left(\frac{1}{\sqrt{2}},-\frac{1}{\sqrt{2}}\right),\left(\frac{1}{\sqrt{2}},\frac{1}{\sqrt{2}}\right)\right\},\ \mathbf{x}=(3,7)\}$

6. $V=\mathbb{R}^3,\ S=\{(1,-2,1),(-1,0,1),(0,1,0)\},\ \mathbf{x}=(2,-1,3)$

7. $V=\mathbb{R}^3,\ S=\{(1,-1,0),(1,1,1),(1,1,-2)\},\ \mathbf{x}=(2,-3,-1)$

8. $V=\mathbb{R}^3,\ S=\left\{\left(\frac{2}{3},-\frac{2}{3},\frac{1}{3}\right),\left(\frac{2}{3},\frac{1}{3},-\frac{2}{3}\right),\left(\frac{1}{3},\frac{2}{3},\frac{2}{3}\right)\right\},\ \mathbf{x}=(-1,0,2)\}$

9~12. $\mathbb{R}^2$의 두 기저 $S=\{(1,0),(0,1)\},\ T=\{(2,1),(3,-4)\}$와 벡터 $\mathbf{x}=(5,-3)$, $\mathbf{y}=(3,-5)$에 대하여 다음을 구하라.

9. 기저 T에 관한 $\mathbf{x},\ \mathbf{y}$의 좌표벡터

10. 기저 T에서 기저 S로의 추이행렬 P

11. 기저 S에 관한 $\mathbf{x},\ \mathbf{y}$의 좌표벡터

12. 기저 S에서 기저 T로의 추이행렬 Q

13~16. $\mathbb{R}^2$의 두 기저 $S=\{(0,1),(1,2)\},\ T=\{(1,1),(2,3)\}$와 벡터 $\mathbf{x}=(5,4)$, $\mathbf{y}=(1,5)$에 대하여 다음을 구하라.

13. 기저 T에 관한 $\mathbf{x},\ \mathbf{y}$의 좌표벡터

14. 기저 T에서 기저 S로의 추이행렬 P

15. 기저 S에 관한 $\mathbf{x},\ \mathbf{y}$의 좌표벡터

16. 기저 S에서 기저 T로의 추이행렬 Q

17. $\mathbb{R}^2$의 기저인 S_1, S_2, S_3에 대하여 $P_{S_1 \to S_2} = \begin{bmatrix} 3 & 1 \\ 5 & 2 \end{bmatrix}$, $P_{S_3 \to S_1} = \begin{bmatrix} 7 & 2 \\ 4 & -1 \end{bmatrix}$이면, $P_{S_3 \to S_2}$를 구하라.

18~19. 주어진 행렬 P에 대하여 다음 물음에 답하라.

$$P = \begin{bmatrix} 1 & 1 & 0 \\ 1 & 0 & 2 \\ 0 & 2 & 1 \end{bmatrix}$$

18. 행렬 P는 어떤 기저 S에서 $\mathbb{R}^3$의 표준기저 $B = \{\mathbf{e}_1, \mathbf{e}_2, \mathbf{e}_3\}$로의 추이행렬인가?

19. 행렬 P는 표준기저 $B = \{\mathbf{e}_1, \mathbf{e}_2, \mathbf{e}_3\}$에서 $\mathbb{R}^3$에 대한 어떤 기저 S로의 추이행렬인가?

20. 집합 $S = \{\mathbf{v}_1, \mathbf{v}_2, \cdots, \mathbf{v}_n\}$가 n차원 벡터공간 V의 기저일 때, $\mathbf{x}_i \in V$, $c_i \in \mathbb{R}$ $(i = 1, 2, \cdots, n)$에 대하여 다음이 성립함을 보여라.

$$[c_1\mathbf{x}_1 + c_2\mathbf{x}_2 + \cdots + c_n\mathbf{x}_n]_S = c_1[\mathbf{x}_1]_S + c_2[\mathbf{x}_2]_S + \cdots + c_n[\mathbf{x}_n]_S$$

21. $S = \{\mathbf{x}_1, \mathbf{x}_2, \cdots, \mathbf{x}_n\}$이 n차원 벡터공간 $\mathbb{R}^n$의 기저일 때, 임의의 두 벡터 $\mathbf{x}, \mathbf{y} \in \mathbb{R}^n$에 대하여 $\mathbf{x} = \mathbf{y}$일 필요충분조건은 $[\mathbf{x}]_S = [\mathbf{y}]_S$임을 보여라.

Section 4.6 그램-슈미트의 정규직교화 과정

이제 $\mathbb{R}^n$의 부분공간의 기저 중에서 표준기저처럼 서로 직교하며 크기가 1인 기저를 찾는 방법에 대하여 알아보자. 이를 위해 먼저 벡터가 서로 직교하는 집합을 살펴보자.

직교기저와 정규직교기저

■ 직교집합과 정규직교집합

$\mathbb{R}^n$의 벡터 $\mathbf{x}_1, \mathbf{x}_2, \cdots, \mathbf{x}_k$에 대하여 $S=\{\mathbf{x}_1, \mathbf{x}_2, \cdots, \mathbf{x}_k\}$라 하자. 이때 S의 서로 다른 어느 두 벡터도 모두 직교하면 S를 **직교집합**orthogonal set이라고 한다. 특히 직교집합 S에 속하는 벡터가 모두 단위벡터일 때 S를 **정규직교집합**orthonormal set이라고 한다. 즉, 직교집합과 정규직교집합에 대하여 다음이 성립한다.

$$S : \text{직교집합} \quad \Leftrightarrow \quad \mathbf{x}_i \cdot \mathbf{x}_j = 0 \ (i \neq j)$$

$$S : \text{정규직교집합} \quad \Leftrightarrow \quad \mathbf{x}_i \cdot \mathbf{x}_j = \begin{cases} 1 \ (i=j) \\ 0 \ (i \neq j) \end{cases}$$

정리 4-14 직교집합과 일차독립

$\mathbb{R}^n$의 영이 아닌 벡터들의 집합 $S=\{\mathbf{x}_1, \mathbf{x}_2, \cdots, \mathbf{x}_k\}$가 직교집합이면 S는 일차독립이다.

증명

$S=\{\mathbf{x}_1, \mathbf{x}_2, \cdots, \mathbf{x}_k\}$를 직교집합이라 하고 다음 식을 생각하자.

$$0=\alpha_1\mathbf{x}_1+\alpha_2\mathbf{x}_2+\cdots+\alpha_k\mathbf{x}_k$$

그러면, 각각의 $i=1, 2, \cdots, k$ 에 대하여 다음이 성립한다.

$$
\begin{aligned}
0 = \mathbf{x}_i \cdot \mathbf{0} &= \mathbf{x}_i \cdot (\alpha_1 \mathbf{x}_1 + \alpha_2 \mathbf{x}_2 + \cdots + \alpha_k \mathbf{x}_k) \\
&= \alpha_1 (\mathbf{x}_i \cdot \mathbf{x}_1) + \cdots + \alpha_i (\mathbf{x}_i \cdot \mathbf{x}_i) + \cdots + \alpha_k (\mathbf{x}_i \cdot \mathbf{x}_k) \\
&= \alpha_i \| \mathbf{x}_i \|^2
\end{aligned}
$$

$\mathbf{x}_i \neq \mathbf{0}$이므로 $\| \mathbf{x}_i \|^2 \neq 0$이다. 즉 $\alpha_i = 0$ $(i = 1, 2, \cdots, k)$이다. 따라서 S는 일차독립이다. ■

예제 4-22

집합 $S = \left\{ \mathbf{u}_1 = \begin{bmatrix} 1 \\ -1 \\ 0 \end{bmatrix}, \mathbf{u}_2 = \begin{bmatrix} 1 \\ 1 \\ 1 \end{bmatrix}, \mathbf{u}_3 = \begin{bmatrix} -1 \\ -1 \\ 2 \end{bmatrix} \right\}$는 정규직교집합인가? 만약 아니라면 정규직교집합으로 변환하라.

풀이

집합 $S = \left\{ \mathbf{u}_1 = \begin{bmatrix} 1 \\ -1 \\ 0 \end{bmatrix}, \mathbf{u}_2 = \begin{bmatrix} 1 \\ 1 \\ 1 \end{bmatrix}, \mathbf{u}_3 = \begin{bmatrix} -1 \\ -1 \\ 2 \end{bmatrix} \right\}$의 원소들은 서로 직교한다. 즉 $i \neq j$에 대하여 $\mathbf{u}_i \cdot \mathbf{u}_j = 0$이다. 그러나 S의 각 원소의 크기가 1이 아니므로 S는 정규직교집합이 아니다.

하지만 각 벡터를 그 벡터의 크기로 나누면 크기가 각각 1인 벡터가 되므로 정규직교집합을 만들 수 있다. 즉 $\|\mathbf{u}_1\| = \sqrt{2}$, $\|\mathbf{u}_2\| = \sqrt{3}$, $\|\mathbf{u}_3\| = \sqrt{6}$이므로 서로 직교하면서 크기가 1인 정규직교집합으로 변환하면 다음과 같다.

$$
S' = \left\{ \frac{1}{\sqrt{2}} \mathbf{u}_1, \frac{1}{\sqrt{3}} \mathbf{u}_2, \frac{1}{\sqrt{6}} \mathbf{u}_3 \right\}
$$

■ 직교기저와 정규직교기저

$\mathbb{R}^n$의 기저 S가 직교집합이면 **직교기저**orthogonal basis, 정규직교집합이면 **정규직교기저**orthonormal basis라고 한다.

$\mathbb{R}^n$의 표준기저 $B = \{\mathbf{e}_1, \mathbf{e}_2, \cdots, \mathbf{e}_n\}$는 가장 잘 알려진 정규직교기저이다. 특히 $\mathbb{R}^2$와 $\mathbb{R}^3$에서 정규직교기저는 [그림 4-2]에서 보는 것과 같이 각각 축 방향의 단위벡터이다.

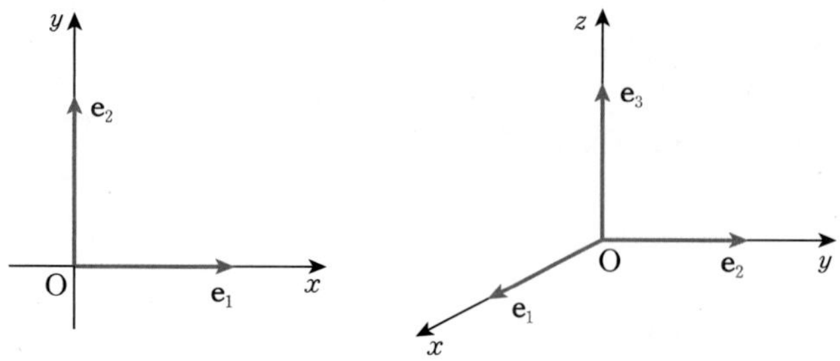

[그림 4-2] $\mathbb{R}^2$과 $\mathbb{R}^3$에서 정규직교기저

특히 $\mathbb{R}^n$의 표준기저 B에 대하여 임의의 $\mathbf{x} \in \mathbb{R}^n$는 다음과 같다.

$$\mathbf{x} = [\mathbf{x}]_B = \begin{bmatrix} x_1 \\ x_2 \\ \vdots \\ x_n \end{bmatrix} \Leftrightarrow \mathbf{x} = x_1\mathbf{e}_1 + x_2\mathbf{e}_2 + \cdots + x_n\mathbf{e}_n$$

일반적으로 벡터 n개의 집합 $S = \{\mathbf{u}_1, \mathbf{u}_2, \cdots, \mathbf{u}_n\}$이 $\mathbb{R}^n$의 기저이면 $\mathbb{R}^n$의 임의의 벡터 $\mathbf{x}$는 다음과 같이 유일하게 나타낼 수 있다.

$$\mathbf{x} = c_1\mathbf{u}_1 + c_2\mathbf{u}_2 + \cdots + c_n\mathbf{u}_n \quad (c_i \in \mathbb{R})$$

이때 $c_1, c_2, \cdots, c_n$을 구하려면 미지수가 n개인 연립방정식을 풀어야 한다. 그러나 S가 $\mathbb{R}^n$의 정규직교기저이면 $i \neq j$일 때, $\mathbf{u}_\mathrm{i} \cdot \mathbf{u}_\mathrm{j} = 0$임을 이용하여 $c_1, c_2, \cdots, c_n$을 쉽게 구할 수 있다.

정리 4-15 정규직교기저벡터들의 일차결합

$S = \{\mathbf{u}_1, \mathbf{u}_2, \cdots, \mathbf{u}_n\}$이 $\mathbb{R}^n$의 정규직교기저이면 $\mathbb{R}^n$의 임의의 벡터 $\mathbf{x}$는 다음과 같이 표현된다. 여기서 $c_i = \mathbf{u}_i \cdot \mathbf{x}$ $(i = 1, 2, \cdots, n)$이다.

$$\mathbf{x} = c_1\mathbf{u}_1 + c_2\mathbf{u}_2 + \cdots + c_n\mathbf{u}_n$$

증명

S가 $\mathbb{R}^n$의 기저이므로 임의의 벡터 $\mathbf{x} \in \mathbb{R}^n$는 다음과 같이 나타낼 수 있다.

$$\mathbf{x} = c_1\mathbf{u}_1 + c_2\mathbf{u}_2 + \cdots + c_n\mathbf{u}_n \quad (c_i \in \mathbb{R})$$

이때 $i(i = 1, 2, \cdots, n)$에 대하여 $\mathbf{x} \cdot \mathbf{u}_i$는 다음과 같이 나타낼 수 있다.

$$\begin{aligned}\mathbf{x}\cdot\mathbf{u}_i &= (c_1\mathbf{u}_1 + c_2\mathbf{u}_2 + \cdots + c_n\mathbf{u}_n)\cdot\mathbf{u}_i \\ &= c_1(\mathbf{u}_1\cdot\mathbf{u}_i) + c_2(\mathbf{u}_2\cdot\mathbf{u}_i) + \cdots + c_n(\mathbf{u}_n\cdot\mathbf{u}_i)\end{aligned}$$

한편, S는 정규직교기저이므로 $\mathbf{u}_i$와 $\mathbf{u}_j$는 0과 1로 표현된다.

$$\mathbf{u}_i\cdot\mathbf{u}_j = \begin{cases}0 & (i\neq j)\\ 1 & (i=j)\end{cases}$$

따라서 다음과 같다.

$$c_i = \mathbf{u}_i\cdot\mathbf{x}\quad (i=1,\ 2,\cdots,\ n)$$ ■

예제 4-23

$\mathbf{x} = \begin{bmatrix}-1\\ 2\\ 1\end{bmatrix}$를 [예제 4-22]에 있는 $\mathbb{R}^3$의 정규직교기저의 일차결합으로 나타내라.

$$\left\{\mathbf{v}_1 = \frac{1}{\sqrt{2}}\mathbf{u}_1,\ \mathbf{v}_2 = \frac{1}{\sqrt{3}}\mathbf{u}_2,\ \mathbf{v}_3 = \frac{1}{\sqrt{6}}\mathbf{u}_3\right\}$$

풀이

$\mathbf{x} = c_1\mathbf{v}_1 + c_2\mathbf{v}_2 + c_3\mathbf{v}_3$라 하면 c_1, c_2, c_3는 다음과 같다.

$$c_1 = \mathbf{v}_1\cdot\mathbf{x} = \frac{-3}{\sqrt{2}},\quad c_2 = \mathbf{v}_2\cdot\mathbf{x} = \frac{2}{\sqrt{3}},\quad c_3 = \mathbf{v}_3\cdot\mathbf{x} = \frac{1}{\sqrt{6}}$$

따라서 다음과 같이 나타낼 수 있다.

$$\mathbf{x} = c_1\mathbf{v}_1 + c_2\mathbf{v}_2 + c_3\mathbf{v}_3 = -\frac{3}{\sqrt{2}}\begin{bmatrix}\frac{1}{\sqrt{2}}\\ -\frac{1}{\sqrt{2}}\\ 0\end{bmatrix} + \frac{2}{\sqrt{3}}\begin{bmatrix}\frac{1}{\sqrt{3}}\\ \frac{1}{\sqrt{3}}\\ \frac{1}{\sqrt{3}}\end{bmatrix} + \frac{1}{\sqrt{6}}\begin{bmatrix}-\frac{1}{\sqrt{6}}\\ -\frac{1}{\sqrt{6}}\\ \frac{2}{\sqrt{6}}\end{bmatrix}$$

그램-슈미트 정규직교화 과정

이제 $\mathbb{R}^n$의 정규직교기저를 만드는 방법을 알아보기 위해 3.5절에서 공부했던 정사영의 개념을 일반화해보자.

집합 $S=\{\mathbf{x}_1, \mathbf{x}_2, \cdots, \mathbf{x}_m\}$을 $\mathbb{R}^n$의 정규직교집합이고 W를 S에 의하여 생성된 $\mathbb{R}^n$의 부분공간이라 하자. 이때 $\mathbb{R}^n$의 임의의 벡터 $\mathbf{y}$를 다음과 같다고 하자.

$$\mathbf{y}_1 = (\mathbf{y}\cdot\mathbf{x}_1)\mathbf{x}_1 + (\mathbf{y}\cdot\mathbf{x}_2)\mathbf{x}_2 + \cdots + (\mathbf{y}\cdot\mathbf{x}_m)\mathbf{x}_m$$
$$\mathbf{y}_2 = \mathbf{y} - \mathbf{y}_1$$

그러면 $i, j = 1, 2, \cdots, m$에 대하여 $\mathbf{x}_i \cdot \mathbf{x}_j$는 다음과 같다.

$$\mathbf{x}_i \cdot \mathbf{x}_j = \begin{cases} 0 & (i \neq j) \\ 1 & (i = j) \end{cases}$$

따라서 다음을 만족한다.

$$\mathbf{y}_2 \cdot \mathbf{x}_1 = 0, \quad \mathbf{y}_2 \cdot \mathbf{x}_2 = 0, \quad \cdots, \quad \mathbf{y}_2 \cdot \mathbf{x}_m = 0$$

그리고 $\mathbf{w} \in W$는

$$\mathbf{w} = c_1\mathbf{x}_1 + c_2\mathbf{x}_2 + \cdots + c_m\mathbf{x}_m \quad (c_i \in \mathbb{R})$$

이므로 $\mathbf{y}_2 \cdot \mathbf{w} = 0$ 이다. 즉, $\mathbf{y}_2$는 W의 모든 벡터와 직교한다. 이때 $\mathbf{y}_1$을 **W 위로의 직교정사영**이라 하고 $\mathbf{y}_1 = \mathrm{proj}_W \mathbf{y}$로 나타내며 $\mathbf{y}_2$를 **W에 관한 $\mathbf{y}$의 직교성분**이라고 한다. $\mathbb{R}^3$인 경우에 [그림 4-3]을 참조하라.

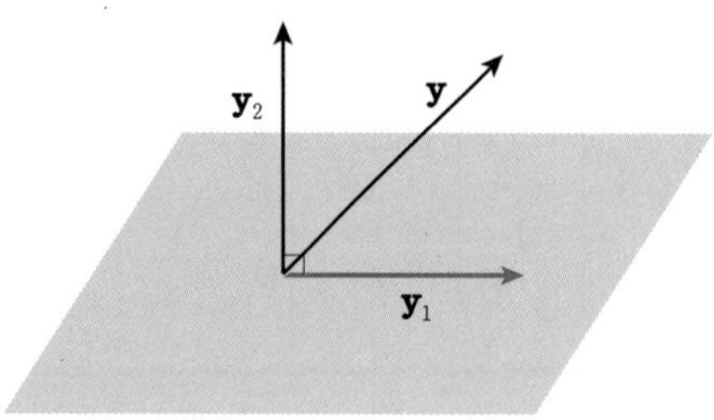

[그림 4-3] W 위로의 직교정사영 $\mathbf{y}_1$ ($\mathbf{y}_1 = \mathrm{proj}_W \mathbf{y}$)

예제 4-24

$\mathbb{R}^3$의 정규직교집합 S에 의하여 생성된 부분공간을 W라 하자. 벡터 $\mathbf{y}=\begin{bmatrix}2\\1\\1\end{bmatrix}$의 W 위로의 정사영과 W에 관한 $\mathbf{y}$의 직교성분을 구하라.

$$S=\left\{\mathbf{x}_1=\begin{bmatrix}0\\1\\0\end{bmatrix}, \mathbf{x}_2=\begin{bmatrix}\frac{3}{5}\\0\\-\frac{4}{5}\end{bmatrix}\right\}$$

풀이

벡터 $\mathbf{y}$의 W 위로의 정사영은 다음과 같다.

$$\begin{aligned}\text{proj}_W\mathbf{y} &= (\mathbf{y}\cdot\mathbf{x}_1)\mathbf{x}_1+(\mathbf{y}\cdot\mathbf{x}_2)\mathbf{x}_2\\ &=1\cdot\begin{bmatrix}0\\1\\0\end{bmatrix}+\left(\frac{2}{5}\right)\begin{bmatrix}\frac{3}{5}\\0\\-\frac{4}{5}\end{bmatrix}=\begin{bmatrix}\frac{6}{25}\\1\\-\frac{8}{25}\end{bmatrix}\end{aligned}$$

또 W에 관한 $\mathbf{y}$의 직교성분은 다음과 같다.

$$\mathbf{y}-\text{proj}_W\mathbf{y}=\begin{bmatrix}2\\1\\1\end{bmatrix}-\begin{bmatrix}\frac{6}{25}\\1\\-\frac{8}{25}\end{bmatrix}=\begin{bmatrix}\frac{44}{25}\\0\\\frac{33}{25}\end{bmatrix}$$

이제 $\mathbb{R}^n$의 임의의 기저를 정규직교기저로 만드는 방법인 그램-슈미트 정규직교화 과정에 관하여 알아보자.

정리 4-16 그램-슈미트 정규직교화 과정

집합 $S=\{\mathbf{x}_1, \mathbf{x}_2, \cdots, \mathbf{x}_n\}$를 $\mathbb{R}^n$의 임의의 기저라 하면, S로부터 얻어지는 $\mathbb{R}^n$의 정규직교기저가 존재한다.

증명

[정리 4-16]을 증명하려면 $\mathbb{R}^n$의 기저 $S=\{\mathbf{x}_1, \mathbf{x}_2, \cdots, \mathbf{x}_n\}$을 이용하여 $\mathbb{R}^n$의 한 정규직교기저를 만들면 된다. $\mathbb{R}^n$의 기저 S를 정규직교집합 T로 만들려면, 다음 순서대

로 해보자.

❶ $\mathbf{y}_1 = \dfrac{\mathbf{x}_1}{\|\mathbf{x}_1\|}$ 이라 하면 $\|\mathbf{y}_1\| = 1$ 이다.

❷ $\mathbf{y}_1$에 의하여 생성되는 부분공간 W_1에 관한 $\mathbf{x}_2$의 직교성분을 구하여 $\mathbf{z}_2$라 하면 다음과 같다.

$$\mathbf{z}_2 = \mathbf{x}_2 - \text{proj}_{W_1}\mathbf{x}_2 = \mathbf{x}_2 - (\mathbf{x}_2 \cdot \mathbf{y}_1)\mathbf{y}_1$$

그런 다음, $\mathbf{y}_2 = \dfrac{\mathbf{z}_2}{\|\mathbf{z}_2\|}$ 라 하면 $\mathbf{y}_2$는 $\mathbf{y}_1$과 직교하는 단위벡터다.

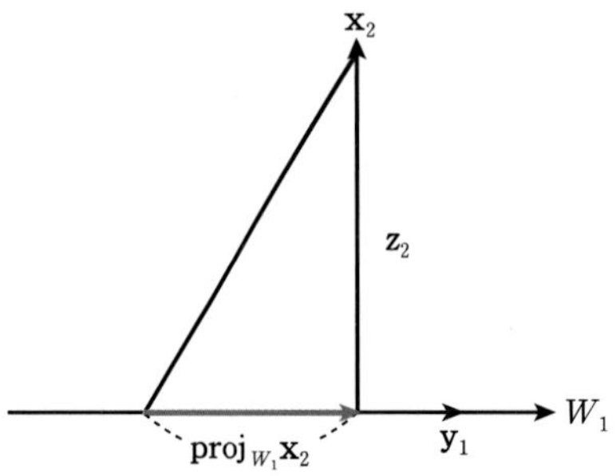

[그림 4-4] **부분공간 W_1에 관한 $\mathbf{x}_2$의 직교정사영 $\mathbf{y}_1$과 직교성분 $\mathbf{z}_2$**

❸ 먼저 $\mathbf{y}_1, \mathbf{y}_2$에 직교하는 벡터를 만들기 위하여 $\{\mathbf{y}_1, \mathbf{y}_2\}$에 의하여 생성되는 부분공간 W_2에 관한 $\mathbf{x}_3$의 직교성분을 $\mathbf{z}_3$라 하자. 그러면 $\mathbf{z}_3$는 다음과 같다.

$$\begin{aligned}\mathbf{z}_3 &= \mathbf{x}_3 - \text{proj}_{W_2}\mathbf{x}_3 \\ &= \mathbf{x}_3 - (\mathbf{x}_3 \cdot \mathbf{y}_1)\mathbf{y}_1 - (\mathbf{x}_3 \cdot \mathbf{y}_2)\mathbf{y}_2\end{aligned}$$

다음으로 $\mathbf{y}_3 = \dfrac{\mathbf{z}_3}{\|\mathbf{z}_3\|}$ 라 하면 $\mathbf{y}_3$는 $\mathbf{y}_1, \mathbf{y}_2$와 각각 직교하는 단위벡터다.

❹ 위와 같은 방법으로 $\mathbf{y}_4, \cdots, \mathbf{y}_n$을 모두 만들 수 있다. 즉 다음과 같다.

$$\begin{aligned}\mathbf{z}_i &= \mathbf{x}_i - \text{proj}_{W_{i-1}}\mathbf{x}_i \\ &= \mathbf{x}_i - (\mathbf{x}_i \cdot \mathbf{y}_1)\mathbf{y}_1 - (\mathbf{x}_i \cdot \mathbf{y}_2)\mathbf{y}_2 - \cdots - (\mathbf{x}_i \cdot \mathbf{y}_{i-1})\mathbf{y}_{i-1}\end{aligned}$$

$$\mathbf{y}_i = \frac{\mathbf{z}_i}{\|\mathbf{z}_i\|} \quad (i = 4, 5, \cdots, n)$$

$T = \{\mathbf{y}_1, \mathbf{y}_2, \cdots, \mathbf{y}_n\}$는 $\mathbb{R}^n$에서의 정규직교집합이고, [정리 4-14]에 의하여 일차독립이다. 따라서 T는 $\mathbb{R}^n$의 정규직교기저이다. ■

예제 4-25

$\mathbb{R}^3$의 기저 S로부터 $\mathbb{R}^3$의 정규직교기저 $T=\{\mathbf{y}_1, \mathbf{y}_2, \mathbf{y}_3\}$를 구하라.

$$S=\left\{\mathbf{x}_1=\begin{bmatrix}1\\1\\0\end{bmatrix}, \mathbf{x}_2=\begin{bmatrix}0\\1\\2\end{bmatrix}, \mathbf{x}_3=\begin{bmatrix}1\\2\\1\end{bmatrix}\right\}$$

풀이

그램-슈미트 정규직교화 과정으로부터 $\mathbf{y}_1, \mathbf{y}_2, \mathbf{y}_3$를 구해보자.

❶ $$\mathbf{y}_1=\frac{\mathbf{x}_1}{\|\mathbf{x}_1\|}=\begin{bmatrix}\frac{1}{\sqrt{2}}\\\frac{1}{\sqrt{2}}\\0\end{bmatrix}$$

❷ $$\mathbf{z}_2=\mathbf{x}_2-\text{proj}_{W_1}\mathbf{x}_2=\mathbf{x}_2-(\mathbf{x}_2\cdot\mathbf{y}_1)\mathbf{y}_1$$

$$=\begin{bmatrix}0\\1\\2\end{bmatrix}-\frac{1}{\sqrt{2}}\begin{bmatrix}\frac{1}{\sqrt{2}}\\\frac{1}{\sqrt{2}}\\0\end{bmatrix}=\begin{bmatrix}-\frac{1}{2}\\\frac{1}{2}\\2\end{bmatrix}$$

$$\mathbf{y}_2=\frac{\mathbf{z}_2}{\|\mathbf{z}_2\|}=\begin{bmatrix}-\frac{\sqrt{2}}{6}\\\frac{\sqrt{2}}{6}\\\frac{2\sqrt{2}}{3}\end{bmatrix}$$

❸ $$\mathbf{z}_3=\mathbf{x}_3-\text{proj}_{W_2}\mathbf{x}_3=\mathbf{x}_3-(\mathbf{x}_3\cdot\mathbf{y}_1)\mathbf{y}_1-(\mathbf{x}_3\cdot\mathbf{y}_2)\mathbf{y}_2$$

$$=\begin{bmatrix}1\\2\\1\end{bmatrix}-\frac{3}{\sqrt{2}}\begin{bmatrix}\frac{1}{\sqrt{2}}\\\frac{1}{\sqrt{2}}\\0\end{bmatrix}-\frac{5\sqrt{2}}{6}\begin{bmatrix}-\frac{\sqrt{2}}{6}\\\frac{\sqrt{2}}{6}\\\frac{2\sqrt{2}}{3}\end{bmatrix}=\begin{bmatrix}-\frac{2}{9}\\\frac{2}{9}\\-\frac{1}{9}\end{bmatrix}$$

$$\mathbf{y}_3=\frac{\mathbf{z}_3}{\|\mathbf{z}_3\|}=\begin{bmatrix}-\frac{2}{3}\\\frac{2}{3}\\-\frac{1}{3}\end{bmatrix}$$

따라서 정규직교기저 T는 다음과 같다.

$$T=\left\{\begin{bmatrix}\dfrac{1}{\sqrt{2}}\\\dfrac{1}{\sqrt{2}}\\0\end{bmatrix},\begin{bmatrix}-\dfrac{\sqrt{2}}{6}\\\dfrac{\sqrt{2}}{6}\\\dfrac{2\sqrt{2}}{3}\end{bmatrix},\begin{bmatrix}-\dfrac{2}{3}\\\dfrac{2}{3}\\-\dfrac{1}{3}\end{bmatrix}\right\}$$

$\mathbb{R}^3$에서는 벡터의 외적으로도 임의의 기저를 정규직교화할 수 있다. 그러나 이 방법은 $\mathbb{R}^3$에서만 성립한다.

예제 4-26

$\mathbb{R}^3$의 기저 S로부터 $\mathbb{R}^3$의 정규직교기저 $T=\{\mathbf{y}_1, \mathbf{y}_2, \mathbf{y}_3\}$를 외적을 이용하여 구하라.

$$S=\left\{\mathbf{x}_1=\begin{bmatrix}1\\1\\0\end{bmatrix},\ \mathbf{x}_2=\begin{bmatrix}0\\1\\2\end{bmatrix},\ \mathbf{x}_3=\begin{bmatrix}1\\2\\1\end{bmatrix}\right\}$$

풀이

먼저 $\mathbf{x}_1$과 $\mathbf{x}_2$에 수직인 벡터를 $\mathbf{z}_2$라 하고, 외적을 이용하여 $\mathbf{z}_2$를 구하면 다음과 같다.

$$\mathbf{z}_2=\mathbf{x}_1\times\mathbf{x}_2=\begin{vmatrix}\mathbf{i}&\mathbf{j}&\mathbf{k}\\1&1&0\\0&1&2\end{vmatrix}=(2,\ -2,\ 1)$$

다시 $\mathbf{x}_1$와 $\mathbf{z}_2$에 수직인 벡터를 $\mathbf{z}_3$라 하고, 외적을 이용하여 $\mathbf{z}_3$를 구하면 다음과 같다.

$$\mathbf{z}_3=\mathbf{x}_1\times\mathbf{z}_2=\begin{vmatrix}\mathbf{i}&\mathbf{j}&\mathbf{k}\\1&1&0\\2&-2&1\end{vmatrix}=(1,\ -1,\ -4)$$

따라서 정규직교기저 T는 다음과 같다.

$$\mathbf{y}_1=\frac{\mathbf{x}_1}{\|\mathbf{x}_1\|}=\begin{bmatrix}\dfrac{1}{\sqrt{2}}\\\dfrac{1}{\sqrt{2}}\\0\end{bmatrix},\ \mathbf{y}_2=\frac{\mathbf{z}_2}{\|\mathbf{z}_2\|}=\begin{bmatrix}\dfrac{2}{3}\\-\dfrac{2}{3}\\\dfrac{1}{3}\end{bmatrix},\ \mathbf{y}_3=\frac{\mathbf{z}_3}{\|\mathbf{z}_3\|}=\begin{bmatrix}\dfrac{1}{\sqrt{18}}\\-\dfrac{1}{\sqrt{18}}\\-\dfrac{4}{\sqrt{18}}\end{bmatrix}$$

Chapter 4.6

연습문제

1~4. 내적을 이용하여 각각의 두 벡터가 서로 직교하는지 확인하라.

1. $\mathbf{x}=\begin{bmatrix}1\\-3\\4\end{bmatrix}$, $\mathbf{y}=\begin{bmatrix}-2\\2\\2\end{bmatrix}$

2. $\mathbf{x}=\begin{bmatrix}1\\1\\2\\-1\end{bmatrix}$, $\mathbf{y}=\begin{bmatrix}0\\1\\-2\\1\end{bmatrix}$

3. $\mathbf{x}=\begin{bmatrix}1\\-2\\3\\4\end{bmatrix}$, $\mathbf{y}=\begin{bmatrix}4\\2\\-1\\1\end{bmatrix}$

4. $\mathbf{x}=\begin{bmatrix}0\\0\\\vdots\\0\end{bmatrix}$, $\mathbf{y}=\begin{bmatrix}y_1\\y_2\\\vdots\\y_n\end{bmatrix}$

5. $\mathbf{u}=(-2,\ 1)$에 수직이고 크기가 1인 벡터를 두 개 구하라.

6~7. 다음에 주어진 집합이 정규직교집합인지 아닌지 결정하라.

6. $\left\{\left(\frac{2}{3},\ \frac{1}{3},\ -\frac{2}{3}\right),\ \left(\frac{2}{3},\ -\frac{2}{3},\ \frac{1}{3}\right),\ \left(\frac{1}{3},\ \frac{2}{3},\ \frac{2}{3}\right)\right\}$

7. $\left\{(0,\ 1,\ 0),\ \left(\frac{1}{\sqrt{2}},\ 0,\ -\frac{1}{\sqrt{2}}\right),\ \left(\frac{1}{\sqrt{3}},\ \frac{1}{\sqrt{3}},\ \frac{1}{\sqrt{3}}\right)\right\}$

8. 다음 집합이 정규직교집합이 되도록 하는 실수 a, b 값을 구하라.

$$\left\{\left(\frac{1}{\sqrt{2}},\ 0,\ \frac{1}{\sqrt{2}}\right),\ \left(a,\ \frac{1}{\sqrt{2}},\ -b\right)\right\}$$

9~11. 다음에 주어진 세 벡터에 대하여 물음에 답하라.

$$\mathbf{x}_1 = \begin{bmatrix} 1 \\ -1 \\ 0 \\ 2 \end{bmatrix},\ \mathbf{x}_2 = \begin{bmatrix} -1 \\ -1 \\ 2 \\ 0 \end{bmatrix},\ \mathbf{x}_3 = \begin{bmatrix} 1 \\ 1 \\ 1 \\ 0 \end{bmatrix}$$

9. $\mathbb{R}^4$의 내적을 이용하여 주어진 세 개의 벡터가 서로 수직임을 확인하라.

10. $\{\mathbf{x}_1,\ \mathbf{x}_2,\ \mathbf{x}_3,\ \mathbf{x}_4\}$가 서로 수직인 벡터가 되도록 하는 영이 아닌 벡터 $\mathbf{x}_4$를 구하라.

11. [연습문제 10]에서 구한 직교집합 $\{\mathbf{x}_1,\ \mathbf{x}_2,\ \mathbf{x}_3,\ \mathbf{x}_4\}$을 정규직교집합으로 변환하라. 이들은 $\mathbb{R}^4$의 정규직교기저라고 할 수 있는가?

12~13. 다음에 주어진 $\mathbb{R}^2$의 기저를 정규직교기저로 변환하라.

12. $\{(-1, 1),\ (1, 1)\}$

13. $\{(2,\ 3),\ (3,\ 2)\}$

14~15. 다음에 주어진 $\mathbb{R}^3$의 기저를 정규직교기저로 변환하라.

14. $\{(1, -1, 0),\ (1, 1, -1),\ (1, -2, 1)\}$

15. $\{(1,\ 1,\ 1),\ (0,\ 1,\ 1),\ (0,\ 0,\ 1)\}$

16. 그램-슈미트 과정을 사용하여 $\mathbb{R}^3$의 평면 $x + y + z = 0$에 대한 정규직교기저를 찾아라.

17. $\{\mathbf{u}_1,\ \mathbf{u}_2, \cdots, \mathbf{u}_n\}$이 벡터공간 $\mathbb{R}^n$의 정규직교기저일 때, 임의의 $\mathbf{x},\ \mathbf{y} \in \mathbb{R}^n$에 대하여 다음을 증명하라.

$$\mathbf{x} \cdot \mathbf{y} = \sum_{i=1}^{n} (\mathbf{x} \cdot \mathbf{u}_i)(\mathbf{u}_i \cdot \mathbf{y})$$

Section

4.7 벡터공간의 응용

4.6절에서 우리는 임의의 기저를 정규직교화하는 그램-슈미트 정규직교화에 대하여 알아보았다. 이 절에서는 그램-슈미트 정규직교화 과정을 이용하여 행렬을 분해하는 방법을 알아보자. 행렬분해는 연립일차방정식을 풀거나 고윳값을 구하는 데 중요한 도구로 사용된다. 또한, $\mathbb{R}^n$에서 직교사영이 근사해를 구하는 데 어떻게 이용되는지에 대하여 살펴보자. 이러한 아이디어는 공학과 과학 전반에 매우 중요하게 적용되는 것이다.

QR-분해

$m\times n$ 행렬 A의 n개의 열벡터 $\mathbf{a}_1, \mathbf{a}_2, \cdots, \mathbf{a}_n$이 일차독립이라 하면 그램-슈미트 정규직교화 과정을 이용하여 이 열벡터로부터 정규직교열벡터 $\mathbf{q}_1, \mathbf{q}_2, \cdots, \mathbf{q}_n$으로 만들 수 있다. 즉

$$A=[\mathbf{a}_1 \mid \mathbf{a}_2 \mid \cdots \mid \mathbf{a}_n]\text{이고 } Q=[\mathbf{q}_1 \mid \mathbf{q}_2 \mid \cdots \mid \mathbf{q}_n]$$

이다. [정리 4-15]로부터 $\mathbf{a}_1, \mathbf{a}_2, \cdots, \mathbf{a}_n$은 $\mathbf{q}_1, \mathbf{q}_2, \cdots, \mathbf{q}_n$에 의하여

$$\begin{aligned}
\mathbf{a}_1 &= (\mathbf{a}_1\cdot\mathbf{q}_1)\mathbf{q}_1+(\mathbf{a}_1\cdot\mathbf{q}_2)\mathbf{q}_2+\cdots+(\mathbf{a}_1\cdot\mathbf{q}_n)\mathbf{q}_n\\
\mathbf{a}_2 &= (\mathbf{a}_2\cdot\mathbf{q}_1)\mathbf{q}_1+(\mathbf{a}_2\cdot\mathbf{q}_2)\mathbf{q}_2+\cdots+(\mathbf{a}_2\cdot\mathbf{q}_n)\mathbf{q}_n\\
&\vdots\\
\mathbf{a}_n &= (\mathbf{a}_n\cdot\mathbf{q}_1)\mathbf{q}_1+(\mathbf{a}_n\cdot\mathbf{q}_2)\mathbf{q}_2+\cdots+(\mathbf{a}_n\cdot\mathbf{q}_n)\mathbf{q}_n
\end{aligned}$$

으로 표현되므로

$$[\mathbf{a}_1 \mid \mathbf{a}_2 \mid \cdots \mid \mathbf{a}_n]=[\mathbf{q}_1 \mid \mathbf{q}_2 \mid \cdots \mid \mathbf{q}_n]\begin{bmatrix}(\mathbf{a}_1\cdot\mathbf{q}_1) & (\mathbf{a}_2\cdot\mathbf{q}_1) & \cdots & (\mathbf{a}_n\cdot\mathbf{q}_1)\\ (\mathbf{a}_1\cdot\mathbf{q}_2) & (\mathbf{a}_2\cdot\mathbf{q}_2) & \cdots & (\mathbf{a}_n\cdot\mathbf{q}_2)\\ \vdots & \vdots & \ddots & \vdots\\ (\mathbf{a}_1\cdot\mathbf{q}_n) & (\mathbf{a}_2\cdot\mathbf{q}_n) & \cdots & (\mathbf{a}_n\cdot\mathbf{q}_n)\end{bmatrix}=QR$$

이다. 그런데 그램-슈미트의 방법으로부터 $j\ge 2$에 대하여 벡터 $\mathbf{q}_j$는 $\mathbf{a}_1, \mathbf{a}_2, \cdots, \mathbf{a}_{j-1}$에 직교한다는 것을 알 수 있다. 따라서 행렬 R의 주대각선 성분 아래의 모든 성분은 0이므로 R은 상삼각행렬이다.

$$[\,\mathbf{a}_1 \mid \mathbf{a}_2 \mid \cdots \mid \mathbf{a}_n\,] = [\,\mathbf{q}_1 \mid \mathbf{q}_2 \mid \cdots \mid \mathbf{q}_n\,]\begin{bmatrix} (\mathbf{a}_1 \cdot \mathbf{q}_1) & (\mathbf{a}_2 \cdot \mathbf{q}_1) & \cdots & (\mathbf{a}_n \cdot \mathbf{q}_1) \\ 0 & (\mathbf{a}_2 \cdot \mathbf{q}_2) & \cdots & (\mathbf{a}_n \cdot \mathbf{q}_2) \\ \vdots & \vdots & \ddots & \vdots \\ 0 & 0 & \cdots & (\mathbf{a}_n \cdot \mathbf{q}_n) \end{bmatrix}$$

즉 다음과 같이 쓸 수 있다.

$$A = QR$$

더욱이, 행렬 R의 주대각선 성분은 모두 0이 아니므로 행렬 R은 가역행렬이다. 따라서 $A = QR$은 정규직교열벡터를 갖는 행렬 Q와 가역인 상삼각행렬 R로 A를 분해한 것이다. 이와 같은 분해를 A의 **QR-분해** $^{QR\text{-factorization}}$라고 한다.

> **정리 4-17 행렬 A의 QR-분해**
>
> A가 일차독립인 열벡터를 갖는 $m \times n$ 행렬이고, Q가 정규직교열벡터를 갖는 $m \times n$ 행렬이며 R이 가역인 상삼각행렬일 때 A를 다음과 같이 두 행렬 Q와 R을 이용하여 분해할 수 있다.
>
> $$A = QR$$

[정리 4-17]로부터 A가 $n \times n$ 행렬이고 가역이면 n개의 열벡터는 일차독립이므로 QR-분해할 수 있음을 알 수 있다.

예제 4-27

다음 행렬 A의 QR-분해를 구하라.

$$A = \begin{bmatrix} 1 & 0 & 1 \\ 1 & 1 & 2 \\ 0 & 2 & 1 \end{bmatrix}$$

풀이

A의 열벡터는

$$\mathbf{a}_1 = \begin{bmatrix} 1 \\ 1 \\ 0 \end{bmatrix},\ \mathbf{a}_2 = \begin{bmatrix} 0 \\ 1 \\ 2 \end{bmatrix},\ \mathbf{a}_3 = \begin{bmatrix} 1 \\ 2 \\ 1 \end{bmatrix}$$

이므로, [예제 4-25]에서 주어진 기저와 같다. 따라서 이들의 정규직교벡터는

$$\mathbf{q}_1 = \begin{bmatrix} \frac{1}{\sqrt{2}} \\ \frac{1}{\sqrt{2}} \\ 0 \end{bmatrix}, \ \mathbf{q}_2 = \begin{bmatrix} -\frac{\sqrt{2}}{6} \\ \frac{\sqrt{2}}{6} \\ \frac{2\sqrt{2}}{3} \end{bmatrix}, \ \mathbf{q}_3 = \begin{bmatrix} -\frac{2}{3} \\ \frac{2}{3} \\ -\frac{1}{3} \end{bmatrix}$$

이고,

$$R = \begin{bmatrix} (\mathbf{a}_1 \cdot \mathbf{q}_1) & (\mathbf{a}_2 \cdot \mathbf{q}_1) & (\mathbf{a}_3 \cdot \mathbf{q}_1) \\ 0 & (\mathbf{a}_2 \cdot \mathbf{q}_2) & (\mathbf{a}_3 \cdot \mathbf{q}_2) \\ 0 & 0 & (\mathbf{a}_3 \cdot \mathbf{q}_3) \end{bmatrix} = \begin{bmatrix} \sqrt{2} & \frac{1}{\sqrt{2}} & \frac{3}{\sqrt{2}} \\ 0 & \frac{3}{\sqrt{2}} & \frac{5\sqrt{2}}{6} \\ 0 & 0 & \frac{1}{3} \end{bmatrix}$$

이다. 따라서 행렬 A의 $QR-$분해는 다음과 같다.

$$A = \begin{bmatrix} 1 & 0 & 1 \\ 1 & 1 & 2 \\ 0 & 2 & 1 \end{bmatrix} = QR = \begin{bmatrix} \frac{1}{\sqrt{2}} & -\frac{\sqrt{2}}{6} & -\frac{2}{3} \\ \frac{1}{\sqrt{2}} & \frac{\sqrt{2}}{6} & \frac{2}{3} \\ 0 & \frac{2\sqrt{2}}{3} & -\frac{1}{3} \end{bmatrix} \begin{bmatrix} \sqrt{2} & \frac{1}{\sqrt{2}} & \frac{3}{\sqrt{2}} \\ 0 & \frac{3}{\sqrt{2}} & \frac{5\sqrt{2}}{6} \\ 0 & 0 & \frac{1}{3} \end{bmatrix}$$

연립일차방정식에서 $QR-$분해의 역할을 살펴보자. [예제 4-27]에서 정사각행렬 Q가 직교행렬이므로 Q^{-1}는 다음과 같다.

$$Q^{-1} = \begin{bmatrix} \frac{1}{\sqrt{2}} & \frac{1}{\sqrt{2}} & 0 \\ -\frac{\sqrt{2}}{6} & \frac{\sqrt{2}}{6} & \frac{2\sqrt{2}}{3} \\ -\frac{2}{3} & \frac{2}{3} & -\frac{1}{3} \end{bmatrix} = Q^T$$

$QR-$분해에서 행렬 A가 가역행렬이면 Q는 정규직교열을 가지므로 $Q^T = Q^{-1}$이고, $A = QR$인 상삼각행렬 R을 구할 수 있다. 따라서 다음이 성립한다.

$$A\mathbf{x} = \mathbf{b} \ \Leftrightarrow \ QR\mathbf{x} = \mathbf{b} \ \Leftrightarrow \ R\mathbf{x} = Q^T\mathbf{b}$$

즉, 주어진 연립일차방정식을 직교행렬과 상삼각행렬을 이용하여 쉽게 풀 수 있다. 물론, 여기서는 역행렬보다 가우스 소거법을 이용하면 연립방정식의 해를 더 효율적으로 구할 수 있다.

예제 4-28

$QR-$분해를 이용하여 다음 연립일차방정식의 해를 구하라.

$$\begin{aligned} x_1 \qquad + \ x_3 &= 1 \\ x_1 + x_2 + 2x_3 &= 2 \\ 2x_2 + \ x_3 &= 3 \end{aligned}$$

풀이

주어진 연립일차방정식을 행렬의 곱으로 쓰면

$$A\mathbf{x} = \mathbf{b} \quad \Leftrightarrow \quad \begin{bmatrix} 1 & 0 & 1 \\ 1 & 1 & 2 \\ 0 & 2 & 1 \end{bmatrix}\begin{bmatrix} x_1 \\ x_2 \\ x_3 \end{bmatrix} = \begin{bmatrix} 1 \\ 2 \\ 3 \end{bmatrix}$$

[예제 4-27]에 의하여

$$\begin{aligned} A &= \begin{bmatrix} 1 & 0 & 1 \\ 1 & 1 & 2 \\ 0 & 2 & 1 \end{bmatrix} = QR \\ &= \begin{bmatrix} \frac{1}{\sqrt{2}} & -\frac{\sqrt{2}}{6} & -\frac{2}{3} \\ \frac{1}{\sqrt{2}} & \frac{\sqrt{2}}{6} & \frac{2}{3} \\ 0 & \frac{2\sqrt{2}}{3} & -\frac{1}{3} \end{bmatrix}\begin{bmatrix} \sqrt{2} & \frac{1}{\sqrt{2}} & \frac{3}{\sqrt{2}} \\ 0 & \frac{3}{\sqrt{2}} & \frac{5\sqrt{2}}{6} \\ 0 & 0 & \frac{1}{3} \end{bmatrix} \end{aligned}$$

이므로 $R\mathbf{x} = Q^T\mathbf{b}$이다. 즉, 다음이 성립한다.

$$\begin{bmatrix} \sqrt{2} & \frac{1}{\sqrt{2}} & \frac{3}{\sqrt{2}} \\ 0 & \frac{3}{\sqrt{2}} & \frac{5\sqrt{2}}{6} \\ 0 & 0 & \frac{1}{3} \end{bmatrix}\begin{bmatrix} x_1 \\ x_2 \\ x_3 \end{bmatrix} = \begin{bmatrix} \frac{1}{\sqrt{2}} & \frac{1}{\sqrt{2}} & 0 \\ -\frac{\sqrt{2}}{6} & \frac{\sqrt{2}}{6} & \frac{2\sqrt{2}}{3} \\ -\frac{2}{3} & \frac{2}{3} & -\frac{1}{3} \end{bmatrix}\begin{bmatrix} 1 \\ 2 \\ 3 \end{bmatrix} = \begin{bmatrix} \frac{3}{\sqrt{2}} \\ \frac{13\sqrt{2}}{6} \\ -\frac{1}{3} \end{bmatrix}$$

따라서 $x_1 = 2,\ x_2 = 2,\ x_3 = -1$이다.

최적근사

대부분의 물리 문제는 n개의 미지수와 m개의 방정식으로 이루어진 연립일차방정식으로 나타낼 수 있다. 이때 연립일차방정식의 해는 존재하지만, 측정 오류로 인해 정확한 해를 구할 수 없는 경우가 있다. 이런 경우에는 연립방정식의 해에 최대한 가까운 근사해를 사용한다.

연립일차방정식 $A\mathbf{x}=\mathbf{b}$는 n개의 미지수와 m개의 방정식으로 구성된다. 이 연립일차방정식의 해는 없거나 구하기 어렵다고 가정하자. 이때, $\mathbb{R}^m$ 위에서 $\|\mathbf{b}-A\mathbf{x}\|$를 최소화하는 벡터 $\mathbf{x}$를 찾으면 주어진 연립일차방정식의 매우 근사한 해를 얻을 수 있다. 이것을 '$A\mathbf{x}$가 $\mathbf{b}$에 근사한다'라고 하고, $\|\mathbf{b}-A\mathbf{x}\|$를 근사에 대한 **오차**error라고 한다. 오차를 최소가 되게 하는 근사를 **최적근사**best approximation라 하며, 최적근사를 찾는 문제를 **최소제곱문제**least squares problem라고 한다.

$\mathbb{R}^m$ 위에서 $\|\mathbf{b}-A\mathbf{x}\|$을 최소로 하는 벡터 $\mathbf{x}$가 존재할 때, 벡터 $\mathbf{x}$를 $A\mathbf{x}=\mathbf{b}$의 **최소제곱해**least squares solution라 하며 벡터 $\mathbf{b}-A\mathbf{x}$를 **최소제곱오차 벡터**least squares error라 한다. 이때 벡터 $\mathbf{x}$를 최소제곱해라고 부르는 이유는 $\|\mathbf{b}-A\mathbf{x}\|$가 최소인 경우를 구하기 위하여 제곱인 $\|\mathbf{b}-A\mathbf{x}\|^2$의 최솟값을 구하기 때문이다.

정리 4-18 최적근사 정리

$\mathbb{R}^m$의 부분공간 W와 $\mathbf{b}\in\mathbb{R}^m$라고 하자. 그러면 $\mathbf{v}\in W$에 대하여 다음이 성립한다.

$$\|\mathbf{b}-\mathrm{proj}_W\mathbf{b}\| < \|\mathbf{b}-\mathbf{v}\|$$

즉, $\mathbf{b}-\mathrm{proj}_W\mathbf{b}$는 최소제곱오차 벡터이다.

증명

$\mathbf{v}\in W$에 대하여 $\mathbf{b}-\mathbf{v}$는 다음과 같다.

$$\mathbf{b}-\mathbf{v}=(\mathbf{b}-\mathrm{proj}_W\mathbf{b})+(\mathrm{proj}_W\mathbf{b}-\mathbf{v}) \tag{4.10}$$

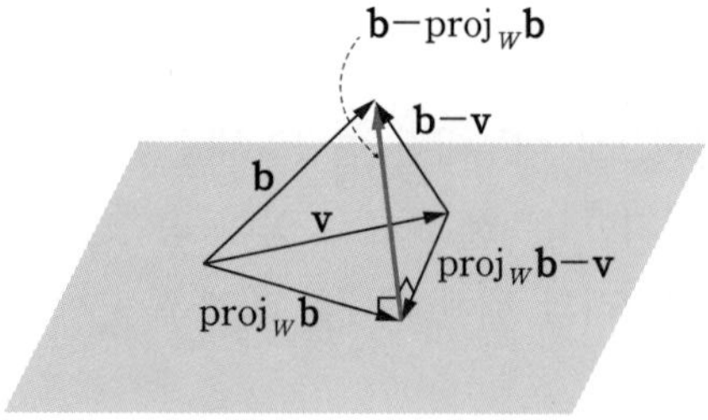

[그림 4-5] **부분공간 W에서 최적근사해**

이때, $\text{proj}_W \mathbf{b} - \mathbf{v} \in W$이고, $\mathbf{b} - \text{proj}_W \mathbf{b}$은 W에 직교하므로 피타고라스 정리에 의해 다음 등식이 성립한다.

$$\| \mathbf{b} - \mathbf{v} \|^2 = \| \mathbf{b} - \text{proj}_W \mathbf{b} \|^2 + \| \text{proj}_W \mathbf{b} - \mathbf{v} \|^2$$

여기서 $\mathbf{v} \neq \text{proj}_W \mathbf{b}$이므로 이 식의 우변의 두 번째 항은 양수이고, 다음 부등식이 성립한다.

$$\| \mathbf{b} - \text{proj}_W \mathbf{b} \|^2 < \| \mathbf{b} - \mathbf{v} \|^2$$

벡터의 노름은 양이므로 다음 부등식이 성립한다.

$$\| \mathbf{b} - \text{proj}_W \mathbf{b} \| < \| \mathbf{b} - \mathbf{v} \|$$ ■

위의 [정리 4-18]로부터 열공간 $C(A)$의 모든 벡터는 $A\mathbf{x}$ 형태이므로 $A\hat{\mathbf{x}} = \text{proj}_{C(A)} \mathbf{b}$를 만족하는 벡터 $\hat{\mathbf{x}} \in C(A)$이 존재한다. 이 벡터 $\hat{\mathbf{x}}$이 최적근사해이고, 이때의 오차벡터는 $\mathbf{b} - A\hat{\mathbf{x}}$이다.

일반적으로 $\mathbb{R}^n$ 위의 벡터 $\mathbf{x}$에 대하여 $A\mathbf{x} = \mathbf{b}$의 최소제곱해를 구하는 것은 행렬 A의 열공간에서 $\| \mathbf{b} - A\hat{\mathbf{x}} \|$을 최소로 하는 벡터 $A\hat{\mathbf{x}}$을 찾는 문제와 같다.

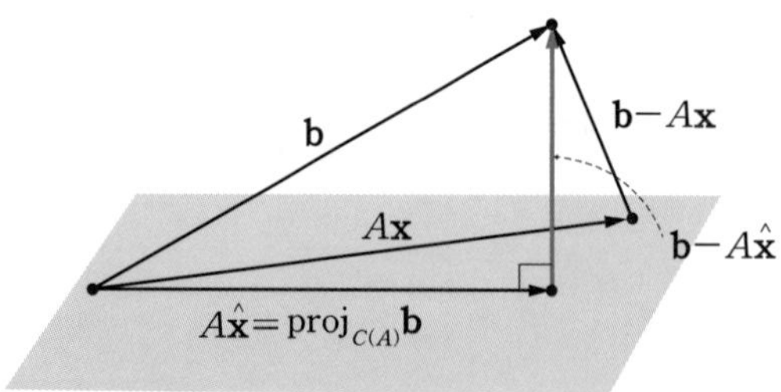

[그림 4-6] **열공간에서의 최소제곱해**

결국, $A\mathbf{x}=\mathbf{b}$의 최소제곱해를 구하는 것은 행렬 A의 열공간 $W=C(A)$ 위로의 직교정사영 $\text{proj}_W\mathbf{b}$를 구하여 다음 연립일차방정식을 푸는 것이다.

$$A\mathbf{x}=\text{proj}_W\mathbf{b} \tag{4.11}$$

식 (4.11)로부터 다음 식을 얻을 수 있다.

$$\mathbf{b}-A\mathbf{x}=\mathbf{b}-\text{proj}_W\mathbf{b} \tag{4.12}$$

식 (4.12)의 양변에 행렬 A^T를 왼쪽에 곱하자.

$$A^T(\mathbf{b}-A\mathbf{x})=A^T(\mathbf{b}-\text{proj}_W\mathbf{b}) \tag{4.13}$$

이때 $\mathbf{b}-\text{proj}_W\mathbf{b}$는 열공간 W 위로의 $\mathbf{b}$의 직교성분이므로 행렬 A^T의 영공간의 벡터이고, $A^T(\mathbf{b}-\text{proj}_W\mathbf{b})=\mathbf{0}$이다.
따라서 식 (4.13)을 정리하면

$$A^T(\mathbf{b}-A\mathbf{x})=\mathbf{0}$$

이므로 다음과 같이 나타낼 수 있다.

$$A^TA\mathbf{x}=A^T\mathbf{b} \tag{4.14}$$

이 방정식을 **정규방정식**normal equation 또는 $A\mathbf{x}=\mathbf{b}$에 관한 **정규계**normal system라고 한다. 따라서 다음 정리가 성립한다.

정리 4-19 최소제곱해와 직교정사영벡터

연립일차방정식 $A\mathbf{x}=\mathbf{b}$에 대한 정규방정식 $A^TA\mathbf{x}=A^T\mathbf{b}$의 해는 존재하며, 모든 해는 $A\mathbf{x}=\mathbf{b}$의 최소제곱해이다. 또한, W가 행렬 A의 열공간 $W=C(A)$이고 $\mathbf{x}$가 $A\mathbf{x}=\mathbf{b}$의 최소제곱해이면, W 위로의 $\mathbf{b}$의 직교정사영벡터는 다음과 같다.

$$\text{proj}_W\mathbf{b}=A\mathbf{x}$$

예제 4-29

다음 연립일차방정식의 최소제곱해를 구하라. 이때 최소제곱 오차벡터와 최소제곱 오차를 구하라.

$$\begin{aligned} x_1 - \ \ x_2 &= 4 \\ 3x_1 + 2x_2 &= 1 \\ -2x_1 + 4x_2 &= 3 \end{aligned}$$

풀이

연립일차방정식을 행렬방정식 $A\mathbf{x} = \mathbf{b}$로 나타내면 다음과 같다.

$$A = \begin{bmatrix} 1 & -1 \\ 3 & 2 \\ -2 & 4 \end{bmatrix}, \ \mathbf{b} = \begin{bmatrix} 4 \\ 1 \\ 3 \end{bmatrix}$$

이때 A에 대하여 AA^T와 $A^T\mathbf{b}$는 각각 다음과 같다.

$$AA^T = \begin{bmatrix} 1 & 3 & -2 \\ -1 & 2 & 4 \end{bmatrix}\begin{bmatrix} 1 & -1 \\ 3 & 2 \\ 2 & 4 \end{bmatrix} = \begin{bmatrix} 14 & -3 \\ -3 & 21 \end{bmatrix}$$

$$A^T\mathbf{b} = \begin{bmatrix} 1 & 3 & -2 \\ -1 & 2 & 4 \end{bmatrix}\begin{bmatrix} 4 \\ 1 \\ 3 \end{bmatrix} = \begin{bmatrix} 1 \\ 10 \end{bmatrix}$$

그러면 정규방정식 $A^TA\mathbf{x} = A^T\mathbf{b}$는 다음과 같이 나타낼 수 있다.

$$\begin{bmatrix} 14 & -3 \\ -3 & 21 \end{bmatrix}\begin{bmatrix} x_1 \\ x_2 \end{bmatrix} = \begin{bmatrix} 1 \\ 10 \end{bmatrix}$$

이 연립일차방정식의 해는 각각 다음과 같다.

$$x_1 = \frac{17}{95}, \ x_2 = \frac{143}{285}$$

따라서, 최소제곱해는 다음과 같다.

$$\mathbf{x} = \begin{bmatrix} \frac{17}{95} \\ \frac{143}{285} \end{bmatrix}$$

이때 최소제곱 오차벡터는

$$\mathbf{b}-A\mathbf{x}=\begin{bmatrix}4\\1\\3\end{bmatrix}-\begin{bmatrix}1&-1\\3&2\\-2&4\end{bmatrix}\begin{bmatrix}\frac{17}{95}\\\frac{143}{285}\end{bmatrix}=\begin{bmatrix}4\\1\\3\end{bmatrix}-\begin{bmatrix}-\frac{92}{285}\\\frac{439}{285}\\\frac{95}{57}\end{bmatrix}=\begin{bmatrix}\frac{1232}{285}\\-\frac{154}{285}\\\frac{4}{3}\end{bmatrix}$$

이고, 최소제곱 오차는 $\|\mathbf{b}-A\mathbf{x}\|\approx 4.556$이다.

최소제곱해는 무한히 많을 수도 있지만 AA^T가 가역이면 정규방정식 $A^TA\mathbf{x}=A^T\mathbf{b}$는 유일한 해를 갖는다.

그렇다면 정규방정식 $A^TA\mathbf{x}=A^T\mathbf{b}$가 유일한 해를 갖는 조건은 무엇일까?

$m\times n$ 행렬 A의 열벡터들이 일차독립이라면 행렬 A^TA는 크기가 $n\times n$이다. 이때 $A^TA\mathbf{x}=\mathbf{0}$는 자명한 해 $\mathbf{x}=\mathbf{0}$만을 가지므로 A^TA는 가역이다. 따라서 다음 정리가 성립한다.

정리 4-20 최소제곱해의 유일성

$m\times n$ 행렬 A의 열벡터들이 일차독립이라고 하자. 임의의 $m\times 1$ 벡터 $\mathbf{b}$에 대하여 연립일차방정식 $A\mathbf{x}=\mathbf{b}$의 최소제곱해 $\mathbf{x}$는 다음과 같고 유일하다.

$$\mathbf{x}=(A^TA)^{-1}A^T\mathbf{b}$$

예제 4-30

[정리 4-20]을 이용하여 [예제 4-29]의 최소제곱해를 구해보고, 그 값이 일치하는지 확인하라.

풀이

$$\begin{aligned}\mathbf{x}&=(A^TA)^{-1}A^T\mathbf{b}\\&=\begin{bmatrix}14&-3\\-3&21\end{bmatrix}\begin{bmatrix}1&3&-2\\-1&2&4\end{bmatrix}\begin{bmatrix}4\\1\\3\end{bmatrix}\\&=\frac{1}{285}\begin{bmatrix}21&3\\3&14\end{bmatrix}\begin{bmatrix}1&3&-2\\-1&2&4\end{bmatrix}\begin{bmatrix}4\\1\\3\end{bmatrix}=\begin{bmatrix}\frac{17}{95}\\\frac{143}{285}\end{bmatrix}\end{aligned}$$

따라서 [예제 4-29]에서 구한 최소제곱해와 일치하는 것을 확인할 수 있다.

마지막으로, 연립일차방정식의 최소제곱해를 구할 때 해가 어떤 형태로 존재하는지에 따라 3가지 유형과 그에 대한 예제를 살펴보자.

❶ 주어진 연립일차방정식의 해를 구하기 어려운 경우
❷ 주어진 연립일차방정식의 해가 존재하는 경우
❸ 최소제곱해를 구할 수 없는 경우

예제 4-31

연립일차방정식 $A\mathbf{x}=\mathbf{b}$가 다음과 같다고 할 때, 최소제곱해를 구하라.

$$\begin{bmatrix}1&1&2\\3&4&1\\3&7&1\\4&2&3\end{bmatrix}\begin{bmatrix}x_1\\x_2\\x_3\end{bmatrix}=\begin{bmatrix}11\\2\\-7\\21\end{bmatrix}$$

풀이

$A\mathbf{x}=\mathbf{b}$의 최소제곱해 $\hat{\mathbf{x}}=\begin{bmatrix}x_1\\x_2\\x_3\end{bmatrix}$에 대하여 $A^TA\hat{\mathbf{x}}=A^T\mathbf{b}$이므로 다음이 성립한다.

$$\begin{bmatrix}1&3&3&4\\1&4&7&2\\2&1&1&3\end{bmatrix}\begin{bmatrix}1&1&2\\3&4&1\\3&7&1\\4&2&3\end{bmatrix}\begin{bmatrix}x_1\\x_2\\x_3\end{bmatrix}=\begin{bmatrix}1&3&3&4\\1&4&7&2\\2&1&1&3\end{bmatrix}\begin{bmatrix}11\\2\\-7\\21\end{bmatrix}$$

$$\begin{bmatrix}35&42&20\\42&70&19\\20&19&15\end{bmatrix}\begin{bmatrix}x_1\\x_2\\x_3\end{bmatrix}=\begin{bmatrix}80\\12\\80\end{bmatrix}$$

따라서 최소제곱해 $\hat{\mathbf{x}}$은 다음과 같다.

$$\begin{aligned}\hat{\mathbf{x}}&=\begin{bmatrix}x_1\\x_2\\x_3\end{bmatrix}\\&=\begin{bmatrix}2.51\\-2.85\\5.6\end{bmatrix}\end{aligned}$$

위의 [예제 4-31]에서 최소제곱해로 $A\hat{\mathbf{x}}$을 계산하면 다음과 같다.

$$A\hat{\mathbf{x}} = \begin{bmatrix} 1 & 1 & 2 \\ 3 & 4 & 1 \\ 3 & 7 & 1 \\ 4 & 2 & 3 \end{bmatrix} \begin{bmatrix} 2.51 \\ -2.85 \\ 5.6 \end{bmatrix}$$

$$= \begin{bmatrix} 10.85 \\ 1.71 \\ -6.85 \\ 21.14 \end{bmatrix}$$

이 결과를 원래 연립일차방정식 $A\mathbf{x} = \mathbf{b}$의 벡터 $\mathbf{b} = \begin{bmatrix} 11 \\ 2 \\ -7 \\ 21 \end{bmatrix}$와 비교해보면 벡터의 성분에 약간의 차이는 있지만 오차는 크지 않음을 알 수 있다. 이것은 미지수보다 방정식이 많아서 해가 존재하지 않는 연립일차방정식에 대한 최소제곱해를 구한 경우다. 비록 정확한 해는 아니지만, 각 방정식의 정보를 최대한 반영하여 각 방정식과의 오차를 최대한 줄이는 방향으로 문제를 해결할 수 있다.

예제 4-32

연립일차방정식 $A\mathbf{x} = \mathbf{b}$가 다음과 같다고 할 때, 최소제곱해를 구하라.

$$\begin{bmatrix} 1 & 1 & 2 \\ 3 & 4 & 1 \\ 3 & 7 & 1 \\ 4 & 2 & 3 \end{bmatrix} \begin{bmatrix} x_1 \\ x_2 \\ x_3 \end{bmatrix} = \begin{bmatrix} 0 \\ 6 \\ 9 \\ 3 \end{bmatrix}$$

풀이

$A\mathbf{x} = \mathbf{b}$의 최소제곱해 $\hat{\mathbf{x}} = \begin{bmatrix} x_1 \\ x_2 \\ x_3 \end{bmatrix}$을 $\hat{\mathbf{x}} = (A^TA)^{-1}A^T\mathbf{b}$로 구하면 다음과 같다.

$$\hat{\mathbf{x}} = \begin{bmatrix} x_1 \\ x_2 \\ x_3 \end{bmatrix} = \begin{bmatrix} 1 \\ 1 \\ -1 \end{bmatrix}$$

이때 최소제곱해 $\hat{\mathbf{x}}$은 연립일차방정식 $A\mathbf{x} = \mathbf{b}$의 해 $\mathbf{x}$와 일치함을 알 수 있다. 즉, $A\hat{\mathbf{x}}$을 계산하면

$$A\hat{\mathbf{x}} = \begin{bmatrix} 1 & 1 & 2 \\ 3 & 4 & 1 \\ 3 & 7 & 1 \\ 4 & 2 & 3 \end{bmatrix} \begin{bmatrix} 1 \\ 1 \\ -1 \end{bmatrix} = \begin{bmatrix} 0 \\ 6 \\ 9 \\ 3 \end{bmatrix}$$

이므로 결과는 $\mathbf{b}=\begin{bmatrix}0\\6\\9\\3\end{bmatrix}=A\mathbf{x}$와 같다.

이 예제는 최소제곱해와 원래의 해가 일치하는 경우이다.

예제 4-33

연립일차방정식 $A\mathbf{x}=\mathbf{b}$가 다음과 같다고 할 때, 최소제곱해를 구하라.

$$\begin{bmatrix}1&1&2\\3&4&7\\3&7&10\\4&2&6\end{bmatrix}\begin{bmatrix}x_1\\x_2\\x_3\end{bmatrix}=\begin{bmatrix}11\\2\\-7\\21\end{bmatrix}$$

풀이

A^TA를 구하면 다음과 같다.

$$A^TA=\begin{bmatrix}1&3&3&4\\1&4&7&2\\2&7&10&6\end{bmatrix}\begin{bmatrix}1&1&2\\3&4&7\\3&7&10\\4&2&6\end{bmatrix}=\begin{bmatrix}35&42&77\\42&70&112\\77&112&189\end{bmatrix}$$

그런데 A^TA는 역행렬을 갖지 않는다.

따라서 주어진 연립일차방정식의 최소제곱해 $\hat{\mathbf{x}}=(A^TA)^{-1}A^T\mathbf{b}$를 구할 수 없다.

Chapter 4.7

연습문제

1~2. 다음 행렬의 $QR-$분해를 구하라.

1. $\begin{bmatrix} 1 & -1 \\ 2 & 3 \end{bmatrix}$

2. $\begin{bmatrix} 1 & 0 & 0 \\ 1 & 1 & 0 \\ 1 & 1 & 1 \end{bmatrix}$

3. 행렬 $A=\begin{bmatrix} 1 & -2 \\ 1 & -2 \end{bmatrix}$에 대하여 $QR-$분해가 되는지 판단하라.

4. 행렬 $A=\begin{bmatrix} 1 & 0 & 1 \\ -1 & 1 & 1 \\ 1 & 0 & 1 \\ -1 & 1 & 1 \end{bmatrix}$에 대하여 $QR-$분해가 되는지 판단하라.

5. 행렬 $A=\begin{bmatrix} 1 & 0 & 0 \\ 1 & 1 & 0 \\ 1 & 1 & 1 \\ 1 & 1 & 1 \end{bmatrix}$에 대하여 정규직교과정을 이용하여 $QR-$분해를 구하라.

6. 주어진 행렬 A의 $QR-$분해를 이용하여 역행렬을 구하지 않고 연립일차방정식 $A\mathbf{x}=\mathrm{b}$의 해를 구하라.

$$A=\begin{bmatrix} \frac{1}{\sqrt{3}} & 0 & \frac{\sqrt{6}}{3} \\ \frac{1}{\sqrt{3}} & \frac{1}{\sqrt{2}} & -\frac{1}{\sqrt{6}} \\ \frac{1}{\sqrt{3}} & -\frac{1}{\sqrt{2}} & -\frac{1}{\sqrt{6}} \end{bmatrix}\begin{bmatrix} \sqrt{3} & -\sqrt{3} & \frac{5}{\sqrt{3}} \\ 0 & \sqrt{2} & 0 \\ 0 & 0 & \frac{2\sqrt{6}}{3} \end{bmatrix},\quad \mathrm{b}=\begin{bmatrix} 3 \\ 2 \\ 0 \end{bmatrix}$$

7. 다음 연립일차방정식에 관한 정규방정식을 찾아라.

$$\begin{bmatrix} 1 & -1 \\ 2 & 3 \\ 4 & 5 \end{bmatrix}\begin{bmatrix} x_1 \\ x_2 \end{bmatrix}=\begin{bmatrix} 2 \\ -1 \\ 5 \end{bmatrix}$$

8~9. 다음 연립일차방정식 $A\mathbf{x}=\mathrm{b}$에 대한 최소제곱해를 구하라.

8. $A=\begin{bmatrix}1 & -1\\ 2 & 3\\ 4 & 5\end{bmatrix}$, $\mathrm{b}=\begin{bmatrix}2\\ -1\\ 5\end{bmatrix}$

9. $A=\begin{bmatrix}1 & 0 & -1\\ 2 & 1 & -2\\ 1 & 1 & 0\\ 1 & 1 & -1\end{bmatrix}$, $\mathrm{b}=\begin{bmatrix}6\\ 0\\ 9\\ 3\end{bmatrix}$

10~11. 다음 연립일차방정식 $A\mathbf{x}=\mathrm{b}$에 대한 최소제곱해집합을 구하고 모든 오차벡터는 같은 벡터임을 확인하라.

10. $A=\begin{bmatrix}2 & 1\\ 4 & 2\\ -2 & -1\end{bmatrix}$, $\mathrm{b}=\begin{bmatrix}3\\ 2\\ 1\end{bmatrix}$

11. $A=\begin{bmatrix}-1 & 3 & 2\\ 2 & 1 & 3\\ 0 & 1 & 1\end{bmatrix}$, $\mathrm{b}=\begin{bmatrix}7\\ 0\\ -7\end{bmatrix}$

Chapter

05

선형변환

Linear Transformations

Contents

선형변환과 행렬 _5.1
선형연산자의 기하학적 성질 _5.2
선형변환의 성질 _5.3
선형등장사상 _5.4
선형변환의 합성과 역변환 _5.5
행렬의 닮음 _5.6
선형변환의 응용 _5.7

Summary

우리는 실수에서 정의된 함수 $y=f(x)$의 미적분을 배웠으며, 이변수 함수, 다변수함수, 벡터함수로 확장하여 미분과 적분 및 그 응용을 배웠다. 이 장에서는 이 함수들을 더욱 일반화한 선형변환에 관하여 알아보자. 또한 $\mathbb{R}^n$에서 $\mathbb{R}^m$으로의 선형변환을 $m \times n$ 행렬 A로 나타내는 방법을 살펴보고, 특히 $\mathbb{R}^2$에서 $\mathbb{R}^2$로의 선형변환에 대한 기하학적인 의미를 살펴본다. 선형변환 중 길이와 각을 보존하는 선형등장사상에 대하여 알아보고, 선형변환의 합성과 역변환을 살펴본다. 마지막으로 선형변환을 활용한 와이어프레임에 대해 알아본다.

Section
5.1 선형변환과 행렬

이 절에서는 $\mathbb{R}^n$에서 함숫값 벡터의 덧셈과 스칼라 배를 보존하는 성질을 갖는 함수에 대하여 살펴본다. 이러한 특별한 함수는 선형대수학의 핵심 주제로, 행렬과 밀접한 관련이 있다.

선형변환의 정의

$\mathbb{R}^n$과 $\mathbb{R}^m$의 벡터들에 대하여, $\mathbb{R}^n$의 각 벡터 $\mathbf{u}$에 $\mathbb{R}^m$의 벡터 $\mathbf{v}$를 단 하나씩 대응시키는 함수를 특별히 $\mathbb{R}^n$에서 $\mathbb{R}^m$으로의 **변환**transformation이라 하고, $L: \mathbb{R}^n \to \mathbb{R}^m$으로 나타낸다. 변환 $L: \mathbb{R}^n \to \mathbb{R}^m$에 대하여 $\mathbf{v}$를 L에 의한 $\mathbf{u}$의 **상**image이라고 하며, $\mathbf{v} = L(\mathbf{u})$로 나타낸다. 또한 $\mathbb{R}^n$을 변환 L의 **정의역**domain이라고 한다.

$\mathbb{R}^n$과 $\mathbb{R}^m$에 대하여 임의의 벡터 $\mathbf{x}, \mathbf{y} \in \mathbb{R}^n$과 스칼라 k에 대하여 변환 $L: \mathbb{R}^n \to \mathbb{R}^m$이 다음 조건[1]을 만족하면 L을 $\mathbb{R}^n$에서 $\mathbb{R}^m$으로의 **선형변환**linear transformation이라고 한다.

$$L(\mathbf{x}+\mathbf{y}) = L(\mathbf{x}) + L(\mathbf{y}), \quad L(k\mathbf{x}) = kL(\mathbf{x})$$

특히 $\mathbb{R}^n$에서 $\mathbb{R}^n$ 자신으로의 선형변환 $L: \mathbb{R}^n \to \mathbb{R}^n$을 $\mathbb{R}^n$ 위의 **선형연산자**linear operator라고 한다.

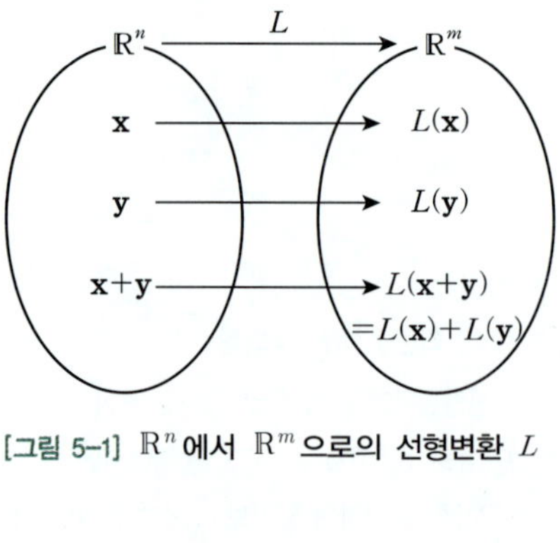

[그림 5-1] $\mathbb{R}^n$에서 $\mathbb{R}^m$으로의 선형변환 L

---

1 이 식은 선형변환이 벡터의 덧셈과 스칼라 배가 보존된다는 것을 의미한다. 연산이 보존된다는 것은 합 벡터의 변환은 각각의 벡터의 변환의 합 벡터와 같고, 스칼라 배의 변환은 변환 벡터의 스칼라 배와 같음을 뜻한다.

이제 대표적인 선형변환 몇 가지를 살펴보자.

■ 영변환

모든 $\mathbf{x} \in \mathbb{R}^n$에 대하여 $L: \mathbb{R}^n \to \mathbb{R}^m$ 을 $L(\mathbf{x}) = \mathbf{0}$으로 정의하면 두 벡터 $\mathbf{x}_1, \mathbf{x}_2 \in \mathbb{R}^n$와 임의의 스칼라 k에 대하여 다음이 성립한다.

$$L(\mathbf{x}_1 + \mathbf{x}_2) = \mathbf{0} = L(\mathbf{x}_1) + L(\mathbf{x}_2)$$
$$L(k\mathbf{x}) = \mathbf{0} = kL(\mathbf{x})$$

즉, 덧셈과 스칼라 배가 보존되므로 L은 선형변환이다. 이러한 선형변환을 **영변환**zero transformation이라고 한다.

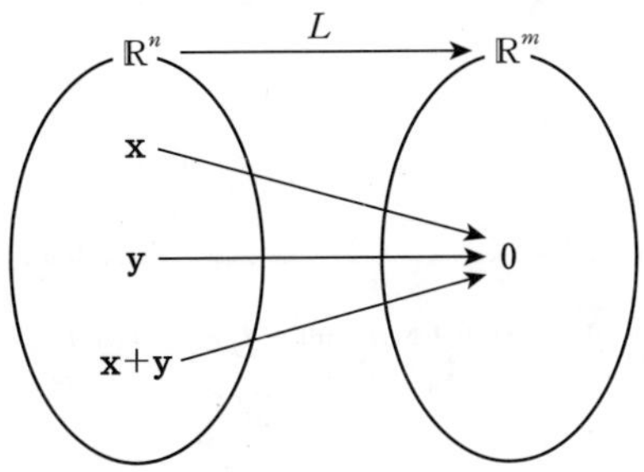

[그림 5-2] 영변환

■ 항등변환

$\mathbf{x} \in \mathbb{R}^n$에 대하여 $L: \mathbb{R}^n \to \mathbb{R}^n$을 $L(\mathbf{x}) = \mathbf{x}$로 정의하면 두 벡터 $\mathbf{x}_1, \mathbf{x}_2 \in \mathbb{R}^n$과 임의의 스칼라 k에 대하여 다음이 성립한다.

$$L(\mathbf{x}_1 + \mathbf{x}_2) = \mathbf{x}_1 + \mathbf{x}_2 = L(\mathbf{x}_1) + L(\mathbf{x}_2)$$
$$L(k\mathbf{x}) = k\mathbf{x} = kL(\mathbf{x})$$

즉, 덧셈과 스칼라 배가 보존되므로 L은 선형변환임을 쉽게 알 수 있다. 이러한 선형변환을 **항등변환**identity transformation이라고 한다.[2]

2 항등변환은 정의역과 공역이 같은 선형변환이므로 선형연산자이다.

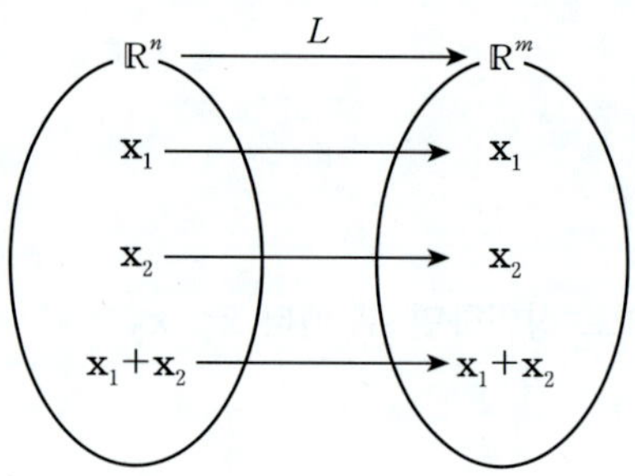

[그림 5-3] **항등변환**

선형변환의 두 가지 조건인 덧셈과 스칼라 배는 하나로 나타낼 수 있다. $L: \mathbb{R}^n \to \mathbb{R}^m$이 선형변환일 필요충분조건은 임의의 스칼라 r, s와 임의의 벡터 $\mathbf{x}, \mathbf{y} \in \mathbb{R}^n$에 대하여 다음이 성립한다.

$$L(r\mathbf{x}+s\mathbf{y}) = rL(\mathbf{x})+sL(\mathbf{y})$$ [3]

예제 5-1

$\mathbb{R}^2$의 벡터 $\mathbf{v}=\begin{bmatrix} x \\ y \end{bmatrix}$에 대하여 $L: \mathbb{R}^2 \to \mathbb{R}^3$을 다음과 같이 정의할 때, L이 선형변환임을 보여라.

$$L(\mathbf{v}) = \begin{bmatrix} x \\ y \\ x-y \end{bmatrix}$$

풀이

$\mathbb{R}^2$의 임의의 두 벡터 $\mathbf{v}_1 = \begin{bmatrix} x_1 \\ y_1 \end{bmatrix}$, $\mathbf{v}_2 = \begin{bmatrix} x_2 \\ y_2 \end{bmatrix}$와 임의의 스칼라 k에 대하여 선형변환일 두 가지 조건을 확인해보자.

❶ $L(\mathbf{v}_1+\mathbf{v}_2) = \begin{bmatrix} x_1+x_2 \\ y_1+y_2 \\ (x_1+x_2)-(y_1+y_2) \end{bmatrix} = \begin{bmatrix} x_1 \\ y_1 \\ x_1-y_1 \end{bmatrix} + \begin{bmatrix} x_2 \\ y_2 \\ x_2-y_2 \end{bmatrix}$

$= L(\mathbf{v}_1)+L(\mathbf{v}_2)$

❷ $L(k\mathbf{v}) = \begin{bmatrix} kx \\ ky \\ kx-ky \end{bmatrix} = k\begin{bmatrix} x \\ y \\ x-y \end{bmatrix}$

$= kL(\mathbf{v})$

따라서, L은 $\mathbb{R}^2$에서 $\mathbb{R}^3$로의 선형변환이다.

예제 5-2

$L: \mathbb{R}^3 \to \mathbb{R}^2$을 다음과 같이 정의할 때 L이 선형변환임을 보여라.

$$L(x, y, z) = (x, y)$$

풀이

$\mathbb{R}^3$의 임의의 두 벡터 $\mathbf{v}_1 = (x_1, y_1, z_1)$, $\mathbf{v}_2 = (x_2, y_2, z_2)$와 임의의 스칼라 k에 대하여 선형변환일 두 가지 조건을 확인해보자.

❶ $$\begin{aligned} L(\mathbf{v}_1 + \mathbf{v}_2) &= L(x_1 + x_2, y_1 + y_2, z_1 + z_2) = (x_1 + x_2, y_1 + y_2) \\ &= (x_1, y_1) + (x_2, y_2) \\ &= L(\mathbf{v}_1) + L(\mathbf{v}_2) \end{aligned}$$

❷ $$L(k\mathbf{v}) = L(kx, ky, kz) = (kx, ky) = k(x, y) = kL(\mathbf{v})$$

따라서, L은 선형변환이다.

[예제 5-2]에서 선형변환 L은 $\mathbb{R}^3$에 있는 점 (x, y, z)를 $\mathbb{R}^2$ 위의 (x, y)로 변환시켰다. 이와 같은 선형변환 L을 $\mathbb{R}^3$에서 xy평면으로의 **정사영**projection이라고 한다.

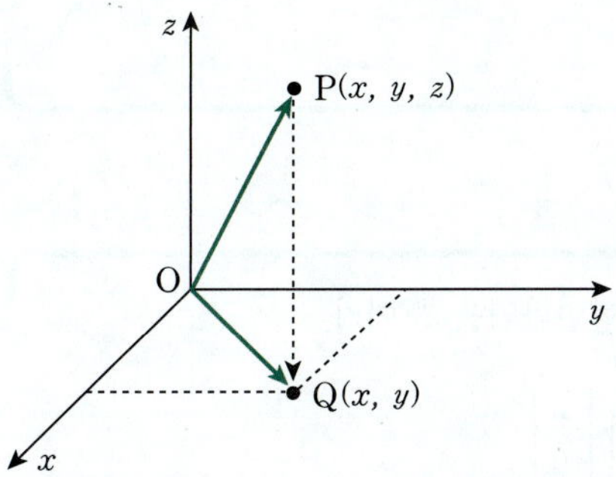

[그림 5-4] $\mathbb{R}^3$에서 $\overrightarrow{OP}$의 xy평면으로의 정사영

3 여기서 $r = s = 1$이면 $L(\mathbf{x}+\mathbf{y}) = L(\mathbf{x}) + L(\mathbf{y})$이고, $s = 0$이면 $L(r\mathbf{x}) = rL(\mathbf{x})$이다.

예제 5-3

$L: \mathbb{R}^2 \to \mathbb{R}^2$을 다음과 같이 정의할 때, L이 선형변환이 아님을 보여라.

$$L\begin{pmatrix} x \\ y \end{pmatrix} = \begin{bmatrix} x \\ y+1 \end{bmatrix}$$

풀이

$\mathbb{R}^2$의 임의의 두 벡터 $\mathbf{v}_1 = \begin{bmatrix} x_1 \\ y_1 \end{bmatrix}$, $\mathbf{v}_2 = \begin{bmatrix} x_2 \\ y_2 \end{bmatrix}$에 대하여 선형변환의 두 가지 조건 중에서 벡터의 덧셈을 살펴보자.

$$L(\mathbf{v}_1 + \mathbf{v}_2) = L\left(\begin{bmatrix} x_1 \\ y_1 \end{bmatrix} + \begin{bmatrix} x_2 \\ y_2 \end{bmatrix}\right) = L\begin{pmatrix} x_1 + x_2 \\ y_1 + y_2 \end{pmatrix} = \begin{bmatrix} x_1 + x_2 \\ y_1 + y_2 + 1 \end{bmatrix}$$

$L(\mathbf{v}_1) + L(\mathbf{v}_2)$도 구해보자.

$$\begin{aligned} L(\mathbf{v}_1) + L(\mathbf{v}_2) &= L\begin{pmatrix} x_1 \\ y_1 \end{pmatrix} + L\begin{pmatrix} x_2 \\ y_2 \end{pmatrix} \\ &= \begin{bmatrix} x_1 \\ y_1 + 1 \end{bmatrix} + \begin{bmatrix} x_2 \\ y_2 + 1 \end{bmatrix} \\ &= \begin{bmatrix} x_1 + x_2 \\ y_1 + y_2 + 2 \end{bmatrix} \end{aligned}$$

두 식을 정리한 결과가 일치하지 않는다. 즉,

$$L(\mathbf{v}_1 + \mathbf{v}_2) \neq L(\mathbf{v}_1) + L(\mathbf{v}_2)$$

이다. 따라서 L은 선형변환이 아니다.[4]

예제 5-4

$L: \mathbb{R}^3 \to \mathbb{R}^2$을 다음과 같이 정의할 때, L이 선형변환임을 보여라.

$$L\begin{bmatrix} x \\ y \\ z \end{bmatrix} = \begin{bmatrix} 1 & 1 & -1 \\ 2 & 1 & -1 \end{bmatrix}\begin{bmatrix} x \\ y \\ z \end{bmatrix}$$

풀이

$\mathbb{R}^3$의 임의의 두 벡터 $\mathbf{u} = \begin{bmatrix} u_1 \\ u_2 \\ u_3 \end{bmatrix}$, $\mathbf{v} = \begin{bmatrix} v_1 \\ v_2 \\ v_3 \end{bmatrix}$와 임의의 스칼라 r, s에 대하여 선형변환의 조건을 만족하는지 확인해보자.

4 일반적으로 평행이동은 선형변환이 아니다.

$$\begin{aligned}L(r\mathbf{u}+s\mathbf{v}) &= \begin{bmatrix}1 & 1 & -1\\ 2 & 1 & -1\end{bmatrix}\begin{bmatrix}ru_1+sv_1\\ ru_2+sv_2\\ ru_3+sv_3\end{bmatrix}\\ &= r\begin{bmatrix}1 & 1 & -1\\ 2 & 1 & -1\end{bmatrix}\begin{bmatrix}u_1\\ u_2\\ u_3\end{bmatrix}+s\begin{bmatrix}1 & 1 & -1\\ 2 & 1 & -1\end{bmatrix}\begin{bmatrix}v_1\\ v_2\\ v_3\end{bmatrix}\\ &= rL(\mathbf{u})+sL(\mathbf{v})\end{aligned}$$

따라서 L은 선형변환이다.

[예제 5-4]에서는 행렬로 표현된 변환은 선형변환임을 알았다. 이제 이를 일반화해 보자.

행렬변환

다음의 [정리 5-1]과 같이 행렬로 정의된 선형변환을 **행렬변환**matrix transformation이라고 한다.

정리 5-1 행렬변환

$m \times n$ 행렬 A에 대하여 $L: \mathbb{R}^n \to \mathbb{R}^m$을 $L(\mathbf{x}) = A\mathbf{x}$라 하면 L은 선형변환이다. 즉 모든 행렬변환은 선형변환이다.

증명

임의의 두 벡터 $\mathbf{x}, \mathbf{y} \in \mathbb{R}^n$에 대하여

$$\begin{aligned}L(r\mathbf{x}+s\mathbf{y}) &= A(r\mathbf{x}+s\mathbf{y})\\ &= rA\mathbf{x}+sA\mathbf{y}\\ &= rL(\mathbf{x})+sL(\mathbf{y})\end{aligned}$$

이다. 따라서 L은 선형변환이다. ■

[정리 5-1]에서 보았듯이 $m \times n$ 행렬 A에 대하여 $L(\mathbf{x}) = A\mathbf{x}$는 선형변환이다.

[예제 5-4]를 다시 살펴보자. 선형변환 $L: \mathbb{R}^3 \to \mathbb{R}^2$ 을 $L\begin{bmatrix} x \\ y \\ z \end{bmatrix} = \begin{bmatrix} 1 & 1 & -1 \\ 2 & 1 & -1 \end{bmatrix}\begin{bmatrix} x \\ y \\ z \end{bmatrix}$ 라 하면 임의의 벡터 $\mathbf{x} \in \mathbb{R}^3$는

$$\mathbf{x} = \begin{bmatrix} x \\ y \\ z \end{bmatrix} = x\begin{bmatrix} 1 \\ 0 \\ 0 \end{bmatrix} + y\begin{bmatrix} 0 \\ 1 \\ 0 \end{bmatrix} + z\begin{bmatrix} 0 \\ 0 \\ 1 \end{bmatrix}$$

이므로, $L(\mathbf{x})$는 다음과 같이 정리할 수 있다.

$$\begin{aligned} L(\mathbf{x}) = L\begin{bmatrix} x \\ y \\ z \end{bmatrix} &= L\left(x\begin{bmatrix} 1 \\ 0 \\ 0 \end{bmatrix} + y\begin{bmatrix} 0 \\ 1 \\ 0 \end{bmatrix} + z\begin{bmatrix} 0 \\ 0 \\ 1 \end{bmatrix}\right) \\ &= xL\begin{pmatrix} 1 \\ 0 \\ 0 \end{pmatrix} + yL\begin{pmatrix} 0 \\ 1 \\ 0 \end{pmatrix} + zL\begin{pmatrix} 0 \\ 0 \\ 1 \end{pmatrix} \end{aligned}$$

즉 $\mathbb{R}^3$의 표준기저 $\left\{\mathbf{e}_1 = \begin{bmatrix} 1 \\ 0 \\ 0 \end{bmatrix},\ \mathbf{e}_2 = \begin{bmatrix} 0 \\ 1 \\ 0 \end{bmatrix},\ \mathbf{e}_3 = \begin{bmatrix} 0 \\ 0 \\ 1 \end{bmatrix}\right\}$에 대하여 $L(\mathbf{x})$를 정리하면 다음과 같이 행렬로 나타낼 수 있다.

$$\begin{aligned} L(\mathbf{x}) &= L(x\mathbf{e}_1 + y\mathbf{e}_2 + z\mathbf{e}_3) \\ &= xL(\mathbf{e}_1) + yL(\mathbf{e}_2) + zL(\mathbf{e}_3) \\ &= x\begin{bmatrix} 1 \\ 2 \end{bmatrix} + y\begin{bmatrix} 1 \\ 1 \end{bmatrix} + z\begin{bmatrix} -1 \\ -1 \end{bmatrix} \\ &= \begin{bmatrix} 1 & 1 & -1 \\ 2 & 1 & -1 \end{bmatrix}\begin{bmatrix} x \\ y \\ z \end{bmatrix} \end{aligned}$$

따라서 선형변환 L은 $A = \begin{bmatrix} 1 & 1 & -1 \\ 2 & 1 & -1 \end{bmatrix}$ 일 때, $L(\mathbf{x}) = A\mathbf{x}$ 형태로 표시된다.

선형변환의 표준행렬

일반적으로 선형변환 $L: \mathbb{R}^n \to \mathbb{R}^m$과 $\mathbb{R}^n$의 표준기저 $\{\mathbf{e}_1, \mathbf{e}_2, \cdots, \mathbf{e}_n\}$에 대하여 $L(\mathbf{e}_1), L(\mathbf{e}_2), \cdots, L(\mathbf{e}_n)$은 각각 $m \times 1$ 행렬이므로 다음과 같이 쓸 수 있다.

$$L(\mathbf{e}_1) = \begin{bmatrix} a_{11} \\ a_{21} \\ \vdots \\ a_{m1} \end{bmatrix},\ L(\mathbf{e}_2) = \begin{bmatrix} a_{12} \\ a_{22} \\ \vdots \\ a_{m2} \end{bmatrix},\ \cdots,\ L(\mathbf{e}_n) = \begin{bmatrix} a_{1n} \\ a_{2n} \\ \vdots \\ a_{mn} \end{bmatrix}$$

즉 $L(\mathbf{e}_1), L(\mathbf{e}_2), \cdots, L(\mathbf{e}_n)$을 열벡터로 갖는 $m\times n$ 행렬을 A라 하면 A는 다음과 같다.

$$A=[L(\mathbf{e}_1)\ \ L(\mathbf{e}_2)\ \ \cdots\ \ L(\mathbf{e}_n)]=\begin{bmatrix} a_{11} & a_{12} & \cdots & a_{1n} \\ a_{21} & a_{22} & \cdots & a_{2n} \\ \vdots & \vdots & \ddots & \vdots \\ a_{m1} & a_{m2} & \cdots & a_{mn} \end{bmatrix}$$

이때 행렬 $A=[a_{ij}]$를 선형변환 L의 **표준행렬**standard matrix이라고 한다.

정리 5-2 $\mathbb{R}^n$에서 $\mathbb{R}^m$으로의 선형변환

$L:\mathbb{R}^n\to\mathbb{R}^m$이 선형변환이면 L에 대한 표준행렬 A와 $\mathbf{x}\in\mathbb{R}^n$에 대하여 다음이 성립한다.

$$L(\mathbf{x})=A\mathbf{x}$$

증명

$\mathbf{x}=\begin{bmatrix} x_1 \\ x_2 \\ \vdots \\ x_n \end{bmatrix}\in\mathbb{R}^n$에 대하여 $\mathbf{x}=x_1\mathbf{e}_1+x_2\mathbf{e}_2+\cdots+x_n\mathbf{e}_n$이므로 $L(\mathbf{x})$는 표준행렬 A를 이용해 정리할 수 있다.

$$\begin{aligned} L(\mathbf{x}) &= L(x_1\mathbf{e}_1+x_2\mathbf{e}_2+\cdots+x_n\mathbf{e}_n) \\ &= x_1L(\mathbf{e}_1)+x_2L(\mathbf{e}_2)+\cdots+x_nL(\mathbf{e}_n) \\ &= [L(\mathbf{e}_1)\ \ L(\mathbf{e}_2)\cdots\ L(\mathbf{e}_n)]\begin{bmatrix} x_1 \\ x_2 \\ \vdots \\ x_n \end{bmatrix} \\ &= A\mathbf{x} \end{aligned}$$

■

위 정리는 $L:\mathbb{R}^n\to\mathbb{R}^m$인 모든 선형변환은 행렬변환임을 뜻한다. 따라서 행렬과 선형변환은 다르게 보이지만 같은 것임을 알 수 있다.

예제 5-5

선형변환 $L : \mathbb{R}^4 \to \mathbb{R}^3$ 이 다음과 같이 주어졌을 때, L 의 표준행렬을 구하고, 선형변환 L 을 행렬변환으로 나타내라.

$$L\begin{bmatrix} x_1 \\ x_2 \\ x_3 \\ x_4 \end{bmatrix} = \begin{bmatrix} 2x_1 - 2x_2 - x_3 - 3x_4 \\ 2x_1 + 5x_2 - 2x_3 + x_4 \\ 5x_1 - x_2 + 4x_3 \end{bmatrix}$$

풀이

먼저 $\mathbb{R}^4$의 표준기저 $\{\mathbf{e}_1, \mathbf{e}_2, \mathbf{e}_3, \mathbf{e}_4\}$에 대하여

$$L(\mathbf{e}_1) = \begin{bmatrix} 2 \\ 2 \\ 5 \end{bmatrix},\ L(\mathbf{e}_2) = \begin{bmatrix} -2 \\ 5 \\ -1 \end{bmatrix},\ L(\mathbf{e}_3) = \begin{bmatrix} -1 \\ -2 \\ 4 \end{bmatrix},\ L(\mathbf{e}_4) = \begin{bmatrix} -3 \\ 1 \\ 0 \end{bmatrix}$$

이므로, L의 표준행렬은 다음과 같다.

$$A = \begin{bmatrix} 2 & -2 & -1 & -3 \\ 2 & 5 & -2 & 1 \\ 5 & -1 & 4 & 0 \end{bmatrix}$$

따라서 선형변환 L을 다음과 같이 행렬로 나타낼 수 있다.

$$\begin{aligned} L\begin{bmatrix} x_1 \\ x_2 \\ x_3 \\ x_4 \end{bmatrix} &= \begin{bmatrix} 2x_1 - 2x_2 - x_3 - 3x_4 \\ 2x_1 + 5x_2 - 2x_3 + x_4 \\ 5x_1 - x_2 + 4x_3 \end{bmatrix} \\ &= \begin{bmatrix} 2 & -2 & -1 & -3 \\ 2 & 5 & -2 & 1 \\ 5 & -1 & 4 & 0 \end{bmatrix}\begin{bmatrix} x_1 \\ x_2 \\ x_3 \\ x_4 \end{bmatrix} \end{aligned}$$

Chapter 5.1

연습문제

1~10. 다음 중 선형변환인 것을 찾고, 선형변환이 아닌 것은 그 이유를 말하라.

1. $L: \mathbb{R}^3 \to \mathbb{R}^2,\ L(x, y, z) = (y, z)$

2. $L: \mathbb{R} \to \mathbb{R}^2,\ L(x) = (x, 1)$

3. $L: \mathbb{R} \to \mathbb{R}^2,\ L(x) = (1, x)$

4. $L: \mathbb{R}^3 \to \mathbb{R}^2,\ L(x, y, z) = (2x - y, yz)$

5. $L: \mathbb{R}^2 \to \mathbb{R},\ L(x, y) = xy$

6. $L\begin{bmatrix} x \\ y \\ z \end{bmatrix} = \begin{bmatrix} x - 2y \\ y \\ x - z \end{bmatrix}$

7. $L\begin{bmatrix} x \\ y \\ z \end{bmatrix} = \begin{bmatrix} x \\ 2x - 3y \\ 3y - 2z \end{bmatrix}$

8. $L(x, y) = (x, \tan y)$

9. $L(x, y) = (0, xy)$

10. $L: \mathbb{R}^3 \to \mathbb{R}^2,\ L(x, y, z) = (|x|, 0)$

11~14. 다음 선형변환의 표준행렬을 구하라.

11. $L\begin{bmatrix} x_1 \\ x_2 \end{bmatrix} = \begin{bmatrix} -2x_1 \\ 3x_2 \end{bmatrix}$

12. $L\begin{bmatrix} x_1 \\ x_2 \end{bmatrix} = \begin{bmatrix} x_1 + 3x_2 \\ x_1 - 2x_2 \end{bmatrix}$

13. $L\begin{bmatrix} x \\ y \\ z \end{bmatrix} = \begin{bmatrix} x + y \\ 3y - 2z \\ x - z \end{bmatrix}$

14. $L\begin{bmatrix} x_1 \\ x_2 \\ x_3 \end{bmatrix} = \begin{bmatrix} x_1 + x_2 - x_3 \\ -2x_1 + x_2 \\ 5x_3 \end{bmatrix}$

15~19. $L: \mathbb{R}^3 \to \mathbb{R}^2$이 선형변환이고 $L(1, 0, 0) = (2, -4)$, $L(0, 1, 0) = (3, -5)$, $L(0, 0, 1) = (2, 3)$일 때, 다음을 구하라.

15. $L(2, 3, 4)$

16. $L(1, 2, 3)$

17. $L(1, -2, 3)$

18. $L(1, 1, -1)$

19. $L(x, y, z)$

20. $\mathbb{R}^4$의 세 벡터 $\mathbf{x}_1, \mathbf{x}_2, \mathbf{x}_3$에 대하여 선형변환 $L: \mathbb{R}^4 \to \mathbb{R}^3$은 다음을 만족한다. 이때 $L(3\mathbf{x}_1 - 2\mathbf{x}_2 + 4\mathbf{x}_3)$을 구하라.

$$L(\mathbf{x}_1) = \begin{bmatrix} 1 \\ -1 \\ 2 \end{bmatrix},\ L(\mathbf{x}_2) = \begin{bmatrix} 0 \\ 3 \\ 2 \end{bmatrix},\ L(\mathbf{x}_3) = \begin{bmatrix} -3 \\ 1 \\ 2 \end{bmatrix}$$

21. n차 정사각행렬 $A = [a_{ij}]$의 대각합 $\text{tr}(A) = a_{11} + a_{22} + a_{33} + \cdots + a_{nn}$은 선형변환임을 보여라.

22. 0이 아닌 임의의 실수 a, b에 대하여 $L: \mathbb{R}^2 \to \mathbb{R}^2$을 $L(x, y) = (x + a, y + b)$라 할 때, L이 선형변환이 아님을 보여라.

23. 선형변환 $L: \mathbb{R}^3 \to \mathbb{R}^4$이 $L(x_1, x_2, x_3) = (x_1 + x_2, x_1 - x_2, x_3, x_1)$으로 정의될 때, 표준행렬을 구하라.

24. 선형연산자 $L: \mathbb{R}^3 \to \mathbb{R}^3$이 $L(x, y, z) = (-x + 3y + 2z, 2x + 4z, x + 3y + 6z)$로 정의될 때, 표준행렬을 구하라.

25. 선형변환 $L: \mathbb{R}^n \to \mathbb{R}^n$이 일대일 함수일 때, $L(\mathbf{u} - \mathbf{v}) = \mathbf{0}$이면 $\mathbf{u} = \mathbf{v}$임을 보여라.

Section

5.2 선형연산자의 기하학적 성질

이 절에서는 벡터공간의 차원을 낮추어 평면 $\mathbb{R}^2$에서 $\mathbb{R}^2$ 자신으로의 선형변환, 즉 $\mathbb{R}^2$ 위의 선형연산자의 기하학적인 성질인 대칭변환, 회전변환, 정사영변환을 살펴본다. 이들은 유클리드 기하학의 기초가 되는 중요한 선형변환이므로 다양한 곳에서 유용하게 활용할 수 있다. 마지막으로 평면 $\mathbb{R}^2$의 기하학적 성질을 공간 $\mathbb{R}^3$에서 알아보고, 공간에서의 정사영변환에 대하여 알아본다.

대칭변환

평면에서 점 또는 직선에 대칭되는 위치로 점 또는 도형을 옮기는 변환을 **대칭변환** symmetric transformation이라고 한다.

선형변환 $L: \mathbb{R}^2 \to \mathbb{R}^2$을 다음과 같이 정의하자.

$$L\begin{pmatrix} x \\ y \end{pmatrix} = \begin{bmatrix} ax+by \\ cx+dy \end{bmatrix}$$

L의 표준행렬 A를 알면 임의의 벡터 $\mathbf{x} = \begin{bmatrix} x \\ y \end{bmatrix}$가 L에 의하여 옮겨지는 상을 쉽게 찾을 수 있다. 즉 $L(\mathbf{x}) = A\mathbf{x}$이므로 [그림 5-5(a)]에서 보듯이 $\mathbb{R}^2$ 위의 벡터 $\overrightarrow{\mathrm{OP}} = \begin{bmatrix} x \\ y \end{bmatrix}$는 선형변환 L의 표준행렬 A에 의하여 벡터 $\overrightarrow{\mathrm{OQ}} = \begin{bmatrix} ax+by \\ cx+dy \end{bmatrix}$로 옮겨진 결과이다. 이는 [그림 5-5(b)]처럼 행렬 A는 $\mathbb{R}^2$ 위의 점 $\mathrm{P}(x, y)$를 점 $\mathrm{Q}(ax+by, cx+dy)$로 옮긴다고 생각할 수도 있다.

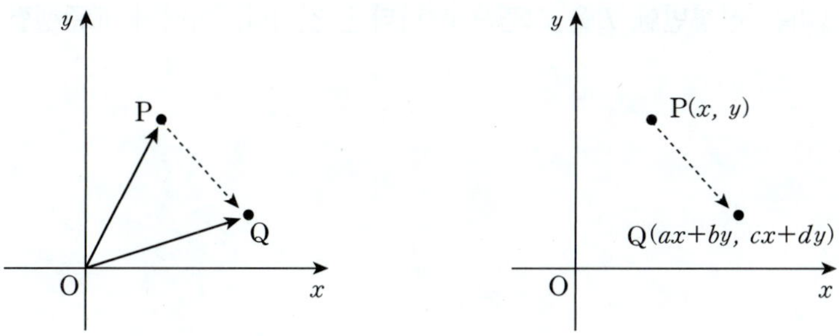

[그림 5-5] 선형변환에 의한 점의 이동

다음 예제를 통해 $\mathbb{R}^2$ 위의 다양한 대칭변환에 대하여 살펴보자.

예제 5-6

$\mathbb{R}^2$ 위의 점 $\mathrm{P}(x, y)$를 다음에 관하여 대칭 이동하는 선형변환을 구하고, 이에 대응하는 표준행렬 A를 구하라.

(a) x축 (b) y축 (c) 직선 $y=x$

풀이

x축, y축, 직선 $y=x$에 관하여 대칭 이동하는 선형변환과 이에 대응하는 표준행렬 A는 다음과 같다.

(a) $L\begin{pmatrix} x \\ y \end{pmatrix} = \begin{bmatrix} x \\ -y \end{bmatrix}$, $A = [L(\mathbf{e}_1)\ L(\mathbf{e}_2)] = \begin{bmatrix} 1 & 0 \\ 0 & -1 \end{bmatrix}$

(b) $L\begin{pmatrix} x \\ y \end{pmatrix} = \begin{bmatrix} -x \\ y \end{bmatrix}$, $A = [L(\mathbf{e}_1)\ L(\mathbf{e}_2)] = \begin{bmatrix} -1 & 0 \\ 0 & 1 \end{bmatrix}$

(c) $L\begin{pmatrix} x \\ y \end{pmatrix} = \begin{bmatrix} y \\ x \end{bmatrix}$, $A = [L(\mathbf{e}_1)\ L(\mathbf{e}_2)] = \begin{bmatrix} 0 & 1 \\ 1 & 0 \end{bmatrix}$

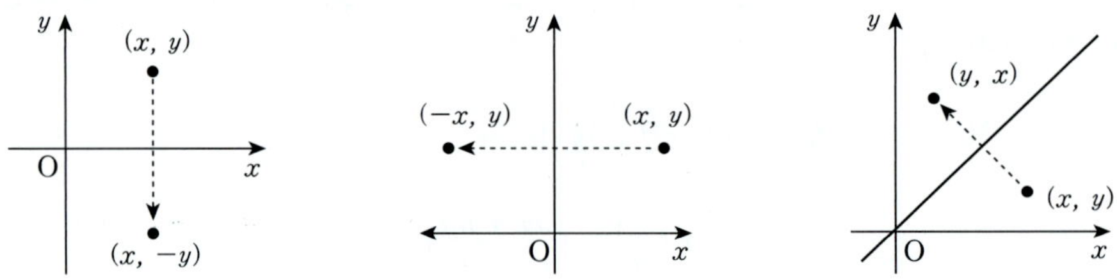

(a) x축 대칭 (b) y축 대칭 (c) 직선 $y=x$ 대칭

회전변환

평면에서 어떤 점을 기준으로 점 또는 도형을 회전시키는 변환을 **회전변환** rotational transformation이라고 한다. [그림 5-6]은 $\mathbb{R}^2$ 위의 점 $\mathrm{P}(x, y)$를 원점에 대하여 θ만큼 회전 이동하여 점 $\mathrm{Q}(x', y')$로 옮기는 선형변환 L을 그림으로 나타낸 것이다. 이때의 표준행렬 A를 구해보자.

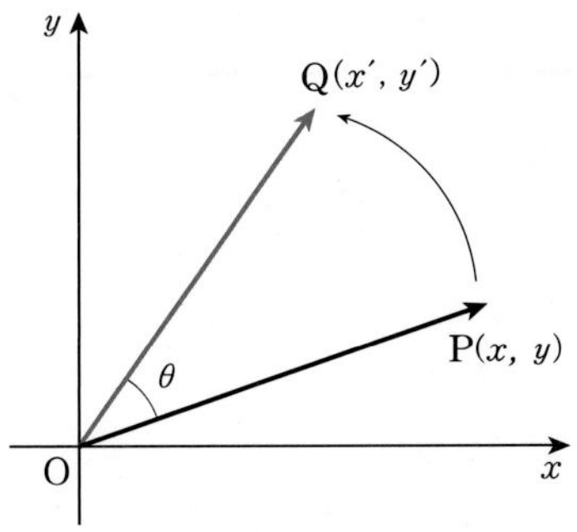

[그림 5-6] P를 Q로 θ만큼 회전한 변환

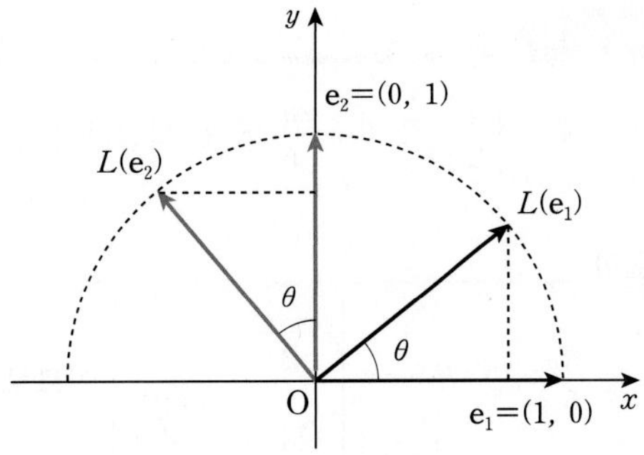

[그림 5-7] 단위벡터를 θ만큼 회전한 변환

선형변환의 표준행렬은 단위벡터의 변환에 의해서 구할 수 있음을 5.1절에서 살펴봤다. 또 [그림 5-7]에서 알 수 있듯이 $L(\mathbf{e}_1)=\begin{bmatrix}\cos\theta \\ \sin\theta\end{bmatrix}$, $L(\mathbf{e}_2)=\begin{bmatrix}-\sin\theta \\ \cos\theta\end{bmatrix}$이므로 표준행렬은 다음과 같다.

$$A=\begin{bmatrix}\cos\theta & -\sin\theta \\ \sin\theta & \cos\theta\end{bmatrix}$$

따라서 $\mathbb{R}^2$ 위의 점 $\mathrm{P}(x, y)$를 원점에 관하여 θ만큼 회전하여 얻은 점을 $\mathrm{Q}(x', y')$이라 하면 선형변환 L은 다음과 같다.

$$L\begin{pmatrix}x \\ y\end{pmatrix}=\begin{bmatrix}\cos\theta & -\sin\theta \\ \sin\theta & \cos\theta\end{bmatrix}\begin{bmatrix}x \\ y\end{bmatrix}=\begin{bmatrix}x' \\ y'\end{bmatrix}$$

즉

$$\begin{cases}x' = x\cos\theta - y\sin\theta \\ y' = x\sin\theta + y\cos\theta\end{cases}$$

이므로 점 P를 점 Q로 옮기는 선형변환은 다음과 같다.

$$L\begin{pmatrix}x \\ y\end{pmatrix}=\begin{bmatrix}x\cos\theta - y\sin\theta \\ x\sin\theta + y\cos\theta\end{bmatrix}$$

위의 선형변환 L을 원점에 대하여 θ만큼 회전한 회전변환이라 하고, 다음 행렬 R_θ를 회전변환의 표준행렬이라고 한다.

$$R_\theta=\begin{bmatrix}\cos\theta & -\sin\theta \\ \sin\theta & \cos\theta\end{bmatrix}$$

예제 5-7

벡터 $\mathbf{x}=\begin{bmatrix}1\\2\end{bmatrix}$ 를 $\theta=\dfrac{\pi}{6}$ 만큼 회전하여 얻은 벡터를 구하라.

풀이

$\theta=\dfrac{\pi}{6}$ 이면 $R_{\frac{\pi}{6}}=\begin{bmatrix}\dfrac{\sqrt{3}}{2} & -\dfrac{1}{2}\\ \dfrac{1}{2} & \dfrac{\sqrt{3}}{2}\end{bmatrix}$ 이므로 다음과 같다.

$$L\begin{pmatrix}1\\2\end{pmatrix}=\begin{bmatrix}\dfrac{\sqrt{3}}{2} & -\dfrac{1}{2}\\ \dfrac{1}{2} & \dfrac{\sqrt{3}}{2}\end{bmatrix}\begin{bmatrix}1\\2\end{bmatrix}=\begin{bmatrix}\dfrac{\sqrt{3}}{2}-1\\ \dfrac{1}{2}+\sqrt{3}\end{bmatrix}$$

따라서 회전변환에 의하여 벡터 $\mathbf{x}=\begin{bmatrix}1\\2\end{bmatrix}$ 는 벡터 $\begin{bmatrix}\dfrac{\sqrt{3}}{2}-1\\ \dfrac{1}{2}+\sqrt{3}\end{bmatrix}$ 으로 옮겨진다.

직선 $y=ax$에 대한 대칭변환

평면에서 $y=ax$의 그래프는 원점을 지나고 기울기가 $\tan\theta=a$인 직선이다. $\mathbb{R}^2$의 임의의 벡터 $\mathbf{x}$를 이 직선에 관하여 대칭 이동하는 선형변환 $T(\mathbf{x})$와 이 선형변환의 표준행렬 H_θ에 대하여 알아보자.

$y=ax$의 그래프가 x축과 이루는 각이 θ일 때, 이 직선을 l_θ라 하자.[5] 이때 $\mathbb{R}^2$의 임의의 벡터 $\mathbf{x}$를 직선 l_θ에 관하여 대칭시키는 선형변환 $T(\mathbf{x})$를 xy평면에 나타내면 [그림 5-8]과 같다.

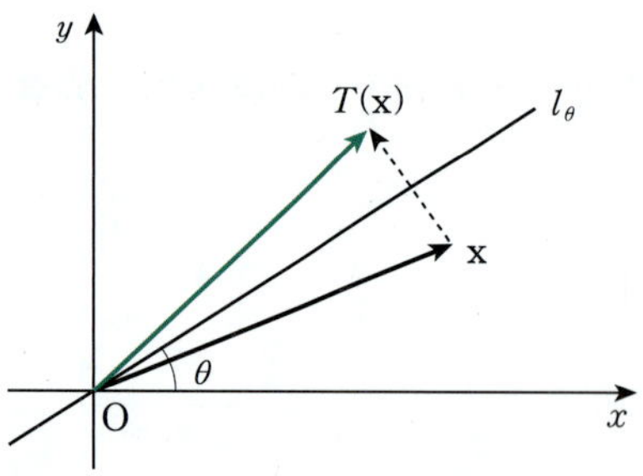

[그림 5-8] 직선 l_θ에 대한 대칭변환 $T(\mathbf{x})$

5 이때 기울기는 $\tan\theta$이므로 직선의 방정식은 $y=ax=\tan\theta x$이다.

선형변환 $T(\mathbf{x})$의 표준행렬을 $H_\theta = [T(\mathbf{e}_1)\ T(\mathbf{e}_2)]$라 하면 [그림 5-9(a)]에서 보듯이 $\mathbf{e}_1 = \begin{bmatrix} 1 \\ 0 \end{bmatrix}$은 T에 의해 $T(\mathbf{e}_1) = \begin{bmatrix} \cos 2\theta \\ \sin 2\theta \end{bmatrix}$으로 옮겨진다.

한편, [그림 5-9(b)]처럼 $\mathbf{e}_2 = \begin{bmatrix} 0 \\ 1 \end{bmatrix}$은 직선 l_θ에 의하여 $\begin{bmatrix} \cos\left(\frac{\pi}{2} - 2\theta\right) \\ -\sin\left(\frac{\pi}{2} - 2\theta\right) \end{bmatrix}$로 옮겨진다.
즉 $T(\mathbf{e}_2) = \begin{bmatrix} \cos\left(\frac{\pi}{2} - 2\theta\right) \\ \sin\left(\frac{\pi}{2} - 2\theta\right) \end{bmatrix} = \begin{bmatrix} \sin 2\theta \\ -\cos 2\theta \end{bmatrix}$이다.

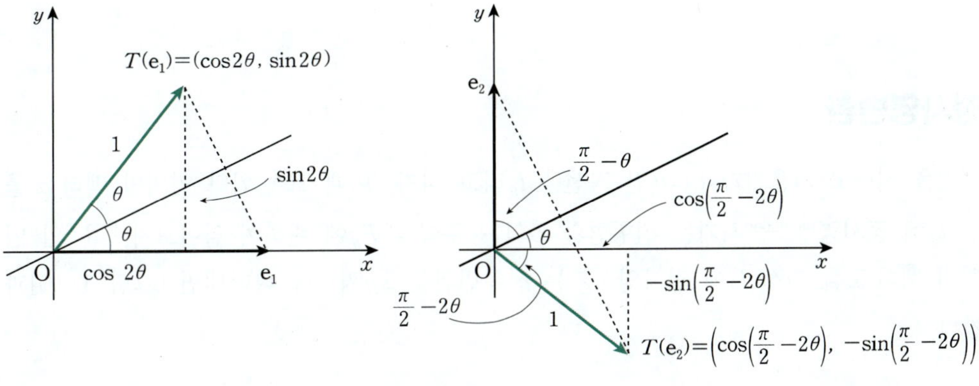

[그림 5-9] 직선 l_θ에 대한 단위벡터의 대칭변환

따라서 $\mathbb{R}^2$의 임의의 벡터 $\mathbf{x}$를 기울기가 $\tan\theta = a$인 직선 l_θ에 관하여 대칭변환하는 표준행렬은 다음과 같다.

$$H_\theta = [\,T(\mathbf{e}_1)\ T(\mathbf{e}_2)\,] = \begin{bmatrix} \cos 2\theta & \sin 2\theta \\ \sin 2\theta & -\cos 2\theta \end{bmatrix}$$

예제 5-8

직선 $y = \tan\frac{\pi}{6}x$에 관하여 대칭인 선형변환의 표준행렬을 구하라. 또 이 선형변환에 의하여 벡터 $\mathbf{x} = (1,\ 1)$이 옮겨지는 벡터를 구하라.

풀이

직선 $y = \tan\frac{\pi}{6}x$이므로 $\theta = \frac{\pi}{6}$이다. 즉 $H_\theta = \begin{bmatrix} \cos 2\theta & \sin 2\theta \\ \sin 2\theta & -\cos 2\theta \end{bmatrix}$이므로 표준행렬은 다음과 같다.

$$H_{\frac{\pi}{6}} = \begin{bmatrix} \frac{1}{2} & \frac{\sqrt{3}}{2} \\ \frac{\sqrt{3}}{2} & -\frac{1}{2} \end{bmatrix}$$

따라서 벡터 $\mathbf{x} = (1,\ 1)$은 다음 벡터로 옮겨진다.

$$H_{\frac{\pi}{6}}\mathbf{x} = \begin{bmatrix} \frac{1}{2} & \frac{\sqrt{3}}{2} \\ \frac{\sqrt{3}}{2} & -\frac{1}{2} \end{bmatrix} \begin{bmatrix} 1 \\ 1 \end{bmatrix} = \begin{bmatrix} \frac{1}{2}(1+\sqrt{3}) \\ \frac{1}{2}(\sqrt{3}-1) \end{bmatrix}$$

정사영변환

원점을 지나고 기울기가 $\tan\theta$인 직선을 l_θ라고 하자. 이때 $\mathbb{R}^2$ 위의 임의의 벡터 $\mathbf{x}$를 선 l_θ에 **정사영**projection시키는 선형변환 L의 표준행렬 P_θ에 관하여 알아보자. $\mathbb{R}^2$의 임의의 벡터 $\mathbf{x}$를 직선 l_θ에 정사영시키는 선형변환을 xy평면에 나타내면 [그림 5-10]과 같다.

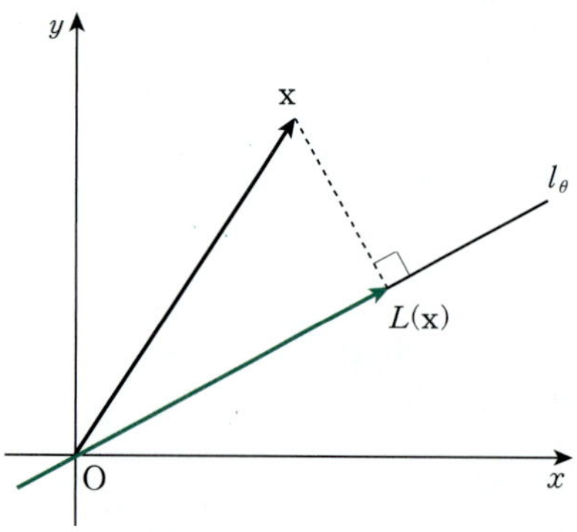

[그림 5-10] 벡터 $\mathbf{x}$를 직선 l_θ에 정사영시키는 변환

지금까지는 좌표평면에서 선형변환에 의하여 단위벡터가 옮겨질 때를 직접 구했었다. 이제 지금까지와는 다른 방법으로 선형변환 $L(\mathbf{x}) = P_\theta \mathbf{x}$ 의 표준행렬을 구해보자.

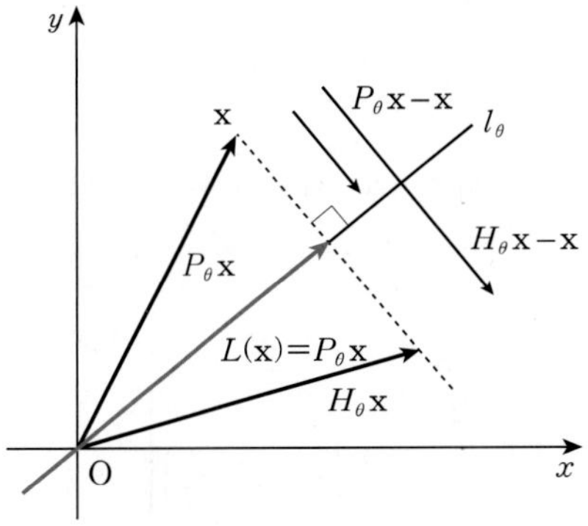

[그림 5-11] **원점을 지나는 직선에 대칭인 변환**

[그림 5-11]에서 벡터 $P_\theta\mathbf{x} - \mathbf{x}$ 는 벡터 $H_\theta\mathbf{x} - \mathbf{x}$ 와 방향은 같고 크기가 $\frac{1}{2}$ 이므로 다음 등식이 성립한다.

$$P_\theta\mathbf{x} - \mathbf{x} = \frac{1}{2}(H_\theta\mathbf{x} - \mathbf{x})$$

이것을 $P_\theta\mathbf{x}$ 에 대하여 정리하면 다음을 얻을 수 있다.

$$\begin{aligned} P_\theta\mathbf{x} - \mathbf{x} &= \frac{1}{2}H_\theta\mathbf{x} - \frac{1}{2}\mathbf{x} \\ P_\theta\mathbf{x} &= \frac{1}{2}H_\theta\mathbf{x} + \frac{1}{2}\mathbf{x} = \frac{1}{2}(H_\theta + I)\mathbf{x} \end{aligned}$$

따라서 $P_\theta\mathbf{x} = \frac{1}{2}(H_\theta + I)\mathbf{x}$ 이므로 선형변환의 표준행렬 P_θ 는 다음과 같다.

$$P_\theta = \begin{bmatrix} \frac{1}{2}(1+\cos 2\theta) & \frac{1}{2}\sin 2\theta \\ \frac{1}{2}\sin 2\theta & \frac{1}{2}(1-\cos 2\theta) \end{bmatrix} = \begin{bmatrix} \cos^2\theta & \sin\theta\cos\theta \\ \sin\theta\cos\theta & \sin^2\theta \end{bmatrix}$$

예제 5-9

$\mathbb{R}^2$ 위의 직선 $y=\tan\frac{\pi}{12}x$에 정사영시키는 선형변환의 표준행렬을 구하라. 또 이 선형변환에 의하여 벡터 $\mathbf{x}=(1,\ 1)$이 옮겨지는 벡터를 구하라.

풀이

직선 $y=\tan\frac{\pi}{12}x$이므로 $\theta=\frac{\pi}{12}$이다. 따라서 $2\theta=\frac{\pi}{6}$이고, 이 선형변환의 표준행렬은 다음과 같다.

$$P_\theta=\begin{bmatrix}\frac{1}{2}(1+\cos 2\theta) & \frac{1}{2}\sin 2\theta \\ \frac{1}{2}\sin 2\theta & \frac{1}{2}(1-\cos 2\theta)\end{bmatrix}=\begin{bmatrix}\frac{1}{2}\left(1+\frac{\sqrt{3}}{2}\right) & \frac{1}{4} \\ \frac{1}{4} & \frac{1}{2}\left(1-\frac{\sqrt{3}}{2}\right)\end{bmatrix}$$

또 벡터 $\mathbf{x}=(1,\ 1)$이 표준행렬에 의하여 다음 벡터로 옮겨진다.

$$P_\theta\mathbf{x}=\begin{bmatrix}\frac{1}{2}\left(1+\frac{\sqrt{3}}{2}\right) & \frac{1}{4} \\ \frac{1}{4} & \frac{1}{2}\left(1-\frac{\sqrt{3}}{2}\right)\end{bmatrix}\begin{bmatrix}1 \\ 1\end{bmatrix}=\begin{bmatrix}\frac{1}{4}(3+\sqrt{3}) \\ \frac{1}{4}(3-\sqrt{3})\end{bmatrix}$$

$\mathbb{R}^3$ 위의 정사영변환

지금까지 평면 $\mathbb{R}^2$에서 중요하게 사용되는 몇 가지 선형변환에 대하여 알아보았다. 이제는 $\mathbb{R}^2$보다 한 차원 높은 $\mathbb{R}^3$ 위에서 정사영시키는 선형변환을 살펴보면서 이 절을 마무리하자.

[그림 5-12]는 각각 $\mathbb{R}^3$의 벡터 $\mathbf{x}$를 xy평면, yz평면, zx평면에 정사영시키는 선형변환이다.

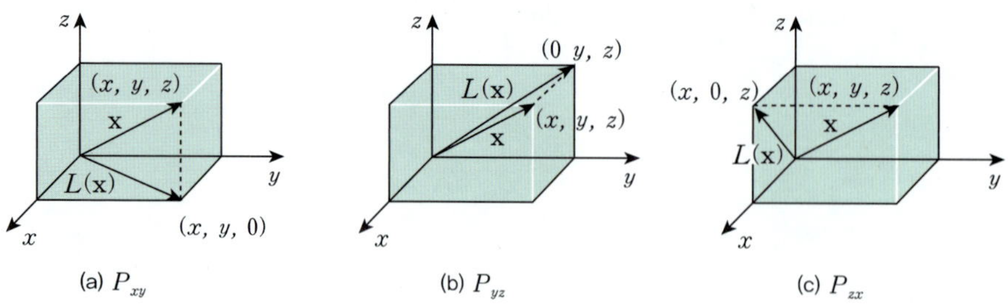

[그림 5-12] $\mathbb{R}^3$ 위에서의 정사영변환

P_{xy}는 벡터 $\mathbf{x}=(x, y, z)\in\mathbb{R}^3$를 벡터 $P_{xy}\mathbf{x}=(x, y, 0)\in\mathbb{R}^3$로 보내는 변환이다. 그러면 P_{xy}는 $\mathbb{R}^3$의 선형연산자이다. 이 연산자는 다음과 같은 표준행렬을 갖는 정사영이다.

$$P_{xy}=\begin{bmatrix}1 & 0 & 0\\0 & 1 & 0\\0 & 0 & 0\end{bmatrix}$$

예제 5-10

[그림 5-12]에서의 정사영변환 (b), (c)의 표준행렬을 구하라.

풀이

yz 평면, zx 평면에 정사영시키는 선형연산자의 표준행렬 P_{yz}, P_{zx}는 각각 다음과 같다.

$$P_{yz}=\begin{bmatrix}0 & 0 & 0\\0 & 1 & 0\\0 & 0 & 1\end{bmatrix},\ P_{zx}=\begin{bmatrix}1 & 0 & 0\\0 & 0 & 0\\0 & 0 & 1\end{bmatrix}$$

Chapter
5.2 연습문제

1~6. 다음 선형변환 $L: \mathbb{R}^2 \to \mathbb{R}^2$ 의 표준행렬을 각각 구하라.

1. $y = -x$에 관한 대칭변환

2. $y = ax$에 관한 대칭변환 (단, $a \neq 0$)

3. 원점에 관한 대칭변환

4. x축 위로의 정사영변환

5. y축 위로의 정사영변환

6. 원점에 대하여 $\theta = 45^\circ$ 만큼 회전변환

7~8. 다음에 제시한 선형변환의 표준행렬을 구하라.

7. 선형변환 L은 점 $(x,\ y,\ z) \in \mathbb{R}^3$를 점 $(x,\ y,\ 0) \in \mathbb{R}^3$로 보내는 변환이다.

8. 선형변환 L은 점 $(x,\ y,\ z) \in \mathbb{R}^3$를 점 $(x,\ y,\ -z) \in \mathbb{R}^3$로 보내는 변환이다.

9~11. 세 점 $\mathrm{A}(1, 1)$, $\mathrm{B}(-3, -3)$, $\mathrm{C}(2, -1)$로 이루어진 삼각형 T에 대하여 다음 물음에 답하라.

9. $\triangle\mathrm{ABC}$의 넓이를 구하라.

10. 표준행렬 $A = \begin{bmatrix} 4 & -3 \\ -4 & 2 \end{bmatrix}$를 갖는 선형변환 L에 의하여 옮겨지는 도형을 좌표평면에 나타내라.

11. 선형변환에 의하여 옮겨진 삼각형 T'의 넓이를 구하라.

12. 표준행렬 $A = \begin{bmatrix} 1 & 2 \\ 3 & 6 \end{bmatrix}$를 갖는 선형변환 $L: \mathbb{R}^2 \to \mathbb{R}^2$에 의하여 $\mathbb{R}^2$ 위의 모든 점은 직선 $y = 3x$ 위로 보내짐을 보여라.

13. $\mathbb{R}^2$ 위의 임의의 직사각형을 원점에 대해 θ만큼 회전변환해도 넓이가 변하지 않음을 보여라.

14. 선형변환 $L: \mathbb{R}^2 \to \mathbb{R}^2$의 표준행렬이 $A = \begin{bmatrix} 1 & 1 \\ 1 & 2 \end{bmatrix}$일 때, 직선 $2x - y + 1 = 0$에 대한 L의 상을 구하라.

15. 다음 행렬 A를 표준행렬로 갖는 선형연산자의 대칭변환, 회전변환, $y = ax$에 대한 대칭변환, 정사영변환을 서술하라.

$$A = \begin{bmatrix} 1 & 2 \\ 3 & 4 \end{bmatrix} = \begin{bmatrix} 1 & 0 \\ 3 & 1 \end{bmatrix} \begin{bmatrix} 1 & 0 \\ 0 & -1 \end{bmatrix} \begin{bmatrix} 1 & 0 \\ 0 & 2 \end{bmatrix} \begin{bmatrix} 1 & 2 \\ 0 & 1 \end{bmatrix}$$

16. 벡터 $\mathbf{x} = (1, 1)$를 직선 $l_{\frac{\pi}{6}}$에 정사영시킨 벡터를 구하라.

17. 행렬 $P_{\frac{\pi}{6}}$를 구하고, $P_{\frac{\pi}{6}} P_{\frac{\pi}{6}}^T$를 계산하라.

18. 벡터 $\mathbf{x} = (1, 1)$를 직선 $l_{\frac{\pi}{6}}$에 대칭시킨 벡터의 크기를 구하라.

19. 직선 $y = mx$에 대한 정사영변환(H)과 대칭변환(P)한 변환행렬이 각각 다음과 같음을 보여라.

$$H = \frac{1}{1+m^2} \begin{bmatrix} 1-m^2 & 2m \\ 2m & m^2-1 \end{bmatrix}, \quad P = \frac{1}{1+m^2} \begin{bmatrix} 1 & m \\ m & m^2 \end{bmatrix}$$

20. 두 함수 $L_1 : M_3 \to \mathbb{R}$, $L_2 : M_3 \to M_3$를 다음과 같이 정의하자.

$$L_1(A) = \mathrm{tr}(A), \quad L_2(A) = A^T$$

행렬 $A = \begin{bmatrix} 1 & 2 & 3 \\ 3 & -2 & 3 \\ -1 & 2 & 3 \end{bmatrix}$에 대하여 $(L_1 \circ L_2)(A)$를 구하라. (단, M_3는 3×3 행렬 전체의 집합이다.)

Section

5.3 선형변환의 성질

선형변환은 정의역과 공역을 갖는 함수이므로 일반적인 함수의 성질들을 모두 갖고 있다. 그와 동시에 선형변환은 벡터공간에서의 함수이며 어떤 특별한 성질을 만족한다. 이 절에서는 선형변환의 성질에 대하여 알아보자.

선형변환의 기본 성질

선형변환은 일종의 함수이므로 함수에서 사용하는 기본 용어를 그대로 적용한다.

첫 번째 성질은 0을 항상 0으로 보낸다는 것이다. 예를 들어, 함수 $y=f(x)=2x+1$은 $f(0)=1\neq 0$이다. 그러나 선형변환은 다음과 같은 성질이 성립한다.

정리 5-3 선형변환의 기본 성질

선형변환 $L:\ \mathbb{R}^n \to \mathbb{R}^m$에 대하여 다음이 성립한다.

(1) $L(\mathbf{0})=\mathbf{0}$

(2) $L(\mathbf{x}-\mathbf{y})=L(\mathbf{x})-L(\mathbf{y})$

증명

(1) $\mathbf{x}\in\mathbb{R}^n$에 대하여 $0\mathbf{x}=\mathbf{0}$이므로 $L(\mathbf{0})=L(0\mathbf{x})=0L(\mathbf{x})=\mathbf{0}$이다. 즉 선형변환은 영벡터를 항상 영벡터로 보낸다.

(2) 좌변의 식을 변형하면 다음과 같다.

$$\begin{aligned}L(\mathbf{x}-\mathbf{y}) &= L(\mathbf{x}+(-1)\mathbf{y})\\ &= L(\mathbf{x})+(-1)L(\mathbf{y})\\ &= L(\mathbf{x})-L(\mathbf{y})\end{aligned}$$

■

[정리 5-3]으로부터 임의의 변환이 영벡터를 영벡터로 보내지 않으면 선형변환이 아님을 알 수 있다. 그런 가장 대표적인 예가 바로 평행이동이다.

이제 함수에서 일대일 함수를 의미하는 단사인 선형변환에 대하여 살펴보자.

■ 단사

$L:\ \mathbb{R}^n \to \mathbb{R}^m$을 선형변환이라 하자. 임의의 두 벡터 $\mathbf{v}_1, \mathbf{v}_2 \in \mathbb{R}^n$에 대하여 다음을 만족할 때, L을 **단사**injective 또는 **1:1 사상**이라고 한다.

$$\mathbf{v}_1 \neq \mathbf{v}_2 \quad \Rightarrow \quad L(\mathbf{v}_1) \neq L(\mathbf{v}_2)$$

위 정의의 대우 명제를 살펴보자.[6] 임의의 두 벡터 $\mathbf{v}_1, \mathbf{v}_2 \in \mathbb{R}^n$에 대하여

$$L(\mathbf{v}_1) = L(\mathbf{v}_2) \quad \Rightarrow \quad \mathbf{v}_1 = \mathbf{v}_2$$

일 때, L은 단사이다. 이 두 가지 정의는 동치이므로 주어진 상황에 따라 어느 것을 이용해도 관계없다.

예제 5-11

선형변환 $L:\ \mathbb{R}^2 \to \mathbb{R}^2$ 을 $L(x, y) = (x - y, x + 2y)$로 정의하면 L은 단사임을 보여라.

풀이

임의의 두 벡터 $\mathbf{v}_1 = (x_1, y_1)$, $\mathbf{v}_2 = (x_2, y_2)$에 대하여 $L(\mathbf{v}_1) = L(\mathbf{v}_2)$라 하자. 그러면 다음을 만족한다.

$$x_1 - y_1 = x_2 - y_2$$

$$x_1 + 2y_1 = x_2 + 2y_2$$

두 연립방정식을 정리하면 $x_1 = x_2$, $y_1 = y_2$이므로 $\mathbf{v}_1 = \mathbf{v}_2$이다. 따라서 L은 단사이다.

---

6 명제 $p \to q$의 대우는 $\sim q \to \sim p$이다.

선형변환의 영공간

[정리 5-3]으로부터 선형변환 $L: \mathbb{R}^n \to \mathbb{R}^m$은 영벡터 $\mathbf{0} \in \mathbb{R}^n$에 대하여 $L(\mathbf{0}) = \mathbf{0} \in \mathbb{R}^m$임을 알았다. 그렇다면 선형변환 L은 오직 $\mathbb{R}^n$의 $\mathbf{0}$만을 $\mathbb{R}^m$의 $\mathbf{0}$으로 보낼까? 아니면 $\mathbb{R}^m$의 $\mathbf{0}$으로 보내는 $\mathbf{0}$ 아닌 $\mathbb{R}^n$의 또 다른 벡터가 있을까? 이것에 대하여 알아보자.

■ 핵

선형변환 $L: \mathbb{R}^n \to \mathbb{R}^m$에 대하여 L에 의한 상이 0인 $\mathbb{R}^n$의 벡터 전체의 집합을 L의 **핵**kernel이라 하고 $\ker L$로 나타낸다. 즉 다음과 같은 식으로 나타낸다.

$$\ker L = \{\mathbf{x} \in \mathbb{R}^n \mid L(\mathbf{x}) = \mathbf{0}\}$$

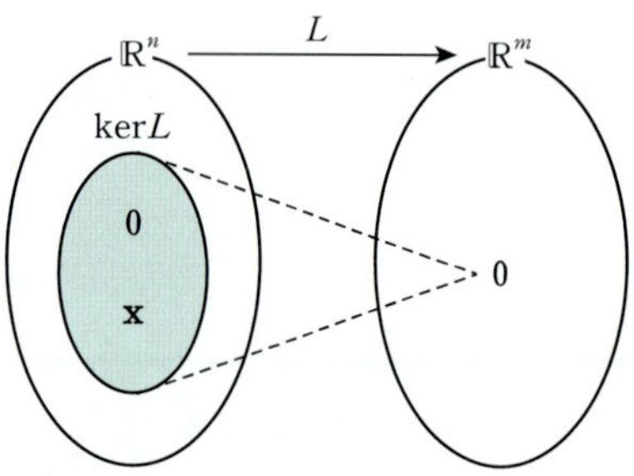

[그림 5-13] **선형변환 L의 핵**

예제 5-12

선형변환 $L: \mathbb{R}^4 \to \mathbb{R}^2$을 $L(x, y, z, w) = (x+y, z+w)$로 정의할 때, $\ker L$을 구하라.

풀이

주어진 선형변환의 $\ker L$은 $L(\mathbf{x}) = \mathbf{0}$을 만족하는 $\mathbb{R}^4$ 위의 벡터이다. 즉

$$x + y = 0$$
$$z + w = 0$$

이다. 따라서 임의의 실수 r, s에 대하여 $y = r, w = s$라 할 때, 선형변환의 $\ker L$은 $(-r, r, -s, s)$ 꼴의 모든 벡터이다. 즉 다음과 같다.

$$\ker L = \{(-r, r, -s, s) \mid r, s \in \mathbb{R}\}$$

앞에서 우리는 주어진 선형변환 $L: \mathbb{R}^n \to \mathbb{R}^m$이 어떤 조건을 만족할 때 단사인지 알아보았다. 이제 선형변환이 단사인지 아닌지를 $\ker L$을 이용하여 알아보자.

정리 5-4 단사가 되는 조건

선형변환 $L: \mathbb{R}^n \to \mathbb{R}^m$이 단사일 필요충분조건은 $\ker L = \{\mathbf{0}\}$이다.

증명

먼저 선형변환 L이 단사라고 하자. 그러면 $\mathbf{x} \in \ker L$에 대하여 $L(\mathbf{x}) = \mathbf{0} = L(\mathbf{0})$이므로 $\mathbf{x} = \mathbf{0}$이다. 따라서 $\ker L = \{\mathbf{0}\}$이다. 역으로 $\ker L = \{\mathbf{0}\}$이라 하고 $L(\mathbf{x}) = L(\mathbf{y})$라 하면

$$\mathbf{0} = L(\mathbf{x}) - L(\mathbf{y}) = L(\mathbf{x} - \mathbf{y})$$

이므로, $\mathbf{x} - \mathbf{y} \in \ker L = \{\mathbf{0}\}$이다. 즉 $\mathbf{x} = \mathbf{y}$ 이다. 따라서 L은 단사이다. ■

예제 5-13

선형변환 L이 각각 다음과 같을 때, 주어진 선형변환 L이 단사인지 확인하라.

(a) $L(x, y) = (x - y, 0)$ (b) $L(x, y) = (x + y, x - y)$

풀이

(a) $L(x, y) = (x - y, 0)$이라면

$$\begin{aligned}\ker L &= \{(x, y) \in R^2 \mid (x - y, 0) = (0, 0)\} \\ &= \{(x, y) \in R^2 \mid y = x\}\end{aligned}$$

따라서 $\ker L \neq \{\mathbf{0}\}$이므로 L은 단사가 아니다.

(b) $L(x, y) = (x + y, x - y)$이라면

$$\ker L = \{(x, y) \in \mathbb{R}^2 \mid (x + y, x - y) = (0, 0)\} = \{\mathbf{0} = (0, 0)\}$$

이다. 따라서 $\ker L = \{\mathbf{0}\}$이므로 L은 단사이다.

■ 핵공간

선형변환 $L: \mathbb{R}^n \to \mathbb{R}^m$ 의 핵 $\ker L$ 은 $\mathbb{R}^n$의 부분집합임을 알고 있다. 그런데 $\mathbb{R}^n$이 벡터공간이므로 부분집합인 $\ker L$ 도 벡터공간이 되기 위한 조건과 성질을 모두 만족해야 한다. 다음 정리는 $\ker L$ 이 벡터공간의 조건과 성질을 만족함을 알려준다.

정리 5-5 핵공간

선형변환 $L: \mathbb{R}^n \to \mathbb{R}^m$의 핵 $\ker L$ 은 $\mathbb{R}^n$의 부분공간이다. 이 공간을 **핵공간** 또는 **영공간** null space이라고 한다.[7]

증명

$\mathbb{R}^n$의 부분집합이 부분공간임을 증명하려면 덧셈과 스칼라 배 연산에 대하여 닫혀 있음을 확인하는 것이다. 두 벡터 $\mathbf{x}, \mathbf{y}$가 $\ker L$ 의 원소라면 $L(\mathbf{x}) = L(\mathbf{y}) = \mathbf{0}$ 이다. L이 선형변환이므로 다음을 만족한다.

$$\begin{aligned} L(\mathbf{x}+\mathbf{y}) &= L(\mathbf{x}) + L(\mathbf{y}) \\ &= \mathbf{0} + \mathbf{0} = \mathbf{0} \end{aligned}$$

즉 $\mathbf{x}+\mathbf{y} \in \ker L$이다.

또 $\mathbf{x} \in \ker L$ 과 스칼라 k에 대하여 다음이 성립한다.

$$L(k\mathbf{x}) = kL(\mathbf{x}) = k\mathbf{0} = \mathbf{0}$$

$k\mathbf{x} \in \ker L$ 이다. 따라서 $\ker L$ 은 $\mathbb{R}^n$의 부분공간이다. ■

예를 들어 [예제 5-12]의 선형변환 $L(x, y, z, w) = (x+y, z+w)$의 핵공간은 $\ker L = \{(-r, r, -s, s) \mid r, s \in \mathbb{R}\}$이고, 이것은 $\mathbb{R}^4$의 부분공간이다.

좀 더 일반적으로 A가 $m \times n$ 행렬일 때, 선형변환 $L: \mathbb{R}^n \to \mathbb{R}^m$을 $L(\mathbf{x}) = A\mathbf{x}$로 정의하면 $\ker L$은 동차 연립방정식 $A\mathbf{x} = \mathbf{0}$의 해공간이다. 즉 핵공간이 바로 동차 연립방정식 $A\mathbf{x} = \mathbf{0}$의 해공간이다. 이때 선형변환 $L: \mathbb{R}^n \to \mathbb{R}^m$이 단사라면 동차 연립방정식 $A\mathbf{x} = \mathbf{0}$의 해공간은 영벡터 하나뿐이므로 동차 연립방정식 $A\mathbf{x} = \mathbf{0}$은 자명한 해만을 갖는다.

---

7 $\mathbb{R}^n$의 부분집합이 부분공간임을 증명하는 방법은 덧셈과 스칼라 배에 대하여 닫혀 있음을 확인하는 것이다.

선형변환의 상공간

일반적으로 함수는 치역을 갖는데, 선형변환도 함수이므로 치역을 갖는다. 지금부터 선형변환의 치역에 대하여 알아보자.

■ 선형변환의 치역

$L: \mathbb{R}^n \to \mathbb{R}^m$이 선형변환일 때, $\mathbf{x} \in \mathbb{R}^n$의 상(함숫값) $L(\mathbf{x}) \in \mathbb{R}^m$ 전체의 집합을 L의 **치역**range이라 하고, $\mathrm{Im}L$로 나타낸다. 즉 다음과 같이 집합으로 나타낸다.

$$\mathrm{Im}L = \{L(\mathbf{x}) \mid \mathbf{x} \in \mathbb{R}^n\}$$

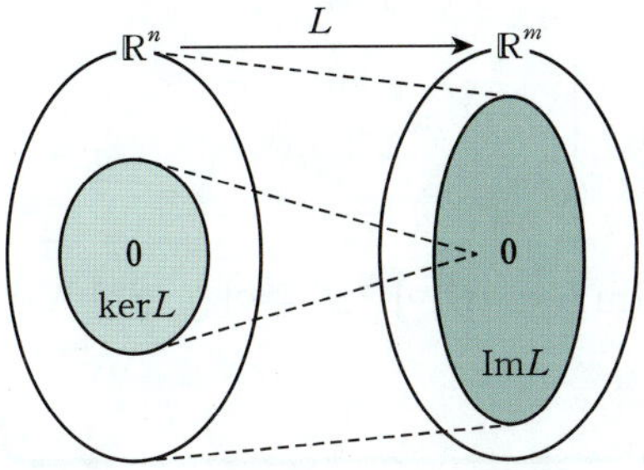

[그림 5-14] 선형변환 L의 핵과 치역

특히 $\mathrm{Im}L = \mathbb{R}^m$이면 L을 **전사**surjective 또는 **위로의 사상**onto이라고 한다. 선형변환 L이 단사이고 전사이면 L을 **동형사상**isomorphism이라고 한다.

예제 5-14

선형변환 L이 각각 다음과 같이 정의될 때 L은 전사인가?

(a) $L: \mathbb{R}^3 \to \mathbb{R}^2,\ L\begin{bmatrix} x_1 \\ x_2 \\ x_3 \end{bmatrix} = \begin{bmatrix} x_1 \\ x_2 \end{bmatrix}$

(b) $L: \mathbb{R}^3 \to \mathbb{R}^3,\ L\begin{bmatrix} x_1 \\ x_2 \\ x_3 \end{bmatrix} = \begin{bmatrix} 1 & 0 & 1 \\ 1 & 1 & 2 \\ 2 & 1 & 3 \end{bmatrix}\begin{bmatrix} x_1 \\ x_2 \\ x_3 \end{bmatrix}$

풀이

(a) 선형변환 L은 $\mathbb{R}^3$ 위의 점을 xy평면에 정사영하는 것이다. 따라서

$$\operatorname{Im} L = \{(x_1, x_2) \mid x_1, x_2 \in \mathbb{R}\} = \mathbb{R}^2$$

이므로, 주어진 선형변환은 전사이다.

(b) 선형변환 L은 행렬을 이용해 다음과 같은 연립일차방정식으로 나타낼 수 있다.

$$L\begin{bmatrix} x_1 \\ x_2 \\ x_3 \end{bmatrix} = \begin{bmatrix} 1 & 0 & 1 \\ 1 & 1 & 2 \\ 2 & 1 & 3 \end{bmatrix}\begin{bmatrix} x_1 \\ x_2 \\ x_3 \end{bmatrix} = \begin{bmatrix} y_1 \\ y_2 \\ y_3 \end{bmatrix}$$

이 연립일차방정식의 첨가행렬의 RREF를 구해보자.

$$\left[\begin{array}{ccc:c} 1 & 0 & 1 & y_1 \\ 0 & 1 & 1 & y_2 - y_1 \\ 0 & 0 & 0 & y_3 - y_2 - y_1 \end{array}\right]$$

$y_3 - y_2 - y_1 = 0$일 때에 해가 존재한다. 따라서 $\operatorname{Im} L \neq \mathbb{R}^3$이므로 주어진 선형변환은 전사가 아니다.

선형변환 $L : \mathbb{R}^n \to \mathbb{R}^m$의 부분집합 $\ker L$은 $\mathbb{R}^n$의 부분공간임을 알고 있다. 한편, $\operatorname{Im} L$은 $\mathbb{R}^m$의 부분집합이고 $\mathbb{R}^m$은 벡터공간이다. $\ker L$의 경우와 마찬가지로 $\operatorname{Im} L$이 벡터공간 $\mathbb{R}^m$의 부분공간인지 알아보자.

정리 5-6 상공간

$L : \mathbb{R}^n \to \mathbb{R}^m$이 선형변환일 때, $\operatorname{Im} L$은 $\mathbb{R}^m$의 부분공간이다. 이 공간을 **상공간** image space이라고 한다.

증명

$\operatorname{Im} L$의 임의의 두 벡터 $\mathbf{w}_1, \mathbf{w}_2$에 대하여

$$L(\mathbf{v}_1) = \mathbf{w}_1,\ L(\mathbf{v}_2) = \mathbf{w}_2$$

인 $\mathbf{v}_1, \mathbf{v}_2 \in \mathbb{R}^n$이 존재하므로 임의의 스칼라 k에 대하여 다음이 성립한다.

$$\mathbf{w}_1 + \mathbf{w}_2 = L(\mathbf{v}_1) + L(\mathbf{v}_2) = L(\mathbf{v}_1 + \mathbf{v}_2) \in \operatorname{Im} L$$
$$k\mathbf{w}_1 = kL(\mathbf{v}_1) = L(k\mathbf{v}_1) \in \operatorname{Im} L$$

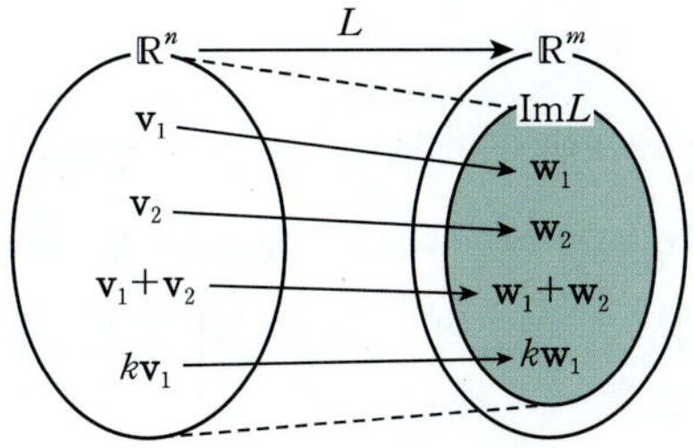

[그림 5-15] **선형변환의 상공간**

따라서 $\text{Im}L$은 $\mathbb{R}^m$의 부분공간이다. ■

[정리 5-6]으로부터 $m \times n$인 행렬 A가 있을 때 선형변환 $L: \mathbb{R}^n \rightarrow \mathbb{R}^m$을 $L(\mathbf{x}) = A\mathbf{x}$로 정의하면 $\text{Im}L$은 $A\mathbf{x}$, 즉 행렬 A의 열공간임을 알 수 있다.

예제 5-15

선형변환 $L: \mathbb{R}^4 \rightarrow \mathbb{R}^3$이 다음과 같을 때, $\text{Im}L$의 기저를 구하라.

$$L(x_1, x_2, x_3, x_4) = (x_1 + x_2, x_3 + x_4, x_1 + x_3)$$

풀이

[정리 5-6]으로부터 $\text{Im}L$은 $\mathbb{R}^3$의 부분공간임을 알 수 있다. 또한

$$\begin{aligned} L(x_1, x_2, x_3, x_4) &= (x_1 + x_2, x_3 + x_4, x_1 + x_3) \\ &= x_1(1, 0, 1) + x_2(1, 0, 0) + x_3(0, 1, 1) + x_4(0, 1, 0) \end{aligned}$$

이므로, 벡터들의 집합 $\{(1, 0, 1), (1, 0, 0), (0, 1, 1), (0, 1, 0)\}$이 $\text{Im}L$을 생성한다. 이 중에서 일차독립인 것은 주어진 벡터를 행벡터로 갖는 행렬의 RREF를 구했을 때 영이 아닌 행들이다.

$$\begin{bmatrix} 1 & 0 & 1 \\ 1 & 0 & 0 \\ 0 & 1 & 1 \\ 0 & 1 & 0 \end{bmatrix} \xrightarrow{\text{RREF}} \begin{bmatrix} 1 & 0 & 0 \\ 0 & 1 & 0 \\ 0 & 0 & 1 \\ 0 & 0 & 0 \end{bmatrix}$$

따라서 $\text{Im}L$의 기저는 $\{(1, 0, 1), (1, 0, 0), (0, 1, 1)\}$이다.

선형변환의 계수정리

4.4절에서는 행렬의 계수정리를 살펴보았다. 그리고 선형변환은 행렬변환이므로 행렬의 계수정리를 동일한 방법으로 적용할 수 있다. 또한 선형변환 $L: \mathbb{R}^n \to \mathbb{R}^m$ 의 $\ker L$과 $\mathrm{Im} L$은 각각 부분공간이므로 이들 부분공간들의 차원이 행렬의 계수정리와 같은 성질을 갖는지 알아보자.

$L: \mathbb{R}^n \to \mathbb{R}^m$ 이 선형변환일 때, $\mathrm{Im} L$ 의 차원을 L 의 **계수**rank라 하고 $\mathrm{rank}(L)$ 로 나타낸다. 또한 $\ker L$ 의 차원을 **핵공간의 차원** 또는 **퇴화차수**nullity라 하고, $\mathrm{nullity}(L)$로 나타낸다. 즉 다음과 같이 정의된다.

$$\mathrm{rank}(L) = \dim(\mathrm{Im} L), \quad \mathrm{nullity}(L) = \dim(\ker L)$$

이로부터 선형변환 $L(\mathbf{x}) = A\mathbf{x}$에 대하여 다음이 성립함을 알 수 있다.

❶ $\mathrm{rank}(L) = \dim(\mathrm{Im} L)$
$= A$의 열공간의 차원
$= \dim C(A)$
$= \mathrm{rank}(A)$

❷ $\mathrm{nullity}(L) = \dim(\ker L)$
$= A(\mathbf{x}) = \mathbf{0}$의 해공간의 차원
$= \mathrm{nullity}(A)$

또한 계수와 핵공간의 차원 사이에는 다음과 같은 관계가 성립한다.

정리 5-7 선형변환의 계수정리

$L: \mathbb{R}^n \to \mathbb{R}^m$이 선형변환일 때 다음이 성립한다.

$$\mathrm{rank}(L) + \mathrm{nullity}(L) = n = \dim(\mathbb{R}^n)$$

증명

$L: \mathbb{R}^n \to \mathbb{R}^m$이 선형변환일 때, $L(\mathbf{x}) = A\mathbf{x}$를 만족하는 $m \times n$인 L의 표준행렬 A가 존재한다. 행렬 A의 계수는 행공간 $R(A)$의 계수로, 행렬 A의 (R)REF를 구했을 때, 영 아닌 행의 개수이다. $A\mathbf{x} = \mathbf{0}$의 해공간의 차원은 A의 (R)REF에서 자유변수의 개수이다. 따라서 행렬 A의 계수가 k라면 $\mathrm{nullity}(A) = n - k$이다. 즉 다음과 같다.

$$\begin{aligned}\text{rank}(A)+\text{nullity}(A) &= \text{rank}(L)+\text{nullity}(L)\\ &= k+(n-k)\\ &= n\\ &= \dim(\mathbb{R}^n)\end{aligned}$$

■

예제 5-16

선형변환 $L: \mathbb{R}^3 \to \mathbb{R}^2$ 이 $L(a, b, c)=(a+2b, b+c)$일 때, $\ker L$과 $\text{Im}L$의 기저와 차원을 구하고, [정리 5-7]의 공식을 만족하는지 확인하라.

풀이

$L(a, b, c)=(a+2b, b+c)=\mathbf{0}$이면 $(a, b, c)\in \ker L$ 이다. 즉 $\ker L$은 다음 동차 연립일차방정식의 해이다.

$$\begin{aligned} a+2b &= 0\\ b+c &= 0\end{aligned}$$

이 연립일차방정식의 해는 $a=2k,\ b=-k,\ c=k\ (k\in\mathbb{R})$이다.

$$\ker L=\left\{k\begin{bmatrix}2\\-1\\1\end{bmatrix} \mid k\in\mathbb{R}\right\}$$

따라서 L의 핵공간의 기저는 $\left\{\begin{bmatrix}2\\-1\\1\end{bmatrix}\right\}$ 이고, 차원은 $\text{nullity}(L)=\dim(\ker L)=1$ 이다. 또한 $\text{Im}L$의 모든 벡터는 $(a+2b, b+c)$의 꼴이므로

$$L(\text{x})=\begin{bmatrix}1&2&0\\0&1&1\end{bmatrix}\mathbf{x}=A\mathbf{x}$$

이다. $\text{rank}(A)$는 행렬 A의 열공간의 차원과 같으므로 A^T의 RREF를 구해보자.

$$A^T=\begin{bmatrix}1&0\\2&1\\0&1\end{bmatrix}\xrightarrow{\text{RREF}}\begin{bmatrix}1&0\\0&1\\0&0\end{bmatrix}$$

그러므로 $\text{Im}L$의 기저는 $\{(1, 0),\ (0, 1)\}$ 이고, $\text{rank}(A^T)=2$ 이므로 $\text{rank}(L)=2$ 이다. 이를 [정리 5-7]로 확인하면 다음과 같다.

$$\text{rank}(L)+\text{nullity}(L)=2+1=3=\dim\mathbb{R}^3$$

선형변환 $L: \mathbb{R}^n \to \mathbb{R}^m$에 대하여 퇴화차수 nullity$(L)$은 $\mathbb{R}^n$의 기저 $S = \{\mathbf{x}_1, \mathbf{x}_2, \cdots, \mathbf{x}_n\}$의 원소를 L로 보냈을 때 ImL을 생성하는 데 필요하지 않은 벡터의 개수를 나타낸다. 이를테면 rank$(L) = k$라면 $S = \{\mathbf{x}_1, \mathbf{x}_2, \cdots, \mathbf{x}_n\}$ 중에서 [그림 5-16]과 같이 k개를 제외한 $n-k$개의 벡터는 모두 $\mathbb{R}^m$의 영벡터로 보내진다.

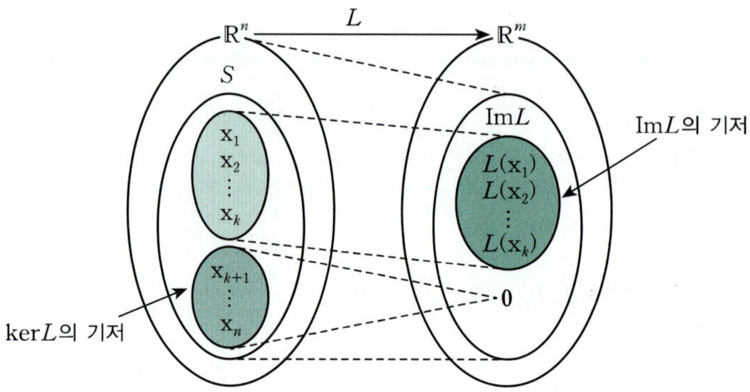

[그림 5-16] **계수정리**

Chapter 5.3

연습문제

1~6. 선형변환 $L:\ \mathbb{R}^2 \to \mathbb{R}^2$ 이 $L(x,\ y) = (x,\ 0)$ 일 때, 다음 물음에 답하라.

1. $(0,\ 2)$는 $\ker L$ 의 원소인가?

2. $(3,\ 2)$는 $\ker L$ 의 원소인가?

3. $(3,\ 0)$은 $\mathrm{Im}L$의 원소인가?

4. $(3,\ 2)$는 $\mathrm{Im}L$의 원소인가?

5. $\ker L$ 을 구하라.

6. $\mathrm{Im}L$을 구하라.

7~12. 선형변환 $L:\ \mathbb{R}^2 \to \mathbb{R}^2$ 이 $L(x,\ y) = (0,\ y)$ 일 때, 다음 물음에 답하라.

7. $(1,\ 0)$은 $\ker L$ 의 원소인가?

8. $(1,\ 1)$은 $\ker L$ 의 원소인가?

9. $(0,\ 1)$은 $\mathrm{Im}L$의 원소인가?

10. $(1,\ 1)$은 $\mathrm{Im}L$의 원소인가?

11. $\ker L$ 을 구하라.

12. $\mathrm{Im}L$을 구하라.

13~18. 선형변환 $L:\ \mathbb{R}^2 \to \mathbb{R}^2$이 $L\begin{bmatrix} x \\ y \end{bmatrix} = \begin{bmatrix} 1 & 2 \\ 2 & 4 \end{bmatrix}\begin{bmatrix} x \\ y \end{bmatrix}$ 일 때, 다음 물음에 답하라.

13. $\begin{bmatrix} 1 \\ 2 \end{bmatrix}$는 $\ker L$ 의 원소인가?

14. $\begin{bmatrix} 2 \\ -1 \end{bmatrix}$은 $\ker L$ 의 원소인가?

15. $\begin{bmatrix} 3 \\ 6 \end{bmatrix}$은 $\mathrm{Im}L$의 원소인가?

16. $\begin{bmatrix} 2 \\ 3 \end{bmatrix}$은 $\mathrm{Im}L$의 원소인가?

17. $\ker L$ 을 구하라.

18. $\mathrm{Im}L$을 구하라.

19~20. 선형변환 $L:\ \mathbb{R}^3 \to \mathbb{R}^3$이 $L\begin{bmatrix} x \\ y \\ z \end{bmatrix} = \begin{bmatrix} 0 & 2 & 2 \\ 2 & 3 & -1 \\ -1 & 1 & 1 \end{bmatrix}\begin{bmatrix} x \\ y \\ z \end{bmatrix}$ 일 때, 다음 물음에 답하라.

19. L은 단사인가?

20. $\mathrm{rank}(L)$을 구하라.

21~22. 선형변환 $L:\ \mathbb{R}^5 \to \mathbb{R}^7$에 대하여 다음 물음에 답하라.

21. $\mathrm{nullity}(L) = 3$일 때, $\mathrm{rank}(L)$을 구하라.

22. $\mathrm{rank}(L) = 5$일 때, $\mathrm{nullity}(L)$을 구하라.

23. 행렬 $A \in M_n$에 대하여 선형변환 $L: \mathbb{R}^n \to \mathbb{R}^n$이 $L(\mathbf{x}) = A\mathbf{x}$일 때, L이 단사일 필요충분조건은 $\det(A) \neq 0$ 임을 보여라.

24. $m \times n$ 행렬 A에 대하여 선형변환 $L: \mathbb{R}^n \to \mathbb{R}^m$이 $L(\mathbf{x}) = A\mathbf{x}$일 때, $\mathrm{Im}L$은 A의 열공간임을 보여라.

25. 행렬 $A = \begin{bmatrix} 1 & 2 & 0 \\ -2 & 2 & 1 \\ 1 & 8 & 1 \end{bmatrix}$에 의하여 정의된 선형변환 $L(\mathbf{x}) = A\mathbf{x}$에 대하여 벡터 $\mathbf{b} = (1, 0, 3)$이 $\mathrm{Im}L$에 있음을 보여라.

26. 행렬 $A = \begin{bmatrix} 4 & -2 \\ 2 & -1 \end{bmatrix}$에 의하여 정의된 선형변환 $L(\mathbf{x}) = A\mathbf{x}$에 대하여 L은 전사가 아님을 $\mathrm{Im}L$에 들어있지 않은 벡터를 하나 찾아서 확인하라.

27. 다음 행렬에 의한 선형변환 중 단사인 것을 결정하라.

$$A = \begin{bmatrix} 1 & -1 \\ 2 & 0 \\ 3 & -4 \end{bmatrix},\ B = \begin{bmatrix} 1 & 2 & 3 \\ -1 & 0 & -4 \end{bmatrix}$$

28. 선형변환 $L: V(\subseteq \mathbb{R}^n) \to \mathbb{R}^m$ 에 대하여 $V = \mathrm{span}(\mathbf{x}_1, \mathbf{x}_2, \cdots, \mathbf{x}_k)$이면 $\mathrm{Im}L = \mathrm{span}(\mathrm{L}(\mathbf{x}_1), L(\mathbf{x}_2), \cdots, L(\mathbf{x}_k))$임을 보여라.

Section 5.4 선형등장사상

선형변환 $L: \mathbb{R}^n \to \mathbb{R}^n$은 정의역과 공역이 같으므로 선형연산자이고, 선형연산자의 표준행렬은 정사각행렬임을 알고 있다. 이제 특별히 벡터의 길이를 변화시키지 않는 선형연산자인 선형등장사상에 대하여 알아보자.

선형등장사상의 정의

우리는 5.2절에서 선형연산자 $L: \mathbb{R}^2 \to \mathbb{R}^2$에 대해 회전변환, 대칭변환, 정사영변환일 때의 표준행렬 R_θ, H_θ, P_θ가 각각 다음과 같음을 보았다.

$$R_\theta = \begin{bmatrix} \cos\theta & -\sin\theta \\ \sin\theta & \cos\theta \end{bmatrix}$$

$$H_\theta = \begin{bmatrix} \cos 2\theta & \sin 2\theta \\ \sin 2\theta & -\cos 2\theta \end{bmatrix}$$

$$P_\theta = \begin{bmatrix} \cos^2\theta & \sin\theta\cos\theta \\ \sin\theta\cos\theta & \sin^2\theta \end{bmatrix}$$

회전변환과 대칭변환은 벡터를 단순히 회전시키고 옮기는 것이므로 변환된 벡터는 처음에 주어진 벡터와 길이가 같다는 것을 알 수 있다.

일반적으로 선형연산자 $L: \mathbb{R}^n \to \mathbb{R}^n$이 다음과 같은 성질을 만족하면 '크기를 보존norm preserving한다.'고 하는데, 이처럼 크기를 보존하는 선형연산자를 **선형등장사상**linear isometry이라고 부른다.

$$\text{임의의 } \mathbf{x} \in \mathbb{R}^n \text{에 대하여 } \|L(\mathbf{x})\| = \|\mathbf{x}\|$$

이를테면 회전변환과 대칭변환은 벡터의 크기가 변화하지 않으므로 선형등장사상이다. 반면, 정사영변환은 일반적으로 변환하기 전과 후의 벡터 크기가 서로 다를 수 있으므로 선형등장사상이 아니다.

일반적으로 선형등장사상에 대하여 다음 정리가 성립한다.

정리 5-8 선형등장사상과 내적의 보존

선형연산자 $L: \mathbb{R}^n \to \mathbb{R}^n$과 $\mathbf{x}, \mathbf{y} \in \mathbb{R}^n$에 대하여 다음은 동치이다.

(1) $\|L(\mathbf{x})\| = \|\mathbf{x}\|$

(2) $L(\mathbf{x}) \cdot L(\mathbf{y}) = \mathbf{x} \cdot \mathbf{y}$

증명

내적의 성질 $\|\mathbf{x}\|^2 = \mathbf{x} \cdot \mathbf{x}$를 이용하면, 벡터 $\mathbf{x}, \mathbf{y} \in \mathbb{R}^n$에 대하여 다음이 성립한다.

$$\begin{aligned}\|\mathbf{x}+\mathbf{y}\|^2 - \|\mathbf{x}-\mathbf{y}\|^2 &= (\mathbf{x}+\mathbf{y}) \cdot (\mathbf{x}+\mathbf{y}) - (\mathbf{x}-\mathbf{y}) \cdot (\mathbf{x}-\mathbf{y}) \\ &= 4(\mathbf{x} \cdot \mathbf{y})\end{aligned}$$

따라서 $\mathbf{x} \cdot \mathbf{y}$는 다음과 같다.

$$\mathbf{x} \cdot \mathbf{y} = \frac{1}{4}(\|\mathbf{x}+\mathbf{y}\|^2 - \|\mathbf{x}-\mathbf{y}\|^2)$$

이 등식을 이용하여 주어진 정리를 증명하자.

(1) ⇒ (2)

$\|L(\mathbf{x})\| = \|\mathbf{x}\|$라면 L은 선형변환이고 $L(\mathbf{x}),\ L(\mathbf{y}) \in \mathbb{R}^n$이므로 위의 등식을 이용해 $L(\mathbf{x}) \cdot L(\mathbf{y})$를 정리해보자.

$$\begin{aligned}L(\mathbf{x}) \cdot L(\mathbf{y}) &= \frac{1}{4}(\|L(\mathbf{x})+L(\mathbf{y})\|^2 - \|L(\mathbf{x})-L(\mathbf{y})\|^2) \\ &= \frac{1}{4}(\|L(\mathbf{x}+\mathbf{y})\|^2 - \|L(\mathbf{x}-\mathbf{y})\|^2)^{8} \\ &= \frac{1}{4}(\|\mathbf{x}+\mathbf{y}\|^2 - \|\mathbf{x}-\mathbf{y}\|^2) \\ &= \mathbf{x} \cdot \mathbf{y}\end{aligned}$$

따라서 $\|L(\mathbf{x})\| = \|\mathbf{x}\|$이면 $L(\mathbf{x}) \cdot L(\mathbf{y}) = \mathbf{x} \cdot \mathbf{y}$이다.

(2) ⇒ (1)

$\mathbf{x}, \mathbf{y} \in \mathbb{R}^n$에 대하여 $L(\mathbf{x}) \cdot L(\mathbf{y}) = \mathbf{x} \cdot \mathbf{y}$라 하면 내적의 성질에 의하여 다음 등식이 성립한다.

---

8 L은 선형변환이므로 $L(\mathbf{x})+L(\mathbf{y}) = L(\mathbf{x}+\mathbf{y})$이다.

$$\begin{aligned}\|L(\mathbf{x})\|^2 &= L(\mathbf{x}) \cdot L(\mathbf{x}) \\ &= \mathbf{x} \cdot \mathbf{x} \\ &= \|\mathbf{x}\|^2\end{aligned}$$

한편, 벡터의 노름은 음이 아니므로 $\|L(\mathbf{x})\| = \|\mathbf{x}\|$이다. 따라서 $L(\mathbf{x}) \cdot L(\mathbf{y}) = \mathbf{x} \cdot \mathbf{y}$이면 $\|L(\mathbf{x})\| = \|\mathbf{x}\|$이다. ■

선형연산자 $L: \mathbb{R}^n \to \mathbb{R}^n$이 $L(\mathbf{x}) \cdot L(\mathbf{y}) = \mathbf{x} \cdot \mathbf{y}$를 만족하면 '내적을 보존한다.'고 한다. 따라서 [정리 5-8]은 '선형등장사상일 필요충분조건은 내적을 보존하는 것이다.'와 동치이다.

이를테면 $\mathbb{R}^2$에서의 회전변환 $L(\mathbf{x}) = R_\theta \mathbf{x} = \begin{bmatrix} \cos\theta & -\sin\theta \\ \sin\theta & \cos\theta \end{bmatrix} \begin{bmatrix} x \\ y \end{bmatrix}$은 벡터의 크기를 변화시키지 않음을 알 수 있다. 즉 $\|L(\mathbf{x})\| = \|\mathbf{x}\|$이다.

또한

$$\begin{aligned}L(\mathbf{x}) \cdot L(\mathbf{y}) &= \|L(\mathbf{x})\| \|L(\mathbf{y})\| \cos\theta \\ &= \|\mathbf{x}\| \|\mathbf{y}\| \cos\theta \\ &= \mathbf{x} \cdot \mathbf{y}\end{aligned}$$

이므로 내적을 보존한다. 동일한 방법으로 대칭변환도 선형등장사상이므로 내적을 보존함을 알 수 있다.

한편, $\mathbb{R}^n$에서 임의의 두 벡터 사이의 각을 $\theta\ (0 \le \theta \le \pi)$라고 하면 내적의 정의로부터 $\theta = \cos^{-1}\left(\dfrac{\mathbf{x} \cdot \mathbf{y}}{\|\mathbf{x}\|\|\mathbf{y}\|}\right)$임을 알 수 있다. 그런데 만일 선형연산자 $L: \mathbb{R}^n \to \mathbb{R}^n$이 선형등장사상이면 두 벡터의 내적과 벡터의 크기를 보존하므로 다음 등식이 성립함을 알 수 있다.

$$\theta = \cos^{-1}\left(\frac{\mathbf{x} \cdot \mathbf{y}}{\|\mathbf{x}\|\|\mathbf{y}\|}\right) = \cos^{-1}\left(\frac{L(\mathbf{x}) \cdot L(\mathbf{y})}{\|L(\mathbf{x})\|\|L(\mathbf{y})\|}\right)$$

따라서 두 벡터의 내적과 벡터의 크기를 보존한다는 의미는 두 벡터 사이의 각을 보존한다는 의미임을 알 수 있다. 따라서 선형등장사상은 임의의 두 벡터가 직교한다면 두 벡터의 상 벡터도 직교한다는 것을 알 수 있다.[9]

9 선형연산자 $L: \mathbb{R}^n \to \mathbb{R}^n$이 선형등장사상일 때 $\mathbf{x} \perp \mathbf{y} \Leftrightarrow L(\mathbf{x}) \perp L(\mathbf{y})$가 성립한다.

선형등장사상은 선형연산자이고, 선형연산자는 n차 정사각행렬 A를 표준행렬로 가지므로 $L(\mathbf{x})=A\mathbf{x}$로 표현할 수 있다. 그런데 $\|L(\mathbf{x})\|=\|\mathbf{x}\|$이므로 $\|A\mathbf{x}\|=\|\mathbf{x}\|$임을 알 수 있다. 즉, 선형등장사상은 행렬을 이용하여 표현할 수 있으므로 $\|A\mathbf{x}\|=\|\mathbf{x}\|$를 만족하는 행렬 A의 성질을 알아보면 선형등장사상의 성질을 알 수 있다. 지금부터 선형등장사상의 표준행렬 A에 대하여 알아보자.

직교행렬

직교행렬은 통신 혹은 암호 등의 분야에서 자주 사용되는 행렬로, 선형대수학에서 매우 중요하다. n차 정사각행렬 A가 $A^{-1}=A^T$를 만족하면 A를 **직교행렬**orthogonal matrix이라고 한다.[10]

직교행렬에 대한 정의로부터 직교행렬의 역행렬은 전치행렬과 같음을 알 수 있다. 일반적으로 행렬의 역행렬을 구하는 과정은 간단하지 않지만, 직교행렬의 역행렬은 간단히 구할 수 있다.

일반적으로 직교행렬에 대하여 다음 정리가 성립한다.

정리 5-9 직교행렬의 성질

다음은 n차 정사각행렬 A에 대하여 모두 동치이다.

(1) $A^{-1}=A^T$

(2) $\|A\mathbf{x}\|=\|\mathbf{x}\|,\ \forall\mathbf{x}\in\mathbb{R}^n$

(3) $A\mathbf{x}\cdot A\mathbf{y}=\mathbf{x}\cdot\mathbf{y},\ \forall\mathbf{x},\mathbf{y}\in\mathbb{R}^n$

(4) A의 열벡터들은 정규직교집합이다.

(5) A의 행벡터들은 정규직교집합이다.

증명

(1) $\Rightarrow$ (2)

$A^{-1}=A^T$이면 $A^TA=I$이므로

$$\begin{aligned}\|A\mathbf{x}\|^2&=A\mathbf{x}\cdot A\mathbf{x}\\&=(\mathbf{x}^TA^T)A\mathbf{x}=\mathbf{x}^T(A^TA)\mathbf{x}=\mathbf{x}^TI\mathbf{x}=\mathbf{x}^T\mathbf{x}\end{aligned}$$

10 '직교행렬'이라는 이름은 각 행(열)이 서로 직교하기 때문에 붙여진 것이다.

이다. 따라서 (2)가 성립한다.

(2) $\Rightarrow$ (1)

[정리 5-8]에 의하여 A를 표준행렬로 갖는 선형연산자는 선형등장사상이므로 $\mathbf{x}, \mathbf{y} \in \mathbb{R}^n$에 대하여 $\|A\mathbf{x}\| = \|\mathbf{x}\|$와 $A\mathbf{x} \cdot A\mathbf{y} = \mathbf{x} \cdot \mathbf{y}$는 동치이다. 즉 $A\mathbf{e}_i \cdot A\mathbf{e}_j = \mathbf{e}_i \cdot \mathbf{e}_j$이므로 행렬 A의 열벡터들은 정규직교집합이다. 따라서 $A^TA = I = A^{-1}A$이므로 $A^{-1} = A^T$이다.

(2), (3)

[정리 5-8]에 의하여 (2)와 (3)은 동치이다. 이제 (3)이 성립한다 가정하고 (4)가 성립함을 보이자.

(3) $\Rightarrow$ (4)

$\mathbf{x}, \mathbf{y} \in \mathbb{R}^n$에 대하여 $A\mathbf{x} \cdot A\mathbf{y} = \mathbf{x} \cdot \mathbf{y}$라면 다음이 성립한다.

$$A\mathbf{e}_i \cdot A\mathbf{e}_j = \mathbf{e}_i \cdot \mathbf{e}_j = \begin{cases} 1 & (i = j) \\ 0 & (i \neq j) \end{cases}$$

그런데 $A\mathbf{e}_i$, $A\mathbf{e}_j$는 각각 행렬 A의 i, j번째 열벡터이므로 A의 열벡터들은 정규직교집합이다. 즉 (4)가 성립한다.

(4) $\Rightarrow$ (5), (5) $\Rightarrow$ (1)

A가 직교행렬이면 A^T도 직교행렬이므로 (4)이면 (5)가 성립한다. 또 (5)이면 $A^TA = I$이므로 $A^{-1} = A^T$이 성립한다. 그러므로 위의 명제는 모두 동치이다. ■

예제 5-17

다음 행렬의 역행렬을 구하여 R_θ와 H_θ가 각각 직교행렬임을 보여라.

$$R_\theta = \begin{bmatrix} \cos\theta & -\sin\theta \\ \sin\theta & \cos\theta \end{bmatrix}, \quad H_\theta = \begin{bmatrix} \cos 2\theta & \sin 2\theta \\ \sin 2\theta & -\cos 2\theta \end{bmatrix}$$

풀이

$$R_\theta^{-1} = \begin{bmatrix} \cos\theta & \sin\theta \\ -\sin\theta & \cos\theta \end{bmatrix} = R_\theta^T$$

$$H_\theta^{-1} = \begin{bmatrix} \cos 2\theta & \sin 2\theta \\ \sin 2\theta & -\cos 2\theta \end{bmatrix} = H_\theta^T = H_\theta$$

따라서 R_θ와 H_θ는 직교행렬이다.

[정리 5-9]로부터 선형등장사상의 표준행렬은 직교행렬임을 확인했다. 그래서 선형등장사상을 **직교연산자**orthogonal operator라고도 한다. 즉 어떤 선형변환이 직교연산자라는 것은 벡터의 크기와 내적 그리고 각을 보존하는 선형등장사상임을 뜻한다.

예제 5-18

행렬 A와 $\mathbf{x}$가 다음과 같을 때, 주어진 물음에 답하라.

$$A=\begin{bmatrix} \frac{3}{7} & \frac{2}{7} & \frac{6}{7} \\ -\frac{6}{7} & \frac{3}{7} & \frac{2}{7} \\ \frac{2}{7} & \frac{6}{7} & -\frac{3}{7} \end{bmatrix}, \quad \mathbf{x}=\begin{bmatrix} 1 \\ 1 \\ 1 \end{bmatrix}$$

(a) $\|A\mathbf{x}\|$, $\|\mathbf{x}\|$를 각각 구하라.

(b) 행렬 A는 직교행렬인가?

풀이

(a) $A\mathbf{x}=\begin{bmatrix} \frac{3}{7} & \frac{2}{7} & \frac{6}{7} \\ -\frac{6}{7} & \frac{3}{7} & \frac{2}{7} \\ \frac{2}{7} & \frac{6}{7} & -\frac{3}{7} \end{bmatrix}\begin{bmatrix} 1 \\ 1 \\ 1 \end{bmatrix}=\begin{bmatrix} \frac{11}{7} \\ -\frac{1}{7} \\ \frac{5}{7} \end{bmatrix}$이므로

$$\|A\mathbf{x}\|=\sqrt{\left(\frac{11}{7}\right)^2+\left(-\frac{1}{7}\right)^2+\left(\frac{5}{7}\right)^2}=\sqrt{3}$$

이고, $\|\mathbf{x}\|=\sqrt{3}$이다.

(b) $A^{-1}=A^T$이므로 [정리 5-9]에 의하여 직교행렬이다.

$\mathbb{R}^2$ 위에서의 선형연산자 중 길이를 보존하는 선형연산자는 직교행렬을 표준행렬로 갖는 변환이다. 이때 임의의 2차 직교행렬의 성분을 구해보자.

임의의 2차 직교행렬을 $A=\begin{bmatrix} a & c \\ b & d \end{bmatrix}$라 하면, 이 행렬은 열벡터들이 정규직교집합이므로 첫 번째 열벡터의 크기는 1이어야 한다. 즉 $\begin{bmatrix} a \\ b \end{bmatrix}=\begin{bmatrix} \cos\theta \\ \sin\theta \end{bmatrix}$를 만족하는 θ가 존재한다. 그러면 행렬 A의 두 번째 열벡터는 첫 번째 열벡터에 대해 수직이고, 크기가 1이므로

$$\begin{bmatrix} c \\ d \end{bmatrix}=\begin{bmatrix} \cos\left(\theta+\frac{\pi}{2}\right) \\ \sin\left(\theta+\frac{\pi}{2}\right) \end{bmatrix} \quad \text{또는} \quad \begin{bmatrix} c \\ d \end{bmatrix}=\begin{bmatrix} \cos\left(\theta-\frac{\pi}{2}\right) \\ \sin\left(\theta-\frac{\pi}{2}\right) \end{bmatrix}$$

가 되어야 한다. 즉 2차 직교행렬 A는

$$A = \begin{bmatrix} \cos\theta & \cos\left(\theta + \frac{\pi}{2}\right) \\ \sin\theta & \sin\left(\theta + \frac{\pi}{2}\right) \end{bmatrix} = \begin{bmatrix} \cos\theta & -\sin\theta \\ \sin\theta & \cos\theta \end{bmatrix}$$

또는

$$A = \begin{bmatrix} \cos\theta & \cos\left(\theta - \frac{\pi}{2}\right) \\ \sin\theta & \sin\left(\theta - \frac{\pi}{2}\right) \end{bmatrix} = \begin{bmatrix} \cos\theta & \sin\theta \\ \sin\theta & -\cos\theta \end{bmatrix}$$

이다. 따라서 2차 직교행렬 A는 다음과 같은 형태뿐이다.

$$\begin{bmatrix} \cos\theta & -\sin\theta \\ \sin\theta & \cos\theta \end{bmatrix} = R_\theta, \quad \begin{bmatrix} \cos\theta & \sin\theta \\ \sin\theta & -\cos\theta \end{bmatrix} = H_{\frac{\theta}{2}}$$

그리고 이 행렬을 각각 표준행렬로 갖는 선형연산자는 회전변환과 대칭변환이다.

Chapter 5.4 연습문제

1~4. 다음 행렬이 직교행렬인지 아닌지 구별하라.

1. $\begin{bmatrix} \frac{1}{\sqrt{3}} & -\frac{1}{\sqrt{2}} & -\frac{1}{\sqrt{6}} \\ \frac{1}{\sqrt{3}} & \frac{1}{\sqrt{2}} & -\frac{1}{\sqrt{6}} \\ \frac{1}{\sqrt{3}} & 0 & \frac{2}{\sqrt{6}} \end{bmatrix}$

2. $\begin{bmatrix} \frac{\sqrt{3}}{2} & \frac{1}{2} \\ -\frac{1}{2} & \frac{\sqrt{3}}{2} \end{bmatrix}$

3. $\begin{bmatrix} \cos\theta & \sin\theta & 0 \\ -\sin\theta & \cos\theta & 1 \\ 0 & 0 & 1 \end{bmatrix}$

4. $\begin{bmatrix} \cos\theta & \sin\theta \\ \sin\theta & \cos\theta \end{bmatrix}$

5~6. 선형변환 $L : \mathbb{R}^3 \to \mathbb{R}^3$과 $\mathbf{x}, \mathbf{y}$가 다음과 같을 때, 주어진 물음에 답하라.

$$L\begin{bmatrix} x \\ y \\ z \end{bmatrix} = \begin{bmatrix} \frac{1}{\sqrt{3}}x + \frac{1}{\sqrt{2}}y + \frac{1}{\sqrt{6}}z \\ \frac{1}{\sqrt{3}}x - \frac{1}{\sqrt{2}}y + \frac{1}{\sqrt{6}}z \\ \frac{1}{\sqrt{3}}x \qquad\qquad - \frac{2}{\sqrt{6}}z \end{bmatrix}, \quad \mathbf{x} = (-2, 3, 5), \ \mathbf{y} = (3, 3, -1)$$

5. $L(\mathbf{x}) \cdot L(\mathbf{y})$를 구하라.

6. $\|L(\mathbf{x})\|$, $\|L(\mathbf{y})\|$를 각각 구하라.

7~8. 다음 행렬의 행렬식과 역행렬을 각각 구하라.

7. $\begin{bmatrix} \frac{1}{\sqrt{3}} & -\frac{1}{\sqrt{2}} & -\frac{1}{\sqrt{6}} \\ \frac{1}{\sqrt{3}} & \frac{1}{\sqrt{2}} & -\frac{1}{\sqrt{6}} \\ \frac{1}{\sqrt{3}} & 0 & \frac{2}{\sqrt{6}} \end{bmatrix}$

8. $\begin{bmatrix} \frac{\sqrt{3}}{2} & \frac{1}{2} \\ -\frac{1}{2} & \frac{\sqrt{3}}{2} \end{bmatrix}$

9. 다음 행렬이 직교행렬이 되도록 하는 실수 a, b, c를 결정하라.

$$\begin{bmatrix} a & \frac{1}{\sqrt{2}} & -\frac{1}{\sqrt{2}} \\ b & \frac{1}{\sqrt{6}} & \frac{1}{\sqrt{6}} \\ c & \frac{1}{\sqrt{3}} & \frac{1}{\sqrt{3}} \end{bmatrix}$$

10. 행렬 $\begin{bmatrix} a+b & b-a \\ a-b & b+a \end{bmatrix}$가 직교행렬이 되기 위한 a, b의 조건을 구하라.

11. $\mathbb{R}^2$의 두 벡터 $\mathbf{x}$, $\mathbf{y}$가 $\|\mathbf{x}+\mathbf{y}\|=4$, $\|\mathbf{x}-\mathbf{y}\|=2$를 만족할 때, $\mathbf{x}\cdot\mathbf{y}$를 구하라.

12. $\mathbb{R}^n$의 두 벡터 $\mathbf{x}$, $\mathbf{y}$가 $\|\mathbf{x}+\mathbf{y}\|=\|\mathbf{x}-\mathbf{y}\|$를 만족할 때, $\mathbf{x}\cdot\mathbf{y}=0$임을 보여라.

13~15. 다음 행렬을 표준행렬로 갖는 선형연산자에 대하여 서술하라.

13. $\begin{bmatrix} \frac{\sqrt{3}}{2} & \frac{1}{2} \\ -\frac{1}{2} & \frac{\sqrt{3}}{2} \end{bmatrix}$ **14.** $\begin{bmatrix} \frac{1}{\sqrt{2}} & -\frac{1}{\sqrt{2}} \\ \frac{1}{\sqrt{2}} & \frac{1}{\sqrt{2}} \end{bmatrix}$ **15.** $\begin{bmatrix} \frac{1}{\sqrt{2}} & \frac{1}{\sqrt{2}} \\ \frac{1}{\sqrt{2}} & -\frac{1}{\sqrt{2}} \end{bmatrix}$

16~17. 다음 행렬의 역행렬의 행렬식을 구하라.

16. $\begin{bmatrix} \cos\theta & -\sin\theta \\ \sin\theta & \cos\theta \end{bmatrix}=R_\theta$ **17.** $\begin{bmatrix} \cos\theta & \sin\theta \\ \sin\theta & -\cos\theta \end{bmatrix}=H_{\frac{\theta}{2}}$

18. $\mathbb{R}^2$의 두 벡터 $\mathbf{x}$와 $\mathbf{y}$와 행렬 A가 다음과 같을 때, $A\mathbf{x}$와 $A\mathbf{y}$의 사잇각 θ에 대하여 $\cos\theta$를 구하라.

$$\mathbf{x}=(1,\ 1),\ \ \mathbf{y}=(-2,\ 3),\ \ A=\begin{bmatrix} \frac{\sqrt{3}}{2} & \frac{1}{2} \\ -\frac{1}{2} & \frac{\sqrt{3}}{2} \end{bmatrix}$$

19. 두 개의 직교행렬의 곱은 다시 직교행렬임을 보여라.

20. 행렬 $H_n = I - 2\mathbf{u}\mathbf{u}^T$이라 하자. 여기서 $\mathbf{u}=\frac{1}{\sqrt{n}}(1,\ 1,\ \cdots,\ 1)^T \in \mathbb{R}^n$이다. 행렬 H_n은 직교행렬임을 보여라. 그리고 H_3를 구하라.(여기에서 행렬 H_n을 **하우스홀더 행렬**Householder matirx라 한다.)

21. 행렬 $P=\begin{bmatrix} 0 & 1 & 0 & 0 \\ 0 & 0 & 1 & 0 \\ 0 & 0 & 0 & 1 \\ 1 & 0 & 0 & 0 \end{bmatrix}$의 열벡터들은 정규직교함을 보여라. (여기에서 행렬 P를 **치환행렬**permutation matrix라 한다.)

22. 다음 행렬의 역행렬을 구하라.

$$R=\begin{bmatrix} \cos\theta & -\sin\theta & 0 \\ \sin\theta & \cos\theta & 0 \\ 0 & 0 & 1 \end{bmatrix}$$

Section

5.5 선형변환의 합성과 역변환

기본적인 함수를 살펴본 다음 이 함수들을 합성하여 다양한 함수를 만들 수 있었다. 또한, 함수가 일대일 대응이고, 치역과 공역이 같다는 특별한 조건 하에 역함수를 정의할 수 있었다.

선형변환도 역시 함수이므로 선형변환의 합성과 역변환을 생각할 수 있다. 이 절에서는 선형변환의 합성과 역변환에 대하여 살펴보자.

선형변환의 합성

일반적으로 두 선형변환 $L: \mathbb{R}^n \to \mathbb{R}^k$, $T: \mathbb{R}^k \to \mathbb{R}^m$의 합성변환 $T \circ L: \mathbb{R}^n \to \mathbb{R}^m$을 $(T \circ L)(\mathbf{x}) = T(L(\mathbf{x}))$로 정의한다.

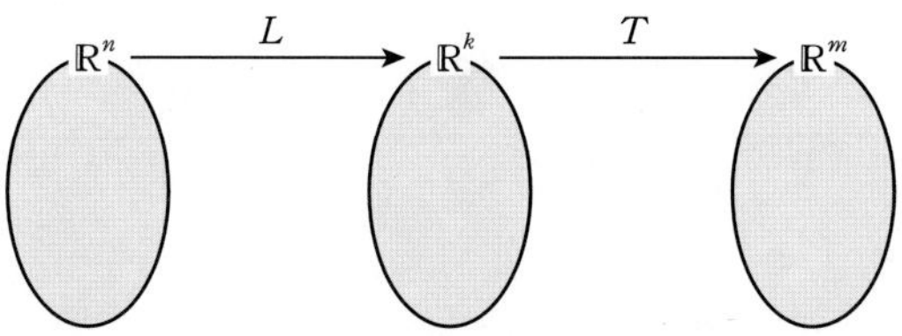

[그림 5-17] **선형변환의 합성** $(T \circ L)(\mathbf{x}) = T(L(\mathbf{x}))$

선형변환을 합성하는 방법은 함수를 합성하는 방법과 동일하다.

다음과 같은 선형변환 L, T에 대하여 합성변환 $(T \circ L)(x_1, x_2) = T(L(x_1, x_2))$을 생각해보자.

$$L: \mathbb{R}^2 \to \mathbb{R}^2,\ L(x_1, x_2) = (x_1 + 2x_2, x_2)$$
$$T: \mathbb{R}^2 \to \mathbb{R}^2,\ T(x_1, x_2) = (x_2, x_1)$$

$L(x_1, x_2) = (x_1 + 2x_2, x_2)$이므로 $T(L(x_1, x_2)) = T(x_1 + 2x_2, x_2) = (x_2, x_1 + 2x_2)$이다. 즉 $T(L(x_1, x_2)) = (x_2, x_1 + 2x_2)$이다.

그렇다면 두 선형변환을 합성한 결과도 다시 선형변환이 될까? 다음 정리로부터 그 결과를 알 수 있다.

정리 5-10 선형변환의 합성

두 선형변환 $L: \mathbb{R}^n \to \mathbb{R}^k$, $T: \mathbb{R}^k \to \mathbb{R}^m$에 대하여 합성변환 $T \circ L: \mathbb{R}^n \to \mathbb{R}^m$은 선형변환이다.

증명

임의의 두 벡터 $\mathbf{x}, \mathbf{y} \in \mathbb{R}^n$와 스칼라 k에 대하여 합성변환 $T \circ L$은 다음이 성립한다.

$$\begin{aligned}(T \circ L)(\mathbf{x}+\mathbf{y}) &= T(L(\mathbf{x}+\mathbf{y})) = T(L(\mathbf{x})+L(\mathbf{y})) \\ &= T(L(\mathbf{x}))+T(L(\mathbf{y})) \\ &= (T \circ L)(\mathbf{x})+(T \circ L)(\mathbf{y})\end{aligned}$$

$$(T \circ L)(k\mathbf{x}) = T(L(k\mathbf{x})) = T(kL(\mathbf{x})) = kT(L(\mathbf{x})) = k(T \circ L)(\mathbf{x})$$

따라서 두 선형변환 L과 T에 대한 합성변환 $T \circ L: \mathbb{R}^n \to \mathbb{R}^m$은 선형변환이다. ▪

예제 5-19

두 선형변환 T, L이 다음과 같을 때, 주어진 물음에 답하라.

$$T: \mathbb{R}^2 \to \mathbb{R}^2: T(x_1, x_2) = (x_1 + 2x_2, x_2)$$
$$L: \mathbb{R}^2 \to \mathbb{R}^2: L(x_1, x_2) = (x_2, x_1)$$

(a) 합성변환 $T \circ L$을 구하라.

(b) 합성변환 $T \circ L$이 선형변환임을 확인하라.

풀이

(a) 먼저 합성변환 $T \circ L$을 구하면 변환 결과는 다음과 같다.

$$(T \circ L)(x_1, x_2) = T(L(x_1, x_2)) = T(x_2, x_1) = (x_2 + 2x_1, x_1)$$

(b) 이제 합성변환 $T \circ L$이 선형변환임을 보이자.

❶ $$\begin{aligned}(T \circ L)[(x_1, x_2)+(y_1, y_2)] &= (T \circ L)[(x_1+y_1, x_2+y_2)] \\ &= (x_2+y_2+2(x_1+y_1), x_1+y_1) \\ &= (x_2+2x_1, x_1)+(y_2+2y_1, y_1) \\ &= (T \circ L)[(x_1, x_2)]+(T \circ L)[(y_1, y_2)]\end{aligned}$$

❷ $(T \circ L)(kx_1, kx_2) = T(L(kx_1, kx_2))$
$$= T(kL(x_1, x_2))$$
$$= kT(L(x_1, x_2))$$
$$= k(T \circ L)(x_1, x_2)$$

따라서 ❶, ❷에 의하여 합성변환 $T \circ L$은 선형변환이다.

함수의 경우와 마찬가지로 일반적으로 합성변환은 교환법칙이 성립하지 않음을 알 수 있다.

합성변환의 표준행렬

이제 두 선형변환의 합성변환에 대한 표준행렬을 살펴보자.

정리 5-11 합성변환의 표준행렬

두 행렬 A, B가 각각 두 선형변환 $L : \mathbb{R}^n \to \mathbb{R}^k$, $T : \mathbb{R}^k \to \mathbb{R}^m$의 표준행렬이라고 하자. 그러면, BA는 합성변환 $T \circ L : \mathbb{R}^n \to \mathbb{R}^m$의 표준행렬이다.

증명

$L(\mathbf{x}) = A\mathbf{x}$, $T(\mathbf{x}) = B\mathbf{x}$이고, 합성변환 $T \circ L : \mathbb{R}^n \to \mathbb{R}^m$은 $(T \circ L)(\mathbf{x}) = T(L(\mathbf{x}))$로 정의되므로

$$(T \circ L)(\mathbf{x}) = T(L(\mathbf{x})) = T(A\mathbf{x}) = B(A\mathbf{x}) = (BA)\mathbf{x}$$

이다. 따라서 BA는 합성변환 $T \circ L : \mathbb{R}^n \to \mathbb{R}^m$의 표준행렬이다. ■

[정리 5-11]을 통해 합성변환에 대한 표준행렬은 각 선형변환에 대한 표준행렬을 곱한 것과 같음을 확인할 수 있다.

예제 5-20

선형변환 L과 T의 합성변환인 $T \circ L$의 표준행렬을 구하라.

$$L(\mathbf{x}) = \begin{bmatrix} 6x_1 - 3x_2 \\ -x_1 + x_2 \end{bmatrix}, \quad T(\mathbf{x}) = \begin{bmatrix} \frac{1}{3}x_1 + x_2 \\ \frac{1}{3}x_1 + 2x_2 \end{bmatrix}$$

풀이

$L(\mathbf{x}) = \begin{bmatrix} 6x_1 - 3x_2 \\ -x_1 + x_2 \end{bmatrix} = \begin{bmatrix} 6 & -3 \\ -1 & 1 \end{bmatrix} \begin{bmatrix} x_1 \\ x_2 \end{bmatrix}$ 이므로, L의 표준행렬은 $A = \begin{bmatrix} 6 & -3 \\ -1 & 1 \end{bmatrix}$ 이다.

$T(\mathbf{x}) = \begin{bmatrix} \frac{1}{3}x_1 + x_2 \\ \frac{1}{3}x_1 + 2x_2 \end{bmatrix} = \begin{bmatrix} \frac{1}{3} & 1 \\ \frac{1}{3} & 2 \end{bmatrix} \begin{bmatrix} x_1 \\ x_2 \end{bmatrix}$ 이므로, T의 표준행렬은 $B = \begin{bmatrix} \frac{1}{3} & 1 \\ \frac{1}{3} & 2 \end{bmatrix}$ 이다.

따라서 합성변환 $T \circ L$의 표준행렬은 다음과 같다.

$$BA = \begin{bmatrix} \frac{1}{3} & 1 \\ \frac{1}{3} & 2 \end{bmatrix} \begin{bmatrix} 6 & -3 \\ -1 & 1 \end{bmatrix} = \begin{bmatrix} 1 & 0 \\ 0 & 1 \end{bmatrix} = I_2$$

예제 5-21

$\mathbb{R}^2$ 위의 두 변환 T, L을 각각 θ_1, θ_2만큼씩 회전시키는는 회전변환이라 하면, 이들 회전변환의 표준행렬은 각각 다음과 같다. 이들 두 회전변환의 합성변환인 $T \circ L$의 표준행렬을 구하라.

$$R_{\theta_1} = \begin{bmatrix} \cos\theta_1 & -\sin\theta_1 \\ \sin\theta_1 & \cos\theta_1 \end{bmatrix}, \quad R_{\theta_2} = \begin{bmatrix} \cos\theta_2 & -\sin\theta_2 \\ \sin\theta_2 & \cos\theta_2 \end{bmatrix}$$

풀이

θ_1만큼 회전한 후 θ_2만큼 회전한 선형변환은 $\theta_1 + \theta_2$만큼 회전한 선형변환이므로 표준행렬은 다음과 같다.

$$R_{\theta_1+\theta_2} = \begin{bmatrix} \cos(\theta_1+\theta_2) & -\sin(\theta_1+\theta_2) \\ \sin(\theta_1+\theta_2) & \cos(\theta_1+\theta_2) \end{bmatrix}$$

그런데 합성변환의 표준행렬은 두 선형변환의 표준행렬의 곱이므로 다음을 얻는다.

$$\begin{aligned} R_{\theta_2}R_{\theta_1} &= \begin{bmatrix} \cos\theta_2 & -\sin\theta_2 \\ \sin\theta_2 & \cos\theta_2 \end{bmatrix}\begin{bmatrix} \cos\theta_1 & -\sin\theta_1 \\ \sin\theta_1 & \cos\theta_1 \end{bmatrix} \\ &= \begin{bmatrix} \cos\theta_2\cos\theta_1 - \sin\theta_2\sin\theta_1 & -\cos\theta_2\sin\theta_1 - \sin\theta_2\cos\theta_1 \\ \cos\theta_2\sin\theta_1 + \sin\theta_2\cos\theta_1 & \cos\theta_2\cos\theta_1 - \sin\theta_2\sin\theta_1 \end{bmatrix} \\ &= \begin{bmatrix} \cos(\theta_1+\theta_2) & -\sin(\theta_1+\theta_2) \\ \sin(\theta_1+\theta_2) & \cos(\theta_1+\theta_2) \end{bmatrix} = R_{\theta_1+\theta_2} \end{aligned}$$ [11]

합성변환은 2개 이상으로도 확장할 수 있다. 이를테면 세 개의 선형변환

$$T_1 : \mathbb{R}^n \to \mathbb{R}^k,\ \ T_2 : \mathbb{R}^k \to \mathbb{R}^l,\ \ T_3 : \mathbb{R}^l \to \mathbb{R}^m$$

의 합성변환은 $(T_3 \circ T_2 \circ T_1)(\mathbf{x}) = T_3(T_2(T_1(\mathbf{x})))$이다. 이때 선형변환 T_1, T_2, T_3의 표준행렬을 각각 A_1, A_2, A_3라 하면 합성변환 $T_3 \circ T_2 \circ T_1$의 표준행렬은 $A_3A_2A_1$이다.

합성변환은 3개, 4개 또는 그 이상의 선형변환으로 확장할 수 있다. 이 사실을 이용하면 임의의 선형변환을 몇 개의 선형변환의 합성변환으로 나타낼 수 있다.

가역행렬 A는 기본행렬들의 곱이므로 기본행렬 $E_1, E_2, \cdots, E_k$에 대하여 다음과 같이 나타낼 수 있다.

$$A = E_1E_2 \cdots E_k$$

특히 임의의 2차 기본행렬은 임의의 실수 k에 대하여 다음 행렬 중 하나가 된다.

❶ $\begin{bmatrix} 0 & 1 \\ 1 & 0 \end{bmatrix}$ ❷ $\begin{bmatrix} k & 0 \\ 0 & k \end{bmatrix}$ ❸ $\begin{bmatrix} k & 0 \\ 0 & 1 \end{bmatrix}$ ❹ $\begin{bmatrix} 1 & 0 \\ 0 & k \end{bmatrix}$ ❺ $\begin{bmatrix} 1 & k \\ 0 & 1 \end{bmatrix}$ ❻ $\begin{bmatrix} 1 & 0 \\ k & 1 \end{bmatrix}$

❶은 직선 $y = x$에 대칭변환이고 ❷는 x와 y를 동시에 확장 혹은 축약하는 선형변환이다. 또한 ❸, ❹는 $k > 1$이면 x축 혹은 y축 **확장**extension, $k < 1$이면 x축 혹은 y축 **축약**contraction인 선형변환이다. 또 ❺, ❻의 행렬들은 **층밀림**shear 변환이다.

직선 $y = x$에 대한 대칭변환은 이미 5.2절에서 살펴보았다. 이제 축약, 확장, 층밀림 변환들의 표준행렬과 기하학적 의미를 살펴보자.

11 [예제 5-21]로부터 삼각함수의 덧셈공식을 얻을 수 있다.

[표 5-1] 축약, 확장, 층밀림 변환의 표준행렬

변환	그림	단위 정사각형	표준행렬
k 축약 $(0 \le k < 1)$	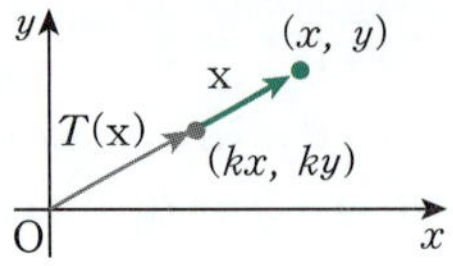	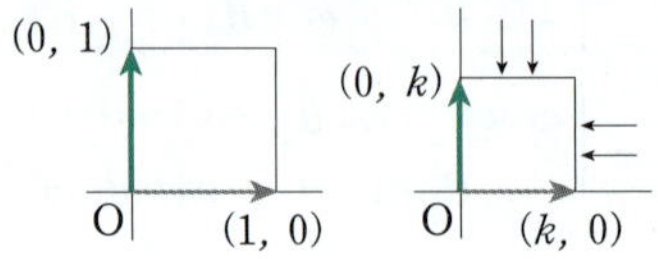	$\begin{bmatrix} k & 0 \\ 0 & k \end{bmatrix}$
k 확장 $(k > 1)$	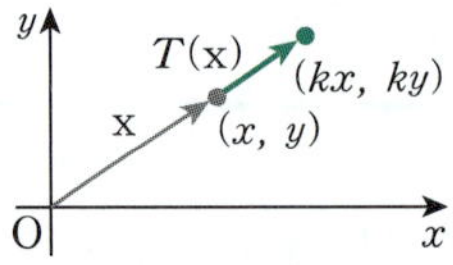	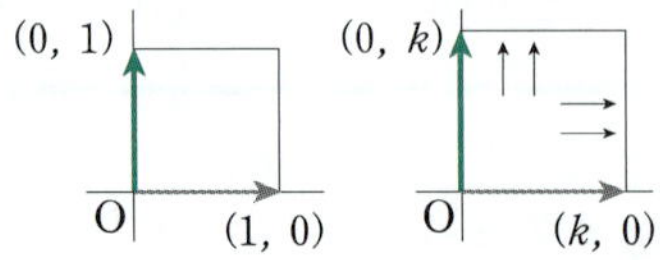	
x축 축약 $(k < 1)$	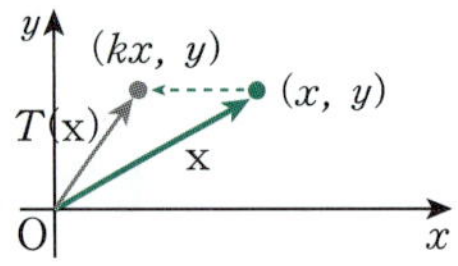	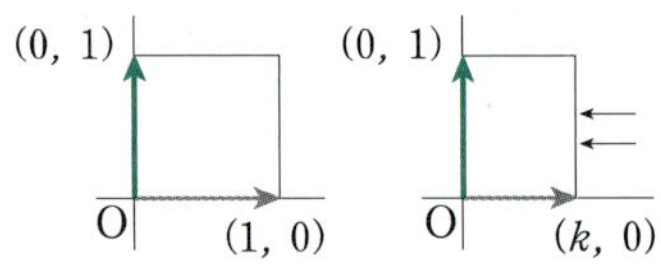	$\begin{bmatrix} k & 0 \\ 0 & 1 \end{bmatrix}$
x축 확장 $(k > 1)$	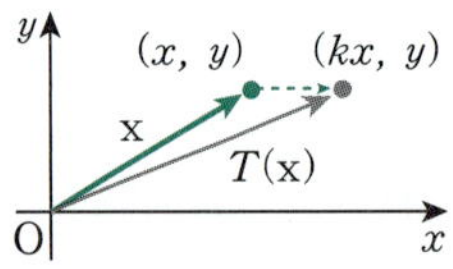	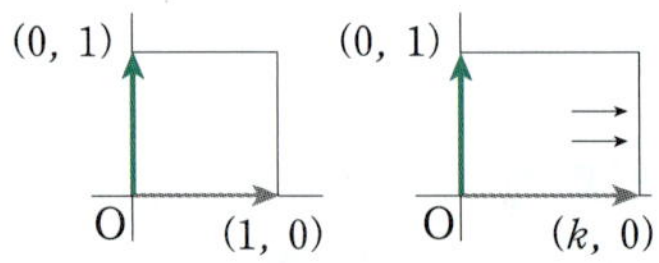	
y축 축약 $(k < 1)$	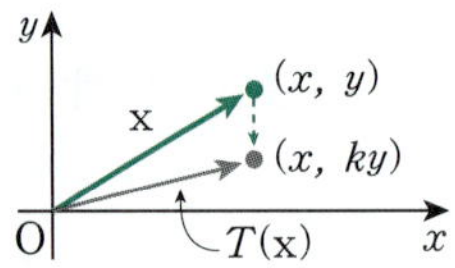	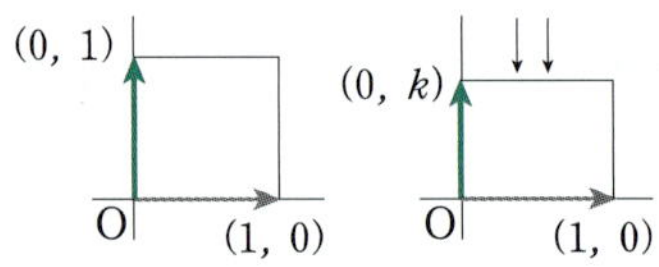	$\begin{bmatrix} 1 & 0 \\ 0 & k \end{bmatrix}$
y축 확장 $(k > 1)$	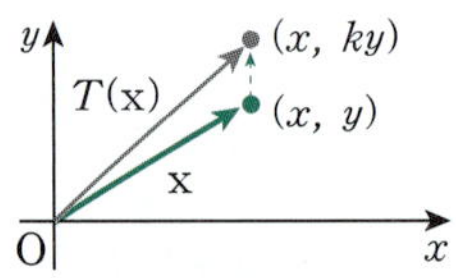	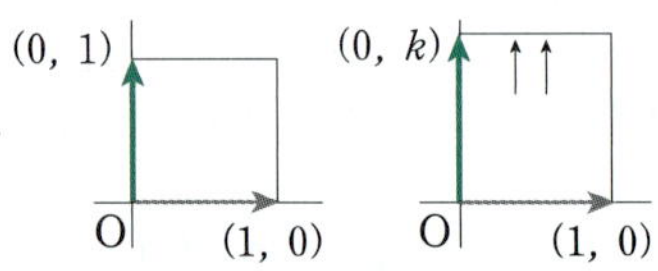	
x축 층 밀림	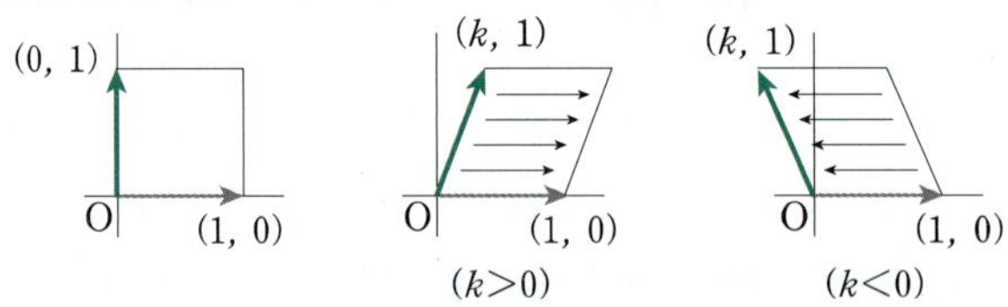		$\begin{bmatrix} 1 & k \\ 0 & 1 \end{bmatrix}$
y축 층 밀림	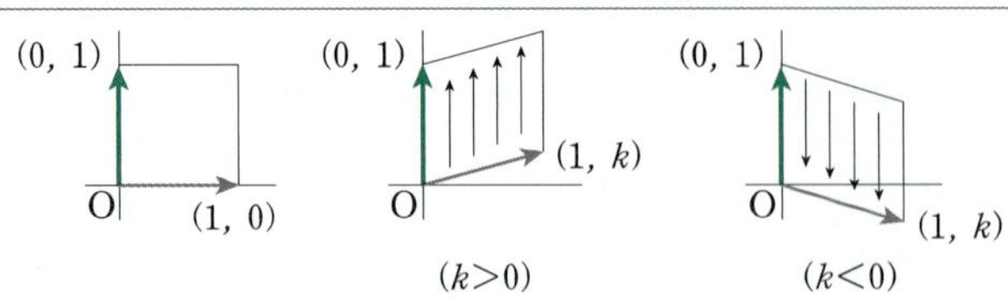		$\begin{bmatrix} 1 & 0 \\ k & 1 \end{bmatrix}$

[표 5-1]로부터 다음과 같은 정리를 얻을 수 있다.

정리 5-12 2차 가역행렬의 선형변환

2차 가역행렬은 평면에서 직선 $y=x$에 대한 대칭, 확장, 축약, 층밀림 변환들의 합성변환이다.

예제 5-22

행렬 A를 기본행렬의 곱으로 나타내고, 각 기본행렬에 대응하는 변환을 말하라.

$$A=\begin{bmatrix} 3 & 6 \\ -2 & -3 \end{bmatrix}$$

풀이

행렬 A의 RREF를 구하기 위해 기본행렬

$$E_3=\begin{bmatrix} 1 & -2 \\ 0 & 1 \end{bmatrix},\ E_2=\begin{bmatrix} 1 & 0 \\ 2 & 1 \end{bmatrix},\ E_1=\begin{bmatrix} \frac{1}{3} & 0 \\ 0 & 1 \end{bmatrix}$$

을 사용하면 $E_3E_2E_1A=I$가 된다. 즉

$$\begin{aligned} A &= \begin{bmatrix} \frac{1}{3} & 0 \\ 0 & 1 \end{bmatrix}^{-1}\begin{bmatrix} 1 & 0 \\ 2 & 1 \end{bmatrix}^{-1}\begin{bmatrix} 1 & -2 \\ 0 & 1 \end{bmatrix}^{-1} \\ &= \begin{bmatrix} 3 & 0 \\ 0 & 1 \end{bmatrix}\begin{bmatrix} 1 & 0 \\ -2 & 1 \end{bmatrix}\begin{bmatrix} 1 & 2 \\ 0 & 1 \end{bmatrix} \\ &= \begin{bmatrix} 3 & 6 \\ -2 & -3 \end{bmatrix} \end{aligned}$$

이다. 따라서 행렬 A는 x축 층밀림, y축 층밀림, x축 확장이라는 3가지 변환의 합성변환이다.

선형변환의 역변환

선형변환은 행렬변환이므로 행렬의 성질을 알면 선형변환의 성질을 쉽게 알 수 있다. 이제 가역행렬을 표준행렬로 갖는 선형변환에 대하여 알아보자.

선형변환 $L: \mathbb{R}^2 \to \mathbb{R}^2$ 의 표준행렬 A가 가역이고 선형변환이 다음과 같다고 하자.

$$L\begin{bmatrix} x \\ y \end{bmatrix} = A\begin{bmatrix} x \\ y \end{bmatrix} = \begin{bmatrix} x' \\ y' \end{bmatrix}$$

그러면 $\begin{bmatrix} x \\ y \end{bmatrix}$는 역행렬을 이용해 다음과 같이 표현할 수 있다.

$$\begin{bmatrix} x \\ y \end{bmatrix} = A^{-1}\begin{bmatrix} x' \\ y' \end{bmatrix}$$

A^{-1}는 $\begin{bmatrix} x' \\ y' \end{bmatrix}$을 $\begin{bmatrix} x \\ y \end{bmatrix}$로 옮기는 선형변환의 표준행렬로 생각할 수 있다. 이 선형변환을 L의 **역변환**inverse transformation이라 하고 L^{-1}로 나타낸다. 즉 $L(\mathbf{x}) = \mathbf{y}$ 에 대하여 다음과 같이 나타낼 수 있다.

$$L^{-1}(\mathbf{y}) = A^{-1}\mathbf{y} = \mathbf{x}$$

예제 5-23

다음 선형변환의 역변환을 구하고, 이 역변환에 의한 세 점 $(-18, 5)$, $(15, -2)$, $(-6, 4)$의 상을 구하라.

$$L(\mathbf{x}) = A\mathbf{x} = \begin{bmatrix} 6 & -3 \\ -1 & 1 \end{bmatrix}\begin{bmatrix} x_1 \\ x_2 \end{bmatrix}$$

풀이

선형변환 $L(\mathbf{x})$의 표준행렬 A는 가역이고 $A^{-1} = \begin{bmatrix} \frac{1}{3} & 1 \\ \frac{1}{3} & 2 \end{bmatrix}$이다. 따라서 선형변환 L의 역변환은 다음과 같다.

$$L^{-1}(\mathbf{x}) = A^{-1}\mathbf{x} = \begin{bmatrix} \frac{1}{3} & 1 \\ \frac{1}{3} & 2 \end{bmatrix}\begin{bmatrix} x_1 \\ x_2 \end{bmatrix}$$

주어진 세 점을 대입하여 풀면 다음을 얻는다.

$$L^{-1}(-18,\ 5) = (-1,\ 4),\ L^{-1}(15,\ -2) = (3,\ 1),\quad L^{-1}(-6,\ 4) = (2,\ 6)$$

Chapter 5.5

연습문제

1~2. 다음 행렬 A, B를 각각 표준행렬로 갖는 선형변환 L_A, L_B에 대하여 주어진 물음에 답하라.

$$A = \begin{bmatrix} 1 & -2 & 0 \\ 4 & 1 & -3 \\ 5 & 2 & 4 \end{bmatrix}, \quad B = \begin{bmatrix} 2 & -3 & 3 \\ 5 & 0 & 1 \\ 6 & 1 & 7 \end{bmatrix}$$

1. $L_A \circ L_B$의 표준행렬을 구하라.

2. $L_B \circ L_A$의 표준행렬을 구하라.

3. 선형변환 $L(x,\, y) = (x+y,\, x-y)$, $T(x,\, y) = (3x,\, 2x+4y)$에 대하여, 두 개의 합성 변환 $T(L(x,\, y))$와 $L(T(x,\, y))$를 구하라.

4~5. 다음 선형변환을 행렬의 곱으로 나타내라.

4. $\mathbb{R}^2$에서 반시계 방향으로 90° 회전한 후 직선 $y = x$에 대칭시키는 변환

5. $\mathbb{R}^2$에서 $k = 3$ 확장 후 y축에 정사영하는 변환

6. 행렬 $A = \begin{bmatrix} 1 & 2 \\ 3 & 4 \end{bmatrix}$는 $\mathbb{R}^2$ 위의 선형연산자이다. 행렬 A를 기본행렬의 곱으로 표현하여 층밀림, 축소, 확장, 대칭변환의 합성으로 표현하라.

7~10. 다음 선형변환의 역변환을 구하라.

7. $\mathbb{R}^2$에서 x축에 대칭인 선형변환

8. $\mathbb{R}^2$에서 y축에 대칭인 선형변환

9. $\mathbb{R}^2$에서 $k = 3$ 확장인 선형변환

10. $\mathbb{R}^2$에서 $k = \dfrac{1}{2}$ 축약인 선형변환

11~12. 다음 선형변환의 역변환을 구하라.

11. $\begin{aligned} w_1 &= x_1 + 2x_2 \\ w_2 &= x_1 + x_2 \end{aligned}$

12. $\begin{aligned} w_1 &= x_1 - 2x_2 + 2x_3 \\ w_2 &= 2x_1 + x_2 + x_3 \\ w_3 &= x_1 + x_2 \end{aligned}$

13. 다음 두 선형변환의 합성변환에 대하여, 교환법칙이 성립하는지 확인하라.

L : $\mathbb{R}^2$에서 x축에 정사영변환

T : $\mathbb{R}^2$에서 y축에 정사영변환

14. 다음 선형변환에 의한 단위 정사각형의 이미지를 좌표평면 위에 그려라.

$$A = \begin{bmatrix} 1 & -1 \\ 1 & 2 \end{bmatrix}$$

15. 두 선형변환 $T_1 : \mathbb{R}^n \to \mathbb{R}^k$, $T_2 : \mathbb{R}^k \to \mathbb{R}^m$이 각각 단사일 때, 합성변환 $T_2 \circ T_1 : \mathbb{R}^n \to \mathbb{R}^m$이 단사임을 보여라.

16. 선형변환 $L : \mathbb{R}^2 \to \mathbb{R}^2$의 표준행렬 $A = \begin{bmatrix} a & b \\ c & d \end{bmatrix}$가 가역행렬일 때, L에 의하여 평면상의 직선은 또 다른 직선으로 옮겨짐을 보여라.

17. 선형변환 $L : \mathbb{R}^3 \to \mathbb{R}^3$가 다음과 같이 정의되었다.

$$L(x,\ y,\ z) = (z,\ x,\ y)$$

$L^3 = L \circ L \circ L = I$임을 보이고, L^{-1}의 변환행렬을 구하라.

18. 세 개의 선형변환

$$T_1 : \mathbb{R}^n \to \mathbb{R}^k,\ \ T_2 : \mathbb{R}^k \to \mathbb{R}^l,\ \ T_3 : \mathbb{R}^l \to \mathbb{R}^m$$

의 합성변환은 $(T_3 \circ T_2 \circ T_1)(\mathbf{x}) = T_3(T_2(T_1(\mathbf{x})))$이다.
합성변환 $[(T_3 \circ T_2) \circ T_1](\mathbf{x}) = [T_3 \circ (T_2 \circ T_1)](\mathbf{x})$임을 보여라.

Section

5.6 행렬의 닮음

우리는 5.1절에서 $\mathbb{R}^n$에서 $\mathbb{R}^m$으로의 모든 선형변환을 표준행렬을 이용하여 나타낼 수 있음을 배웠다. 이때 표준행렬은 벡터공간 $\mathbb{R}^n$의 표준기저를 이용하여 얻었다. 그러나 선형변환의 행렬은 표준기저 이외의 다른 기저를 이용해서도 구할 수 있다. 이 절에서는 $\mathbb{R}^n$의 일반적인 기저에 대한 선형변환의 행렬을 구하고, 이 행렬과 표준행렬 사이의 관계를 알아본다.

선형변환의 기저에 따른 변환행렬

$\mathbb{R}^n$과 $\mathbb{R}^m$의 기저를 각각 $S=\{\mathbf{x}_1, \cdots, \mathbf{x}_n\}$, $T=\{\mathbf{y}_1, \cdots, \mathbf{y}_m\}$이라 하고 $L: \mathbb{R}^n \to \mathbb{R}^m$을 선형변환이라 하자. 그러면 각 벡터 $\mathbf{x}_j \in \mathbb{R}^n (j=1, 2, \cdots, n)$에 대하여 $L(\mathbf{x}_j)$는 $\mathbb{R}^m$의 벡터이고, T가 $\mathbb{R}^m$의 기저이므로 $L(\mathbf{x}_j)$는 다음과 같이 유일하게 표현된다.

$$L(\mathbf{x}_j) = a_{1j}\mathbf{y}_1 + a_{2j}\mathbf{y}_2 + \cdots + a_{mj}\mathbf{y}_m \quad (1 \le j \le n)$$

따라서 T에 관한 $L(\mathbf{x}_j)$의 좌표벡터는 다음과 같다.

$$[L(\mathbf{x}_j)]_T = \begin{bmatrix} a_{1j} \\ a_{2j} \\ \vdots \\ a_{mj} \end{bmatrix}$$

$[L(\mathbf{x}_1)]_T, [L(\mathbf{x}_2)]_T, \cdots, [L(\mathbf{x}_n)]_T$를 열벡터로 갖는 $m \times n$ 행렬을 A라 하면 다음과 같이 나타낼 수 있다.

$$A = \big[[L(\mathbf{x}_1)]_T \ [L(\mathbf{x}_2)]_T \ \cdots \ [L(\mathbf{x}_n)]_T\big] = \begin{bmatrix} a_{11} & a_{12} & \cdots & a_{1n} \\ a_{21} & a_{22} & \cdots & a_{2n} \\ \vdots & \vdots & \ddots & \vdots \\ a_{m1} & a_{m2} & \cdots & a_{mn} \end{bmatrix}$$

이때 행렬 $A=[a_{ij}]$를 **기저 S와 T에 관한 선형변환 L의 행렬**이라 하고, 기호를 사용하여 다음과 같이 표시한다.

$$A=[L]_{S,T}$$

특히, $n=m$일 때 기저를 $S=T$로 택하여 위와 같은 방법으로 얻어진 행렬 A를 기저 S에 관한 선형변환 L의 행렬이라 하고, $A=[L]_S$로 표시한다.

예제 5-24

선형변환 $L:\mathbb{R}^3\to\mathbb{R}^2$에 대하여 S와 T를 각각 $\mathbb{R}^3$와 $\mathbb{R}^2$의 기저라 하자. 이때 S와 T에 관한 선형변환 L의 행렬 $A=[L]_{S,T}$를 구하라.

$$L\begin{pmatrix}x\\y\\z\end{pmatrix}=\begin{bmatrix}x-y\\y-z\end{bmatrix}$$

$$S=\left\{\mathbf{x}_1=\begin{bmatrix}1\\0\\1\end{bmatrix},\ \mathbf{x}_2=\begin{bmatrix}0\\1\\1\end{bmatrix},\ \mathbf{x}_3=\begin{bmatrix}1\\1\\0\end{bmatrix}\right\}$$

$$T=\left\{\mathbf{y}_1=\begin{bmatrix}1\\1\end{bmatrix},\ \mathbf{y}_2=\begin{bmatrix}-1\\1\end{bmatrix}\right\}$$

풀이

$A=[L]_{S,T}=\left[[L(\mathbf{x}_1)]_T[L(\mathbf{x}_2)]_T[L(\mathbf{x}_3)_T]\right]$이므로 먼저 $L(\mathbf{x}_1)$, $L(\mathbf{x}_2)$, $L(\mathbf{x}_3)$을 구하면 다음과 같다.

$$L(\mathbf{x}_1)=\begin{bmatrix}1\\-1\end{bmatrix},\ L(\mathbf{x}_2)=\begin{bmatrix}-1\\0\end{bmatrix},\ L(\mathbf{x}_3)=\begin{bmatrix}0\\1\end{bmatrix}$$

이제 기저 T에 관한 이 벡터들의 좌표벡터를 각각 구해보자.

$$L(\mathbf{x}_1)=\begin{bmatrix}1\\-1\end{bmatrix}=a_1\mathbf{y}_1+a_2\mathbf{y}_2=a_1\begin{bmatrix}1\\1\end{bmatrix}+a_2\begin{bmatrix}-1\\1\end{bmatrix}$$

$$L(\mathbf{x}_2)=\begin{bmatrix}-1\\0\end{bmatrix}=b_1\mathbf{y}_1+b_2\mathbf{y}_2=b_1\begin{bmatrix}1\\1\end{bmatrix}+b_2\begin{bmatrix}-1\\1\end{bmatrix}$$

$$L(\mathbf{x}_3)=\begin{bmatrix}0\\1\end{bmatrix}=c_1\mathbf{y}_1+c_2\mathbf{y}_2=c_1\begin{bmatrix}1\\1\end{bmatrix}+c_2\begin{bmatrix}-1\\1\end{bmatrix}$$

이 세 개의 연립방정식을 각각 풀어야 한다.

그러나 이 연립방정식의 계수행렬이 $\begin{bmatrix}1&-1\\1&1\end{bmatrix}$로 모두 같으므로, 다음 행렬을 RREF로 변환하자.

$$\left[\begin{array}{cc:c:c:c}1&-1&1&-1&0\\1&1&-1&0&1\end{array}\right]$$

을 RREF로 변환하여 다음 행렬을 구한다.

$$\left[\begin{array}{cc:c:c:c} 1 & 0 & 0 & -\frac{1}{2} & \frac{1}{2} \\ 0 & 1 & -1 & \frac{1}{2} & \frac{1}{2} \end{array}\right]$$

따라서 $A=[L]_{S,T}$는 다음과 같다.

$$A=[L]_{S,T}=\begin{bmatrix} 0 & -\frac{1}{2} & \frac{1}{2} \\ -1 & \frac{1}{2} & \frac{1}{2} \end{bmatrix}$$

[예제 5-24]에서 보듯이 선형변환이 $L: \mathbb{R}^n \to \mathbb{R}^m$이고 $S=\{\mathbf{x}_1, \cdots, \mathbf{x}_n\}$, $T=\{\mathbf{y}_1, \cdots, \mathbf{y}_m\}$가 각각 $\mathbb{R}^n$과 $\mathbb{R}^m$의 기저이면, 행렬

$$[\mathbf{y}_1\ \mathbf{y}_2\ \cdots\ \mathbf{y}_m \mid L(\mathbf{x}_1) \mid L(\mathbf{x}_2) \mid \cdots \mid L(\mathbf{x}_n)]$$

을 $[I_n \mid A]$와 같은 형태의 RREF로 변환하여 기저 S와 T에 관한 선형변환 L의 행렬 $A=[L]_{S,T}$를 쉽게 구할 수 있다.

예제 5-25

선형변환 $L: \mathbb{R}^2 \to \mathbb{R}^3$에 대하여 S와 T를 각각 $\mathbb{R}^2$와 $\mathbb{R}^3$의 기저라 하자. 이때 $A=[L]_{S,T}$를 구하라.

$$L\begin{pmatrix} x \\ y \end{pmatrix}=\begin{bmatrix} x \\ 2x-3y \\ -3x+y \end{bmatrix}$$

$$S=\left\{\mathbf{x}_1=\begin{bmatrix} 1 \\ 1 \end{bmatrix},\ \mathbf{x}_2=\begin{bmatrix} 2 \\ 1 \end{bmatrix}\right\}$$

$$T=\left\{\mathbf{y}_1=\begin{bmatrix} 1 \\ 0 \\ -1 \end{bmatrix},\ \mathbf{y}_2=\begin{bmatrix} -1 \\ 2 \\ 1 \end{bmatrix},\ \mathbf{y}_3=\begin{bmatrix} 0 \\ 1 \\ 1 \end{bmatrix}\right\}$$

풀이

먼저 $L(\mathbf{x}_1)$, $L(\mathbf{x}_2)$를 구하면 다음과 같다.

$$L(\mathbf{x}_1)=\begin{bmatrix} 1 \\ -1 \\ -2 \end{bmatrix},\ L(\mathbf{x}_2)=\begin{bmatrix} 2 \\ 1 \\ -5 \end{bmatrix}$$

이므로

$$[\mathbf{y}_1 \mathbf{y}_2 \mathbf{y}_3 \mid L(\mathbf{x}_1) \mid L(\mathbf{x}_2)] = \left[\begin{array}{rrr:r:r} 1 & -1 & 0 & 1 & 2 \\ 0 & 2 & 1 & -1 & 1 \\ -1 & 1 & 1 & -2 & -5 \end{array}\right]$$

이것을 RREF로 변환해보자.

$$\left[\begin{array}{rrr:r:r} 1 & -1 & 0 & 1 & 2 \\ 0 & 2 & 1 & -1 & 1 \\ -1 & 1 & 1 & -2 & -5 \end{array}\right] \xrightarrow{E_{13}(1)} \left[\begin{array}{rrr:r:r} 1 & -1 & 0 & 1 & 2 \\ 0 & 2 & 0 & 0 & 4 \\ -1 & 1 & 1 & -2 & -3 \end{array}\right]$$

$$\xrightarrow[E_{21}(1)]{E_2\left(\frac{1}{2}\right)} \left[\begin{array}{rrr:r:r} 1 & 0 & 0 & 1 & 4 \\ 0 & 1 & 0 & 0 & 2 \\ 0 & 0 & 1 & -1 & -3 \end{array}\right]$$

따라서 A는 다음과 같다.

$$A = [L]_{S,T} = \begin{bmatrix} 1 & 4 \\ 0 & 2 \\ -1 & -3 \end{bmatrix}$$

이제 $\mathbb{R}^n$ 위의 선형연산자 L의 행렬을 살펴보자. 지금까지 살펴본 바에 의하여 $\mathbb{R}^n$의 기저가 바뀌면 L의 행렬도 바뀐다. 그러나 L은 $\mathbb{R}^n$에서 $\mathbb{R}^n$ 자신으로의 선형변환이므로 서로 다른 기저에 대한 L의 행렬 사이에는 어떤 관계가 성립할 것이다. 이제 $\mathbb{R}^n$의 서로 다른 기저에 따른 L의 행렬 사이의 관계를 추이행렬[12]을 이용하여 알아보자.

정리 5-13 순서기저 사이의 관계

$L: \mathbb{R}^n \to \mathbb{R}^n$이 선형연산자이고 S와 T가 $\mathbb{R}^n$의 두 순서기저[13]라 하자. 이때 A와 A'을 각각 기저 S와 기저 T에 관한 L의 행렬이라고 하면, 기저 T에서 기저 S로의 추이행렬 P에 대하여 다음이 성립한다.

$$A' = P^{-1}AP$$

증명

A, A'이 각각 기저 S, T에 관한 L의 표준행렬이라 하자. 즉 $A = [L]_S$, $A' = [L]_T$이다. 임의의 $\mathbf{x} \in \mathbb{R}^n$에 대하여 각각 다음이 성립한다.

12 추이행렬이란 기저의 변환에 따라 좌표벡터를 바꿔주는 행렬이다.

13 좌표벡터를 결정하기 위하여 기저벡터들은 순서가 정해져야 한다.

$$A[\mathbf{x}]_S = [L(\mathbf{x})]_S$$

$$A'[\mathbf{x}]_T = [L(\mathbf{x})]_T$$

또한 P를 T에서 S로의 추이행렬이라 하면, P^{-1}는 S에서 T로의 추이행렬이고 임의의 $\mathbf{x} \in \mathbb{R}^n$에 대하여 $L(\mathbf{x}) \in \mathbb{R}^n$이므로 다음이 성립한다.

$$P[\mathbf{x}]_T = [\mathbf{x}]_S$$

$$P^{-1}[L(\mathbf{x})]_S = [L(\mathbf{x})]_T$$

따라서 임의의 $\mathbf{x} \in \mathbb{R}^n$에 대하여

$$\begin{aligned} A'[\mathbf{x}]_T &= [L(\mathbf{x})]_T \\ &= P^{-1}[L(\mathbf{x})]_S \\ &= P^{-1}A[\mathbf{x}]_S \\ &= P^{-1}AP[\mathbf{x}]_T \end{aligned}$$

이므로, 다음이 성립한다.

$$A' = P^{-1}AP$$ ■

위의 관계는 [그림 5-18]과 같이 나타낼 수 있는데, 이 그림에는 선형대수학의 가장 중요한 내용들이 함축되어 있다.

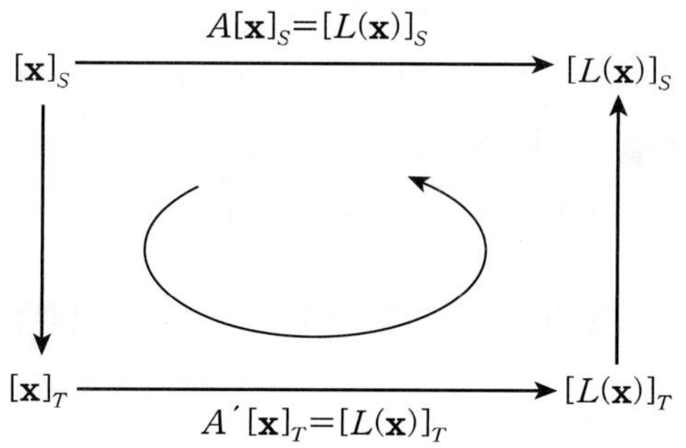

[그림 5-18] **기저에 따른 선형변환의 관계**

예제 5-26

선형변환 $L: \mathbb{R}^2 \to \mathbb{R}^2$에 대하여 $\mathbb{R}^2$의 표준기저를 S라 하고, 또 다른 기저를 T라고 하자. 추이행렬을 이용하여 기저 T에 관한 선형변환 L의 행렬 A'을 구하라.

$$L\begin{bmatrix} x_1 \\ x_2 \end{bmatrix} = \begin{bmatrix} x_1 - x_2 \\ x_1 + x_2 \end{bmatrix}, \quad T = \left\{ \mathbf{y}_1 = \begin{bmatrix} 0 \\ 1 \end{bmatrix}, \ \mathbf{y}_2 = \begin{bmatrix} -1 \\ 1 \end{bmatrix} \right\}$$

풀이

표준기저 S에 관한 L의 표준행렬을 A라고 하자.

$$A = \begin{bmatrix} 1 & -1 \\ 1 & 1 \end{bmatrix}$$

기저 T에서 표준기저 S로의 추이행렬을 P라 하면 다음과 같다.

$$P = [[\mathbf{y}_1]_S \ [\mathbf{y}_2]_S] = \begin{bmatrix} 0 & -1 \\ 1 & 1 \end{bmatrix} \}$$

$P^{-1} = \begin{bmatrix} 1 & 1 \\ -1 & 0 \end{bmatrix}$이므로, 구하려는 행렬은 다음과 같다.

$$\begin{aligned} A' &= P^{-1}AP \\ &= \begin{bmatrix} 1 & 1 \\ -1 & 0 \end{bmatrix} \begin{bmatrix} 1 & -1 \\ 1 & 1 \end{bmatrix} \begin{bmatrix} 0 & -1 \\ 1 & 1 \end{bmatrix} \\ &= \begin{bmatrix} 0 & -2 \\ 1 & 2 \end{bmatrix} \end{aligned}$$

행렬의 닮음

앞에서 살펴본 선형연산자의 변환행렬은 기저를 어떤 것으로 선택하느냐에 따라 달라진다. 그러나 서로 다른 행렬들은 하나의 선형변환을 나타내는 것이므로 이들 행렬 사이에는 [정리 5-13]과 같은 관계가 있을 것이다. 이것을 행렬의 닮음이라 한다.

정사각행렬 A, B에 대하여 다음을 만족하는 가역행렬 P가 존재할 때 B는 A와 **닮음 행렬** similar matrix 이라고 한다.

$$B = P^{-1}AP$$

행렬 A, B, P를 예로 들어 닮음행렬에 대해 살펴보자.

$$A=\begin{bmatrix}1&0&0\\0&1&0\\0&0&-1\end{bmatrix},\ B=\begin{bmatrix}1&0&0\\0&-1&0\\0&0&1\end{bmatrix},\ P=\begin{bmatrix}1&0&0\\0&0&1\\0&1&0\end{bmatrix}$$

위 행렬에 대하여 $B=P^{-1}AP$이므로 B는 A와 닮음행렬이다. 또 행렬

$$A=\begin{bmatrix}1&2&0\\0&0&4\\0&0&0\end{bmatrix},\ B=\begin{bmatrix}0&1&0\\0&0&2\\0&0&0\end{bmatrix},\ P=\begin{bmatrix}1&0&\frac{1}{2}\\0&\frac{1}{2}&0\\0&0&\frac{1}{4}\end{bmatrix}$$

에 대하여 $B=P^{-1}AP$이므로 B는 A와 닮음행렬이다.

다음은 닮음행렬에 관한 몇 가지 기본적인 성질을 정리한 것이다.

정리 5-14 닮음행렬의 동치관계

n차 정사각행렬 A, B, C에 대하여 다음이 성립한다.

(1) A는 A와 닮음행렬이다.

(2) A가 B와 닮음행렬이면 B도 A와 닮음행렬이다.

(3) A가 B와 닮음행렬이고 B가 C와 닮음행렬이면 A는 C와 닮음행렬이다.

증명

(1) n차 단위행렬 I_n에 대하여 $A=I_n^{-1}AI_n$ 이므로 A는 A 자신과 닮음행렬이다.

(2) B가 A와 닮음행렬이므로 $B=P^{-1}AP$를 만족하는 가역행렬 P가 존재한다. 따라서 $A=PBP^{-1}=(P^{-1})^{-1}BP^{-1}$이므로 A는 B와 닮음행렬이다.

(3) A와 B가 닮음행렬이고 B가 C와 닮음행렬이므로 다음을 만족하는 가역행렬 P, Q가 존재한다.

$$C=P^{-1}BP,\ B=Q^{-1}AQ$$

따라서 다음이 성립한다.

$$C=P^{-1}BP=P^{-1}(Q^{-1}AQ)P=(QP)^{-1}A(QP)$$

QP가 가역행렬이므로 B는 C와 닮음행렬이다. ■

닮음행렬들은 서로 같은 하나의 선형변환을 표현하는 또 다른 행렬들임을 알았다. 하나의 선형변환을 표현하므로 닮음행렬의 성질을 살펴보면 서로 특정한 관계가 있음을 알 수 있을 것이다. 닮음행렬들의 성질을 살펴보자.

닮음행렬에 대한 행렬식의 관계는 다음에서 알 수 있다.

$$\begin{aligned}\det(B) &= \det(P^{-1}AP)\\ &= \det(P^{-1})\det(A)\det(P)\\ &= \det(P)^{-1}\det(A)\det(P)\\ &= \det(A)\end{aligned}$$

즉 서로 닮음 관계에 있는 두 행렬은 행렬식이 같다. 이와 같이 닮음행렬에 대하여 변하지 않은 성질들을 **닮음보존 성질**similarity invariant property이라고 한다. 다음 정리는 중요한 닮음보존 성질들이다.

정리 5-15 닮음보존 성질

n차 정사각행렬 A, B에 대하여 두 행렬이 닮음이면 다음이 성립한다.

(1) 닮음행렬은 행렬식이 같다.

(2) 닮음행렬은 계수가 같다.

(3) 닮음행렬은 퇴화차수가 같다.

(4) 닮음행렬은 대각합이 같다.

증명

(1)은 위에서 이미 증명했으므로 생략하고, (2), (3), (4)만 증명한다.

(2) $B = P^{-1}AP$라 하면 P는 가역행렬이므로 계수를 변화시키지 않는다. 그러므로 계수가 같다.

(3) 계수가 같으므로 [정리 5-7]에 의해 퇴화차수가 같다.

(4) 행렬 A와 B가 닮음행렬이라면, $B = P^{-1}AP$를 만족하는 가역행렬 P가 존재한다. [정리 1-16]의 성질 (4)에 의해 다음을 만족한다.

$$\mathrm{tr}(C) = \mathrm{tr}(P^{-1}(AP)) = \mathrm{tr}((AP)P^{-1}) = \mathrm{tr}(A)$$ ■

닮음임을 보이는 문제는 매우 복잡하지만, [정리 5-15]의 성질을 이용해 닮음이 아님을 보이는 문제는 간단히 해결할 수 있다.

예제 5-27

주어진 두 행렬이 닮음행렬이 아님을 보여라.

(a) $A=\begin{bmatrix}1&2\\2&6\end{bmatrix},\ B=\begin{bmatrix}2&1\\1&3\end{bmatrix}$

(b) $C=\begin{bmatrix}1&0&1\\2&0&2\\3&0&3\end{bmatrix},\ D=\begin{bmatrix}1&1&0\\2&2&0\\0&1&1\end{bmatrix}$

풀이

(a) $\mathrm{tr}(A)=7$, $\mathrm{tr}(B)=5$이므로 [정리 5-15]에 의하여 두 행렬은 닮음이 아니다.

(b) $\mathrm{RREF}(C)=\begin{bmatrix}1&0&1\\0&0&0\\0&0&0\end{bmatrix}$, $\mathrm{RREF}(D)=\begin{bmatrix}1&0&-1\\0&1&1\\0&0&0\end{bmatrix}$이므로 $\mathrm{rank}(C)=1$,

$\mathrm{rank}(D)=2$이다.

따라서, 두 행렬은 닮음이 아니다.

Chapter 5.6 연습문제

1~6. 다음에 주어진 기저 S와 T에 대하여 $[L]_{S,\,T}$와 $[L]_{T,\,S}$를 각각 구하라. 그리고 $[L]_{S,\,T}$를 구하라.

1. $L\begin{bmatrix} x_1 \\ x_2 \end{bmatrix} = \begin{bmatrix} x_1 - 2x_2 \\ -x_2 \end{bmatrix}$, $S = \left\{\begin{bmatrix} 1 \\ 0 \end{bmatrix}, \begin{bmatrix} 0 \\ 1 \end{bmatrix}\right\}$, $T = \left\{\begin{bmatrix} 2 \\ 1 \end{bmatrix}, \begin{bmatrix} -3 \\ 4 \end{bmatrix}\right\}$

2. $L\begin{bmatrix} x_1 \\ x_2 \end{bmatrix} = \begin{bmatrix} -x_2 \\ x_1 - 2x_2 \end{bmatrix}$, $S = \left\{\begin{bmatrix} 1 \\ 0 \end{bmatrix}, \begin{bmatrix} 0 \\ 1 \end{bmatrix}\right\}$, $T = \left\{\begin{bmatrix} 2 \\ 1 \end{bmatrix}, \begin{bmatrix} -3 \\ 4 \end{bmatrix}\right\}$

3. $L\begin{bmatrix} x_1 \\ x_2 \end{bmatrix} = \begin{bmatrix} 3x_1 + 2x_2 \\ x_1 + 2x_2 \end{bmatrix}$, $S = \left\{\begin{bmatrix} 1 \\ 0 \end{bmatrix}, \begin{bmatrix} 0 \\ 1 \end{bmatrix}\right\}$, $T = \left\{\begin{bmatrix} 1 \\ -1 \end{bmatrix}, \begin{bmatrix} 2 \\ 1 \end{bmatrix}\right\}$

4. $L\begin{bmatrix} x_1 \\ x_2 \end{bmatrix} = \begin{bmatrix} 3x_1 + 2x_2 \\ x_1 + 2x_2 \end{bmatrix}$, $S = \left\{\begin{bmatrix} 1 \\ 1 \end{bmatrix}, \begin{bmatrix} 0 \\ 1 \end{bmatrix}\right\}$, $T = \left\{\begin{bmatrix} 2 \\ 1 \end{bmatrix}, \begin{bmatrix} 3 \\ 1 \end{bmatrix}\right\}$

5. $L\begin{bmatrix} x_1 \\ x_2 \\ x_3 \end{bmatrix} = \begin{bmatrix} x_1 - x_2 \\ x_2 - x_3 \\ x_3 - x_1 \end{bmatrix}$, $S = \left\{\begin{bmatrix} 1 \\ 1 \\ 1 \end{bmatrix}, \begin{bmatrix} 1 \\ 1 \\ 0 \end{bmatrix}, \begin{bmatrix} 1 \\ 0 \\ 0 \end{bmatrix}\right\}$, $T = \left\{\begin{bmatrix} 1 \\ 1 \\ 0 \end{bmatrix}, \begin{bmatrix} 0 \\ 1 \\ 1 \end{bmatrix}, \begin{bmatrix} 1 \\ 0 \\ 1 \end{bmatrix}\right\}$

6. $L\begin{bmatrix} x_1 \\ x_2 \\ x_3 \end{bmatrix} = \begin{bmatrix} x_1 - 2x_2 \\ 2x_3 - x_2 \\ x_1 - x_3 \end{bmatrix}$, $S = \left\{\begin{bmatrix} 1 \\ 1 \\ 1 \end{bmatrix}, \begin{bmatrix} 1 \\ 1 \\ 0 \end{bmatrix}, \begin{bmatrix} 1 \\ 0 \\ 0 \end{bmatrix}\right\}$, $T = \left\{\begin{bmatrix} 1 \\ 1 \\ 0 \end{bmatrix}, \begin{bmatrix} 0 \\ 1 \\ 1 \end{bmatrix}, \begin{bmatrix} 1 \\ 0 \\ 1 \end{bmatrix}\right\}$

7. 가역행렬 $P = \begin{bmatrix} 1 & 1 \\ 1 & 2 \end{bmatrix}$를 이용하여 행렬 $A = \begin{bmatrix} 1 & 1 \\ -2 & 4 \end{bmatrix}$와 $B = \begin{bmatrix} 2 & 0 \\ 0 & 3 \end{bmatrix}$가 닮음행렬임을 확인하라.

8. 행렬 $A = \begin{bmatrix} 1 & 1 \\ -1 & 4 \end{bmatrix}$와 $B = \begin{bmatrix} 2 & 1 \\ 1 & 3 \end{bmatrix}$가 닮음행렬임을 보여라.

9~10. 행렬 A와 B가 닮음행렬일 때, 다음이 성립함을 보여라.

9. 임의의 양의 정수 k에 대하여 A^k는 B^k와 닮음행렬이다.

11~12. 다음이 성립함을 보여라.

11. 가역행렬 A, B가 닮음행렬이면 A^{-1}와 B^{-1}는 닮음행렬이다.

12. 가역행렬 A, B에 대하여 AB와 BA는 닮음행렬이다.

13. 선형변환 $L: \mathbb{R}^n \to \mathbb{R}^m$을 $\mathbf{y} = L(\mathbf{x})$ $(\mathbf{x} \in \mathbb{R}^n)$로 정의하고, $S = \{\mathbf{x}_1, \cdots, \mathbf{x}_n\}$와 $T = \{\mathbf{y}_1, \cdots, \mathbf{y}_m\}$를 각각 $\mathbb{R}^n$과 $\mathbb{R}^m$의 순서기저라 하면

$$[\mathbf{y}]_T = A[\mathbf{x}]_S$$

인 행렬 A가 유일하게 존재한다는 것을 증명하라. (단, A는 기저 S와 T에 관한 선형변환 L의 표준행렬이다.)

14~17. 다음 물음에 답하라.

14. 행렬 $P = \begin{bmatrix} 1 & 0 & 0 \\ 0 & 3 & 2 \\ 0 & 1 & 1 \end{bmatrix}$가 $\mathbb{R}^3$의 한 기저 B에서 표준기저 S로의 추이행렬이다. $\mathbb{R}^3$의 기저 B를 구하라.

15. 행렬 $P = \begin{bmatrix} 1 & 0 & 0 \\ 0 & 3 & 2 \\ 0 & 1 & 1 \end{bmatrix}$가 $\mathbb{R}^3$의 표준기저 S에서 한 기저 B'로의 추이행렬이다. $\mathbb{R}^3$의 기저 B'을 구하라.

16. 벡터 $\mathbf{x} = (1, 1, 1)$의 기저 B에 대한 좌표벡터 $[\mathbf{x}]_B$를 구하라.

17. 벡터 $\mathbf{x} = (1, 1, 1)$의 기저 B'에 대한 좌표벡터 $[\mathbf{x}]_{B'}$을 구하라.

Section

5.7 선형변환의 응용

선형변환을 응용하는 예로, 물체를 표현하는 와이어프레임과 컴퓨터 그래픽의 기본원리에 대하여 살펴보자. 와이어프레임은 컴퓨터 그래픽에서 꼭짓점과 선분으로 물체를 표현하는 방법이다. 그런 다음, 앞에서 살펴본 확대, 축소, 층밀림, 회전변환 등을 2차원 평면에서 적용하여 물체의 위치를 바꾸면 물체의 다양한 변화를 화면에 보여줄 수 있다.

와이어프레임과 행렬

와이어프레임wireframe이란 컴퓨터 그래픽에서 물체를 나타내기 위해 **꼭짓점**vertex과 **선분**wire으로 구성한 형태를 말한다. 이러한 와이어프레임을 [그림 5-19]와 같이 좌표평면에 표현할 수 있다.

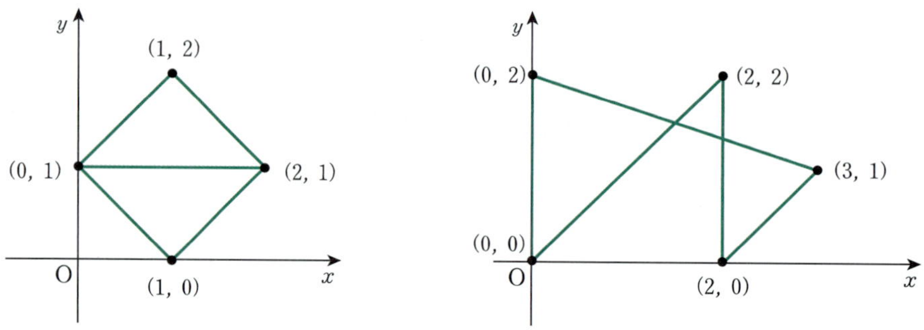

[그림 5-19] 좌표평면에 표현한 와이어프레임

와이어프레임의 꼭짓점과 선분들을 다음과 같이 정의할 수 있다.

■ 꼭짓점행렬과 연결행렬

평면 위의 k개의 좌표들을 열벡터로 구성한 $2\times k$ 행렬을 **꼭짓점행렬**vertex matrix V라고 한다. 또한 k개의 꼭짓점에 대해 i번째 꼭짓점과 j번째 꼭짓점이 연결된 경우 (i, j) 성분을 1, 연결되지 않은 경우 (i, j) 성분을 0으로 하는 $k\times k$ 행렬을 **연결행렬**connective matrix C라고 한다. 이때, 각 꼭짓점은 자기 자신과 연결되어 있는 것으로 생각하여 C의 대각선 성분은 모두 1이다.

[그림 5-20]의 와이어프레임을 구성하는 꼭짓점은 총 5개이므로 행렬의 크기는 2×5이며, 이를 행렬로 나타내면 다음과 같다.

$$V=\begin{bmatrix}\mathrm{v}_1 & \mathrm{v}_2 & \mathrm{v}_3 & \mathrm{v}_4 & \mathrm{v}_5\end{bmatrix}=\begin{bmatrix}0 & 2 & 3 & 2 & 0\\ 0 & 0 & 1 & 2 & 2\end{bmatrix}$$

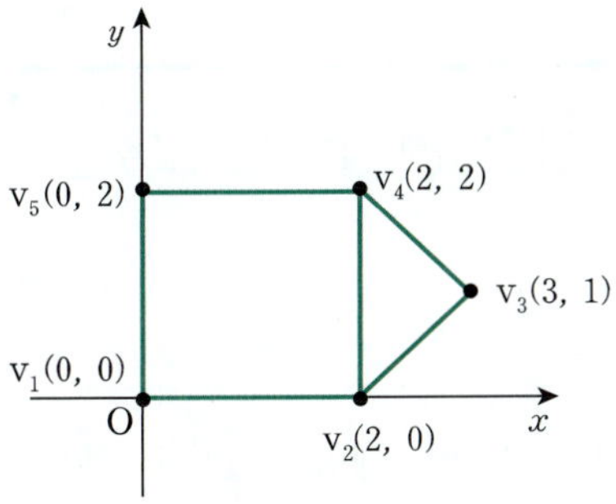

[그림 5-20] 와이어프레임 예

그리고 연결행렬은 다음과 같이 나타낸다.

$$C=\begin{bmatrix}1 & 1 & 0 & 0 & 1\\ 1 & 1 & 1 & 1 & 0\\ 0 & 1 & 1 & 1 & 0\\ 0 & 1 & 1 & 1 & 1\\ 1 & 0 & 0 & 1 & 1\end{bmatrix}$$

예제 5-28

다음 꼭짓점행렬과 연결행렬에 대응하는 와이어프레임을 그려라.

$$V=\begin{bmatrix}\mathrm{v}_1 & \mathrm{v}_2 & \mathrm{v}_3 & \mathrm{v}_4\end{bmatrix}=\begin{bmatrix}1 & 2 & 1 & 0\\ 0 & 1 & 2 & 1\end{bmatrix},\quad C=\begin{bmatrix}1 & 1 & 0 & 1\\ 1 & 1 & 1 & 1\\ 0 & 1 & 1 & 1\\ 1 & 1 & 1 & 1\end{bmatrix}$$

풀이

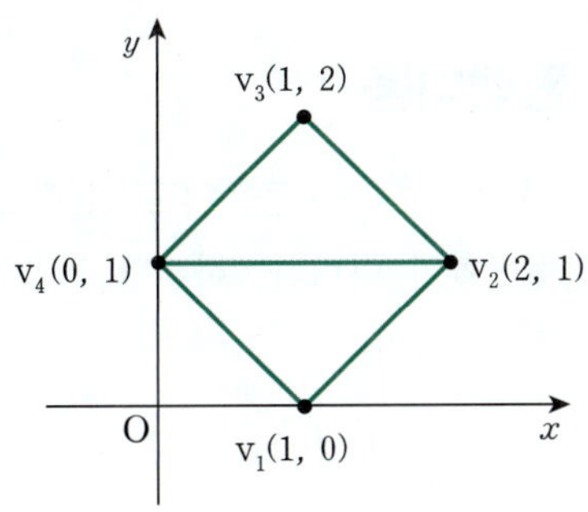

와이어프레임의 변환

앞에서 정의한 와이어프레임에 대하여 꼭짓점행렬에 가역인 선형변환을 취하는 와이어프레임의 변환을 생각해보자. 이때 연결행렬은 변함이 없다고 가정한다.

예제 5-29

[그림 5-20]의 와이어프레임의 꼭짓점행렬에 $R=\begin{bmatrix} 0 & -1 \\ 1 & 0 \end{bmatrix}$을 곱한 와이어프레임을 그려라.

풀이

$R=\begin{bmatrix} 0 & -1 \\ 1 & 0 \end{bmatrix}$은 90° 회전변환을 나타내는 변환행렬이므로 와이어프레임은 반시계 방향으로 90°만큼 회전한 모양이 된다.

$$\begin{aligned} V &= \begin{bmatrix} 0 & -1 \\ 1 & 0 \end{bmatrix} \begin{bmatrix} 0 & 2 & 3 & 2 & 0 \\ 0 & 0 & 1 & 2 & 2 \end{bmatrix} \\ &= \begin{bmatrix} 0 & 0 & -1 & -2 & -2 \\ 0 & 2 & 3 & 2 & 0 \end{bmatrix} \end{aligned}$$

따라서, 와이어프레임은 다음과 같다.

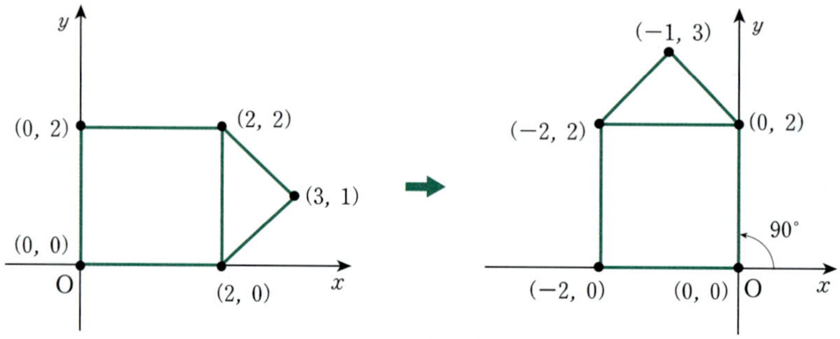

동차좌표계를 이용한 평행이동

컴퓨터 그래픽에서 평행이동은 매우 중요한 부분이다. 선형변환의 정의에 의하여 평행이동은 행렬변환이 아니므로 선형변환이 아니다. 하지만 좌표계를 새롭게 정의하면, 평행이동이 행렬변환이 되도록 만들 수 있다.

■ 동차좌표

$\mathbb{R}^2$의 벡터 $\mathbf{x}$에 성분을 하나 추가하여 만든 3차원 벡터 $\begin{bmatrix} \mathbf{x} \\ 1 \end{bmatrix}$을 벡터 $\mathbf{x}$의 **동차좌표**homogeneous coordinates라고 한다. 즉 $\mathbf{x} = \begin{bmatrix} -1 \\ 2 \end{bmatrix}$이면 $\mathbf{x}$의 동차좌표는 $\begin{bmatrix} -1 \\ 2 \\ 1 \end{bmatrix}$이다.

정리 5-16 평행이동한 동차좌표

$\mathbb{R}^2$의 벡터 $\mathbf{x}$와 $\mathbf{x}_0$에 대하여 다음이 성립한다. 여기서 I_2는 2차 단위행렬이고, $\mathbf{0} = [0 \ \ 0]$이다.

$$\begin{bmatrix} I_2 & \mathbf{x}_0 \\ \mathbf{0} & 1 \end{bmatrix} \begin{bmatrix} \mathbf{x} \\ 1 \end{bmatrix} = \begin{bmatrix} \mathbf{x} + \mathbf{x}_0 \\ 1 \end{bmatrix}$$

예제 5-30

[정리 5-16]을 이용하여 $\mathbf{x} = \begin{bmatrix} x \\ y \end{bmatrix}$를 $\mathbf{x}_0 = \begin{bmatrix} h \\ k \end{bmatrix}$만큼 평행이동하는 3차 변환행렬을 구하고, 평행이동한 벡터 $\mathbf{x} + \mathbf{x}_0$의 동차좌표를 구하라.

풀이

$\begin{bmatrix} I_2 & \mathbf{x}_0 \\ \mathbf{0} & 1 \end{bmatrix} \begin{bmatrix} \mathbf{x} \\ 1 \end{bmatrix} = \begin{bmatrix} \mathbf{x} + \mathbf{x}_0 \\ 1 \end{bmatrix}$이므로 변환행렬은 $\begin{bmatrix} 1 & 0 & h \\ 0 & 1 & k \\ 0 & 0 & 1 \end{bmatrix}$이다. 그러므로 평행이동한 동차좌표는 다음과 같다.

$$\begin{bmatrix} 1 & 0 & h \\ 0 & 1 & k \\ 0 & 0 & 1 \end{bmatrix} \begin{bmatrix} x \\ y \\ 1 \end{bmatrix} = \begin{bmatrix} x+h \\ y+k \\ 1 \end{bmatrix}$$

예제 5-31

[예제 5-29]에서 구한 와이어프레임의 꼭짓점행렬과 연결행렬은 다음과 같다. 반시계 방향으로 90°만큼 회전한 후 $\mathbf{x}_0 = \begin{bmatrix} 3 \\ 2 \end{bmatrix}$만큼 평행이동한 와이어프레임의 꼭짓점행렬 V'을 구하고, 이를 좌표평면에 그려라.

$$V = \begin{bmatrix} 0 & 2 & 3 & 2 & 0 \\ 0 & 0 & 1 & 2 & 2 \end{bmatrix}, \quad C = \begin{bmatrix} 1 & 1 & 0 & 0 & 1 \\ 1 & 1 & 1 & 1 & 0 \\ 0 & 1 & 1 & 1 & 0 \\ 0 & 1 & 1 & 1 & 1 \\ 1 & 0 & 0 & 1 & 1 \end{bmatrix}$$

풀이

$R=\begin{bmatrix}0 & -1\\ 1 & 0\end{bmatrix}$은 90° 회전변환을 나타내는 변환행렬이므로 동차좌표에 의한 변환행렬은 $R'=\begin{bmatrix}0 & -1 & 0\\ 1 & 0 & 0\\ 0 & 0 & 1\end{bmatrix}$이다. 평행이동에 의한 동차좌표계의 변환행렬은 $T=\begin{bmatrix}1 & 0 & 3\\ 0 & 1 & 2\\ 0 & 0 & 1\end{bmatrix}$이므로 합성변환 TR'은 다음과 같다.

$$TR'=\begin{bmatrix}1 & 0 & 3\\ 0 & 1 & 2\\ 0 & 0 & 1\end{bmatrix}\begin{bmatrix}0 & -1 & 0\\ 1 & 0 & 0\\ 0 & 0 & 1\end{bmatrix}=\begin{bmatrix}0 & -1 & 3\\ 1 & 0 & 2\\ 0 & 0 & 1\end{bmatrix}$$

그러므로 구하려는 와이어프레임의 꼭짓점행렬은

$$\begin{bmatrix}0 & -1 & 3\\ 1 & 0 & 2\\ 0 & 0 & 1\end{bmatrix}\begin{bmatrix}0 & 2 & 3 & 2 & 0\\ 0 & 0 & 1 & 2 & 2\\ 1 & 1 & 1 & 1 & 1\end{bmatrix}=\begin{bmatrix}3 & 3 & 2 & 1 & 1\\ 2 & 4 & 5 & 4 & 2\\ 1 & 1 & 1 & 1 & 1\end{bmatrix}$$

에 의하여 다음과 같다.

$$V'=\begin{bmatrix}3 & 3 & 2 & 1 & 1\\ 2 & 4 & 5 & 4 & 2\end{bmatrix}$$

이를 좌표평면에 나타내면 다음과 같다.

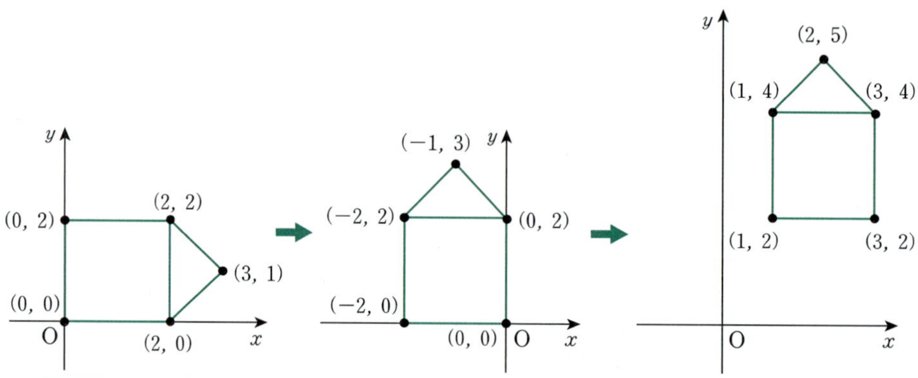

컴퓨터 그래픽의 기초

컴퓨터 그래픽은 컴퓨터를 이용하여 그림을 그리는 분야로, 구현하고자 하는 모양을 데이터로 처리하여 그 이미지를 나타낼 수 있다. 컴퓨터 그래픽은 2차원과 3차원 물체를 표현하는 것은 물론 눈으로 직접 볼 수 없는 우주의 구조, 세균과 같은 마이크로 세계, 상상의 세계 등을 나타낼 수 있다. 그래서 요즘은 영화나 애니메이션뿐만 아니라 가상현실과 증강현실 등 다양한 분야에 광범위하게 이용되고 있다.

컴퓨터 그래픽은 화면의 모든 그림을 픽셀로 나누어 픽셀 위치의 변화에 따라 좌표를 정하고, 좌표의 이동으로 그림이 움직이는 효과를 얻을 수 있다. 이때 픽셀의 수가 많으면 그만큼 처리해야 하는 용량이 크므로 성능이 뛰어난 그래픽 카드가 필요하다. 그래픽 카드는 매 순간 수천만 개의 픽셀을 처리하는데, 이때 회전, 층밀림, 반사, 확장, 축소 등의 선형변환이 이용된다. 또 수천만 번의 계산을 순식간에 해야 하므로 컴퓨터 프로그램이 필요하다.

■ 컴퓨터 프로그램으로 하는 회전, 확장, 축소, 층밀림, 반사

컴퓨터 프로그램을 이용하여 기본적인 선형변환의 정의 및 이미지 변환에 대하여 간단히 알아보자. 평면 위의 점 $(0, 0)$, $(0, 3)$, $(3, 0)$을 지나는 삼각형과 이를 2배로 확장한 도형, x축으로 1배만큼 층밀림한 도형, 반시계 방향으로 $\frac{\pi}{3}$만큼 회전시킨 도형을 컴퓨터 프로그램으로 구현해보자. 여기서 이용하는 컴퓨터 프로그램 SageMathCell은 다음 주소에서 이용 가능하다.

https://sagecell.sagemath.org/

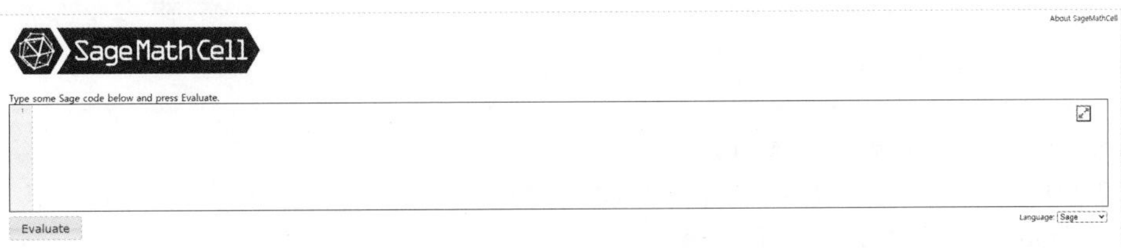

위의 선형변환을 구현하기 위해 우선 다음과 같이 행렬을 이용한 선형변환을 정의하자.

```
def matrix_transformation(A, L):
    n=matrix(L).nrows()
    L2=[[0,0] for i in range(n)]
    for i in range(n):
        L2[i]=list(A*vector(L[i]))
    return L2
print ("The matrix_transformation function is activated")
```

그리고 문제에 조건에 맞는 표준행렬들을 정의한다.

```
A=matrix([[2,0], [0,2]])
B=matrix([[1,1], [0,1]])
C=matrix([[cos(pi/3), -sin(pi/3)], [sin(pi/3), cos(pi/3)]])
```

❶ ploygon 함수를 이용하여 세 점 $(0, 0)$, $(0, 3)$, $(3, 0)$을 지나는 삼각형을 그린다.

```
L1=list( [ [0,0], [0,3], [3,0] ])
SL1=polygon(L1, alpha=0.3, rgbcolor=(1,0,0))
SL1.show(aspect_ratio=1, figsize=3)
```

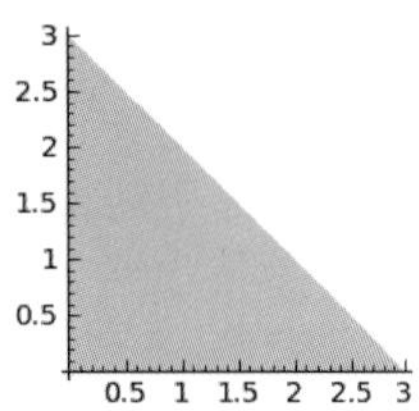

❷ 주어진 삼각형을 2배로 확장한 도형을 그린다.

```
L2=matrix_transformation(A, L1)
SL2=polygon(L2, alpha=0.8, rgbcolor=(0,0,1))
SL2.show(aspect_ratio=1, figsize=3)
```

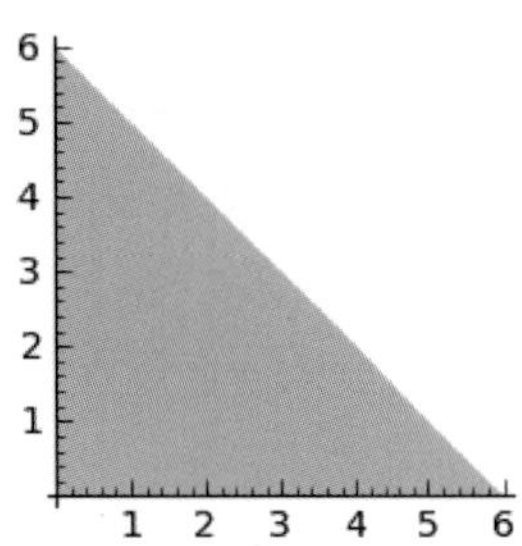

❸ 주어진 삼각형을 x축으로 1배만큼 층밀림한 도형을 그린다.

```
L3=matrix_transformation(B, L1)
SL3=polygon(L3, alpha=0.8, rgbcolor=(1,0,1))
SL3.show(aspect_ratio=1, figsize=3)
```

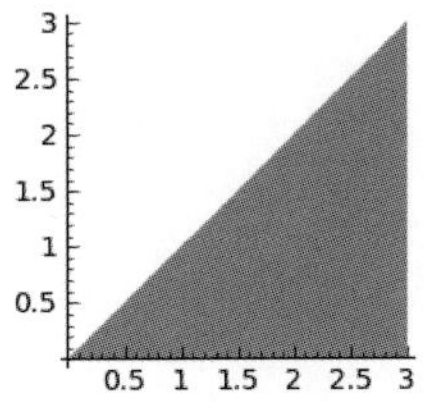

❹ 주어진 삼각형을 반시계 방향으로 $\frac{\pi}{3}$만큼 회전시킨 도형을 그린다.

```
L4=matrix_transformation(C, L1)
SL4=polygon(L4, alpha=0.4, rgbcolor=(0,0,1))
SL4.show(aspect_ratio=1, figsize=3)
```

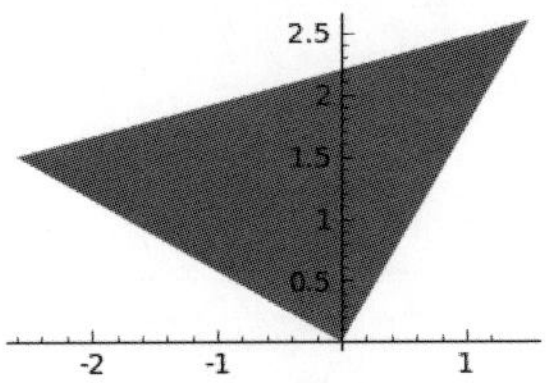

❺ 위의 네 도형들을 동시에 한 화면에 그린다.

```
(SL1+SL2+SL3+SL4).show(aspect_ratio=1, figsize=3)
```

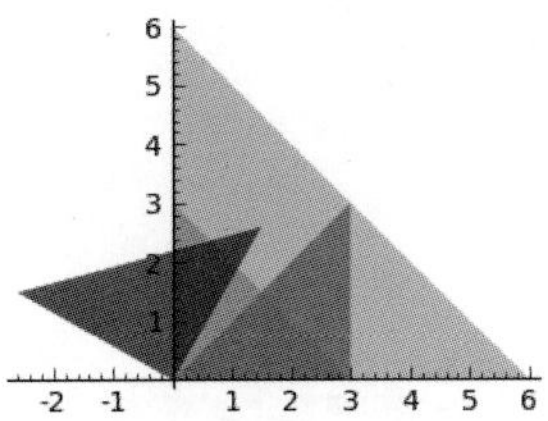

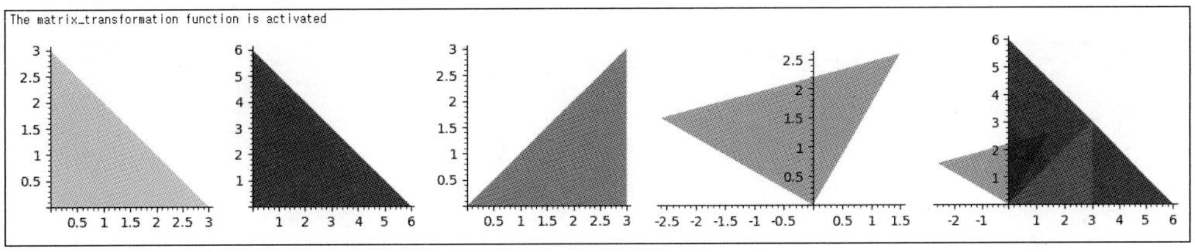

Chapter

5.7 연습문제

1~4. 다음에 주어진 꼭짓점행렬과 연결행렬에 대응하는 와이어프레임을 그려라.

1. $V=\begin{bmatrix}1 & 1 & 2 & 2\\ 0 & 1 & 1 & 0\end{bmatrix},\ C=\begin{bmatrix}1 & 1 & 1 & 1\\ 1 & 1 & 1 & 0\\ 1 & 1 & 1 & 1\\ 1 & 0 & 1 & 1\end{bmatrix}$

2. $V=\begin{bmatrix}0 & 1 & 2 & 3 & 2 & 1\\ 1 & 2 & 2 & 1 & 1 & 0\end{bmatrix},\ C=\begin{bmatrix}1 & 1 & 0 & 0 & 0 & 1\\ 1 & 1 & 1 & 0 & 0 & 0\\ 0 & 1 & 1 & 1 & 0 & 0\\ 0 & 0 & 1 & 1 & 1 & 0\\ 0 & 0 & 0 & 1 & 1 & 1\\ 1 & 0 & 0 & 0 & 1 & 1\end{bmatrix}$

3. $V=\begin{bmatrix}0 & 1 & 2 & 3\\ 0 & 1 & 0 & 1\end{bmatrix},\ C=\begin{bmatrix}1 & 1 & 0 & 1\\ 1 & 1 & 1 & 1\\ 0 & 1 & 1 & 1\\ 1 & 1 & 1 & 1\end{bmatrix}$

4. $V=\begin{bmatrix}0 & 1 & 2 & 3 & 4\\ 1 & 0 & 1 & 0 & 1\end{bmatrix},\ C=\begin{bmatrix}1 & 1 & 0 & 0 & 0\\ 1 & 1 & 1 & 0 & 0\\ 0 & 1 & 1 & 1 & 0\\ 0 & 0 & 1 & 1 & 1\\ 0 & 0 & 0 & 1 & 1\end{bmatrix}$

5~8. 다음에 주어진 와이어프레임에 대응하는 꼭짓점행렬과 연결행렬을 구하라.

5.

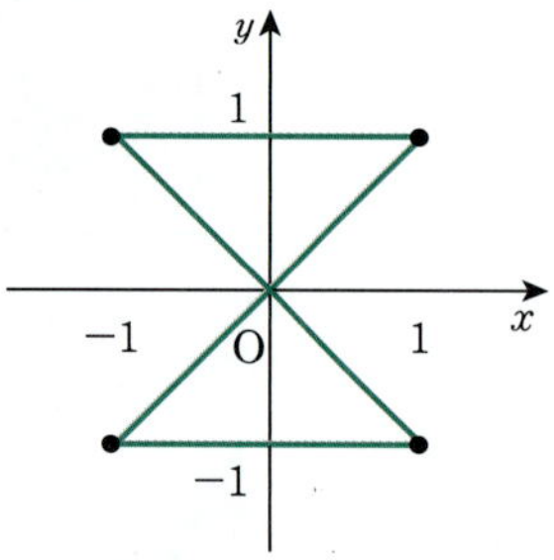

6.

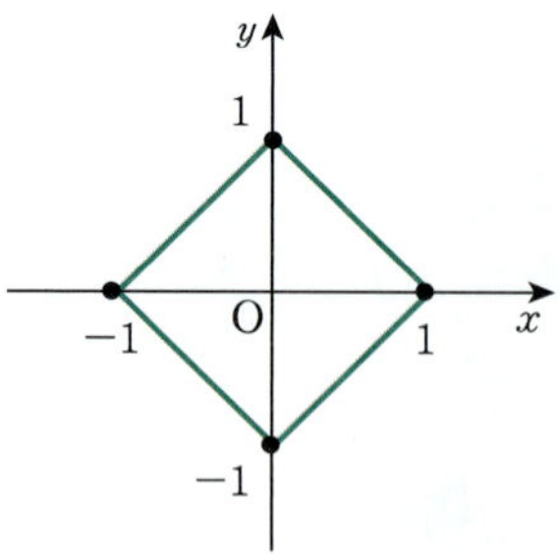

7.

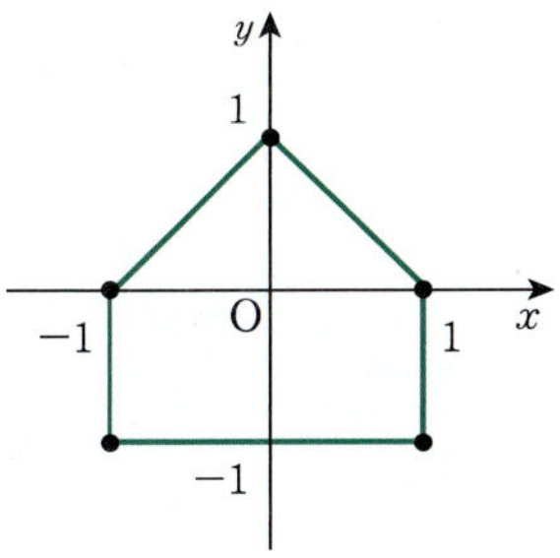

8.

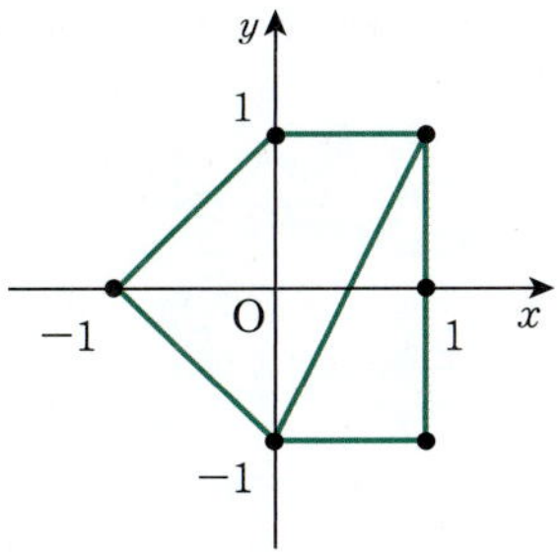

9~10. 다음 연이은 변환의 동차좌표 변환행렬을 구하고, [연습문제 8]의 와이어프레임에 대해 다음 변환을 한 후의 이미지를 그려보자.

9. 원점에 대하여 30° 회전한 후 $\mathbf{x}_0 = (1, 3)$만큼 평행이동

10. $\mathbf{x}_0 = (1, 3)$만큼 평행이동한 후 원점에 대하여 30° 회전

11~15. 다음 제시한 조건에 맞는 선형변환의 행렬을 구하고 SageMathCell에 구현하는 코드를 만들어라.

> 평면 위의 점 $(0, 0)$, $(0, 1)$, $(1, 0)$, $(1,1)$을 지나는 정사각형과 이를 $\frac{1}{2}$로 축소한 도형, y으로 3배만큼 층밀림한 도형, 시계 방향으로 $\frac{\pi}{3}$만큼 회전시킨 도형을 컴퓨터 프로그램으로 구현해보자.

11. 평면 위의 점 $(0, 0)$, $(0, 1)$, $(1, 0)$, $(1,1)$을 지나는 정사각형

12. 평면에서 도형을 $\frac{1}{2}$로 축소하는 변환

13. 평면에서 도형을 y축으로 3배 층밀림하는 변환

14. 평면에서 도형을 시계 방향으로 $\frac{\pi}{6}$로 회전하는 변환

15. 평면에서 도형을 x축 대칭하는 변환

Chapter

06

고윳값과 고유벡터

Eigenvalues and Eigenvectors

Contents

고윳값과 고유벡터 _6.1
행렬의 대각화 _6.2
대칭행렬의 직교대각화 _6.3
특잇값 분해 _6.4
고윳값과 고유벡터의 응용 _6.5

Summary

이 장에서는 정사각행렬 A와 벡터 $\mathbf{x}$의 곱 $A\mathbf{x}$가 적당한 스칼라 λ에 대해 $\lambda\mathbf{x}$와 같아지는 특별한 상황을 다룬다. 또한 행렬과 벡터의 곱을 벡터의 스칼라 배로 얻을 수 있는 벡터에 대해 알아본다. 또한 이러한 벡터와 스칼라의 관계 및 활용에 대하여 살펴본다.

고윳값과 고유벡터의 개념은 5장에서 살펴본 선형변환의 표준행렬이 n차 정사각행렬임을 알았다. 이 중에서도 선형변환의 이미지 벡터가 원래 벡터와 평행이 되는 경우는 이차형식, 미분방정식, 물리학 등에서 중요한 개념으로 활용된다. 또, 고윳값과 고유벡터를 이용하여 스포츠 팀이나 인터넷 포털의 접속 순위 등을 결정하는 응용 문제를 살펴본다.

Section

6.1 고윳값과 고유벡터

5장에서 모든 선형변환 $L: \mathbb{R}^n \to \mathbb{R}^n$을 L의 표준행렬인 n차 정사각행렬 A와 $\mathbf{x} \in \mathbb{R}^n$에 대하여 $L(\mathbf{x}) = A\mathbf{x}$로 표현했다. 따라서 $A\mathbf{x}$는 $\mathbb{R}^n$의 한 벡터이고 $A\mathbf{x}$가 벡터 $\mathbf{x}$의 스칼라 배가 되는 $\mathbf{x}$가 존재하기도 하는데, 이와 같은 벡터는 선형변환을 이용하는 경우에 매우 중요하다. 이 절에서는 이러한 벡터에 대하여 알아본다.

고윳값과 고유벡터의 정의

행렬 A를 n차 정사각행렬이라 하자. 임의의 영이 아닌 벡터 $\mathbf{x} \in \mathbb{R}^n$가 적당한 스칼라 λ에 대해 다음을 만족할 때 λ를 A의 **고윳값**eigenvalue이라 하고, $\mathbf{x}$를 λ에 대응하는 A의 **고유벡터**eigenvector라고 한다.

$$A\mathbf{x} = \lambda\mathbf{x} \quad (\mathbf{x} \neq \mathbf{0})$$

기하학적으로 좌표평면에서 2차 정사각행렬 A에 대해 $A\mathbf{x} = \lambda\mathbf{x}$는 행렬 A에 의해 변환된 벡터 $\mathbf{x}$가 [그림 6-1]과 같이 스칼라 λ배만큼 확장되거나 축소된다는 것을 뜻한다.[1]

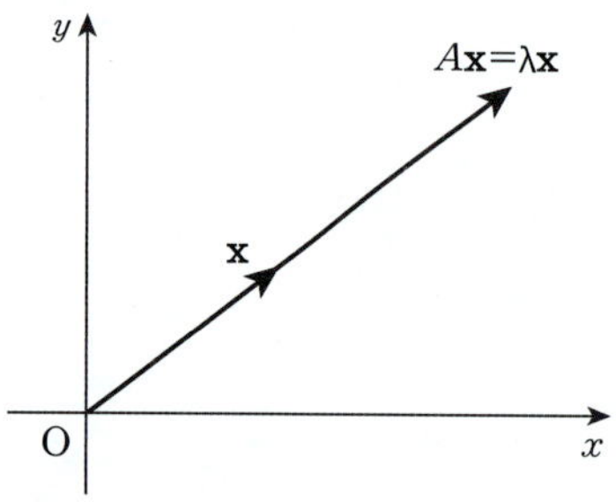

[그림 6-1] 고유벡터의 기하학적 의미

1 일반적으로 n차원 공간에서도 마찬가지로 생각할 수 있다.

고윳값과 고유벡터 구하기

■ 고윳값 구하기

다음 예제를 통해 고윳값을 구하는 간단한 방법을 알아보자.

예제 6-1

2차 정사각행렬 $A=\begin{bmatrix}7 & -4\\5 & -2\end{bmatrix}$의 고유벡터 $\mathbf{x}=\begin{bmatrix}1\\1\end{bmatrix}$에 대응하는 고윳값을 구하라.

풀이

$$A\mathbf{x}=\begin{bmatrix}7 & -4\\5 & -2\end{bmatrix}\begin{bmatrix}1\\1\end{bmatrix}=\begin{bmatrix}3\\3\end{bmatrix}=3\begin{bmatrix}1\\1\end{bmatrix}=3\mathbf{x}$$

따라서 2차 정사각행렬 $A=\begin{bmatrix}7 & -4\\5 & -2\end{bmatrix}$의 고유벡터 $\mathbf{x}=\begin{bmatrix}1\\1\end{bmatrix}$에 대응하는 고윳값은 3이다.

임의의 영이 아닌 $\mathbf{x}\in\mathbb{R}^n$에 대해 $I_n\mathbf{x}=1\mathbf{x}$이므로 단위행렬 I_n의 고윳값은 $\lambda=1$ 하나뿐이고, 모든 영이 아닌 벡터 $\mathbf{x}\in\mathbb{R}^n$은 고윳값 1에 대응하는 I_n의 고유벡터이다. 즉 단위행렬은 벡터의 크기를 변화시키지 않는다는 것을 알 수 있다.

한편, $\mathbf{x}\in\mathbb{R}^n$가 고윳값 λ에 대응하는 A의 고유벡터라면, 임의의 0이 아닌 스칼라 k에 대해 다음을 만족한다.

$$A(k\mathbf{x})=kA\mathbf{x}=k(\lambda\mathbf{x})=\lambda(k\mathbf{x})$$

따라서, $k\mathbf{x}$도 λ에 대응하는 A의 고유벡터가 된다. 따라서 λ에 대응하는 A의 고유벡터는 무수히 많다.

다음 예제를 통해 고윳값을 구하는 일반적인 방법을 알아보자.

예제 6-2

[예제 6-1]에 주어진 행렬 $A=\begin{bmatrix}7 & -4\\5 & -2\end{bmatrix}$의 고윳값을 모두 구하라.

풀이

임의의 영이 아닌 벡터 $\mathbf{x}=\begin{bmatrix}x_1\\x_2\end{bmatrix}$에 대해 $A\mathbf{x}=\lambda\mathbf{x}$라 하면 다음과 같다.

$$\begin{bmatrix}7 & -4\\5 & -2\end{bmatrix}\begin{bmatrix}x_1\\x_2\end{bmatrix}=\lambda\begin{bmatrix}x_1\\x_2\end{bmatrix} \quad\Rightarrow\quad \begin{aligned}7x_1-4x_2&=\lambda x_1\\5x_1-2x_2&=\lambda x_2\end{aligned}$$

따라서 다음과 같다.

$$\begin{aligned}(\lambda-7)x_1+\qquad 4x_2&=0\\-5x_1+(\lambda+2)x_2&=0\end{aligned} \tag{6.1}$$

식 (6.1)은 동차 연립일차방정식이고, 이것이 0이 아닌 해를 가질 필요충분조건은 계수행렬의 행렬식의 값이 0이 되는 것이다.

$$\begin{vmatrix}\lambda-7 & 4\\-5 & \lambda+2\end{vmatrix}=0 \quad\Leftrightarrow\quad \lambda^2-5\lambda+6=0$$

따라서 행렬 A의 고윳값은 $\lambda_1=2, \lambda_2=3$이다.

이제 2차 정사각행렬 A의 고윳값을 [예제 6-2]와 같이 구하는 방법으로부터 n차 정사각행렬 A의 고윳값을 구하는 일반적인 방법을 알아보자.

λ를 A의 고윳값이라 하면 다음 방정식이 성립한다.[2]

$$A\mathbf{x}=\lambda\mathbf{x} \quad\Leftrightarrow\quad A\mathbf{x}=\lambda I_n\mathbf{x} \quad\Leftrightarrow\quad (\lambda I_n-A)\mathbf{x}=\mathbf{0}$$

$\mathbf{x}\neq\mathbf{0}$이므로 동차 연립일차방정식 $(\lambda I_n-A)\mathbf{x}=\mathbf{0}$은 $\mathbf{0}$이 아닌 해를 가져야 한다. 따라서 다음과 같이 나타낼 수 있다.[3]

$$\det(\lambda I_n-A)=0 \tag{6.2}$$

이때 식 (6.2)를 A의 **특성방정식**characteristic equation이라 한다. 특히 $\det(\lambda I_n-A)$를 다음과 같이 λ의 n차 다항식 $p(\lambda)$로 나타낼 수 있다.

$$\begin{aligned}p(\lambda)&=\det(\lambda I_n-A)\\&=\lambda^n+c_{n-1}\lambda^{n-1}+\cdots+c_1\lambda+c_0\end{aligned} \tag{6.3}$$

---

2 벡터를 포함한 방정식, 미지의 벡터가 있는 등식을 **벡터방정식**vector equation이라고 한다.

3 $\det(\lambda I_n-A)=0$은 $\det(A-\lambda I_n)=0$과 동치이다. 따라서 고윳값은 $\det(A-\lambda I_n)=0$으로도 구할 수 있다.

이때 이 다항식을 A의 **특성다항식**characteristic polynomial 또는 **고유다항식**이라고 한다. 식 (6.3)에서 λ^n의 계수는 1이므로 특성방정식은 n개의 해를 갖는다는 것을 알 수 있다.

예제 6-3

다음 정사각행렬의 고윳값을 구하라.

(a) $A=\begin{bmatrix} 6 & 16 \\ -1 & -4 \end{bmatrix}$ (b) $B=\begin{bmatrix} 1 & 2 & 2 \\ 1 & 2 & -1 \\ 3 & -3 & 0 \end{bmatrix}$

풀이

(a) 2차 정사각행렬 A의 특성다항식은 $\lambda I_2 - A = \begin{bmatrix} \lambda-6 & -16 \\ 1 & \lambda+4 \end{bmatrix}$이므로

$$\det(\lambda I_2 - A) = \begin{vmatrix} \lambda-6 & -16 \\ 1 & \lambda+4 \end{vmatrix} = (\lambda-6)(\lambda+4)+16$$
$$= \lambda^2 - 2\lambda - 8$$

이다. 따라서 A의 특성방정식은

$$\lambda^2 - 2\lambda - 8 = (\lambda-4)(\lambda+2) = 0$$

이므로 고윳값은 $\lambda_1 = 4$, $\lambda_2 = -2$이다.

(b) 3차 정사각행렬 B에 대해 $\lambda I_3 - B = \begin{bmatrix} \lambda-1 & -2 & -2 \\ -1 & \lambda-2 & 1 \\ -3 & 3 & \lambda \end{bmatrix}$이므로

$$\det(\lambda I_3 - B) = \begin{bmatrix} \lambda-1 & -2 & -2 \\ -1 & \lambda-2 & 1 \\ -3 & 3 & \lambda \end{bmatrix} = (\lambda-3)^2(\lambda+3)$$

이다. 따라서 B의 특성방정식은

$$(\lambda-3)^2(\lambda+3) = 0$$

이므로 고윳값은 $\lambda_1 = 3$, $\lambda_2 = -3$이다. 이때 $\lambda_1 = 3$은 중근이다.

일반적으로 3차 이상의 정사각행렬의 고윳값을 구하기 위해서는 고차 행렬식을 구해야 하고, 행렬식을 구하려면 여인자 전개를 해야 한다. 고차 행렬식을 계산하는 것은 쉽지 않지만, 특별한 행렬에 대한 행렬식은 쉽게 구할 수 있다.

다음은 고윳값을 쉽게 구할 수 있는 행렬에 대해 정리한 것이다.

정리 6-1 삼각행렬의 고윳값

n차 정사각행렬 $A=[a_{ij}]$가 삼각행렬이라면 행렬 A의 고윳값은 주대각선 성분 $a_{11}, a_{22}, \cdots, a_{nn}$이다.

증명

여기서는 상삼각행렬에 대해 증명하고, 하삼각행렬에 대한 증명은 연습문제로 남겨둔다.

행렬 $A=[a_{ij}]$를 다음과 같은 n차 상삼각행렬이라고 하자.

$$A=\begin{bmatrix} a_{11} & a_{12} & a_{13} & \cdots & a_{1n} \\ 0 & a_{22} & a_{23} & \cdots & a_{2n} \\ 0 & 0 & a_{33} & \cdots & a_{3n} \\ \vdots & \vdots & \vdots & \ddots & \vdots \\ 0 & 0 & 0 & \cdots & a_{nn} \end{bmatrix}$$

그러면 $\lambda I_n - A$는 다음과 같다.

$$\lambda I_n - A=\begin{bmatrix} \lambda-a_{11} & -a_{12} & -a_{13} & \cdots & -a_{1n} \\ 0 & \lambda-a_{22} & -a_{23} & \cdots & -a_{2n} \\ 0 & 0 & \lambda\text{-}a_{33} & \cdots & -a_{3n} \\ \vdots & \vdots & \vdots & \ddots & \vdots \\ 0 & 0 & 0 & \cdots & \lambda-a_{nn} \end{bmatrix}$$

이 행렬은 여전히 상삼각행렬이고, 상삼각행렬의 행렬식은 대각선 성분의 곱이므로 상삼각행렬 A의 특성방정식은 다음과 같다.

$$\det(\lambda I_n - A)=(\lambda-a_{11})(\lambda-a_{22})\cdots(\lambda-a_{nn})=0$$

따라서 행렬 A의 고윳값은 다음과 같다.

$$\lambda_1=a_{11},\ \lambda_2=a_{22}, \cdots,\ \lambda_n=a_{nn}$$ ■

예제 6-4

다음 행렬 A의 고윳값을 구하라.

$$A = \begin{bmatrix} 6 & 0 & 0 & 0 & 0 & 0 \\ -2 & 2 & 0 & 0 & 0 & 0 \\ 0 & 4 & -3 & 0 & 0 & 0 \\ 5 & -1 & 0 & -1 & 0 & 0 \\ 2 & -1 & 7 & 3 & 0 & 0 \\ 6 & 2 & 1 & -5 & 3 & 2 \end{bmatrix}$$

풀이

주어진 행렬은 하삼각행렬이므로 [정리 6-1]에 의하여 행렬 A의 고윳값은 주대각선 성분이다. 따라서 고윳값은 다음과 같다.

$$\lambda_1 = 6,\ \lambda_2 = 2,\ \lambda_3 = -3,\ \lambda_4 = -1,\ \lambda_5 = 0,\ \lambda_6 = 2$$

주어진 행렬의 고윳값이 항상 존재하는 것은 아니다. 예를 들어 행렬 $A = \begin{bmatrix} 1 & -1 \\ 1 & 1 \end{bmatrix}$의 특성방정식은 다음과 같다.

$$\det(\lambda I_2 - A) = \begin{vmatrix} \lambda - 1 & 1 \\ -1 & \lambda - 1 \end{vmatrix} = \lambda^2 - 2\lambda + 2 = 0$$

$\lambda^2 - 2\lambda + 2 = 0$을 만족하는 해, 즉 A의 고윳값은 실수 범위에 존재하지 않는다. 그러나 복소수 범위에서는 고윳값이 존재한다. 실제로 복소수 범위에서 $A = \begin{bmatrix} 1 & -1 \\ 1 & 1 \end{bmatrix}$의 고윳값을 구하면 $\lambda_1 = 1 + i$과 $\lambda_2 = 1 - i$이다. 다만, 여기서는 복소수 범위를 다루지 않기 때문에 주어진 행렬의 고윳값은 구할 수 없다. 물론 복소수 고윳값이 중요하지 않다는 것은 아니다. 복소수 고윳값은 수학과 기초과학 그리고 공학의 여러 분야에서 많이 활용되고 있다. 다만 이 책에서는 기초 선형대수학 과정을 다루므로 수의 범위를 실수로만 한정하여 생각할 것이다.

■ 고유벡터 구하기

지금까지는 행렬의 고윳값을 구하는 방법을 살펴보았다. 이제 고윳값에 대응하는 고유벡터를 구하는 방법을 알아보자. 일반적으로 행렬 A의 고윳값 λ에 대응하는 고유벡터 $\mathbf{x}(\mathbf{x} \neq \mathbf{0})$는 다음을 만족한다.

$$A\mathbf{x} = \lambda\mathbf{x} \quad \text{또는} \quad (\lambda I_n - A)\mathbf{x} = \mathbf{0} \qquad (6.4)$$

즉 λ는 $\lambda I_n - A$가 역행렬을 갖지 않는 행렬이 되게 하는 값이다. 따라서 연립일차방정식 $(\lambda I_n - A)\mathbf{x} = \mathbf{0}$ 은 자명하지 않은 해를 갖는다. 이때 자명하지 않은 해는 무수히 많으며, 자명하지 않은 해 $\mathbf{x}$는 식 (6.4)로부터 행렬 A의 고유벡터임을 알 수 있다.

λ가 n차 정사각행렬 A의 고윳값일 때 동차 연립일차방정식 $(\lambda I_n - A)\mathbf{x} = \mathbf{0}$의 해공간을 λ에 대응하는 A의 **고유공간**eigenspace이라고 한다.[4]

따라서 λ에 대응하는 A의 고유공간은 동차 연립일차방정식

$$(\lambda I_n - A)\mathbf{x} = \mathbf{0}$$

을 만족하는 $\mathbf{x}$ 전체의 집합이며, 이는 벡터공간 $\mathbb{R}^n$의 부분공간이다.

예제 6-5

[예제 6-1]에서 주어진 행렬 $A = \begin{bmatrix} 7 & -4 \\ 5 & -2 \end{bmatrix}$의 고유벡터를 구하라.

풀이

[예제 6-2]의 결과로부터 행렬 A의 고윳값은 $\lambda_1 = 2$, $\lambda_2 = 3$이다. 이제 각각의 고윳값에 대응하는 고유벡터를 구해보자.

임의의 영이 아닌 벡터 $\mathbf{x} = \begin{bmatrix} x_1 \\ x_2 \end{bmatrix}$를 행렬 A의 고유벡터라 하면, $A\mathbf{x} = \lambda\mathbf{x}$이다. 이때 각 고윳값에 대응하는 고유벡터는 다음과 같이 구한다.

❶ $\lambda_1 = 2$일 때 $A\mathbf{x} = 2\mathbf{x}$이므로

$$\begin{bmatrix} 7 & -4 \\ 5 & -2 \end{bmatrix}\begin{bmatrix} x_1 \\ x_2 \end{bmatrix} = 2\begin{bmatrix} x_1 \\ x_2 \end{bmatrix} \quad \Leftrightarrow \quad \begin{matrix} 5x_1 - 4x_2 = 0 \\ 5x_1 - 4x_2 = 0 \end{matrix}$$

가 된다. 임의의 실수 s에 대하여 $x_2 = 5s$라 하면 $x_1 = 4s$이므로 고유벡터는 다음과 같다.

$$\mathbf{x} = \begin{bmatrix} x_1 \\ x_2 \end{bmatrix} = \begin{bmatrix} 4s \\ 5s \end{bmatrix} = s\begin{bmatrix} 4 \\ 5 \end{bmatrix} \quad (s \neq 0)$$

4 고유공간은 $E_\lambda = \{\mathbf{x} \mid A\mathbf{x} = \lambda\mathbf{x}\}$로 나타내기도 한다.

❷ $\lambda_2 = 3$일 때 $A\mathbf{x} = 3\mathbf{x}$이므로

$$\begin{bmatrix} 7 & -4 \\ 5 & -2 \end{bmatrix}\begin{bmatrix} x_1 \\ x_2 \end{bmatrix} = 3\begin{bmatrix} x_1 \\ x_2 \end{bmatrix} \quad \Leftrightarrow \quad \begin{aligned} 4x_1 - 4x_2 = 0 \\ 5x_1 - 5x_2 = 0 \end{aligned}$$

가 된다. 임의의 실수 t에 대하여 $x_2 = t$라 하면 $x_1 = t$이므로 고유벡터는 다음과 같다.

$$\mathbf{x} = \begin{bmatrix} x_1 \\ x_2 \end{bmatrix} = \begin{bmatrix} t \\ t \end{bmatrix} = t\begin{bmatrix} 1 \\ 1 \end{bmatrix} \quad (t \neq 0)$$

이렇게 구한 두 고유벡터 $\begin{bmatrix} 4 \\ 5 \end{bmatrix}$와 $\begin{bmatrix} 1 \\ 1 \end{bmatrix}$은 일차독립이다.

예제 6-6

[예제 6-3(b)]에서 주어진 행렬 $A = \begin{bmatrix} 1 & 2 & 2 \\ 1 & 2 & -1 \\ 3 & -3 & 0 \end{bmatrix}$의 고유벡터를 구하고, 고윳값에 대응하는 고유공간의 기저와 차원을 각각 구하라.

풀이

[예제 6-3(b)]의 결과로부터 행렬 A의 고윳값은 $\lambda_1 = 3$, $\lambda_2 = -3$이다. 각 고윳값에 대응하는 고유벡터를 $\mathbf{x} = \begin{bmatrix} x_1 \\ x_2 \\ x_3 \end{bmatrix}$라 하면

❶ $\lambda_1 = 3$(중근)일 때 $A\mathbf{x} = 3\mathbf{x}$이므로

$$\begin{aligned} x_1 + 2x_2 + 2x_3 &= 3x_1 \\ x_1 + 2x_2 - x_3 &= 3x_2 \\ 3x_1 - 3x_2 + 0x_3 &= 3x_3 \end{aligned} \quad \Rightarrow \quad \begin{aligned} x_1 - x_2 - x_3 = 0 \\ x_1 - x_2 - x_3 = 0 \\ x_1 - x_2 - x_3 = 0 \end{aligned}$$

가 된다. 이 연립일차방정식을 임의의 실수 s, t에 대하여 풀면 다음과 같다.

$$x_1 = s + t, \ x_2 = s, \ x_3 = t \quad (s \neq 0, \ t \neq 0)$$

❷ $\lambda_2 = -3$일 때 $A\mathbf{x} = -3\mathbf{x}$이므로

$$\begin{aligned} x_1 + 2x_2 + 2x_3 &= -3x_1 \\ x_1 + 2x_2 - x_3 &= -3x_2 \\ 3x_1 - 3x_2 + 0x_3 &= -3x_3 \end{aligned} \quad \Rightarrow \quad \begin{aligned} 2x_1 + x_2 + x_3 = 0 \\ x_1 + 5x_2 - x_3 = 0 \\ x_1 - x_2 + x_3 = 0 \end{aligned}$$

가 된다. 연립일차방정식을 임의의 실수 r에 대하여 풀면 다음과 같다.

$$x_1 = -2r,\ x_2 = r,\ x_3 = 3r \quad (r \neq 0)$$

따라서 고윳값 $\lambda_1 = 3$, $\lambda_2 = -3$에 대응하는 고유벡터는 각각 다음과 같다.

$$\begin{bmatrix} s+t \\ s \\ t \end{bmatrix},\ \begin{bmatrix} -2r \\ r \\ 3r \end{bmatrix}$$

한편, $\lambda_1 = 3$에 대응하는 A의 고유벡터는

$$\begin{bmatrix} s+t \\ s \\ t \end{bmatrix} = s\begin{bmatrix} 1 \\ 1 \\ 0 \end{bmatrix} + t\begin{bmatrix} 1 \\ 0 \\ 1 \end{bmatrix} \ (s,\ t\text{는 동시에 0은 아니다.})$$

이므로, $\lambda_1 = 3$에 대응하는 A의 고유공간은

$$S = \left\{ \begin{bmatrix} 1 \\ 1 \\ 0 \end{bmatrix},\ \begin{bmatrix} 1 \\ 0 \\ 1 \end{bmatrix} \right\}$$

에 의해 생성된다. 그런데 S는 일차독립이므로 $\lambda_1 = 3$에 대응하는 고유공간의 기저는 S이며, 이 공간의 차원은 2이다. 마찬가지 방법으로 $\lambda_2 = -3$에 대응하는 고유공간의 기저는 $\left\{ \begin{bmatrix} -2 \\ 1 \\ 3 \end{bmatrix} \right\}$이며, 1차원이다.

고윳값의 성질

마지막으로 행렬의 고윳값에 대한 몇 가지 중요한 성질을 알아보자.

정리 6-2 행렬의 거듭제곱의 고윳값

행렬 A의 고유벡터 $\mathbf{x}$에 대응하는 고윳값을 λ라 하면, 양의 정수 k에 대해 λ^k은 행렬 A^k의 고유벡터 $\mathbf{x}$에 대응하는 고윳값이다.

증명

다음과 같이 매우 간단하게 증명할 수 있다.

$$\begin{aligned} A^k\mathbf{x} &= A^{k-1}(A\mathbf{x}) = A^{k-1}(\lambda\mathbf{x}) \\ &= \lambda A^{k-2}(A\mathbf{x}) = \lambda A^{k-2}(\lambda\mathbf{x}) \\ &\ \ \vdots \end{aligned}$$

$$= \lambda^{k-1}(A\mathbf{x})$$
$$= \lambda^k \mathbf{x}$$

따라서 λ^k은 행렬 A^k의 고유벡터 $\mathbf{x}$에 대응하는 고윳값이다. ■

정리 6-3 행렬식과 대각합

n차 정사각행렬 A의 고윳값을 $\lambda_1, \lambda_2, \cdots, \lambda_n$이라 할 때 다음이 성립한다.

(1) 행렬 A의 행렬식은 $\det(A) = \lambda_1 \lambda_2 \cdots \lambda_n$이다.

(2) 행렬 A의 대각합은 $\mathrm{tr}(A) = \lambda_1 + \lambda_2 + \cdots + \lambda_n$이다.

증명

여기서는 (1)만 증명하고, (2)의 증명은 연습문제로 남긴다.

행렬 A의 고윳값이 $\lambda_1, \lambda_2, \cdots, \lambda_n$ 이므로 특성다항식은 다음과 같다.

$$\det(\lambda I_n - A) = (\lambda - \lambda_1)(\lambda - \lambda_2)\cdots(\lambda - \lambda_n)$$

이 식에 $\lambda = 0$을 대입하면 다음과 같다.

$$\det(-A) = (0 - \lambda_1)(0 - \lambda_2)\cdots(0 - \lambda_n)$$

즉 이를 정리하면 다음과 같다.

$$\det(-A) = (-\lambda_1)(-\lambda_2)\cdots(-\lambda_n)$$
$$= (-1)^n \lambda_1 \lambda_2 \cdots \lambda_n$$

그런데 행렬식의 성질에 의해

$$\det(-A) = (-1)^n \det(A)$$

이므로, 다음과 같이 나타낼 수 있다.

$$\det(-A) = (-1)^n \lambda_1 \lambda_2 \cdots \lambda_n$$
$$= (-1)^n \det(A)$$

따라서 다음이 성립한다.

$$\det(A) = \lambda_1 \lambda_2 \cdots \lambda_n$$ ■

예제 6-7

[예제 6-6]의 행렬을 사용하여 다음을 구하라.

(a) A^3의 고윳값

(b) 행렬 A의 행렬식

(c) 행렬 A의 대각합

풀이

(a) [예제 6-6]에서 주어진 행렬 A의 고윳값은 $\lambda_1 = 3$(중근), $\lambda_2 = -3$이고, [정리 6-2]에 의해 A^3의 고윳값은 $\lambda_1 = 3^3 = 27$(중근), $\lambda_2 = (-3)^3 = -27$이다.

(b) 행렬 A의 고윳값은 각각 3, 3, -3 이므로 [정리 6-3]에 의하여 행렬 A의 행렬식은 다음과 같다.

$$\det A = 3 \cdot 3 \cdot (-3) = -27$$

(c) 행렬 A의 고윳값은 3, 3, -3 이므로 [정리 6-3]에 의하여 행렬 A의 대각합은 다음과 같다.

$$\operatorname{tr}(A) = 3 + 3 + (-3) = 3$$

Chapter 6.1

연습문제

1~4. 다음에 주어진 행렬의 특성다항식을 구하라.

1. $\begin{bmatrix} 3 & 0 \\ 2 & 1 \end{bmatrix}$

2. $\begin{bmatrix} 2 & 0 \\ 0 & -3 \end{bmatrix}$

3. $\begin{bmatrix} 5 & 6 & 2 \\ 0 & -1 & 2 \\ 1 & 0 & -1 \end{bmatrix}$

4. $\begin{bmatrix} 1 & 2 & 3 \\ 1 & 2 & 3 \\ 1 & 2 & 3 \end{bmatrix}$

5~10. 다음에 주어진 행렬의 고윳값을 구하라.

5. $\begin{bmatrix} 1 & 0 \\ 0 & 1 \end{bmatrix}$

6. $\begin{bmatrix} 0 & 0 \\ 0 & 0 \end{bmatrix}$

7. $\begin{bmatrix} 1 & 0 & 0 \\ -1 & 3 & 0 \\ 3 & 2 & -2 \end{bmatrix}$

8. $\begin{bmatrix} 2 & -2 & 0 \\ 2 & -2 & -1 \\ -2 & 2 & 3 \end{bmatrix}$

9. $\begin{bmatrix} 10 & -9 & 0 & 0 \\ 4 & -2 & 0 & 0 \\ 0 & 0 & -2 & -7 \\ 0 & 0 & 1 & 2 \end{bmatrix}$

10. $\begin{bmatrix} 3 & 1 & 0 & 0 & 0 \\ 0 & 3 & 0 & 0 & 0 \\ 0 & 0 & 3 & 1 & 0 \\ 0 & 0 & 0 & 3 & 1 \\ 0 & 0 & 0 & 0 & 3 \end{bmatrix}$

11. 다음과 같은 n차 대각행렬 D의 고윳값을 구하라.

$$D = \begin{bmatrix} d_1 & 0 & \cdots & 0 \\ 0 & d_2 & \cdots & 0 \\ \vdots & \vdots & \ddots & \vdots \\ 0 & 0 & \cdots & d_n \end{bmatrix}$$

12~15. 다음에 주어진 행렬의 고윳값, 고유벡터를 구하고, 각 고윳값에 대응하는 고유공간의 기저를 구하라.

12. $\begin{bmatrix} 1 & -1 \\ 2 & 4 \end{bmatrix}$

13. $\begin{bmatrix} 2 & 2 & 3 \\ 1 & 2 & 1 \\ 2 & -1 & 1 \end{bmatrix}$

14. $\begin{bmatrix} 0 & 0 & 2 & 0 \\ 1 & 0 & 1 & 0 \\ 0 & 1 & -2 & 0 \\ 0 & 0 & 0 & 1 \end{bmatrix}$

15. $\begin{bmatrix} 2 & 2 & 3 & 4 \\ 0 & 2 & 3 & 2 \\ 0 & 0 & 1 & 1 \\ 0 & 0 & 0 & 1 \end{bmatrix}$

16. 행렬 $A = \begin{bmatrix} 1 & 1 & 4 \\ 0 & 1 & 1 \\ 0 & 0 & 2 \end{bmatrix}$의 고윳값과 고유공간의 차원을 각각 구하라.

17~18. A가 n차 정사각행렬일 때, A의 특성방정식을

$$P_A(\lambda) = \det(\lambda I_n - A) = \lambda^n + a_{n-1}\lambda^{n-1} + \cdots + a_1\lambda + a_0 = 0$$

라 놓으면 다음이 항상 성립한다.

$$P_A(A) = A^n + a_{n-1}A^{n-1} + \cdots + a_1 A + a_0 I_n = 0$$

이 정리를 **케일리-해밀턴 정리** Cayley-Hamilton theorem 라고 한다. 행렬 A가 다음과 같을 때, 다음 물음에 답하라.

$$A = \begin{bmatrix} 2 & -1 & 0 \\ 1 & 0 & -2 \\ 0 & 1 & 1 \end{bmatrix}$$

17. 주어진 A가 케일리-해밀턴 정리를 만족하는지 확인하라.

18. $P_A(A)$를 이용하여 A^5과 A^{-1}를 각각 구하라.

19. A, B가 닮음행렬일 때, 이들이 동일한 특성다항식과 고윳값을 가짐을 증명하라.

20. A와 A^T는 동일한 고윳값을 가짐을 증명하라.

21. $\lambda = 0$이 A의 고윳값이 될 필요충분조건은 A가 비가역일 때임을 증명하라.

22. n차 정사각행렬 A가 하삼각행렬일 때 행렬 A의 고윳값은 주대각선 성분 $a_{11}, a_{22}, \cdots, a_{nn}$임을 증명하라.

23. [정리 6-3]의 (2)를 증명하라.

Section

6.2 행렬의 대각화

이 절에서 우리는 주어진 정사각행렬 A에 대해 $P^{-1}AP$가 대각행렬이 되는 가역행렬 P가 존재할 수 있는지에 대해 살펴본다.

A가 대각행렬과 닮음행렬일 때, 즉 적당한 가역행렬 P가 존재하여 $P^{-1}AP$가 대각행렬일 때, A를 **대각화 가능한 행렬** diagonalizable matrix이라고 하며, 행렬 P는 A를 **대각화하는 행렬** diagonalize matrix이라고 한다.

행렬 $A=\begin{bmatrix} 1 & 1 \\ -2 & 4 \end{bmatrix}$와 가역행렬 $P=\begin{bmatrix} 1 & 1 \\ 1 & 2 \end{bmatrix}$에 대해

$$P^{-1}AP=\begin{bmatrix} 2 & -1 \\ -1 & 1 \end{bmatrix}\begin{bmatrix} 1 & 1 \\ -2 & 4 \end{bmatrix}\begin{bmatrix} 1 & 1 \\ 1 & 2 \end{bmatrix}=\begin{bmatrix} 2 & 0 \\ 0 & 3 \end{bmatrix}$$

이므로, A는 대각화 가능한 행렬이다. 또 임의의 대각행렬 $D=\text{diag}(d_1, d_2, \cdots, d_n)$은 $I_n^{-1}DI_n=D$이므로, 대각화 가능한 행렬이다.[5]

이제 대각화 가능한 행렬의 성질을 알아보자.

정리 6-4 대각화 가능한 행렬의 성질

n차 정사각행렬 A에 대하여 다음은 동치이다.

(1) A는 대각화 가능한 행렬이다.

(2) A는 n개의 일차독립인 고유벡터를 갖는다. 이때 A는 자신의 고윳값 $\lambda_1, \lambda_2, \cdots, \lambda_n$을 주대각선 성분으로 갖는 대각행렬 D와 닮음행렬이다.

증명

(1) $\Rightarrow$ (2)

A가 대각화 가능한 행렬이면 적당한 가역행렬

$$P=\begin{bmatrix} \mathbf{p}_1 & \mathbf{p}_2 & \cdots & \mathbf{p}_n \end{bmatrix}$$

5 D와 닮음행렬은 D 자신뿐이다.

에 대해 $P^{-1}AP = B$ 인 대각행렬 $B = \mathrm{diag}(b_1, b_2, \cdots, b_n)$ 이 존재한다. 이때

$$AP = PB$$

이므로 다음과 같다.

$$A\mathbf{p}_1 = b_1\mathbf{p}_1,\ A\mathbf{p}_2 = b_2\mathbf{p}_2, \cdots, A\mathbf{p}_n = b_n\mathbf{p}_n$$

따라서 $b_1, b_2, \cdots, b_n$ 은 A 의 고윳값이고 $B = D$ 이다. 그러면 다음과 같이 나타낼 수 있다.

$$A\mathbf{p}_1 = \lambda_1\mathbf{p}_1,\ A\mathbf{p}_2 = \lambda_2\mathbf{p}_2, \cdots,\ A\mathbf{p}_n = \lambda_n\mathbf{p}_n \tag{6.5}$$

그런데 P 가 가역이므로 $\mathbf{p}_1, \mathbf{p}_2, \cdots, \mathbf{p}_n$ 은 일차독립이고, 식 (6.5)에 의해 고윳값 λ_1, $\lambda_2, \cdots, \lambda_n$ 에 각각 대응하는 A 의 고유벡터이다.

(2) ⇒ (1)
A 의 고윳값 $\lambda_1, \lambda_2, \cdots, \lambda_n$ 에 대응하는 일차독립인 고유벡터 $\mathbf{p}_1, \mathbf{p}_2, \cdots, \mathbf{p}_n$ 을 열벡터로 갖는 행렬을

$$\begin{bmatrix}\mathbf{p}_1 & \mathbf{p}_2 & \cdots & \mathbf{p}_n\end{bmatrix}$$

이라 하면

$$\begin{aligned} AP &= \begin{bmatrix}A\mathbf{p}_1 & A\mathbf{p}_2 & \cdots & A\mathbf{p}_n\end{bmatrix} \\ &= \begin{bmatrix}\lambda_1\mathbf{p}_1 & \lambda_2\mathbf{p}_2 & \cdots & \lambda_n\mathbf{p}_n\end{bmatrix} \\ &= \begin{bmatrix}\mathbf{p}_1 & \mathbf{p}_2 & \cdots & \mathbf{p}_n\end{bmatrix}\begin{bmatrix}\lambda_1 & 0 & \cdots & 0 \\ 0 & \lambda_2 & \cdots & 0 \\ \vdots & \vdots & \ddots & \vdots \\ 0 & 0 & \cdots & \lambda_n\end{bmatrix} = PD \end{aligned}$$

가 된다. 그런데 P 의 열벡터들은 일차독립이므로 P 는 가역이고 $P^{-1}AP = D$ 이므로[6] A 는 대각화 가능한 행렬이다. ■

---

6 $AP = PD$의 왼쪽에 P의 역행렬 P^{-1}를 곱하면 $P^{-1}AP = D$가 된다.

예제 6-8

행렬 $A=\begin{bmatrix}7 & -4\\ 5 & -2\end{bmatrix}$는 대각화 가능한 행렬인지 판별하라.

풀이

행렬 $A=\begin{bmatrix}7 & -4\\ 5 & -2\end{bmatrix}$의 고윳값은 $\lambda_1=2, \lambda_2=3$이고, 이 고윳값에 대응하는 고유벡터는 각각 $\mathbf{x}_1=\begin{bmatrix}4\\5\end{bmatrix}$, $\mathbf{x}_2=\begin{bmatrix}1\\1\end{bmatrix}$이며 일차독립이므로

$$P=[\mathbf{x}_1\ \ \mathbf{x}_2]=\begin{bmatrix}4 & 1\\ 5 & 1\end{bmatrix}$$

이다. 따라서 A는 대각화 가능한 행렬이다.

[예제 6-8]에서 실제로 A를 대각화하면 다음과 같다.

$$P^{-1}AP=\begin{bmatrix}-1 & 1\\ 5 & -4\end{bmatrix}\begin{bmatrix}7 & -4\\ 5 & -2\end{bmatrix}\begin{bmatrix}4 & 1\\ 5 & 1\end{bmatrix}=\begin{bmatrix}2 & 0\\ 0 & 3\end{bmatrix}$$

예제 6-9

행렬 $A=\begin{bmatrix}3 & 0 & 0\\ -4 & 6 & 2\\ 16 & -15 & -5\end{bmatrix}$가 대각화 가능함을 보이고, 이때 A를 대각화하는 행렬 P를 구하라.

풀이

A의 특성방정식은

$$\det(\lambda I_3-A)=\lambda(\lambda-1)(\lambda-3)=0$$

이므로, 고윳값은 $\lambda_1=0, \lambda_2=1, \lambda_3=3$이다. 이때 고윳값 λ_1, λ_2, λ_3에 대응하는 고유벡터는 각각

$$\mathbf{x}_1=\begin{bmatrix}0\\1\\-3\end{bmatrix},\ \mathbf{x}_2=\begin{bmatrix}0\\2\\-5\end{bmatrix},\ \mathbf{x}_3=\begin{bmatrix}1\\0\\2\end{bmatrix}$$

이고, 이들은 일차독립이다. 따라서 A는 대각화 가능하고, A를 대각화하는 행렬 P는 다음과 같다.

$$P=[\mathbf{x}_1\ \mathbf{x}_2\ \mathbf{x}_3]=\begin{bmatrix}0 & 0 & 1\\ 1 & 2 & 0\\ -3 & -5 & 2\end{bmatrix}$$

일반적으로 모든 행렬이 대각화 가능한 것은 아니다. 예를 들어, 행렬 $A = \begin{bmatrix} 1 & 1 \\ 0 & 1 \end{bmatrix}$의 고윳값은 $\lambda = 1$이고, 이 고윳값에 대응하는 고유벡터는

$$\mathbf{x} = \begin{bmatrix} s \\ 0 \end{bmatrix} = s\begin{bmatrix} 1 \\ 0 \end{bmatrix} \quad (s \neq 0)$$

이다. 따라서 A는 두 개의 일차독립인 고유벡터를 갖지 않는다. 즉 A는 대각화 가능하지 않다. 어떤 정사각행렬이 대각화 가능한지 알기 위해서는 먼저 다음 정리가 필요하다.

정리 6-5 고유벡터의 독립성

n차 정사각행렬 A의 서로 다른 고윳값 $\lambda_1, \lambda_2, \cdots, \lambda_k$에 대응하는 고유벡터 $\mathbf{x}_1, \mathbf{x}_2, \cdots, \mathbf{x}_k$는 일차독립이다.

증명

$\mathbf{x}_1, \mathbf{x}_2, \cdots, \mathbf{x}_k$가 일차종속이라 가정하고 모순이 됨을 보이면 된다. 고유벡터는 $\mathbf{0}$이 아니므로 $\mathbf{x}_1$은 일차독립이다. 이제 r을 $\mathbf{x}_1, \mathbf{x}_2, \cdots, \mathbf{x}_r$이 일차독립이 되는 최대정수라 하면 $\mathbf{x}_1, \mathbf{x}_2, \cdots, \mathbf{x}_k$가 일차종속이라 가정했으므로, $1 \leq r < k$ 이고 $\mathbf{x}_1, \mathbf{x}_2, \cdots, \mathbf{x}_r, \mathbf{x}_{r+1}$은 일차종속이다. 따라서

$$c_1\mathbf{x}_1 + c_2\mathbf{x}_2 + \cdots + c_r\mathbf{x}_r + c_{r+1}\mathbf{x}_{r+1} = \mathbf{0} \tag{6.6}$$

을 만족하는 모두는 0이 아닌 스칼라 $c_1, c_2, \cdots, c_r, c_{r+1}$이 존재한다. 식 (6.6)의 양변에 A를 곱하면 다음과 같이 정리할 수 있다.

$$\begin{aligned} &A(c_1\mathbf{x}_1 + c_2\mathbf{x}_2 + \cdots + c_{r+1}\mathbf{x}_{r+1}) \\ &= c_1A\mathbf{x}_1 + c_2A\mathbf{x}_2 + \cdots + c_{r+1}A\mathbf{x}_{r+1} \\ &= c_1\lambda_1\mathbf{x}_1 + c_2\lambda_2\mathbf{x}_2 + \cdots + c_{r+1}\lambda_{r+1}\mathbf{x}_{r+1} \\ &= \mathbf{0} \end{aligned} \tag{6.7}$$

또 식 (6.6)의 양변에 λ_{r+1}을 곱하면 다음과 같이 정리할 수 있다.

$$c_1\lambda_{r+1}\mathbf{x}_1 + c_2\lambda_{r+1}\mathbf{x}_2 + \cdots + c_{r+1}\lambda_{r+1}\mathbf{x}_{r+1} = \mathbf{0} \tag{6.8}$$

식 (6.7)에서 식 (6.8)을 빼자.

$$c_1(\lambda_1 - \lambda_{r+1})\mathbf{x}_1 + c_2(\lambda_2 - \lambda_{r+1})\mathbf{x}_2 + \cdots + c_r(\lambda_r - \lambda_{r+1})\mathbf{x}_r = \mathbf{0}$$

그런데 $\mathbf{x}_1, \mathbf{x}_2, \cdots, \mathbf{x}_r$이 일차독립이므로

$$c_1(\lambda_1 - \lambda_{r+1}) = c_2(\lambda_2 - \lambda_{r+1}) = \cdots = c_r(\lambda_r - \lambda_{r+1}) = 0$$

이고, $\lambda_1, \lambda_2, \cdots, \lambda_{r+1}$은 서로 다르므로

$$c_1 = c_2 = \cdots = c_r = 0$$

이다. 이 값을 식 (6.6)에 대입하면

$$c_{r+1}\mathbf{x}_{r+1} = \mathbf{0}$$

이고, $\mathbf{x}_{r+1}$이 영이 아닌 고유벡터이므로 $c_{r+1} = 0$이다. 따라서 식 (6.6)의 스칼라 $c_1, c_2, \cdots, c_{r+1}$이 모두 0이 아니라는 사실에 모순된다. 그러므로 $\mathbf{x}_1, \mathbf{x}_2, \cdots, \mathbf{x}_k$는 일차독립이다. ■

앞에서 언급한 [정리 6-4]와 [정리 6-5]로부터 다음과 같은 정리를 얻을 수 있다.

정리 6-6 대각화 가능한 행렬

n차 정사각행렬 A가 n개의 서로 다른 고윳값을 가지면 A는 대각화 가능한 행렬이다.

증명

[정리 6-5]로부터 서로 다른 고윳값에 대응하는 고유벡터는 일차독립임을 알 수 있다. 또 [정리 6-4]로부터 n개의 일차독립인 고유벡터를 갖는다면 A는 자신의 고윳값 $\lambda_1, \lambda_2, \cdots, \lambda_n$을 주대각선 성분으로 갖는 대각행렬 D와 닮음행렬이다. 따라서 A는 대각화 가능한 행렬이다. ■

이를테면 [예제 6-9]의 행렬 $A = \begin{bmatrix} 3 & 0 & 0 \\ -4 & 6 & 2 \\ 16 & -15 & -5 \end{bmatrix}$의 고윳값 세 개는 서로 다르므로 [정리 6-6]에 의해 A는 대각화 가능한 행렬이다. 그러나 [정리 6-6]의 역은 일반적으로 성립하지 않는다. 왜냐하면 n차 정사각행렬 A의 고윳값 $\lambda_1, \lambda_2, \cdots, \lambda_n$ 중 같은 것이 존재하더라도 A는 대각화 가능할 수도 있다.

예제 6-10

다음 행렬이 대각화 가능한지 아닌지 판정하라.

(a) $A=\begin{bmatrix}4&-2&1\\2&0&1\\2&-2&3\end{bmatrix}$ (b) $B=\begin{bmatrix}0&0&1\\0&1&2\\0&0&1\end{bmatrix}$

풀이

(a) 행렬 A의 특성방정식은 $\det(\lambda I_3-A)=(\lambda-2)^2(\lambda-3)$이므로 서로 다른 고윳값 $\lambda_1=2$, $\lambda_2=3$을 갖는다. 특히 $\lambda_1=2$는 중근이다.[7]

먼저 $\lambda_1=2$에 대응하는 고유벡터 $\mathbf{x}=\begin{bmatrix}x_1\\x_2\\x_3\end{bmatrix}$를 구하기 위해 $(2I_3-A)\mathbf{x}=\mathbf{0}$, 즉

$$\begin{bmatrix}-2&2&-1\\-2&2&-1\\-2&2&-1\end{bmatrix}\begin{bmatrix}x_1\\x_2\\x_3\end{bmatrix}=\begin{bmatrix}0\\0\\0\end{bmatrix}\quad\Leftrightarrow\quad -2x_1+2x_2-x_3=0$$

을 풀면, $r,\ s\in\mathbb{R}$ 에 대하여 연립일차방정식의 해는 다음과 같다.

$$\mathbf{x}=\begin{bmatrix}r-s\\r\\2s\end{bmatrix}=r\begin{bmatrix}1\\1\\0\end{bmatrix}+s\begin{bmatrix}-1\\0\\2\end{bmatrix}\quad (r,\ s\text{는 동시에 0은 아니다.})$$

따라서 일차독립인 고유벡터를 얻는다.

$$\mathbf{x}_1=\begin{bmatrix}1\\1\\0\end{bmatrix},\ \mathbf{x}_2=\begin{bmatrix}-1\\0\\2\end{bmatrix}$$

같은 방법으로 $\lambda_2=3$에 대응하는 고유벡터를 얻을 수 있다.

$$\mathbf{x}_3=\begin{bmatrix}1\\1\\1\end{bmatrix}$$

따라서 $\{\mathbf{x}_1,\ \mathbf{x}_2,\ \mathbf{x}_3\}$가 일차독립이므로 [정리 6-4]에 의해 대각화 가능하다. 실제로 가역행렬 $P=\begin{bmatrix}1&-1&1\\1&0&1\\0&2&1\end{bmatrix}$에 대해

$$P^{-1}AP=\begin{bmatrix}-2&3&-1\\-1&1&0\\2&-1&1\end{bmatrix}\begin{bmatrix}4&-2&1\\2&0&1\\2&-2&3\end{bmatrix}\begin{bmatrix}1&-1&1\\1&0&1\\0&2&1\end{bmatrix}=\begin{bmatrix}2&0&0\\0&2&0\\0&0&3\end{bmatrix}$$

---

7 고윳값이 특성방정식의 k 중근인 경우 이를 **대수적 중복도**[algebraic multiplicity] k라고 한다. 이를테면 여기서 고윳값 2의 대수적 중복도는 2이다.

이다.

(b) 행렬 B의 특성방정식은 $\det(\lambda I_3 - B) = \lambda(\lambda-1)^2 = 0$ 이므로, 서로 다른 고윳값 $\lambda_1 = 0$, $\lambda_2 = 1$을 갖는다. 특히 $\lambda_2 = 1$은 중근이다.

먼저 $\lambda_2 = 1$에 대응하는 고유벡터 $\mathbf{x} = \begin{bmatrix} x_1 \\ x_2 \\ x_3 \end{bmatrix}$를 구하기 위해 $(\lambda I_3 - B)\mathbf{x} = \mathbf{0}$, 즉

$$\begin{bmatrix} 1 & 0 & -1 \\ 0 & 0 & -2 \\ 0 & 0 & 0 \end{bmatrix}\begin{bmatrix} x_1 \\ x_2 \\ x_3 \end{bmatrix} = \begin{bmatrix} 0 \\ 0 \\ 0 \end{bmatrix}$$

를 풀면 해는 다음과 같다.

$$\mathbf{x} = \begin{bmatrix} 0 \\ r \\ 0 \end{bmatrix} \quad (r \neq 0)$$

따라서 $\lambda_2 = 1$에 대응하는 일차독립인 두 개의 고유벡터가 존재하지 않는다. 그러므로 B는 대각화 가능하지 않다.

Chapter 6.2

연습문제

1~10. 다음에서 대각화 가능한 행렬을 찾고, 대각화 가능하다면 대각화하는 행렬 P와 대각행렬 D를 구하라.

1. $\begin{bmatrix} 5 & -3 \\ 2 & 0 \end{bmatrix}$

2. $\begin{bmatrix} 3 & 0 \\ -1 & -2 \end{bmatrix}$

3. $\begin{bmatrix} 1 & 1 \\ 1 & 1 \end{bmatrix}$

4. $\begin{bmatrix} 2 & -3 \\ 1 & 2 \end{bmatrix}$

5. $\begin{bmatrix} 2 & 0 & 0 \\ 0 & 1 & 1 \\ 0 & 1 & 1 \end{bmatrix}$

6. $\begin{bmatrix} 1 & 0 & 0 \\ 0 & 1 & 1 \\ 0 & -6 & -2 \end{bmatrix}$

7. $\begin{bmatrix} 1 & 3 & 0 \\ 0 & 2 & 0 \\ 0 & 0 & 2 \end{bmatrix}$

8. $\begin{bmatrix} 0 & 1 & 1 \\ 1 & 0 & 1 \\ 1 & 1 & 0 \end{bmatrix}$

9. $\begin{bmatrix} 1 & 0 & -2 & 0 \\ 0 & 1 & -2 & 0 \\ 0 & 0 & -1 & 0 \\ 0 & 0 & 0 & -1 \end{bmatrix}$

10. $\begin{bmatrix} -3 & 1 & 0 & 0 \\ 0 & -2 & 0 & 0 \\ 0 & 0 & -3 & 0 \\ 0 & 0 & 1 & 1 \end{bmatrix}$

11~12. $A = \begin{bmatrix} a & b \\ c & d \end{bmatrix}$일 때, 다음을 보여라.

11. $(a-d)^2 + 4bc > 0$이면 A는 대각화 가능하다.

12. $(a-d)^2 + 4bc < 0$이면 A는 대각화 가능하지 않다.

13. 행렬 $P = \begin{bmatrix} \frac{1}{\sqrt{2}} & \frac{1}{\sqrt{2}} \\ -\frac{1}{\sqrt{2}} & \frac{1}{\sqrt{2}} \end{bmatrix}$는 행렬 $A = \begin{bmatrix} 4 & 1 \\ 1 & 4 \end{bmatrix}$를 대각화하는 행렬임을 보여라.

14. 행렬 $A=\begin{bmatrix} 3 & -2 & 0 \\ -2 & 3 & 0 \\ 0 & 0 & 5 \end{bmatrix}$는 대각화 가능한 행렬이다. 이 행렬을 대각화하는 행렬은 $P=\begin{bmatrix} 1 & 0 & -1 \\ 1 & 0 & 1 \\ 0 & 1 & 0 \end{bmatrix}$임을 보여라.

15. [정리 6-6]을 이용하여 행렬 $A=\begin{bmatrix} 0 & 1 & 8 \\ 1 & 0 & -17 \\ 0 & 0 & 4 \end{bmatrix}$가 대각화 가능한 행렬임을 보여라.

16~18. 고윳값에 대한 고유공간의 차원을 고윳값의 **기하적 중복도** geometric multiplicity라 한다. 다음 행렬의 고윳값과 기하적 중복도를 구하라.

16. $\begin{bmatrix} 1 & 1 & 4 \\ 0 & 1 & 1 \\ 0 & 0 & 2 \end{bmatrix}$

17. $\begin{bmatrix} -1 & -1 & 1 \\ 0 & 1 & 0 \\ 2 & 1 & 0 \end{bmatrix}$

18. $\begin{bmatrix} 1 & 2 & 0 & 0 \\ 2 & 1 & 0 & 0 \\ 0 & 0 & 1 & 2 \\ 0 & 0 & 2 & 1 \end{bmatrix}$

19. 행렬 A가 대각화 가능할 때, A^{-1}도 대각화 가능함을 보여라.

20. 행렬 A가 대각화 가능할 때, 임의의 양의 정수 k에 대해 A^k이 대각화 가능함을 보여라.

21. 행렬 A가 대각화 가능하면 A^T도 대각화 가능함을 보여라.

22. 두 행렬 $A=\begin{bmatrix} 1 & 1 \\ 0 & 1 \end{bmatrix}$, $I=\begin{bmatrix} 1 & 0 \\ 0 & 1 \end{bmatrix}$의 행렬식, 계수, 고윳값을 각각 구하고 두 행렬이 닮음행렬이 아님을 보여라.

Section

6.3 대칭행렬의 직교대각화

대칭행렬은 선형대수학의 응용 분야에서 자주 등장한다. 이것은 대칭행렬이 그만큼 많은 분야에서 활용되기 때문이다. 따라서 여러 가지 성질을 밝힘으로써 대칭행렬을 좀 더 편리하게 활용할 수 있다. 그 중 하나가 대각화인데, 모든 대칭행렬은 대각화 가능하고, 특히 직교대각화 가능하다는 것을 이 절에서 알아볼 것이다.

대칭행렬의 성질

대칭행렬의 대각화에 대하여 알아보기 위하여 대칭행렬의 중요한 성질을 알아보자. 그런데 다음 정리의 증명은 복소수를 이용하므로 여기서는 생략한다.

정리 6-7 대칭행렬의 고윳값

대칭행렬의 고윳값은 모두 실수이다.

예제 6-11

대칭행렬 $A=\begin{bmatrix} 4 & 2 & 2 \\ 2 & 4 & 2 \\ 2 & 2 & 4 \end{bmatrix}$의 고윳값을 구하라.

풀이

주어진 대칭행렬의 특성방정식은

$$\begin{aligned} \det(\lambda I_3 - A) &= \begin{vmatrix} \lambda-4 & -2 & -2 \\ -2 & \lambda-4 & -2 \\ -2 & -2 & \lambda-4 \end{vmatrix} \\ &= (\lambda-4)^3 - 12(\lambda-4) - 16 \\ &= (\lambda-2)^2(\lambda-8) = 0 \end{aligned}$$

이므로, 대칭행렬 A의 고윳값은 $\lambda_1 = 2$, $\lambda_2 = 8$이고 모두 실수이다.

대칭행렬을 대각화할 경우 대각화하는 행렬 P의 역행렬은 P가 직교행렬이면 간단하게 구할 수 있다. 우리는 5.4절에서 직교행렬을 정의하였고, [정리 5-9]에서 직교행렬의 성질을 다루었다. 즉 정사각행렬 A에 대하여 $A^{-1} = A^T$이면 A는 직교행렬이다.

대칭행렬의 직교대각화

이제 직교행렬을 이용하여 행렬을 대각화하는 과정을 살펴보자. 정사각행렬 A에 대해 A를 대각화하는 직교행렬 P가 존재할 때, 즉

$$P^{-1}AP = D \quad \text{또는} \quad P^TAP = D$$

인 직교행렬 P와 대각행렬 D가 존재할 때 A는 **직교대각화 가능하다**orthogonally diagonalizable 고 하며, P는 A를 **직교대각화하는 행렬**이라고 한다.

이때 다음 두 가지 문제를 생각할 수 있다.

❶ 어떤 행렬들이 직교대각화 가능한가?

❷ 직교행렬 P를 어떻게 구할 것인가?

다음은 이 두 가지 문제를 해결하는 데 필요한 정리이다.

정리 6-8 대칭행렬의 직교대각화

n차 정사각행렬 A에 대해 다음은 동치이다.

(1) A는 직교대각화 가능하다.

(2) A는 대칭행렬이다.

증명

[정리 6-8]을 증명하기 위해 (2)이면 (1)을 보이는 것은 이 책의 수준을 넘어가므로, 여기서는 A가 직교대각화 가능하다면 A가 대칭행렬이라는 것만 증명한다.[8]

A가 직교대각화 가능하므로 대각행렬 D를 $P^{-1}AP$로 두면 $A = PDP^{-1}$이다. P가 직교행렬이므로 $A = PDP^T$이다. 즉 다음과 같다.

$$A^T = (PDP^T)^T = (P^T)^TD^TP^T = PDP^T = A$$

따라서 A는 대칭행렬이다. ■

8 (2)이면 (1)을 보이는 증명은 Roger A. Horn의 『Matrix Analysis I』, Corollary 2.5.14를 참고하기 바란다.

[정리 6-8]로부터 대칭행렬은 항상 직교대각화 가능하다는 것을 알았다. 다음은 대칭행렬의 서로 다른 고윳값에 대응하는 고유벡터의 직교성에 관한 정리이다.

정리 6-9 대칭행렬의 고유벡터

A가 대칭행렬일 때, A의 서로 다른 고윳값에 대응하는 고유벡터는 서로 직교한다.

증명

λ_1, λ_2를 대칭행렬 A의 서로 다른 고윳값이라 하고, $\mathbf{x}_1$, $\mathbf{x}_2$를 각각 λ_1, λ_2에 대응하는 고유벡터라 할 때

$$\mathbf{x}_1 \cdot \mathbf{x}_2 = \mathbf{x}_1^T \mathbf{x}_2 = 0$$

임을 보이면 된다.

$$A\mathbf{x}_1 = \lambda_1 \mathbf{x}_1 \tag{6.9}$$

$$A\mathbf{x}_2 = \lambda_2 \mathbf{x}_2 \tag{6.10}$$

식 (6.9)와 A가 대칭행렬이라는 사실로부터 다음을 얻는다.

$$\begin{aligned}(A\mathbf{x}_1)^T &= (\lambda_1\mathbf{x}_1)^T \\ &\Rightarrow \mathbf{x}_1^T A^T = \lambda_1 \mathbf{x}_1^T \\ &\Rightarrow \mathbf{x}_1^T A^T \mathbf{x}_2 = \lambda_1 \mathbf{x}_1^T \mathbf{x}_2 \\ &\Rightarrow \mathbf{x}_1^T A \mathbf{x}_2 = \lambda_1 \mathbf{x}_1^T \mathbf{x}_2 \end{aligned} \tag{6.11}$$

같은 방법으로 식 (6.10)으로부터 다음을 얻는다.

$$\mathbf{x}_1^T A \mathbf{x}_2 = \lambda_2 \mathbf{x}_1^T \mathbf{x}_2 \tag{6.12}$$

식 (6.11)과 식 (6.12)로부터 다음을 얻는다.

$$\lambda_1 \mathbf{x}_1^T \mathbf{x}_2 = \lambda_2 \mathbf{x}_1^T \mathbf{x}_2$$

그런데 $\lambda_1 \neq \lambda_2$이므로, $\mathbf{x}_1^T \mathbf{x}_2 = 0$이다. 따라서 A의 서로 다른 고윳값에 대응하는 고유벡터는 서로 직교한다. ■

예제 6-12

대칭행렬 $A=\begin{bmatrix} 0 & 0 & -2 \\ 0 & -2 & 0 \\ -2 & 0 & 3 \end{bmatrix}$를 직교대각화하는 행렬 P를 구하라.

풀이

A의 특성방정식은

$$\det(\lambda I_3 - A) = (\lambda+2)(\lambda-4)(\lambda+1) = 0$$

이므로, A의 고윳값은 $\lambda_1 = -2, \lambda_2 = 4, \lambda_3 = -1$이고, 각 고윳값에 대응하는 고유벡터는 각각 다음과 같다.

$$\mathbf{x}_1 = \begin{bmatrix} 0 \\ 1 \\ 0 \end{bmatrix}, \ \mathbf{x}_2 = \begin{bmatrix} -1 \\ 0 \\ 2 \end{bmatrix}, \ \mathbf{x}_3 = \begin{bmatrix} 2 \\ 0 \\ 1 \end{bmatrix}$$

A가 대칭행렬이므로 집합 $\mathbf{x}_1, \mathbf{x}_2, \mathbf{x}_3$는 직교집합이다.[9] 이제 각 벡터를 정규화하면 다음과 같다.

$$\left\{ \begin{bmatrix} 0 \\ 1 \\ 0 \end{bmatrix}, \begin{bmatrix} -\frac{1}{\sqrt{5}} \\ 0 \\ \frac{2}{\sqrt{5}} \end{bmatrix}, \begin{bmatrix} \frac{2}{\sqrt{5}} \\ 0 \\ \frac{1}{\sqrt{5}} \end{bmatrix} \right\}$$

따라서 직교대각화하는 행렬 P는 다음과 같다.

$$P = \begin{bmatrix} 0 & -\frac{1}{\sqrt{5}} & \frac{2}{\sqrt{5}} \\ 1 & 0 & 0 \\ 0 & \frac{2}{\sqrt{5}} & \frac{1}{\sqrt{5}} \end{bmatrix}$$

예제 6-13

[예제 6-11]의 대칭행렬 $A=\begin{bmatrix} 4 & 2 & 2 \\ 2 & 4 & 2 \\ 2 & 2 & 4 \end{bmatrix}$를 직교대각화하라.

풀이

[예제 6-11]로부터 행렬 A의 고윳값은 $\lambda_1 = 2, \lambda_2 = 8$임을 알고 있다. $\lambda_1 = 2$에 대

9 [정리 6-9]에 의하여 대칭행렬 A의 서로 다른 고윳값에 대응하는 고유벡터는 서로 직교한다.

응하는 일차독립인 고유벡터는

$$\mathbf{x}_1 = \begin{bmatrix} -1 \\ 1 \\ 0 \end{bmatrix},\ \mathbf{x}_2 = \begin{bmatrix} -1 \\ 0 \\ 1 \end{bmatrix}$$

이고, 4.6절에서 배운 그램-슈미트 정규직교화 과정을 이용하여 정규화하면 다음과 같다.

$$\mathbf{v}_1 = \frac{\mathbf{x}_1}{\|\mathbf{x}_1\|} = \begin{bmatrix} -\frac{1}{\sqrt{2}} \\ \frac{1}{\sqrt{2}} \\ 0 \end{bmatrix}$$

$$\mathbf{v}_2 = \frac{\mathbf{x}_2 - (\mathbf{x}_2 \cdot \mathbf{v}_1)\mathbf{v}_1}{\|\mathbf{x}_2 - (\mathbf{x}_2 \cdot \mathbf{v}_1)\mathbf{v}_1\|} = \begin{bmatrix} -\frac{1}{\sqrt{6}} \\ -\frac{1}{\sqrt{6}} \\ \frac{2}{\sqrt{6}} \end{bmatrix}$$

한편, $\lambda_2 = 8$에 대응하는 고유벡터는 $\mathbf{x}_3 = \begin{bmatrix} 1 \\ 1 \\ 1 \end{bmatrix}$이고, 이를 정규화하면

$$\mathbf{v}_3 = \begin{bmatrix} \frac{1}{\sqrt{3}} \\ \frac{1}{\sqrt{3}} \\ \frac{1}{\sqrt{3}} \end{bmatrix}$$

이므로 A를 직교대각화하는 행렬 P는 다음과 같다.

$$P = \begin{bmatrix} -\frac{1}{\sqrt{2}} & -\frac{1}{\sqrt{6}} & \frac{1}{\sqrt{3}} \\ \frac{1}{\sqrt{2}} & -\frac{1}{\sqrt{6}} & \frac{1}{\sqrt{3}} \\ 0 & \frac{2}{\sqrt{6}} & \frac{1}{\sqrt{3}} \end{bmatrix}$$

여기서 벡터 $\mathbf{v}_1, \mathbf{v}_2, \mathbf{v}_3$는 정규직교집합이므로 $P = [\mathbf{v}_1\ \mathbf{v}_2\ \mathbf{v}_3]$는 직교행렬이다.

따라서 A를 직교대각화하면 다음과 같다.

$$P^{-1}AP = \begin{bmatrix} 2 & 0 & 0 \\ 0 & 2 & 0 \\ 0 & 0 & 8 \end{bmatrix}$$

Chapter
6.3 연습문제

1~4. 다음에 주어진 대칭행렬의 고유공간의 차원을 구하라.

1. $\begin{bmatrix} 1 & 1 \\ 1 & 1 \end{bmatrix}$

2. $\begin{bmatrix} 6 & 0 & 0 \\ 0 & 3 & 3 \\ 0 & 3 & 3 \end{bmatrix}$

3. $\begin{bmatrix} 1 & 1 & 1 \\ 1 & 1 & 1 \\ 1 & 1 & 1 \end{bmatrix}$

4. $\begin{bmatrix} 4 & 4 & 0 & 0 \\ 4 & 4 & 0 & 0 \\ 0 & 0 & 0 & 0 \\ 0 & 0 & 0 & 0 \end{bmatrix}$

5~6. 다음에 주어진 행렬이 직교행렬인지를 확인하라.

5. $\begin{bmatrix} \frac{\sqrt{3}}{3} & 0 & \frac{\sqrt{6}}{3} \\ \frac{\sqrt{3}}{3} & \frac{\sqrt{2}}{2} & -\frac{\sqrt{6}}{6} \\ \frac{\sqrt{3}}{3} & -\frac{\sqrt{2}}{2} & -\frac{\sqrt{6}}{6} \end{bmatrix}$

6. $\begin{bmatrix} \cos\theta & -\sin\theta & 0 \\ \sin\theta & \cos\theta & 0 \\ 0 & 0 & 1 \end{bmatrix}$

7. 직교행렬 $\begin{bmatrix} 1 & 0 & 0 \\ 0 & -\frac{\sqrt{3}}{2} & -\frac{1}{2} \\ 0 & -\frac{1}{2} & \frac{\sqrt{3}}{2} \end{bmatrix}$ 의 역행렬을 구하라.

8~13. 다음 행렬을 직교대각화하는 행렬 P를 구하라.

8. $\begin{bmatrix} 2 & 2 \\ 2 & 2 \end{bmatrix}$

9. $\begin{bmatrix} -7 & 24 \\ 24 & 7 \end{bmatrix}$

10. $\begin{bmatrix} 1 & 1 & 0 \\ 1 & 1 & 0 \\ 0 & 0 & 1 \end{bmatrix}$

11. $\begin{bmatrix} -2 & 0 & -36 \\ 0 & -3 & 0 \\ -36 & 0 & -23 \end{bmatrix}$

12. $\begin{bmatrix} 5 & -2 & 0 & 0 \\ -2 & 2 & 0 & 0 \\ 0 & 0 & 5 & -2 \\ 0 & 0 & -2 & 2 \end{bmatrix}$

13. $\begin{bmatrix} 2 & 2 & 0 & 0 \\ 2 & 2 & 0 & 0 \\ 0 & 0 & 2 & 2 \\ 0 & 0 & 2 & 2 \end{bmatrix}$

14. $A = \begin{bmatrix} \frac{1}{\sqrt{2}} & -\frac{1}{\sqrt{2}} \\ -\frac{1}{\sqrt{2}} & -\frac{1}{\sqrt{2}} \end{bmatrix}$일 때, $\mathbb{R}^2$의 임의의 두 벡터 $\mathbf{x}, \mathbf{y}$에 대해 다음을 보여라.

$$(A\mathbf{x}) \cdot (A\mathbf{y}) = \mathbf{x} \cdot \mathbf{y}$$

15. A가 직교행렬이면 $\det(A) = \pm 1$임을 보여라.

16. 직교행렬의 고윳값의 절댓값이 1임을 보여라.

17~18. A, B가 직교행렬이면 다음도 직교행렬임을 보여라.

17. AB

18. A^T

19. n차 정사각행렬 A에 대하여 다음은 서로 동치임을 증명하라.

(a) A가 직교행렬이다.

(b) $A^TA = I_n = AA^T$

(c) A의 열(행)벡터들은 정규직교집합을 이룬다.

20~21. 대각화를 이용하여 다음 행렬에 대하여 A^5을 계산하라.

20. $A = \begin{bmatrix} 3 & -2 \\ 1 & 0 \end{bmatrix}$

21. $\begin{bmatrix} 1 & -2 & 1 \\ 0 & 1 & 0 \\ 0 & -2 & 2 \end{bmatrix}$

22. 임의의 2×2 대칭행렬 $A = \begin{bmatrix} a & b \\ b & c \end{bmatrix}$의 고윳값이 항상 실수로 존재함을 보여라.

Section

6.4 특잇값 분해

특잇값 분해 Singular Value Decomposition, SVD는 **고윳값 분해**eigen decomposition처럼 일반화된 행렬의 대각화 개념이다. 6.2절에서 살펴본 것처럼 고윳값과 고유벡터를 통한 행렬의 대각화는 정사각행렬에 대해서만 적용할 수 있고, 특히 정사각행렬 중에서도 일부 행렬에 대해서만 적용할 수 있는 대각화 방법이다. 하지만, 특잇값 분해는 행렬이 정사각행렬이든 아니든 관계없이 모든 $m \times n$ 행렬에 대해 적용할 수 있다.

특잇값 분해

2×3 행렬 $A = \begin{bmatrix} 4 & 11 & 14 \\ 8 & 7 & -2 \end{bmatrix}$에 대하여 선형변환 $L : \mathbb{R}^3 \to \mathbb{R}^2$가 $L(\mathbf{x}) = A\mathbf{x}$와 같이 정의되었다고 하자. 만약 공간 $\mathbb{R}^3$에서의 단위구면을 $S = \{\mathbf{x} \in \mathbb{R}^3 \mid \| \mathbf{x} \| = 1\}$라 하면 선형변환의 이미지 $L(S)$는 $\mathbb{R}^2$상의 타원이 된다.

이제 선형변환의 이미지 $L(S) = A\mathbf{x}$를 가장 크게 하는 $\mathbb{R}^3$의 단위벡터 $\mathbf{x}$에 대하여 알아보자. 여기서 $A\mathbf{x}$의 크기 $\| A\mathbf{x} \|$를 최대가 되게 하는 단위벡터 $\mathbf{x}$를 찾는 것은 벡터의 크기는 항상 양이므로 $\| A\mathbf{x} \|^2$을 최대로 하는 것과 같다. 이때 다음이 성립한다.

$$\| A\mathbf{x} \|^2 = (A\mathbf{x})^T A\mathbf{x} = \mathbf{x}^T A^T A\mathbf{x} = \mathbf{x}^T (A^T A)\mathbf{x}$$

그러면

$$(A^T A)^T = A^T (A^T)^T = A^T A$$

이므로 $A^T A$는 대칭행렬이다. 따라서 $\| A\mathbf{x} \|^2$을 최대로 하는 것은 $\mathbf{x}^T (A^T A)\mathbf{x}$를 최대로 하는 문제가 된다.

이제 앞에서 주어진 행렬 A에 대하여 $\| A\mathbf{x} \|$를 최대가 되게 하는 단위벡터 $\mathbf{x}$를 찾아보자. 먼저 $A^T A$를 구하면

$$A^T A = \begin{bmatrix} 80 & 100 & 40 \\ 100 & 170 & 140 \\ 40 & 140 & 200 \end{bmatrix}$$

이고, A^TA의 고윳값과 고유벡터를 구해보면 각각 다음과 같다.

$$\lambda_1 = 360 \leftrightarrow \mathbf{v}_1 = \begin{bmatrix} \frac{1}{3} \\ \frac{2}{3} \\ \frac{2}{3} \end{bmatrix}, \ \lambda_2 = 90 \leftrightarrow \mathbf{v}_2 = \begin{bmatrix} -\frac{2}{3} \\ -\frac{1}{3} \\ \frac{2}{3} \end{bmatrix}, \ \lambda_3 = 0 \leftrightarrow \mathbf{v}_3 = \begin{bmatrix} \frac{2}{3} \\ -\frac{2}{3} \\ \frac{1}{3} \end{bmatrix}$$

이때

$$\| A\mathbf{x} \|^2 = (A\mathbf{x})^T(A\mathbf{x}) = \mathbf{x}^T(A^TA)\mathbf{x} = \lambda \| \mathbf{x} \|^T = \lambda > 0$$

이므로 $\| A\mathbf{x} \|^2$의 최댓값은 $\| A\mathbf{x} \|^2 = 360$이다. 따라서 $\| A\mathbf{x} \|$를 최대가 되게 하는 단위벡터 $\mathbf{x}$를 찾는 문제의 해는 $\mathbf{x} = \mathbf{v_1}$이고, 이때의 최댓값은 $\| A\mathbf{v}_1 \| = \sqrt{360}$이다.

한편, A가 $m \times n$ 행렬일 때 A^TA는 n차 대칭행렬이므로 6.3절의 [정리 6-8]에 의하여 직교대각화 가능하다.

n차 대칭행렬 A^TA의 고윳값을 $\sigma(A^TA) = \{\lambda_1, \lambda_2, \cdots, \lambda_n\}$라 하고, 이때의 정규직교인 고유벡터를 $\{\mathbf{v}_1, \mathbf{v}_2, \cdots, \mathbf{v}_n\}$이라 하면, 다음과 같다.

$$\begin{aligned} \| A\mathbf{v}_i \|^2 &= (A\mathbf{v}_i)^T A\mathbf{v}_i = \mathbf{v}_i^T A^T A\mathbf{v}_i = \mathbf{v}_i^T(A^TA)\mathbf{v}_i \\ &= \mathbf{v}_i^T \lambda_i \mathbf{v}_i = \lambda_i \mathbf{v}_i^T \mathbf{v}_i = \lambda_i \mathbf{v}_i^T \mathbf{v}_i = \lambda_i \| \mathbf{v}_i \|^2 = \lambda_i \geq 0 \end{aligned}$$

여기서 $\sigma_i = \sqrt{\lambda_i}$라 할 때 다음을 행렬 A의 **특잇값** singular value이라고 한다.

$$\sigma_1 = \sqrt{\lambda_1}, \ \sigma_2 = \sqrt{\lambda_2}, \ \cdots, \ \sigma_n = \sqrt{\lambda_n}$$

행렬 A의 특잇값 $\{\sigma_1, \sigma_2, \cdots, \sigma_n\}$을 크기가 큰 값부터 순서대로 재배열하면 다음과 같다고 하자.

$$\sigma_1 \geq \sigma_2 \geq \cdots \geq \sigma_n \geq 0$$

특잇값을 이용하면 행렬을 분해할 수 있다. 그 전에 먼저 행렬의 특잇값을 구하는 과정에서 얻어진 백터의 기하학적 의미에 대하여 알아보자. 증명은 생략한다.

정리 6-10 열공간의 직교기저

$m \times n$ 행렬 A에 대하여 대칭행렬 A^TA의 고윳값 $\lambda_1 \geq \lambda_2 \geq \cdots \geq \lambda_r > 0$에 대한 고유벡터를 포함하는 $\mathbb{R}^n$의 정규직교기저를 $\{\mathbf{v}_1, \mathbf{v}_2, \cdots, \mathbf{v}_n\}$라 하면, $\{A\mathbf{v}_1, A\mathbf{v}_2, \cdots, A\mathbf{v}_r\}$은 행렬 A의 열공간의 직교기저이고, A의 계수는 $\text{rank}(A) = r$이다.

$m \times n$ 행렬 A의 특잇값 $\sigma_1, \sigma_2, \cdots, \sigma_r$에 대하여 $D = \text{diag}(\sigma_1, \sigma_2, \cdots, \sigma_r)$라 하면 대각행렬 D는 r차 정사각행렬이다. 이때 $m \times n$ 행렬 Σ를 다음과 같이 정의하자.

$$\Sigma = \begin{bmatrix} D & 0 \\ 0 & 0 \end{bmatrix}$$

여기서 $\mathbf{0}$ 부분은 모두 영행렬이다. 그러면 다음 정리가 성립한다.

정리 6-11 $m \times n$ 행렬의 특잇값 분해

$m \times n$ 행렬 A가 $\text{rank}(A) = r$일 때, 다음을 만족하는 직교행렬 U, V가 존재한다.

$$A = U \Sigma V^T$$

이것을 행렬 A의 **특잇값 분해**라고 한다.

증명

[정리 6-10]에 의해 $m \times n$ 행렬 A에 대하여 대칭행렬 A^TA의 고윳값을 $\lambda_1 \geq \lambda_2 \geq \cdots \geq \lambda_r > 0$이라 하고, 이에 대응하는 고유벡터를 $\{\mathbf{v}_1, \mathbf{v}_2, \cdots, \mathbf{v}_r\}$이라 하자. 행렬 A의 열공간의 직교기저 $\{A\mathbf{v}_1, A\mathbf{v}_2, \cdots, A\mathbf{v}_r\}$을 정규화하여

$$\mathbf{u}_i = \frac{1}{\|A\mathbf{v}_i\|} A\mathbf{v}_i = \frac{1}{\sigma_i} A\mathbf{v}_i$$

라 하면 다음이 성립한다.

$$A\mathbf{v}_i = \sigma_i \mathbf{u}_i, \ (1 \leq i \leq r)$$

이제 정규직교 집합 $\{\mathbf{u}_1, \mathbf{u}_2, \cdots, \mathbf{u}_r\}$과 $\{\mathbf{v}_1, \mathbf{v}_2, \cdots, \mathbf{v}_r\}$을 각각 확장하여 얻은 $\mathbb{R}^m$과 $\mathbb{R}^n$의 정규직교기저를 $\{\mathbf{u}_1, \mathbf{u}_2, \cdots, \mathbf{u}_m\}$과 $\{\mathbf{v}_1, \mathbf{v}_2, \cdots, \mathbf{v}_n\}$이라 하자. 즉,

$$U = \{\mathbf{u}_1, \mathbf{u}_2, \cdots, \mathbf{u}_m\}, \ \ V = \{\mathbf{v}_1, \mathbf{v}_2, \cdots, \mathbf{v}_n\}$$

라 하면 AV와 $U\Sigma$는 다음과 같이 정리할 수 있다.

$$AV=[A\mathbf{v}_1\,A\mathbf{v}_2\,\cdots\,A\mathbf{v}_r\,0\,\cdots\,0]=[\sigma_1\mathbf{u}_1\,\sigma_2\mathbf{u}_2\cdots\,\sigma_r\mathbf{u}_r\,0\,\cdots\,0]$$

$$U\Sigma=[\mathbf{u}_1\,\mathbf{u}_2\,\cdots\,\mathbf{u}_m]\begin{bmatrix}\sigma_1 & 0 & 0 & 0\\ 0 & \ddots & 0 & 0\\ 0 & \cdots & \sigma_r & 0\\ 0 & \cdots & 0 & 0\end{bmatrix}=[\sigma_1\mathbf{u}_1\,\sigma_2\mathbf{u}_2\cdots\,\sigma_r\mathbf{u}_r\,0\,\cdots\,0]$$

그러므로 $AV=U\Sigma \Leftrightarrow U\Sigma V^T=A$이므로, 행렬 A는 다음과 같이 분해할 수 있다.

$$A=U\Sigma V^T$$ ■

예제 6-14

행렬 $A=\begin{bmatrix}4 & 11 & 14\\ 8 & 7 & -2\end{bmatrix}$를 특잇값 분해하라.

풀이

다음 단계에 따라 행렬 A를 특잇값 분해해보자.

❶ 대칭행렬 A^TA의 대각화

앞에서 $A^TA=\begin{bmatrix}80 & 100 & 40\\ 100 & 170 & 140\\ 40 & 140 & 200\end{bmatrix}$이고 고윳값과 고유벡터를 구하면 다음과 같았다.

$$\lambda_1=360 \leftrightarrow \mathbf{v}_1=\begin{bmatrix}\frac{1}{3}\\ \frac{2}{3}\\ \frac{2}{3}\end{bmatrix},\ \lambda_2=90 \leftrightarrow \mathbf{v}_2=\begin{bmatrix}-\frac{2}{3}\\ -\frac{1}{3}\\ \frac{2}{3}\end{bmatrix},\ \lambda_3=0 \leftrightarrow \mathbf{v}_3=\begin{bmatrix}\frac{2}{3}\\ -\frac{2}{3}\\ \frac{1}{3}\end{bmatrix}$$

❷ V, Σ의 설정

$$V=[\mathbf{v}_1\,\mathbf{v}_2\,\mathbf{v}_3]=\begin{bmatrix}\frac{1}{3} & -\frac{2}{3} & \frac{2}{3}\\ \frac{2}{3} & -\frac{1}{3} & -\frac{2}{3}\\ \frac{2}{3} & \frac{2}{3} & \frac{1}{3}\end{bmatrix}$$

$$\sigma_1=\sqrt{\lambda_1}=6\sqrt{10},\ \sigma_2=\sqrt{\lambda_2}=3\sqrt{10},\ \sigma_3=\sqrt{\lambda_3}=0$$

$$D=\begin{bmatrix}6\sqrt{10} & 0\\ 0 & 3\sqrt{10}\end{bmatrix},\ \Sigma=[D\ \ 0]=\begin{bmatrix}6\sqrt{10} & 0 & 0\\ 0 & 3\sqrt{10} & 0\end{bmatrix}$$

❸ U의 계산

$\{A\mathbf{v}_1, A\mathbf{v}_2\}$를 정규직교화하여 $\{\mathbf{u}_1, \mathbf{u}_2\}$를 구해보자.

$$\mathbf{u}_1 = \frac{1}{\sigma_1}A\mathbf{v}_1 = \frac{1}{6\sqrt{10}}\begin{bmatrix}18\\6\end{bmatrix} = \begin{bmatrix}\frac{3}{\sqrt{10}}\\\frac{1}{\sqrt{10}}\end{bmatrix}$$

$$\mathbf{u}_2 = \frac{1}{\sigma_2}A\mathbf{v}_2 = \frac{1}{3\sqrt{10}}\begin{bmatrix}3\\-9\end{bmatrix} = \begin{bmatrix}\frac{1}{\sqrt{10}}\\-\frac{3}{\sqrt{10}}\end{bmatrix}$$

따라서 행렬 A를 특잇값 분해하면 다음과 같다.

$$A = \begin{bmatrix}\frac{3}{\sqrt{10}} & \frac{1}{\sqrt{10}}\\\frac{1}{\sqrt{10}} & -\frac{3}{\sqrt{10}}\end{bmatrix}\begin{bmatrix}6\sqrt{10} & 0 & 0\\0 & 3\sqrt{10} & 0\end{bmatrix}\begin{bmatrix}\frac{1}{3} & -\frac{2}{3} & \frac{2}{3}\\\frac{2}{3} & -\frac{1}{3} & -\frac{2}{3}\\\frac{2}{3} & \frac{2}{3} & \frac{1}{3}\end{bmatrix} = U\Sigma V^T$$

예제 6-15

행렬 $A = \begin{bmatrix}1 & -1\\-2 & 2\\2 & -2\end{bmatrix}$를 특잇값 분해하라.

풀이

다음 단계에 따라 행렬 A를 특잇값 분해해보자.

❶ 대칭행렬 A^TA의 대각화

$A^TA = \begin{bmatrix}9 & -9\\-9 & 9\end{bmatrix}$이고 고윳값과 고유벡터를 구하면 다음과 같다.

$$\lambda_1 = 18 \leftrightarrow \mathbf{v}_1 = \begin{bmatrix}\frac{1}{\sqrt{2}}\\-\frac{1}{\sqrt{2}}\end{bmatrix},\ \lambda_2 = 0 \leftrightarrow \mathbf{v}_2 = \begin{bmatrix}\frac{1}{\sqrt{2}}\\\frac{1}{\sqrt{2}}\end{bmatrix}$$

❷ V, Σ의 설정

$$V = [\mathbf{v}_1\ \mathbf{v}_2] = \begin{bmatrix}\frac{1}{\sqrt{2}} & \frac{1}{\sqrt{2}}\\-\frac{1}{\sqrt{2}} & \frac{1}{\sqrt{2}}\end{bmatrix}$$

$$\sigma_1 = \sqrt{\lambda_1} = 3\sqrt{2}\,,\ \ \sigma_2 = \sqrt{\lambda_2} = 0$$

$$D = \begin{bmatrix} 3\sqrt{2} & 0 \\ 0 & 0 \end{bmatrix},\ \Sigma = \begin{bmatrix} 3\sqrt{2} & 0 \\ 0 & 0 \\ 0 & 0 \end{bmatrix}$$

❸ U의 계산

$$\mathbf{u}_1 = \frac{1}{\sigma_1} A\mathbf{v}_1 = \frac{1}{3\sqrt{2}} \begin{bmatrix} \dfrac{2}{\sqrt{2}} \\ -\dfrac{4}{\sqrt{2}} \\ \dfrac{4}{\sqrt{2}} \end{bmatrix} = \begin{bmatrix} \dfrac{1}{3} \\ -\dfrac{2}{3} \\ \dfrac{2}{3} \end{bmatrix},\ \ A\mathbf{v}_2 = \begin{bmatrix} 0 \\ 0 \\ 0 \end{bmatrix} \text{ 이므로}$$

$\mathbf{u}_1$을 $\mathbb{R}^3$ 정규직교기저로 확장해야 한다. 즉, $\mathbf{u}_2$, $\mathbf{u}_3$는 $\mathbf{u}_1$에 직교하여야 하므로 $\mathbf{u}_2$, $\mathbf{u}_3$는 평면 $x - 2y + 2z = 0$에 있어야 한다. 그러므로 방정식 $x - 2y + 2z = 0$의 해벡터 $\mathbf{w}_1 = \begin{bmatrix} 2 \\ 1 \\ 0 \end{bmatrix}$, $\mathbf{w}_2 = \begin{bmatrix} -2 \\ 1 \\ 0 \end{bmatrix}$를 정규직교화하면 다음과 같다.

$$\mathbf{u}_1 = \begin{bmatrix} \dfrac{2}{\sqrt{5}} \\ \dfrac{1}{5} \\ 0 \end{bmatrix},\ \ \mathbf{u}_2 = \begin{bmatrix} -\dfrac{2}{\sqrt{45}} \\ \dfrac{4}{\sqrt{45}} \\ \dfrac{5}{\sqrt{45}} \end{bmatrix}$$

따라서 $U = [\mathbf{u}_1\, \mathbf{u}_2\, \mathbf{u}_3]$라 하고 행렬 A의 특잇값 분해를 구하면 다음과 같다.

$$\begin{aligned} A &= \begin{bmatrix} 1 & -1 \\ -2 & 2 \\ 2 & -2 \end{bmatrix} \\ &= \begin{bmatrix} \dfrac{1}{3} & \dfrac{2}{\sqrt{5}} & -\dfrac{2}{\sqrt{45}} \\ -\dfrac{2}{3} & -\dfrac{1}{\sqrt{5}} & \dfrac{4}{\sqrt{45}} \\ \dfrac{2}{3} & 0 & \dfrac{5}{\sqrt{45}} \end{bmatrix} \begin{bmatrix} 3\sqrt{2} & 0 \\ 0 & 0 \\ 0 & 0 \end{bmatrix} \begin{bmatrix} \dfrac{1}{\sqrt{2}} & -\dfrac{1}{\sqrt{2}} \\ \dfrac{1}{\sqrt{2}} & \dfrac{1}{\sqrt{2}} \end{bmatrix} \\ &= U\Sigma V^T \end{aligned}$$

SVD의 적용

SVD는 대용량의 이미지나 소리 등의 데이터를 전송하는 비용적·시간적 문제에 활용할 수 있다. 예를 들어, 이미지에 SVD를 적용하는 과정을 간단히 살펴보자.

❶ 이미지를 해석하여 행렬로 변환한다.

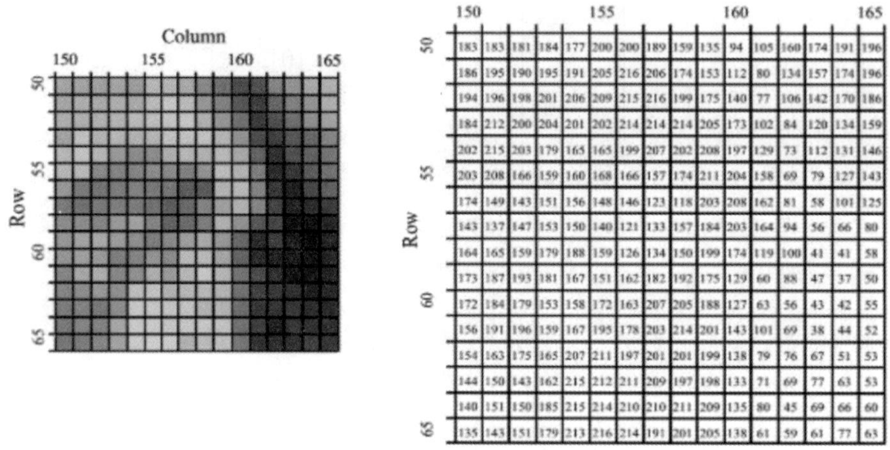

Row	150					155					160					165
50	183	183	181	184	177	200	200	189	159	135	94	105	160	174	191	196
	186	195	190	195	191	205	216	206	174	153	112	80	134	157	174	196
	194	196	198	201	206	209	215	216	199	175	140	77	106	142	170	186
	184	212	200	204	201	202	214	214	214	205	173	102	84	120	134	159
	202	215	203	179	165	165	199	207	202	208	197	129	73	112	131	146
55	203	208	166	159	160	168	166	157	174	211	204	158	69	79	127	143
	174	149	143	151	156	148	146	123	118	203	208	162	81	58	101	125
	143	137	147	153	150	140	121	133	157	184	203	164	94	56	66	80
	164	165	159	179	188	159	126	134	150	199	174	119	100	41	41	58
	173	187	193	181	167	151	162	182	192	175	129	60	88	47	37	50
60	172	184	179	153	158	172	163	207	205	188	127	63	56	43	42	55
	156	191	196	159	167	195	178	203	214	201	143	101	69	38	44	52
	154	163	175	165	207	211	197	201	201	199	138	79	76	67	51	53
	144	150	143	162	215	212	211	209	197	198	133	71	69	77	63	53
	140	151	150	185	215	214	210	210	211	209	135	80	45	69	66	60
65	135	143	151	179	213	216	214	191	201	205	138	61	59	61	77	63

출처 : https://www.allaboutcircuits.com/technical-articles/digital-image-processing-point-operations/

[그림 6-2] **디지털 신호 처리에 대한 엔지니어 가이드 이미지**

❷ 변환된 행렬에 SVD를 적용하여 분해된 3개의 행렬을 구한다.

❸ 특잇값 개수를 원하는 만큼 조정(원본에 가까운 정도)하여 행렬을 재결합한다.

❹ 재결합된 행렬을 이용하여 이미지를 재생한다.

❺ 처음의 이미지와 처리된 이미지와의 비교를 통하여 처리 가능한 상태의 이미지로 압축 전송한다.

많은 데이터는 행렬을 이용하여 처리되고 있다. 데이터를 전송하거나 압축할 때 발생할 수 있는 오류를 최소화하고, 복원된 결과물을 원본과 같게 하는 데 SVD가 큰 역할을 한다.

Chapter

6.4 연습문제

1~4. 다음에 주어진 대칭행렬의 특잇값을 구하라.

1. $\begin{bmatrix} 1 & 0 \\ 0 & -3 \end{bmatrix}$

2. $\begin{bmatrix} -3 & 0 \\ 0 & 0 \end{bmatrix}$

3. $\begin{bmatrix} 2 & 3 \\ 0 & 2 \end{bmatrix}$

4. $\begin{bmatrix} 3 & 0 \\ 8 & 3 \end{bmatrix}$

5~8. 다음에 주어진 행렬을 특잇값 분해하라.

5. $\begin{bmatrix} -2 & 0 \\ 0 & 0 \end{bmatrix}$

6. $\begin{bmatrix} 2 & -1 \\ 2 & 2 \end{bmatrix}$

7. $\begin{bmatrix} 3 & -3 \\ 0 & 0 \\ 1 & 1 \end{bmatrix}$

8. $\begin{bmatrix} 3 & 2 & 2 \\ 2 & 3 & -2 \end{bmatrix}$

9. 행렬 U를 주어진 행렬로 선택하여 행렬 A를 특잇값 분해하라.

$$A = \begin{bmatrix} -3 & 1 \\ 6 & -2 \\ 6 & -2 \end{bmatrix} \quad U = \begin{bmatrix} -\frac{1}{3} & \frac{2}{3} & \frac{2}{3} \\ \frac{2}{3} & -\frac{1}{3} & \frac{2}{3} \\ \frac{2}{3} & \frac{2}{3} & -\frac{1}{3} \end{bmatrix}$$

10. n차 정사각행렬 A에 대하여 $|\det(A)|$는 A의 특잇값들의 곱임을 증명하라.

Section

6.5 고윳값과 고유벡터의 응용

이 절에서는 행렬의 고윳값과 고유벡터를 여러 분야에 응용하는 방법을 다룬다. 일반적으로 행렬의 거듭제곱의 계산은 복잡하다. 그러나 거듭제곱의 계산이 간단하도록 변형한다면 거듭제곱을 쉽게 구할 수 있다. 이를 위해 먼저 대각화 가능한 행렬의 거듭제곱을 구하는 과정을 살펴보자.

대각화 가능한 행렬의 거듭제곱

n차 정사각행렬 A가 대각화 가능한 행렬이라면, 임의의 정수 k에 대해 A^k을 쉽게 구할 수 있다. [정리 6-4]로부터 A가 고윳값 $\lambda_1, \lambda_2, \cdots, \lambda_n$에 대응하는 일차독립인 고유벡터 $\mathbf{x}_1, \mathbf{x}_2, \cdots, \mathbf{x}_n$을 갖는다고 하자. 그러면 고유벡터 $\mathbf{x}_1, \mathbf{x}_2, \cdots, \mathbf{x}_n$을 열벡터로 갖는 가역행렬 P와 대각행렬 $D = \mathrm{diag}(\lambda_1, \lambda_2, \cdots, \lambda_n)$의 관계는 다음을 만족한다.

$$A = PDP^{-1}$$

따라서, 임의의 양의 정수 k에 대해 A^k은 다음과 같이 정리할 수 있다.

$$\begin{aligned}
A^k &= (PDP^{-1})^k \\
&= (PDP^{-1})(PDP^{-1})\cdots(PDP^{-1})(PDP^{-1}) \\
&= PD(P^{-1}P)D(P^{-1}P)D(P^{-1} \cdots P)D(P^{-1}P)DP^{-1} \\
&= PD^kP^{-1}
\end{aligned}$$

여기서 $D^k = \mathrm{diag}(\lambda_1^k, \lambda_2^k, \cdots, \lambda_n^k)$이므로 A^k을 쉽게 구할 수 있다.

예제 6-16

다음 행렬 A에 대해 A^4을 구하라.

$$A = \begin{bmatrix} 1 & -3 & 3 \\ 3 & -5 & 3 \\ 6 & -6 & 4 \end{bmatrix}$$

풀이

$|\lambda I - A| = (\lambda+2)^2(\lambda-4) = 0$ 이므로 A 의 고윳값은 $\lambda = -2, 4$ 이다. $\lambda_1 = -2$ 에 대응하는 고유벡터는 s, $t \in \mathbb{R}$ 에 대하여

$$\mathbf{x} = \begin{bmatrix} s \\ t \\ -s+t \end{bmatrix} = s\begin{bmatrix} 1 \\ 0 \\ -1 \end{bmatrix} + t\begin{bmatrix} 0 \\ 1 \\ 1 \end{bmatrix} \text{ (s, t는 동시에 0은 아니다.)}$$

이고, $\lambda_2 = 4$ 에 대응하는 고유벡터는 $r \neq 0$ 에 대하여

$$\mathbf{x} = r\begin{bmatrix} 1 \\ 1 \\ 2 \end{bmatrix}$$

이다. A 는 일차독립인 세 개의 고유벡터를 가지므로

$$A = PDP^{-1} = \begin{bmatrix} 1 & 0 & 1 \\ 0 & 1 & 1 \\ -1 & 1 & 2 \end{bmatrix}\begin{bmatrix} -2 & 0 & 0 \\ 0 & -2 & 0 \\ 0 & 0 & 4 \end{bmatrix}\begin{bmatrix} \frac{1}{2} & \frac{1}{2} & -\frac{1}{2} \\ -\frac{1}{2} & \frac{3}{2} & -\frac{1}{2} \\ \frac{1}{2} & -\frac{1}{2} & \frac{1}{2} \end{bmatrix}$$

이고, $D^4 = \begin{bmatrix} 16 & 0 & 0 \\ 0 & 16 & 0 \\ 0 & 0 & 256 \end{bmatrix}$ 이다.

따라서 A^4 은 다음과 같이 구할 수 있다.

$$\begin{aligned} A^4 &= \begin{bmatrix} 1 & 0 & 1 \\ 0 & 1 & 1 \\ -1 & 1 & 2 \end{bmatrix}\begin{bmatrix} 16 & 0 & 0 \\ 0 & 16 & 0 \\ 0 & 0 & 256 \end{bmatrix}\begin{bmatrix} \frac{1}{2} & \frac{1}{2} & -\frac{1}{2} \\ -\frac{1}{2} & \frac{3}{2} & -\frac{1}{2} \\ \frac{1}{2} & -\frac{1}{2} & \frac{1}{2} \end{bmatrix} \\ &= \begin{bmatrix} 1 & 0 & 1 \\ 0 & 1 & 1 \\ -1 & 1 & 2 \end{bmatrix}\begin{bmatrix} 8 & 8 & -8 \\ -8 & 24 & -8 \\ 128 & -128 & 128 \end{bmatrix} \\ &= 8\begin{bmatrix} 1 & 0 & 1 \\ 0 & 1 & 1 \\ -1 & 1 & 2 \end{bmatrix}\begin{bmatrix} 1 & 1 & -1 \\ -1 & 3 & -1 \\ 16 & -16 & 16 \end{bmatrix} \\ &= 8\begin{bmatrix} 17 & -15 & 15 \\ 15 & -13 & 15 \\ 30 & -30 & 32 \end{bmatrix} \end{aligned}$$

대각화를 이용한 인구 분석

인구를 분석할 때 선형대수학이 유용하게 쓰인다. 앞에서 공부한 행렬의 대각화와 거듭제곱을 이용하여 인구를 분석하는 방법을 살펴보자.

예제 6-17

현재 도시와 시골에 거주하고 있는 우리나라의 인구를 각각 C_0, R_0라 하고, C_k와 R_k를 각각 k년 후의 도시와 시골의 인구라고 하자. 매년 시골에서 도시로 10%의 인구가 이주하고, 도시에서 시골로 5%의 인구가 이주한다고 할 때, 오랜 시간이 지난 후 우리나라의 도시와 시골의 인구 분포는 어떻게 되겠는가?

풀이

k년 후의 도시와 시골의 인구는 각각 다음과 같다.

$$C_k = 0.95\,C_{k-1} + 0.1R_{k-1}$$
$$R_k = 0.05\,C_{k-1} + 0.9R_{k-1}$$

이를 행렬식으로 나타내면 다음과 같다.

$$A = \begin{bmatrix} 0.95 & 0.1 \\ 0.05 & 0.9 \end{bmatrix},\ \mathbf{x}_0 = \begin{bmatrix} C_0 \\ R_0 \end{bmatrix}$$

행렬의 거듭제곱을 이용하여 $\mathbf{x}_k$를 구하면 다음과 같다.

$$\mathbf{x}_k = \begin{bmatrix} C_k \\ R_k \end{bmatrix} = A^k\mathbf{x}_0 = A^k\begin{bmatrix} C_0 \\ R_0 \end{bmatrix}$$

따라서 A^k을 계산하면 k년 후의 인구 분포를 알 수 있다. 그런데 행렬 A의 고윳값이 $\lambda = 1,\ \dfrac{17}{20}$이고 이에 대응하는 고유벡터는 임의의 실수 s, t에 대하여 각각 다음과 같다.

$$\mathbf{v}_1 = s\begin{bmatrix} 2 \\ 1 \end{bmatrix},\ \mathbf{v}_2 = t\begin{bmatrix} -1 \\ 1 \end{bmatrix}\ (s,\ t\text{는 동시에 0은 아니다.})$$

따라서 A는 다음과 같이 나타낼 수 있다.

$$A = \begin{bmatrix} 2 & -1 \\ 1 & 1 \end{bmatrix}\begin{bmatrix} 1 & 0 \\ 0 & \dfrac{17}{20} \end{bmatrix}\begin{bmatrix} \dfrac{1}{3} & \dfrac{1}{3} \\ -\dfrac{1}{3} & \dfrac{2}{3} \end{bmatrix}$$

이제 A^k을 구하자. 그런데 k가 충분히 크면 $\left(\dfrac{17}{20}\right)^k$은 점점 작아져 0에 수렴하므로

A^k은 다음과 같다.

$$
\begin{aligned}
A^k &= \begin{bmatrix} 2 & -1 \\ 1 & 1 \end{bmatrix} \begin{bmatrix} 1 & 0 \\ 0 & \left(\dfrac{17}{20}\right)^k \end{bmatrix} \begin{bmatrix} \dfrac{1}{3} & \dfrac{1}{3} \\ -\dfrac{1}{3} & \dfrac{2}{3} \end{bmatrix} \\
&\approx \begin{bmatrix} 2 & -1 \\ 1 & 1 \end{bmatrix} \begin{bmatrix} 1 & 0 \\ 0 & 0 \end{bmatrix} \begin{bmatrix} \dfrac{1}{3} & \dfrac{1}{3} \\ -\dfrac{1}{3} & \dfrac{2}{3} \end{bmatrix} \\
&= \begin{bmatrix} 2 & 0 \\ 1 & 0 \end{bmatrix} \begin{bmatrix} \dfrac{1}{3} & \dfrac{1}{3} \\ -\dfrac{1}{3} & \dfrac{2}{3} \end{bmatrix} \\
&= \begin{bmatrix} \dfrac{2}{3} & \dfrac{2}{3} \\ \dfrac{1}{3} & \dfrac{1}{3} \end{bmatrix}
\end{aligned}
$$

따라서 $\mathbf{x}_k$는 다음과 같다.

$$
\begin{aligned}
\mathbf{x}_k &\approx \begin{bmatrix} \dfrac{2}{3} & \dfrac{2}{3} \\ \dfrac{1}{3} & \dfrac{1}{3} \end{bmatrix} \begin{bmatrix} C_0 \\ R_0 \end{bmatrix} \\
&= \begin{bmatrix} \dfrac{2}{3}(C_0 + R_0) \\ \dfrac{1}{3}(C_0 + R_0) \end{bmatrix} \\
&= (C_0 + R_0) \begin{bmatrix} \dfrac{2}{3} \\ \dfrac{1}{3} \end{bmatrix}
\end{aligned}
$$

그러므로 초기 인구 분포에는 상관없이 오랜 기간 후에는 전 인구의 $\dfrac{2}{3}$는 도시에 $\dfrac{1}{3}$은 시골에 거주하게 된다.

스포츠 팀과 인터넷 검색 순위 정하기

스포츠에서 몇 개의 팀이나 선수가 토너먼트 또는 풀리그가 아닌 몇 번의 경기를 치른 후 이를 토대로 순위를 결정하는 것은 단순한 문제가 아니다. i팀은 약한 팀과 경기에서 더 많이 이기고, j팀은 강한 팀과 경기에서 적게 이겼다고 하더라도, i팀과 j팀 중에서 어느 팀이 더 우수한 성적을 냈다고 단정할 수는 없다.

이때 고윳값과 고유벡터를 이용하면 복잡한 상황에서도 간단하게 순위를 정할 수 있다.

예를 들어, 다음 **유향그래프**[10]는 5개 야구팀이 서로 다른 팀과 한 번씩 시합한 결과를 나타낸 것이다. 이 유향그래프의 유향선분은 i팀이 j팀에게 이긴 경우에 꼭짓점 i에서 j로 가는 화살표로 나타냈다. 이를테면 유향그래프에서 1번 팀이 5번 팀을 이긴 경우를 꼭짓점 1에서 꼭짓점 5로 가는 화살표로 나타낸다.

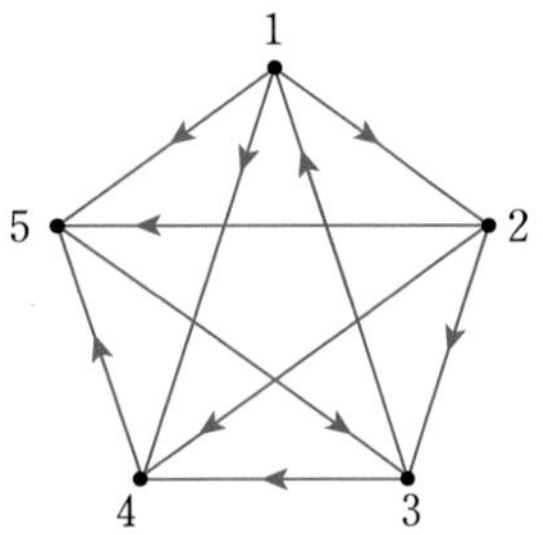

[그림 6-3] **유향그래프**

이 유향그래프는 행렬로 나타낼 수 있다. 1번 팀이 5번 팀에게 이긴 경우는 $a_{15}=1$로 나타내고, 5번 팀은 1번 팀에게 졌으므로 $a_{51}=0$으로 나타낸다. 이런 방법으로 위의 유향그래프를 행렬로 나타내면 다음과 같다.

$$A=\begin{bmatrix}0&1&0&1&1\\0&0&1&1&1\\1&0&0&1&0\\0&0&0&0&1\\0&0&1&0&0\end{bmatrix}$$

i팀의 순위에 대한 확률을 r_i라 할 때, i팀이 j팀보다 순위가 높다면 $r_i>r_j$이다. 이처럼 순위에 대한 확률 r_i를 성분으로 하는 벡터를 **순위벡터**ranking vector라 하고 $\mathbf{r}$로 나타내자. 그러면 $0\le r_i\le 1$, $r_1+r_2+r_3+r_4+r_5=1$이고 $\mathbf{r}$은 다음과 같다.

10 두 꼭짓점을 잇는 선분에 방향이 있는 그래프를 **유향그래프**digraph라고 한다. 유향그래프에서 방향은 화살표로 나타내며, 화살표를 **유향선분**arc이라고 한다.

$$\mathbf{r} = \begin{bmatrix} r_1 \\ r_2 \\ r_3 \\ r_4 \\ r_5 \end{bmatrix}$$

이제 i 팀의 순위를 i 팀이 이긴 팀들의 순위에 대한 확률의 합에 관한 비율로 나타내기로 하자. 예를 들어, 위의 유향그래프에서 1번 팀은 2, 4, 5번 팀에게 이겼으므로 비례상수 k에 대하여 $r_1 = k(r_2 + r_4 + r_5)$로 나타낸다. 이와 같은 방법으로 모든 팀에 대한 방정식을 구하면 다음과 같다.

$$\begin{aligned} r_1 &= k(r_2 + r_4 + r_5) \\ r_2 &= k(r_3 + r_4 + r_5) \\ r_3 &= k(r_1 + r_4) \\ r_4 &= k r_5 \\ r_5 &= k r_3 \end{aligned}$$

위의 식을 행렬의 곱으로 나타내면 다음과 같다.

$$\begin{bmatrix} r_1 \\ r_2 \\ r_3 \\ r_4 \\ r_5 \end{bmatrix} = k \begin{bmatrix} 0 & 1 & 0 & 1 & 1 \\ 0 & 0 & 1 & 1 & 1 \\ 1 & 0 & 0 & 1 & 0 \\ 0 & 0 & 0 & 0 & 1 \\ 0 & 0 & 1 & 0 & 0 \end{bmatrix} \begin{bmatrix} r_1 \\ r_2 \\ r_3 \\ r_4 \\ r_5 \end{bmatrix} \quad \text{또는 } \mathbf{r} = kA\mathbf{r}$$

따라서 순위벡터 $\mathbf{r}$은 $A\mathbf{r} = \frac{1}{k}\mathbf{r}$을 만족하므로, $\mathbf{r}$은 행렬 A의 고윳값 $\frac{1}{k}$에 대응하는 한 고유벡터이다.[11] 이 행렬의 특성방정식은 $\lambda^5 - 3\lambda^2 - 2\lambda - 1 = 0$이고, 실수인 고윳값을 소수점 둘째 자리까지 구하면 $\lambda = 1.66$이다. 이에 대응하는 고유벡터 $\mathbf{x}$를 구하면 다음과 같다.[12]

$$\mathbf{x} = \begin{bmatrix} 2.15s \\ 1.97s \\ 1.66s \\ 0.6s \\ s \end{bmatrix} \quad (s \in \mathbb{R})$$

---

11 페론-프로베니우스 정리에 의해 $\mathbf{r}$은 유일한 실수인 순위벡터이지만, 이 책의 수준을 넘어가므로 여기서는 다루지 않는다.

12 이 계산은 인터넷으로 '고윳값 및 고유벡터 구하기(https://matrixcalc.org/ko/vectors.html)'에 접속하여 구했고, 소수점 둘째 자리까지 나타냈다.

이 고유벡터로부터 순위벡터를 구하려면 순위벡터의 성분의 합이 1이어야 하므로

$$(2.15+1.97+1.66+0.6+1)s=1$$

이다. 즉, $s=\dfrac{1}{7.38}$이므로 순위벡터는 다음과 같다.

$$\mathbf{r}=\begin{bmatrix}0.29\\0.27\\0.22\\0.08\\0.14\end{bmatrix}$$

따라서 5개의 팀의 순위는 높은 순서대로 1팀, 2팀, 3팀, 5팀, 4팀으로 정해진다.

위와 같은 방법을 인터넷 포털 사이트의 접속 횟수에 대한 우위를 정하는 데 활용할 수 있다.

예제 6-18

다음 유향그래프는 어떤 5개의 인터넷 포털 사이트의 상대적 접속 횟수에 대한 우위를 나타낸 것이다. 이 유향그래프를 이용하여 5개의 포털 사이트의 접속 순위를 정하라.

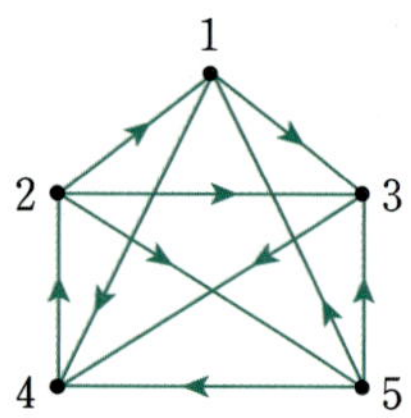

풀이

주어진 유향그래프를 행렬로 나타내면 다음과 같다.

$$A=\begin{bmatrix}0&0&1&1&0\\1&0&1&0&1\\0&0&0&1&0\\0&1&0&0&0\\1&0&1&1&0\end{bmatrix}$$

이 행렬의 실수인 고윳값을 소수 둘째 자리까지 구하면 $\lambda=1.72$이고, 이에 대응하는 고유벡터 $\mathbf{x}$를 구하면 다음과 같다.

$$\mathbf{x}=\begin{bmatrix}0.63t\\1.18t\\0.4t\\0.68t\\t\end{bmatrix}\quad(t\in\mathbb{R})$$

이 고유벡터로부터 순위벡터를 구하려면 순위벡터의 성분의 합이 1이어야 하므로

$$(0.63+1.18+0.4+0.68+1)t=1$$

이다. 즉, $t=\dfrac{1}{3.89}$ 이므로 순위벡터는 다음과 같다.

$$\mathbf{r}=\begin{bmatrix}0.16\\0.3\\0.1\\0.18\\0.26\end{bmatrix}$$

따라서 5개의 포털 사이트의 접속 순위는 높은 차례로 2, 5, 4, 1, 3으로 정해진다.

Chapter 6.5

연습문제

1~4. 대각화를 이용하여 다음에 주어진 행렬 A에 대해 A^5을 구하라.

1. $\begin{bmatrix} 5 & -6 \\ 3 & -4 \end{bmatrix}$

2. $\begin{bmatrix} 4 & -3 \\ 2 & -1 \end{bmatrix}$

3. $\begin{bmatrix} 1 & -2 & 1 \\ 0 & 1 & 0 \\ 0 & -2 & 2 \end{bmatrix}$

4. $\begin{bmatrix} 1 & -3 & 1 \\ 0 & 2 & 0 \\ 0 & 0 & 2 \end{bmatrix}$

5. 자연수 n에 대하여 $A = \begin{bmatrix} 0 & 8 \\ 2 & 0 \end{bmatrix}$의 거듭제곱 A^n을 구하라.

6. 자연수 k에 대하여 $\begin{bmatrix} 1 & 1 \\ 1 & 1 \end{bmatrix}^{k+1} = \begin{bmatrix} 2^k & 2^k \\ 2^k & 2^k \end{bmatrix}$임을 보여라.

7~8. 다음에 주어진 행렬 A는 도시-교외의 인구 분포이다. 오랜 기간이 지난 후 지역 간의 인구 분포를 나타내라.

7. $A = \begin{bmatrix} 0.9 & 0.1 \\ 0.1 & 0.9 \end{bmatrix}$

8. $A = \begin{bmatrix} 0.85 & 0.05 \\ 0.15 & 0.95 \end{bmatrix}$

9. 호랑이의 개체수는 먹이와 관계없이 매년 50%씩 감소하고, 산토끼의 개체수는 매년 30%씩 증가한다고 하자. 또한 산토끼 개체수가 30%씩 증가하는 것에 비례하여 호랑이의 개체수도 그만큼 증가한다고 가정하자. 호랑이 한 마리가 매년 산토끼를 잡아먹는 포획률을 c라 할 때, 오랜 기간이 지난 후 호랑이와 산토끼의 분포는 어떻게 되겠는가?

10. 시내에 100,000명이 살고 있고, 교외에는 25,000명이 살고 있는 어느 도시의 의회에서는 매년 5%의 시내주민을 교외로 이주시키고, 3%의 교외주민을 시내로 이주시키는 정책을 수립하기로 했다. 이 정책에 의하여 오랜 시간이 지난 후에 시내와 교외의 인구 분포는 어떻게 될 것인지 예측하라.

11. 다음 유향그래프는 4명이 가위바위보를 하여 서로 상대에게 이긴 경우를 나타낸 것이다. 이 유향그래프를 이용하여 4명에 대한 게임의 순위를 정하라.

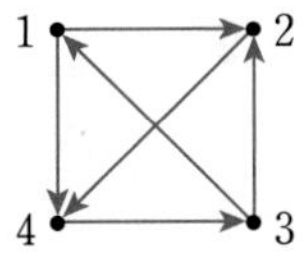

찾아보기

기타

1:1 사상 335
n차원 벡터 204
QR-분해 297

ㄱ

가역행렬 057
가우스 소거법 029
가우스-조르단 소거법 030
가지 094
결합법칙 053
계수 265, 342
계수행렬 045
고유공간 396
고유다항식 393
고유벡터 390
고윳값 390
고윳값 분해 420
곡선맞춤 101
곱 048
교대행렬 083
교차점 094
교환법칙 053
기본 곱 109
기본 식 연산 018
기본 행 연산 019
기본행렬 064
기약 행 사다리꼴(RREF) 024
기저 254
기하적 중복도 412
꼭짓점 378
꼭짓점행렬 378
끝점 164

ㄴ

내적 181, 208
네트워크 094
노드 094
노름 173

ㄷ

다항함수 벡터공간 234
단사 335
단위벡터 174, 207
단위행렬 053, 055
닮음보존 성질 374
닮음행렬 372
대각합 088
대각행렬 084
대각화 404
대칭방정식 219
대칭변환 323
대칭행렬 082, 413
동차 연립일차방정식 033
동차방정식 012
동차좌표 381
동치 014
동형사상 339

ㄹ

라그랑주 항등식 196
라플라스 전개 135

ㅁ

매개방정식 219
미지수 012

ㅂ

반대칭행렬 082
반전 107
방데르몽드 행렬 149
방정식 012
방향각 188
방향벡터 218
방향수 188
방향코사인 188
법선벡터 221
벡터 164, 232
벡터공간 232
벡터방정식 219, 392
벡터성분 223
변환 312
보간 다항식 149
복소벡터공간 233
부분공간 235
부호 108
분배법칙 053
비가역행렬 057
비특이행렬 057

ㅅ

사루스 방법	110
삼각부등식	210
삼각행렬	086
삼중 대각행렬	158
상	312
상공간	340
상등	043
상삼각행렬	086
생성	239
생성집합	239
선분	378
선행성분	024
선형등장사상	347
선형변환	312
선형연산자	312
성분	041, 166
소행렬식	130
수반행렬	131
순서기저	370
순열	106
순위벡터	432
스칼라	164
스칼라 곱	181
스칼라 배	044, 170
스칼라 삼중적	199
스칼라행렬	084
시작점	164

ㅇ

야코비 항등식	203
여인수	130
여인수 전개	133
역변환	364
역원	057
역행렬	057
연결행렬	378
연립일차방정식	014
열	017
열계수	262
열공간	237
열벡터	042
영공간	238, 336
영벡터	168
영벡터공간	233
영변환	313
영행렬	079
오른손 규칙	197
오차	301
옴의 법칙	096
와이어프레임	378
외적	193
위로의 사상	339
유클리드 곱	181
유클리드 공간	214
유향그래프	432
유향선분	432
음벡터	168
인구 분석	430
일차결합	239
일차독립	246
일차방정식	012
일차종속	246

ㅈ

자명하지 않은 해	033
자명한 해	033
자유변수	013
전사	339
전치행렬	080
점 곱	181
정규계	303
정규방정식	303
정규직교기저	287
정규직교집합	286
정규화	176
정사각행렬	042
정사영	222, 315
정사영변환	328
정의역	312
좌표	275
좌표벡터	275
좌표평면	165
주대각선 성분	042
지수법칙	057
직교	185
직교기저	287
직교대각화	414
직교성분	290
직교연산자	352
직교정사영	290
직교집합	286
직교행렬	350
짝치환	107

ㅊ

차 170
차원 257
첨가행렬 017
최소제곱문제 301
최소제곱오차 벡터 301
최소제곱해 301
최적근사 301
추이행렬 279, 370
축약 361
층밀림 361
치역 339
치환 106
치환행렬 356

ㅋ

컴퓨터 그래픽 383
케일리-해밀턴 정리 402
코사인 제2법칙 182
코시-슈바르츠 부등식 209
크기 042
크래머 공식 140
키르히호프의 법칙 096

ㅌ

퇴화차수 266, 342
특성다항식 393
특성방정식 392
특이행렬 057
특잇값 421
특잇값 분해 420

ㅍ

파스칼 행렬 093
평행 185
표준기저 254
표준단위벡터 177, 213, 240
표준연산 233
표준좌표 277
표준행렬 318
피타고라스 정리 173, 212

ㅎ

하삼각행렬 086
하우스홀더 행렬 356
합 044, 168
합성변환 357
항등변환 313
해 012, 014
해공간 238
해집합 012, 014
핵 336
핵공간 338
핵공간의 차원 342
행 017
행계수 262
행공간 237
행동치 019
행렬 041
행렬변환 317
행렬식 109
행렬의 거듭제곱 056
행렬의 곱 049
행벡터 042
행 사다리꼴(REF) 024
헤센베르크 행렬 093
홀치환 107
화학반응식 099
확장 361
회전변환 324
후방대입법 029